水环境监测与治理职业技能设计

张宝军　黄华圣　著

中国环境出版集团・北京

图书在版编目（CIP）数据

水环境监测与治理职业技能设计/张宝军，黄华圣著. —北京：中国环境出版集团，2020.4

ISBN 978-7-5111-4320-4

Ⅰ. ①水… Ⅱ. ①张…②黄… Ⅲ. ①水环境—环境监测②水环境—综合治理 Ⅳ. ①X832②X143

中国版本图书馆 CIP 数据核字（2020）第 051660 号

出 版 人 武德凯
责任编辑 黄晓燕 王宇洲
责任校对 任 丽
封面设计 岳 帅

更多信息，请关注
中国环境出版集团
第一分社

出版发行 中国环境出版集团
（100062 北京市东城区广渠门内大街 16 号）
网 址：http：//www.cesp.com.cn
电子邮箱：bjgl@cesp.com.cn
联系电话：010-67112765（编辑管理部）
010-67112735（第一分社）
发行热线：010-67125803，010-67113405（传真）

印 刷 北京市联华印刷厂
经 销 各地新华书店
版 次 2020 年 4 月第 1 版
印 次 2020 年 4 月第 1 次印刷
开 本 787×1092 1/16
印 张 26.5
字 数 380 千字
定 价 95.00 元

前　言

为了引导读者更好地选择和使用这本书，我们先从全国职业院校技能大赛说起，全国职业院校技能大赛（以下简称“大赛”）是中华人民共和国教育部发起，联合相关部门、行业组织和地方共同举办的一项全国性职业院校学生技能竞赛活动。大赛作为我国职业教育工作的一项重大制度设计与创新，深化了职业教育教学改革，推动了产教融合、校企合作，促进了人才培养和产业发展的结合，扩大了职业教育的国际交流，增强了职业教育的影响力和吸引力。大赛已经成为广大师生展示风采、追梦圆梦的广阔舞台，成为促进我国职业教育改革发展的重要抓手，对职业院校办出特色、办出水平的引领作用日益凸显。2019 年大赛共设置 87 个大项，承办校分布在天津主赛区和北京、江苏、浙江、山东、广东等 21 个分赛区，直接参与企业近百家，参赛选手近 1.8 万人。全国职业院校技能大赛是中国职业教育学生切磋技能、展示成果的舞台，也是总览中国职业教育发展水平的一个窗口。

全国职业院校技能大赛水环境监测与治理技术赛项始于 2012 年，由当时的教育部高等学校高职高专环保与气象类专业教学指导委员会承办，22 个省（区、市）39 支代表队在天津主赛区参赛。截至 2019 年，已经发展到 26 个省（区、市）79 支代表队参赛，参与代表队成倍增加。

经过多年的发展，水环境监测与治理技术竞赛活动已经远远超出了竞赛的意义，它已在竞赛的基础上形成了自己特有的适合现代岗位职业技能要求的复合型技术技能人才培养模式，形成了自己特有的适合市场需求的岗位知识结构、试题库系列，形成了一套完整的竞赛考试、评估机制。而它的培养和评估机制，已经深入到我国高等职业教育教学改革内涵建设上来，在深化职业教育改革、提高人才培养质量、拓展就业本领上起到了风向标的作用。

对接 1+X 证书制度，实施赛证融通。水环境监测与治理职业技能融合了大赛成果，形成了完整的水环境监测与治理职业技能等级标准以及相应的培训评价体系，实现了精英到普惠的转化，水环境监测与治理技术赛项的成果不仅在于对在校学生职业技能的打造，更是推动生态环境行业的职工、就业重点群体和贫困劳动力职业技能提升行动的重要抓手。

水环境监测与治理职业技能设计，为什么要从竞赛入手呢？它的意义在哪里？

用精英的标准要求，是成为精英的开始。竞赛是选拔优秀人才的重要方式，它所采用的评判体系、评判标准，对于形成新的人才培养机制具有巨大的引导作用。等级证书最大的优势就在于承认并适应学生的个体差异。从职业技能的初级入手，深入浅出，越学越有趣，就会芝麻开花节节高，相信自己，你也可以成为技艺高超的行家里手。

知识与能力并重，积累与探究互进，不仅“练会”，而且“会练”。技能考核与实际工作岗位联系密切，应用性强。特别是现代社会发展很快，很多知识和技能都是跨学科、跨领域的，等级标准就是在单一的技能上进行多学科应用能力整合。这就好比你作为一名环境专业的学生，课堂上老师不会教你如何改变触控屏的界面，而现实岗位却需要你做到。同时，职业技能不仅仅是培养技能，个人特长、潜能和技能的打造，还离不开团队作战。因此素质教育、团队合作是需要强调的重要培养内容。

本书从水环境监测与治理职业技能等级标准入手，简要描述知识架构，强化技能训练，再现全国大赛考核真题。读者可对照评价细则自我修复评判，在仔细研读中，你会从初级练成了高级，从高级走上热爱的工作岗位。

水环境监测与治理职业技能的培训和评价，基于全国环境类百余所院校现有的水环境监测与治理技术综合实训平台，不再额外购置设备，不会增加院校负担。而且经过多年的国赛、省赛、校赛，形成了较为成熟的企业专家参与、校企合作、产教融合模式，培养的人才专业能力强、综合素质高，颇受人才市场欢迎。

与本书配套的有《水环境监测与治理职业技能等级标准》《水环境监测与治理职业技能培训系列教材》。系列教材采用活页式教材形式，按职业技能等级标准分为 5 个工作领域和 13 个工作任务，每个任务又有初级、中级、高级之分，并单独成册。以创新性活页教材的形式描述技能培训与考核内容，活页教材包括技能考核基础知识、实训要点、技能训练、考核评价、学习笔记、学习体会几个部分，既有文字描述、又有二维码可供扫码识别进入名师讲堂、模拟现场、知识拓展、虚拟实训进行学习。更有历年全国职业院校技能大赛水环境监测与治理赛项试题库、现场实录、可供设计的DWG格式工程图纸、PLC及组态控制各种源程序等文字和多媒体资料可供学生参考。

参与本书编写的企业专家团队（单位汉语拼音为序）：北控水务（中国）投资有限公司冯艳霞、冀广鹏、刘晓梅、荀方飞，北京城市排水集团有限责任公司翟家骥，北京厚水环保有限公司袁艳伍，重庆渝佳环境影响评价有限公司吴佳芯，常州赛蓝环保科技有限公司胡文伟，广东省环境保护产业协会神芳丽，广西绿城水务股份有限公司贝德光，广西森格自动化科技股份有限公司覃跃耀，济南市市政工程设计研究院（集团）有限责任公司彭长刚、李如祥，江苏方正环保集团公司李晓斌、江苏广洁环保科技有限公司王树光，江苏华商企业管理咨询服务有限公司孟庆才，联合泰泽环境科技发展有限公司董艳萍，哈希水质分析仪器有限公司技术培训部刁慧芳，农业农村部环境保护科研监测所袁志华，PONY谱尼测试集团股份有限公司陆勇，上海熊猫机械（集团）有限公司顾猛、上实环境水务股份有限公司杨晓辉、肖宁，天津市环境保护科学研究院康磊，天津市生态环境局环境工程评估中心魏子章，威立雅（中国）环境服务有限公司厉捷、徐州建邦水务有限公司耿德强，徐州市市政设计院有限公司陈保义，中持水务股份有限公司吴飞，中国环境保护产业协会韩伟，中核新能源投资有限公司王超、赵传义，浙江天煌科技实业有限公司黄华圣、姚建平、朱幸福。

参与本书编写的院校专家及骨干教师团队（单位汉语拼音为序）：安徽水利水电职业技术学院蒯圣龙、张祥霖、刘丹丹，安徽职业技术学院张波、李德明、吴家奎，安庆职业技术学院赵佳佳、方亮、董泓，北京电子科技职业学院张晓辉、李松、曹奇光，长沙环保职业技术学院孙蕾、郭正、姚运先、吴同华、曾靓、李欢、曹喆、高栗、朱邦辉，常州纺织服装职业技术学院杨蕴敏、孙自淑，常州工程职业技术学院纪振，成都纺织高等专科学校安红莹、郭希，承德石油高等专科学校关荐伊、吴效楠、王金梅，重庆工业职业技术学院李静、梁丽、刘中芳、杨继涛、王菲、张天，福建船政交通职业学院廖俊彦、李英、陈健、陈莹，福建农业职业技术学院李艳波，甘肃林业职业技术学院桑娟萍、王海、陈玉玲、薛小娟，广东环境保护工程职业学院钟真宜、唐菠、董金华、李慧颖、姚伟卿、陈露、刘斌、刘莹、王振浩、林生佐、区雪连、彭丽花、罗文旺，广东轻工职业技术学院秦文淑，广东省环境保护职业技术学校林帼秀，广西水利电力职业技术学院彭燕莉、常志勇、刘慧，河北工业职业技术学院王兵、付翠彦、张素青、王惠娟、杨宁、高秀哲，河北环境工程学院张仁志、张宝安、李国会，黑龙江建筑职业技术学院边喜龙、于景洋、栾坤、宋学丹，湖北生态工程职业技术学院董文龙、余颉，黄河水利职业技术学院朱惠斌、王雪平、陈志冉，华侨大学曹威，江苏城市职业学院秦品珠、黄兆琴、关莹，江苏城乡建设职业学院羌涯，江苏海事职业技术学院王宏明、祁辉宇、王宜翠，江苏建筑职业技术学院张宝军、王晓燕、刘红侠、岳朝松、袁涛、孙悦、袁永军、张刚、李德路、侯文宝、王文杰、郭扬、张维，江苏省江阴中等专业学校孙宏高，江苏省如东中等专业学校潘刚，江西环境工程职业学院汪葵、刘青龙、刁新星，江西应用技术职业学院陈红兰，金华职业技术学院陈志刚，昆明冶金高等专科学校高红武、武彦生、李然、王琳、徐静、余良谋、谢磊磊、朱晓敏、江熙、杜重麟、李慧东、徐林东，兰州职业技术学院王瑞雪、朱丽君，兰州资源环境职业技术学院张永合、万家秀，辽宁石化职业技术学院王英健，南京高等职业技术学校谢兵、周刘喜、罗舒君、岳文奇、郑莎莎，南通科技职业学院杨春和、蒋云霞、白晓龙、乔启成、闫生荣、李莉、施桃红、花海蓉、储海蓉、金洁蓉、荣梅娟、陈前、高利平、陈义灶、金美琴、贾宁宁，山东科技职业学院丁文利、王晓林、陈义群、韩雪利、殷树鹏、张建明，山东水利职业学院乔鹏，山西工程职业技术学院薛巧英，上海城建职业学院翟建，深圳信息职业技术学院相会强、董晓清、姚萌，深圳职业技术学院李绍峰、谢炜平、李锦卫、唐建军，顺德职业技术学院陈燕舞、路风辉、彭莺，四川职业技术学院王碧，苏州农业职业技术学院马国胜、夏春风、吴凡、赵亚平、马燕平，苏州职业大学杨益飞，天津渤海职业技术学院吴国旭、崔迎、赵伟伟、李萌，天津现代职业技术学院王芃、王立晖、曲磊、孙昊，泰州职业技术学院黄淑琴，邢台职业技术学院赵建国、张辉、侯素霞、程永高、杨金梅、丁淑杰、雷旭阳，徐州工业职业技术学院孙婷婷、张雷、孙美侠、黄从国、张凌，杨凌职业技术学院苏少林、朱海波、赵秋利、张文娟、李青，浙江同济科技职业学院刘进宝、屈兴红。

限于作者的专业局限性，书中难免出现错误，恳请读者圈点出来，再版时加以修正。

2020 年 2 月 2 日于江苏徐州泉山东麓

目　录

1 水环境监测与治理职业技能等级标准

1.1 水环境监测

1.1.1 样品采集、保存与预处理

【初级】

（1）能根据监测项目选择采样器和水样容器，洗涤采样器材

（2）能使用采样器材在指定的采样点正确采集样品

（3）能根据监测项目的需要正确选择并加入合适的保存剂对样品进行稳定处理和保存

（4）能根据监测项目的需要对样品进行冷藏、冷冻保存

（5）能规范填写水质采样记录表和样品登记表

（6）能根据水质采样记录表和样品登记表清点样品

（7）能根据样品运输要求将不同的贮样容器塞紧或密封，并按照防振动、防碰撞要求装箱

（8）能采用沉淀过滤法、絮凝沉淀法等对样品进行预处理

（9）能根据可追溯性要求记录样品标签信息

注：样品采集、保存与预处理的其他要求按 HJ 91.1—2019 规定的方法执行。

【中级】

（1）能根据不同的水环境进行采样点的布设

（2）能根据不同的水环境特征确定采样的时间和频率

（3）能根据不同的水环境选择确定采集瞬时样品、混合样品或综合样品等不同类型的样品

（4）能校核水质采样记录表和样品登记表

（5）能根据监测项目确定样品的保存方法

（6）能正确选择和配制样品保存剂

（7）能采用过硫酸钾法、硝酸-硫酸法对样品进行消解预处理

（8）能采用蒸馏法、四氯化碳萃取-硅酸镁吸附法对样品进行组分分离预处理

【高级】

（1）能根据监测项目进行现场勘察及汇总调研资料

（2）能根据监测项目编制、组织和落实相应的采样方案

（3）能采用硝酸-高氯酸法、盐酸法、高锰酸钾-过硫酸钾法对样品进行消解预处理

（4）能采用蒸发浓缩法进行样品体积及待测组分的浓缩预处理

1.1.2 样品监测分析

【初级】

（1）能配制和标定标准溶液

（2）能采用重量法测定样品的悬浮物、硫酸盐、全盐量

（3）能采用酸碱滴定法测定样品的酸度、碱度

（4）能采用沉淀滴定法测定样品的氯化物

（5）能采用温度计法测定样品的温度

（6）能采用玻璃电极法测定样品的 pH

（7）能采用电化学探头法测定样品的溶解氧

（8）能采用可见分光光度法测定样品的氨氮、硝酸盐氮

（9）能采用细菌学检验法测定样品的细菌总数、粪大肠菌群、总大肠菌群

（10）能使用便携式水环境检测仪

注：标准溶液的配制按 GB/T 601—2016 规定的方法执行；悬浮物的测定按 GB 11901—89 规定的方法执行。

【中级】

（1）能采用电位滴定法正确测定样品的碱度

（2）能采用碘量法测定样品的溶解氧

（3）能采用氧化还原滴定法测定样品的化学需氧量、高锰酸盐指数

（4）能采用稀释与接种法测定水样的五日生化需氧量

（5）能采用容量法测定样品的氰化物

（6）能采用可见分光光度法测定样品的总磷、氰化物、硫化物、铬（六价）、挥发酚

（7）能采用紫外分光光度法测定样品的总氮

（8）能采用红外分光光度法测定样品的石油类、动植物油类

（9）能排除仪器设备的简单故障

（10）能对测定所用的容量器皿及仪器设备进行校正

注：溶解氧的测定按 GB 7489—87 规定的方法执行；化学需氧量的测定按 HJ 828—2017 规定的方法执行；高锰酸盐指数的测定按 GB 11892—89 规定的方法执行。

【高级】

（1）能采用蒸馏-滴定法测定样品的氨氮

（2）能采用原子吸收分光光度法测定样品的镉、铜、铅、锌、铁、锰

（3）能采用冷原子吸收分光光度法测定样品的汞

（4）能采用原子荧光法测定样品的汞、砷、硒

1.1.3 数据处理

【初级】

（1）能规范填写水质检测原始记录

（2）能对数据进行有效数字的取舍和修约

（3）能计算逐级稀释样品的浓度、算术平均值和相对标准偏差
（4）能对监测分析结果进行单位的换算
【中级】
（1）能对浓度和测得的吸光度进行直线回归计算
（2）能运用 Q 值检验法和 T 值检验法检验可疑值
（3）能计算加标回收率
（4）能运用加标回收率评价准确度
（5）能审核水质检测原始记录
（6）能判断平行样测定数据之间的符合程度
（7）能进行方法检出限的测定与计算
（8）能进行异常数据分析处理
（9）能编制水质检测报告
【高级】
（1）能运用数理统计方法判断标准曲线的线性关系
（2）能对标准曲线进行截距检验
（3）能设计各类原始数据记录表
（4）能审定水质检测报告
（5）能根据测定数据编写水质分析报告
（6）能按实验室质量控制要求进行仪器标准化管理

1.2 工程图设计与设备安装

1.2.1 工程图识读与设计

【初级】
（1）能识读闸站、泵站、水处理工程设计施工说明、图例、主要材料设备的规格、型号、数量
（2）能识读水处理工艺流程图
（3）能识读闸站、泵站、水处理工艺管线平面布置图
（4）能识读水处理构筑物及管线高程图
【中级】
（1）能识读闸站、泵站及水处理构筑物的平面图、剖面图
（2）能识读工程设备原理图、平面图、剖面图、大样图等施工安装图
（3）能使用 CAD 软件绘制水处理工艺流程图
（4）能使用 CAD 软件绘制闸站、泵站及水处理工艺管线平面布置图
【高级】
（1）能进行水处理单体构筑物工艺设计计算
（2）能进行水处理设备选型计算

（3）能进行水处理工艺平面布置设计

（4）能进行水处理工艺高程计算

（5）能使用 CAD 软件绘制闸站、泵站及水处理构筑物的平面图、剖面图

（6）能使用 CAD 软件绘制水处理工艺管线平面布置图

（7）能使用 CAD 软件绘制水处理工艺高程图

（8）能使用 CAD 软件进行水处理工艺初步设计

（9）能使用 CAD 软件进行水处理管道及设备施工安装图、在线监测仪表安装图绘制

（10）能使用 BIM 软件解决工程常见碰撞问题

1.2.2 设备与管线安装

【初级】

（1）能识别金属、非金属、复合管道材料以及管件的名称、规格和型号

（2）能识别金属、非金属、复合管道材料相应的切割、连接以及钻孔工具的名称、规格和型号

（3）能识别水处理机械设备、阀门、仪表的名称、规格和型号

（4）能识别水处理构筑物附属装置、配套附件以及填料的名称、规格和型号

（5）能使用金属、非金属、复合管道材料的切割、连接、钻孔工具

【中级】

（1）能识读闸门、泵、水处理机械设备、阀门、仪表、水处理构筑物附属装置等安装手册

（2）能进行闸门、泵、水处理机械设备、阀门、仪表等的安装

（3）能进行管道水压试验

【高级】

（1）能进行管材、管件、阀门、仪表、设备清单计算

（2）能进行水处理机械设备、构筑物附属设施工程量清单计算

（3）能编制水环境在线监测设备、水处理设备等安装施工方案

（4）能编制水环境在线监测设备、水处理设备等安装施工预算

1.3 自动化控制

1.3.1 电机与电气控制

【初级】

（1）能正确使用常用电工工具及相关仪器仪表

（2）能识别常用低压电器的图形符号、文字符号、型号规格

（3）能识读电气原理图

（4）能识别配电箱（柜）动力及控制电路线号

（5）能识读交直流电动机结构、工作原理、铭牌

（6）能识别防爆电气设备的防爆型式、防爆标志

（7）能根据电气原理图及电动机型号正确选用低压电器

（8）能选用电线、电缆、低压电缆接头、接线端子、电线管、桥架、线槽等电工材料

（9）能安装、更换常用低压电器

（10）能使用电线保护管、槽板、桥架等敷设电线电缆

【中级】

（1）能设计绘制电气原理图

（2）能安装、维护用电总配电箱(柜)、分配电箱、开关箱及线路

（3）能安装、维护用电设备的接地装置、独立避雷针

（4）能安装、维护、拆除工程设施上的电气设备

【高级】

（1）能对动力配电线路进行安装、调试

（2）能进行交直流电动机控制电路的安装、调试

（3）能编制、确认并组织实施用电方案

（4）能组织安装用电配电室、变压器、配电线路

注：电机与电气控制的其他要求按 GB 50169—2016 规定的方法执行。

1.3.2 PLC 控制

【初级】

（1）能根据 PLC 控制电路接线图连接 PLC 及其外围线路

（2）能使用 PLC 编程软件从 PLC 中读写程序

（3）能识读简单的 PLC 控制程序

（4）能使用 PLC 基本指令调整、修改设备、传感器、仪表等控制程序的参数，并下载监控

【中级】

（1）能根据现场设备条件选择传感器类型

（2）能安装、调试传感器和专用继电器

（3）能使用 PLC 基本指令编写闸站、泵站、水处理设备及在线监测仪表等控制系统程序，并下载监控

（4）能进行触摸屏与 PLC 的连接和通信

（5）能模拟调试和现场调试 PLC 程序

【高级】

（1）能根据要求绘制选择序列功能图并进行程序的输入

（2）能按控制要求使用基本指令编写河道闸站、泵站及 A/O、A^2/O、SBR、MSBR 等水处理系统 PLC 控制程序

（3）能用 PLC 改造河道闸站、泵站及 A/O、A^2/O、SBR、MSBR 等水处理继电控制电路

（4）能对河道闸站、泵站及水处理工艺的 PLC 控制系统进行电路设计、安装及系统的

软硬件联合调试

注：PLC 的其他要求按 GB/T 15969.2—2008 规定的方法执行。

1.3.3 组态控制

【初级】

（1）能识读组态软件界面，建立和运行组态工程

（2）能进行触摸屏画面的设计、变量定义和动画连接

（3）能使用组态软件实现在线监测仪器数值的实时监测

（4）能使用组态软件实现对闸站、泵站、水处理等设施的启动与停止控制

【中级】

（1）能使用组态软件查阅、修改程序

（2）能使用组态软件进行趋势曲线、数据报表、报警的制作

（3）能完成组态软件与数据库的连接，组态软件数据库控件查询

（4）能进行工程 Web 发布、网络连接

【高级】

（1）能进行河道闸站、泵站及水处理工艺系统监控中心控制系统设计

（2）能用组态软件实现开关量设备、模拟量设备联机调试

（3）能用组态软件进行监控中心动画和程序的编制

（4）能设置触摸屏与 PLC 之间的通信参数，实现触摸屏与 PLC 的连接与通信

（5）能使用组态软件设计人机界面

（6）能够完成简单组态工程的设计

1.4 设施运维

1.4.1 设施运行

【初级】

（1）能识记闸站、泵站、水处理工艺流程、设备和系统操作规程

（2）能识别水处理药剂的名称、规格、使用方法

（3）能操作闸、泵、阀门开关和水处理设备的启停

（4）能识读和记录流量、压力、温度、液位、阀门等各种仪表监测数据

（5）能使用 pH 在线监测仪获取数据，进行酸碱调节

（6）能使用溶解氧值在线监测仪获取数据，并判断各工艺中的溶解氧浓度情况

（7）能使用化学需氧量、氨氮、总氮、总磷等在线监测仪获取数据，并进行相关记录和计算

【中级】

（1）能读懂水质分析报告、在线监测数据，分析水量水质变化情况

（2）能通过现场状态及仪表数据判断设备运行情况

（3）能控制和调节闸站、泵站及水处理单元运行状态

（4）能根据考核断面水质情况合理调整闸站运行调度规则

（5）能根据流量及扬程合理控制水泵系统在高效区间运行

（6）能进行污泥浓缩、调理、脱水、干化与处置操作

（7）能识读污泥性能指标，控制污泥处理设施运行状态

（8）能根据水处理参数合理确定药剂投加量

（9）能使用自动控制系统调节温度、液位等工艺参数

【高级】

（1）能使用触摸屏、PLC 对闸站、泵站及水处理系统进行联合调试

（2）能对 PLC 控制的河道闸站、泵站及 A/O、A^2/O、SBR、MSBR 等水处理控制系统进行调试与维护

（3）能根据工艺流程完成对闸站、泵站及水处理系统整机联动调试并实现数据监测

（4）能使用组态软件完成上位机监控界面对河道闸站、泵站及 A/O、A2/O、SBR、MSBR 系统设备的运行调试

（5）能使用组态软件设计对闸站、泵站及水处理系统传感器回路及总线的检测

（6）能使用组态软件设计对闸站、泵站及水处理系统的联动系统、主机控制系统的检测

（7）能对各类数据进行统计分析，并利用分析结果指导系统运行

（8）能通过设备运行管理，优化组织持续改进

（9）能对闸、泵、水处理设备等运行情况进行能耗分析并提出节能措施

（10）能按工艺指标要求进行提标改造、优化调控操作

（11）能熟练掌握在线监测仪器的操作、主要参数的设定修改

注：设施运行的其他要求按 GB/T 50106—2016、GB 50014—2006: 2016、HJ 2035—2013、HJ/T 378—2007、CJJ 60—2011 和 HJ 355—2019 规定的方法执行。

1.4.2 故障处理

【初级】

（1）能发现操作现场的跑、冒、滴、漏等现象

（2）能通过观察仪表数据发现液位、流量等工艺参数的异常

（3）能发现常见的闸站、泵站及水处理设备运行异常迹象

（4）能发现配水、出水不均匀现象

（5）能报告设备故障位置

（6）能使用运营平台工艺报警信号分类清单

（7）能通过远程查看数据或现场察看方式发现仪器运行状态、数据传输系统及视频监控系统的简单异常情况

【中级】

（1）能判断闸站、泵站及水处理设备等运行异常的原因，并进行处置

（2）能通过自动控制系统及设备操作处理水质、液位、流量、pH、溶解氧值等工艺参

数的数据异常

（3）能对数据进行抽样检查，比对水污染源在线监测仪、数据采集传输仪及监控中心平台接收到的数据是否一致，发现数据异常

（4）能进行在线监测仪表的校验操作

（5）能进行低压电器电路的故障排除

（6）能借助编程（仿真）软件、仪器仪表等分析 PLC 系统的故障范围

（7）能排除 PLC 系统中开关、传感器、执行机构等外围设备电气故障

【高级】

（1）正确识读闸站、泵站及 A/O、A^2/O、SBR、MSBR 等水处理工艺电气控制原理图，分析和排除电气故障

（2）能分析其他设备运行异常的原因，并提出排查方案

（3）能通过系统运行情况观察、分析判断故障现象，调整运行参数和制定控制措施

（4）能进行交直流电动机控制电路常见故障诊断与维修

（5）能对工程设施电气控制电路系统进行调试，对电路故障进行诊断与维修

（6）能分析季节性的水处理工艺、河道水质异常、在线监测仪表常见问题及原因，并提出控制及调度措施

注：故障处理的其他要求按 GB/T 5465.2—2008、CJJ 60—2011 和 HJ 2038—2014 规定的方法执行。

1.4.3 维护保养

【初级】

（1）能识记设备备品、备件

（2）能使用设备及设施常用的维护保养工具

（3）能保养各类阀门、水泵、风机、搅拌机、闸门、启闭机等

（4）能清理、更换易损件和易堵件

（5）能记录设备运行数据

【中级】

（1）能清点、管理设备备品、备件

（2）能检修河道水质水量监测仪表、闸站、水处理工艺系统等相关传感器

（3）能进行低压电器电路的检查及调试

（4）能进行低压动力控制电路维修

（5）能对常用仪表、机械设备维护、保养

（6）能按维修计划进行构筑物及其辅助设施的维修，填写维修记录

（7）能按设备维护保养要求更换设备备品、备件

（8）能进行在线监测仪表的简单现场维护，检查内部管路、电路系统、通讯系统等是否正常，并能发现仪表的异常情况

【高级】

（1）能按质量管理要求调取技术资料和技术档案，做好运行数据等统计、汇总及上报工作

（2）能编制水处理设备、装置和仪表等维修计划

（3）能编制设备备品、备件计划

（4）能对水环境监测与治理运维生产综合成本进行分析

（5）能针对水环境监测与治理运维成本过高制定解决方案

（6）能对在线监测仪器进行日常保养，对仪器分析系统进行维护检查、更换易损耗件。

注：维护保养的其他要求按 GB/T 5465.2—2008、CECS 97: 97、HJ/T 378—2007 和 CJJ 60—2011 规定的方法执行。

1.5 安全生产与应急处置

1.5.1 安全生产

【初级】

（1）能识记安全防护器具使用要求

（2）能按安全生产规程佩戴和正确使用劳动防护用品

（3）能识记安全警示标志、安全距离、安全色和安全标志等国家标准规定

（4）能识记电工安全用具

（5）能识别危险源

【中级】

（1）能识记相关设备安全操作规程

（2）能识记电气安全装置及电气安全操作规程

（3）能按职业卫生防护要求实施职业卫生防护

（4）能识记相关危险化学品管理规定

（5）能按安全生产操作规程实施安全生产、防火、防毒、防爆

【高级】

（1）能按消防安全管理制度实施消防安全检查

（2）能按安全生产检查制度实施安全生产检查

（3）能组织安全生产培训

（4）能按安全防护知识实施现场急救与防护

1.5.2 应急处置

【初级】

（1）能识记化验室危险品泄漏应急预案，能及时报告、报警，并实施个人防护

（2）能识记火灾应急预案，案发时能及时报告火情，能根据现场情况正确使用灭火设施

（3）能识记停电事故应急预案，案发时能及时报告，关闭进水阀等设施

（4）能识记有毒气体中毒事故应急预案，能正确佩戴防护器具，拨打“120”急救电话

【中级】

（1）能熟知水环境监测与治理运维应急预案，会采取各项措施，进行自身防护和自救、互救

（2）能按防汛防台应急预案进行紧急情况下闸站控制、水处理工艺控制

（3）能按停电事故应急预案进行闸站、泵站及水处理系统运行调整，通电后能立即将工艺切换至正常状态

（4）能按有毒气体中毒事故应急预案实施现场急救

（5）能应急处置化学灼伤、物体打击伤害

（6）能按照应急预案要求处理突发水质超标事件

【高级】

（1）能编制水污染事故应急监测方案，组织实验室进行应急监测

（2）能处理突发危险化学品泄漏、危险废物泄漏或污泥、污水超标排放事件现场

（3）能处理突发台风、暴雨等自然灾害和火灾爆炸引发的次生环境污染事件现场

（4）能根据实施情况优化预案和应急措施

2 水环境监测与治理职业技能评价体系

2.1 职业概况

2.1.1 职业名称

水环境监测与治理。

2.1.2 职业定义

面向城镇、村庄生活水处理企业、工业企业配套水处理企业、水处理工程设计施工安装企业中的水环境监测、水处理工艺设计、施工、安装、运营等岗位，根据需要，进行水样采集、保存、预处理，能进行水质常规项目监测，运行、维护和检修水处理设施的人员。

2.1.3 职业等级

水环境监测与治理职业技能等级分为三个等级：初级、中级、高级。三个级别依次递进，高级别涵盖低级别职业技能要求。

水环境监测与治理（初级）能够独立完成水样采集、保存、预处理操作，能够进行水质常规项目监测操作，能够完成在线监测仪表的读取工作，能够独立完成水处理设备的启动、运行和停机操作。

水环境监测与治理（中级）能够熟练进行水质常规项目监测操作，能够独立进行在线监测仪表的校验操作，能够根据水质情况进行加药量计算和投加设定，能够根据水质情况进行可编程序控制器的运行程序数据调整，能够根据工艺图纸完成管道、附件、仪表、阀件及设备的安装与更换。

水环境监测与治理（高级）能够熟练运用基本操作技能和专门操作技能完成水环境监测与治理中较为复杂的工作；能够独立处理工作中出现的问题。

2.1.4 职业环境条件

工作地点：室内外。

温度变化：常温。

湿度变化：正常范围。

2.1.5 职业能力特征

具有一般智力和表达能力，手指灵活，动作协调性好，无色盲、色弱。

2.1.6 基本文化程度

高中或中职（中技）毕业。

2.2 评价要求

2.2.1 适用对象

从事或准备从事本职业的人员。

2.2.2 申报条件

符合基本文化程度、职业能力特征要求的人员均可申报。

2.2.3 评价方式

水环境监测与治理（初级、中级）采用非一体化评价方式：分为理论知识考试和操作技能考核两部分。理论知识考试采用闭卷方式，技能操作考核采用现场实际操作和实践课题方式。理论知识考试和操作技能考核均实行百分制，成绩分别达60分者为合格。

水环境监测与治理（高级）采用一体化评价方式：技能操作考核采用现场实际操作和实践课题方式。实行百分制，成绩达60分者为合格。

2.2.4 评价条件

闭卷考试在标准教室内进行。

操作技能考核的场地设施应具备满足技能鉴定所要求的设备、仪器、材料和环境条件。需要生化、物化污水处理工艺装置、仪器以及分析化验所需仪器设备、样品采集器具等。

2.3 评价指标

2.3.1 工作领域评价指标

表2.3-1 工作领域评价指标及权重

工作领域	比例/%	工作任务	权重/%		
			初级	中级	高级
1. 水环境监测	20	1.1 样品采集与保存	10	3	3
		1.2 样品监测分析	7	10	7
		1.3 数据处理与报告编制	3	7	10
2. 水处理工艺设计与安装	20	2.1 工艺图识读与设计	5	10	15
		2.2 工艺设备与管线安装	15	10	5

工作领域	比例/%	工作任务	权重/%		
			初级	中级	高级
3. 水处理自动化控制	20	3.1 电机与电气控制	10	3	3
		3.2 PLC 控制	7	10	7
		3.3 组态控制	3	7	10
4. 水处理设施运营	30	4.1 设备运行	20	15	7.5
		4.2 故障处理	5	7.5	15
		4.3 设备维护保养	5	7.5	7.5
5. 安全生产与应急处置	10	5.1 安全生产	7	5	3
		5.2 应急处置	3	5	7

2.3.2 综合评价指标

表 2.3-2 综合评价指标及权重

一级指标	比例/%	二级指标	权重/%	工作领域
水处理系统设计与计算	20	1. 水处理工艺设计及计算	5	水处理工艺设计与安装
		2. 工艺流程图及高程图绘制	5	水处理工艺设计与安装
		3. 自动控制装置程序设计	10	水处理自动化控制
水样配置与测定	15	1. 原始数据测定	5	水环境监测
		2. 药剂配置	5	水环境监测
		3. 加药处理及结果验证	5	水环境监测
水处理工艺设备部件与管道连接	20	1. 设备部件选型与安装	10	水处理工艺设计与安装
		2. 工艺管道切割与连接	8.5	水处理工艺设计与安装
		3. 工艺流程图完善与连接	1.5	水处理工艺设计与安装
水处理平台动力系统线路设计与连接	12	1. 绘制、补充完善动力线路原理图	3	水处理自动化控制
		2. 完善 PLC 端口定义表	3	水处理自动化控制
		3. 电气线路连接	6	水处理自动化控制
水处理设备调试运行	18	1. 系统电源检测	2	水处理自动化控制
		2. 系统通水调试检测	5	水处理工艺设计与安装
		3. 系统运行参数调节	3	水处理设施运营
		4. 系统运行故障排除	3	水处理设施运营
		5. 系统运行过程数据记录	3	水处理设施运营
		6. 系统运行及维护知识解答	2	水处理设施运营
水处理厂水、气、声、渣污染因子的监测	10	1. 在线仪表标定	4	水环境监测
		2. 仪表参数设置	4	水环境监测
		3. 水处理厂环境空气质量 $PM_{2.5}$ 监测	0.5	环境监测
		4. 泵阀、风机房噪声监测	0.5	环境监测
		5. 污泥 pH、电导率监测	1	水环境监测
职业素养	5	1. 操作不当损坏工具	1	水处理设施运营
		2. 材料利用效率，接线及材料损耗	1	水处理设施运营
		3. 操作结束工具未能整齐摆放	1	水处理设施运营
		4. 不尊重考场裁判和工作人员	1	水处理设施运营
		5. 违反竞赛规则	1	水处理设施运营

2.4 知识要求

2.4.1 课程模块

表 2.4-1 课程模块的课程及对应工作

课程模块	课程名称	对应工作领域
基础知识	应用化学基础	水环境监测、水处理工艺设计与安装、水处理设施运营
	分析仪器使用与维护	水环境监测、水处理工艺设计与安装、水处理设施运营
	环境工程微生物	水环境监测、水处理工艺设计与安装、水处理设施运营
	流体力学泵与风机	水处理工艺设计与安装、水处理自动化控制、水处理设施运营
	工程制图与 CAD 应用	水处理工艺设计与安装、水处理自动化控制、水处理设施运营
	电气设备与控制技术	水处理工艺设计与安装、水处理工程施工、水处理设施运营
专业知识	环境监测技术	水环境监测、水处理工艺设计与安装、水处理设施运营
	水处理工程技术	水处理工艺设计与安装、水处理自动化控制、水处理设施运营
	环境工程施工技术	水处理工艺设计与安装、水处理自动化控制、水处理设施运营
	污水处理厂运行管理	水环境监测、水处理工艺设计与安装、水处理自动化控制、水处理设施运营
拓展知识	大气污染控制技术	水环境监测、水处理设施运营
	噪声控制技术	水环境监测、水处理设施运营
	固体废物处理与处置	水环境监测、水处理设施运营

2.4.2 知识要求

表 2.4-2 课程模块的知识要求

课程模块	课程名称	学习内容	学习目标
基础知识	应用化学基础	酸碱滴定法、配位滴定法、氧化还原滴定法、沉淀滴定法、重量分析法和数据处理等	掌握化学基础知识、常规分析化验操作技能，能够采用化学法对样品进行化验分析
	分析仪器使用与维护	电化学、紫外可见、原子吸收、红外光谱、色谱分析等	掌握常用分析仪器的构造、工作原理及使用方法，具有较强的操作和维护技能
	环境工程微生物	细菌、放线菌等各类微生物的形态、大小、细胞结构与功能，微生物的生长繁殖、遗传与变异，微生物生态，微生物与环境的关系等	掌握环境工程涉及的微生物知识，具有饮用水卫生细菌检验方面的技能
	流体力学泵与风机	流体静力学、流体动力学、管路计算、气体射流、泵与风机基本理论与选择计算等	掌握流体力学的基本理论、计算和实验方法，了解泵与风机的构造，掌握泵与风机的性能选择、运行调节的知识
	工程制图与 CAD 应用	投影原理、剖面图、断面图、轴测图等制图基本知识，专业施工图识读与绘制，CAD 等	掌握制图的基本知识和制图标准，具有应用 CAD 绘制专业施工图的能力，具有识读施工图的初步能力

课程模块	课程名称	学习内容	学习目标
基础知识	电气设备与控制技术	电力系统及常用电器设备的选型、安装与线路敷设，可编程序控制器原理与应用，智能化系统的配置、监控与组织管理、程序输入、参数测试、故障诊断，设备施工、调试和运行维护	掌握常用电器设备性能参数、电力仪表及设备的选型、安装与线路敷设，熟悉可编程序控制器原理与应用，智能化系统的配置、监控与组织管理、程序输入、参数测试、故障诊断、设备施工、调试和运行维护等
专业知识	环境监测技术	水体监测、大气监测、土壤监测、生物监测等	掌握水体、大气、土壤、生物要素监测的基本方法，具有对污染因子测试技能
	水处理工程技术	水质、水质标准等水处理基本知识，物理处理、化学处理、物理化学处理、生物化学处理等基本处理方法，水处理厂站的运行管理与工艺设计等	掌握各种水处理方法的基本原理、基本工艺流程，能进行简单水处理工艺和水处理构筑物的设计，能进行污水处理系统运行管理
	环境工程施工技术	沟槽开挖与支撑，地基处理，管道及设备施工安装，工程量清单与计价、施工组织设计等	掌握环境工程构筑物、设备及管线施工技术、熟悉工程量清单与计价、施工组织设计内容，了解施工管理方法
	污水处理厂运行管理	污水处理厂构筑物、设备工作过程，设备应用，水质分析，运行维护、检修、保养方法，故障排除，污水处理厂运行管理等	熟悉污水处理厂构筑物、设备工作过程，掌握设备应用，水质分析，运行维护、检修、保养方法，能够进行故障排除，污水处理厂运行管理等
拓展知识	大气污染控制技术	大气污染物的来源、性质，大气污染控制措施的原理、方法及工艺等	掌握大气污染物种类及性质，大气污染控制的基本方法及主要控制设备的工作原理、结构、工艺和设计计算
	噪声控制技术	吸声、隔声、消声材料结构与工程设计等	掌握噪声控制的基本知识，具有噪声测量技能，能进行吸声、隔声、消声设计
	固体废物处理与处置	固体废物的填埋、焚烧、堆肥、固化与综合利用等	掌握填埋、焚烧、堆肥、固化等治理与处置固体废物的方法与综合利用技术

2.5 评价案例

2.5.1 项目简介

以 2019 年全国职业院校技能大赛水环境监测与治理技术赛项为例。该项目考核时间为 4 个小时，在一个指定的水环境监测与治理技术综合实训平台上，完成水环境监测与治理综合技能操作任务。

2.5.2 考核内容

水环境监测与治理技术赛项规程明确了竞赛内容，包括污水处理系统设计与计算、水样配置与测定、污水处理工艺设备部件与管道连接、水处理平台动力系统线路设计与连接、污水处理设备调试运行、污水处理厂水、气、声、渣污染因子的监测以及职业素养等内容。

要求根据给定的任务书，完成以下操作内容。

1．污水处理系统设计与计算

（1）工艺流程图及高程图绘制

根据任务书给定的工艺和相关技术要求，选用并设计合理的水处理系统（任务书会给出 A/O、A^2/O、SBR、MSBR 等其中一个系统），按照我国相关设计标准和城镇污水处理厂经验数据，运用 Office2003－Excel 软件进行各构筑物设计计算，高程计算和图纸绘制。考核内容如下：

①启动制图软件，绘制工艺流程图，不同管路分别用不同的线型代号绘制，并标注相应管径，文件名另存为“机位号+流程图”。

②启动制图软件，设定一个给定图幅，文件名为“机位号+高程图”，按一定比例绘制高程图，并在高程图上进行高程标注，要求所绘制的高程图在图中比例适中。

（2）自动控制污水装置程序设计

启动 S7-200 软件，根据任务书要求，对指定的污水处理系统（任务书会给出 A/O、A^2/O、SBR、MSBR 等其中一个系统）进行程序编写或修改。

2．水样配制与测定

根据给定的任务书（以下 4 种情况之一），完成水样配制与测定工作。

①根据给定的酸性废水，进行 pH 在线监测和水量计算。计算 NaOH 投加量，并计入表格。配制 NaOH 溶液，投加至废水池中。在线监测 pH，达到规定的 pH 范围。

②根据给定的碱性废水，进行 pH 在线监测和水量计算。计算醋酸投加量，并计入表格。配制醋酸溶液，投加至废水池中。在线监测 pH，达到规定的 pH 范围。

③根据给定的原水，进行 DO 值在线监测和水量计算，计算脱氧剂投加量，并计入表格。配制脱氧溶液，投加至指定容器中，以完全脱除原水中的溶解氧。再利用曝气（机械曝气或鼓风曝气）充氧，使得 DO 值达到指定值，并在一段时间内保持恒定。

④根据给定的原水，进行 SS 值检测和水量计算，计算 PAC（或 PAM）投加量。采用湿投法，投加 PAC（或 PAM），并混凝沉淀至最佳状态。取处理后水样，测 SS 值并计算去除率，计入表格。

3．污水处理工艺设备部件与管道连接

根据给定的任务书（以下 4 种情况之一），完成污水处理工艺设备部件与管道连接。

①根据平台给定的 A/O 工艺装配图及装配工艺要求，进行曝气头、填料、流量计、传感器等器件的装配与工艺管道（污水管、空气管、污泥管）的连接。

②根据平台给定的 A^2/O 工艺装配图及装配工艺要求，进行曝气头、填料、流量计、传感器等器件的装配与工艺管道（污水管、空气管、污泥管）的连接。

③根据平台给定的 SBR 工艺装配图及装配工艺要求，进行曝气头、填料、流量计、传感器等器件的装配与工艺管道（污水管、空气管、污泥管）的连接。

④根据平台给定的 MSBR 工艺装配图及装配工艺要求，进行曝气头、填料、流量计、传感器等器件的装配与工艺管道（污水管、空气管、污泥管）的连接。

4．水处理平台动力系统线路设计与连接

根据给定的任务书（以下 4 种情况之一），完成水处理平台动力系统线路设计与连接。

①根据任务书给定的 A/O 工艺系统，绘制或补充完善动力线路原理图。根据任务书要

求，对水处理系统所配置的动力系统与监测系统进行线路连接，确认无误后进行电控柜电源通电检测。

②根据任务书给定的 A^2/O 工艺系统，绘制或补充完善动力线路原理图。根据任务书要求，对水处理系统所配置的动力系统与监测系统进行线路连接，确认无误后进行电控柜电源通电检测。

③根据任务书给定的 SBR 工艺系统，绘制或补充完善动力线路原理图。根据任务书要求，对水处理系统所配置的动力系统与监测系统进行线路连接，确认无误后进行电控柜电源通电检测。

④根据任务书给定的 MSBR 工艺系统，绘制或补充完善动力线路原理图。根据任务书要求，对水处理系统所配置的动力系统与监测系统进行线路连接，确认无误后进行电控柜电源通电检测。

5．污水处理设备的调试运行工作

根据给定的任务书（以下 4 种情况之一），完成污水处理设备的调试运行。

①根据任务书给定的 A/O 工艺系统，经现场裁判确认同意后进行通电运行，进行单机调试、故障检修和整机联动，使之能够正常完成工艺流程，并将在线监测数据记入表格。

②根据任务书给定的 A^2/O 工艺系统，经现场裁判确认同意后进行通电运行，进行单机调试、故障检修和整机联动，使之能够正常完成工艺流程，并将在线监测数据记入表格。

③根据任务书给定的 SBR 工艺系统，经现场裁判确认同意后进行通电运行，进行单机调试、故障检修和整机联动，使之能够正常完成工艺流程，并将在线监测数据记入表格。

④根据任务书给定的 MSBR 工艺系统，经现场裁判确认同意后进行通电运行，进行单机调试、故障检修和整机联动，使之能够正常完成工艺流程，并将在线监测数据记入表格。

6．污水处理厂水、气、声、渣污染因子的监测

①根据任务书要求及给定的试剂，能够正确使用在线监测仪器仪表，完成指定的环保监测仪器（DO 仪、pH 仪等）标定校准与参数设定工作，以及对相关单元进行监测并记录相应的数据，以达到预定功能要求。

②根据任务书要求及给定的检测仪器，完成对设备环境空气质量 $PM_{2.5}$ 的检测并记录相应的数据。

③根据任务书要求及给定的检测仪器，完成对设备平台风机噪声的检测并记录相应的数据。

④根据任务书要求及给定的检测仪器，完成对污泥及其渗滤液的 pH 和电导率的检测并记录相应的数据。

7．职业素养

包括操作不当损坏工具，工作台面遗留工具、零件，操作结束工具未能整体摆放，不尊重考场裁判和工作人员，违反竞赛规则。

2.5.3 考核规则

1．报名资格

①以省、自治区、直辖市（以下简称省）为单位组织报名，通过全国职业院校技能大

赛网络报名系统统一进行。

②每支参赛队由 2 名选手组成，配备 2 名指导教师。

③参赛选手须为普通高等学校全日制在籍专科学生。本科院校中高职类全日制在籍学生。五年制高职四、五年级在籍学生。高职组参赛选手年龄须不超过 25 周岁，年龄计算的截止时间以比赛当年的 5 月 1 日为准。凡在往届全国职业院校技能大赛中获一等奖的选手，不能再参加同一项目同一组别的比赛。

④参赛选手和指导教师报名获得确认后不得随意更换。如备赛过程中参赛选手和指导教师因故无法参赛，须由省级教育行政部门于相应赛项开赛 10 个工作日之前出具书面说明，经大赛执委会办公室核实后予以更换。竞赛开始后，参赛队不得更换参赛队员，允许队员缺席比赛。

2．赛前准备

①熟悉场地：比赛日前一天 16:30—17:00 开放赛场，参赛选手应在竞赛日程规定的时间内熟悉竞赛场地。

②领队会议：比赛日前一天下午召开领队会议，由各参赛队伍的领队和指导教师参加，会议讲解竞赛注意事项并进行赛前答疑。

③抽签仪式：领队会议上确定分批抽签，比赛前 20 分钟内选手赛位抽签，通过抽签确定各参赛队的赛次工位。

④参赛队入场：参赛选手应提前 30 分钟到达赛场，接受工作人员对选手身份、资格和有关证件的核验，赛位由抽签确定，不得擅自变更、调整；选手在竞赛过程中不得擅自离开赛场，如有特殊情况，须经裁判人员同意。选手不得将手机、无线上网卡、移动存储设备、资料等与竞赛无关的物品带入赛场。

3．正式比赛

①所有人员在赛场内不得有影响其他选手完成工作任务的行为，参赛选手不允许串岗串位，使用文明用语，不得言语及人身攻击裁判和赛场工作人员。

②选手须严格遵守安全操作规程，并接受裁判员的监督和警示，以确保参赛人员人身及设备安全。选手因个人误操作造成人身安全事故和设备故障时，裁判长有权中止该队比赛；如非选手个人因素出现设备故障而无法比赛，由裁判长视具体情况做出裁决（调换到备份赛位或调整至最后一场次参加比赛）；如裁判长确定设备故障可由技术支持人员排除故障后继续比赛，将给参赛选手补足所耽误的比赛时间。

③选手进入赛场后，不得擅自离开赛场，因病或其他原因离开赛场或终止比赛，应向裁判示意，须经赛场裁判长同意，并在赛场记录表上签字确认后，方可离开赛场并在赛场工作人员指引下到达指定地点。

④选手须按照程序提交比赛结果（任务书），在比赛赛位的计算机规定文件夹内存储比赛文档，配合裁判做好赛场情况记录，并签字确认，裁判提出签名要求时，不得无故拒绝。

⑤裁判长发布比赛结束指令后所有未完成任务参赛选手立即停止操作，按要求清理赛位，不得以任何理由拖延竞赛时间。

4．成绩评定

①过程评判，所有评分项由过程裁判签字，同时选手签“认可”，此处不签名。

②结果评判，结果裁判负责所有工位的评判，裁判评分进行加权计算后作为选手最后得分，并有专人进行录像。

③评判结束后，记分员负责在监督人员监督下完成统分工作，统分表由记分员、裁判长、监督组和仲裁组成员共同签字确认，在监督组监督下由裁判长审核签字后封装。

5．竞赛纪律

①所有有关专家和裁判将签订保密协议，严守保密纪律，不得私自透露赛题非公开部分的内容。

②任何人不得以任何方式暗示、指导、帮助、影响参赛选手。对造成后果的，视情节轻重酌情扣除参赛选手成绩。

③竞赛过程中，除参加当场次竞赛的选手、执行裁判员、现场工作人员和经批准的人员外，其他人员一律不得进入竞赛现场，参赛人员竞赛完毕应及时退出竞赛现场。对不听劝阻、无理取闹者追究责任，并通报批评。

④裁判员、监督员、仲裁组成员、其他工作人员违反工作守则，经大赛组委会核实后视情节轻重予以警告处分或取消其任职资格。

⑤对违反竞赛各种纪律的参赛选手及所在代表队和单位，视情节轻重、后果影响，对选手予以取消竞赛评奖资格或通报批评。

2.5.4 环境要求

①比赛赛位：每个赛位占地不小于 24 m^2（6 m×4 m），且标明赛位号，布置竞赛平台 1 套、工作准备台 1 张、凳子 2 张。每个比赛赛位配有工作台，供选手书写，摆放工、量、刀具。每个比赛赛位配有相应数量的清洁器具。

②赛场内每个工位提供单相 220 V 电源一路，功率不小于 2 kW；提供独立于单相三线制电源两路，功率不小于 0.2 kW。竞赛场地布线要采用扣线板。

③比赛赛位有隔离标示或护栏，确保选手不受外界影响参加比赛。赛场提供稳定的照明、水、电、气源和供电应急设备等。

④竞赛场地要宽敞明亮，有空调或风扇降温措施，地面要干燥。赛场提供进水和排水口，赛场要通风。

⑤赛场设有安保、消防、设备维修和电力抢险人员待命，以防突发事件。赛场配备维修服务、医疗、生活补给站等公共服务设施，为选手和赛场人员提供服务。

⑥竞赛场地要有网络摄像机，能够摄录比赛全过程。

⑦各代表队往返驻地和赛场参加比赛和会议等活动，由组委会安排交通车接送。

⑧竞赛场地完全实现对外开放和观摩，在赛场内设置参观区域，允许观众和指导教师现场观摩大赛。

2.5.5 技术规范

1．专业教育教学要求

竞赛项目符合高职“水环境监测与治理”“环境工程技术”“环境监测与控制技术”“环境信息技术”与“给排水工程技术”等相关专业实训教学内容的需求。符合高职相关专业教学内容要求，涉及污水处理工艺的设计、设备安装、系统连接、调试与运行、PLC 控制器的应用与维护、水样采集、仪器检测分析等方面的知识点和技能点。

2. 行业、职业技术标准与参考文献

（1）国家职业技能标准《水生产处理工》技能考核要点

（2）国家职业技能标准《工业废水处理工》技能考核要点

（3）中华人民共和国教育部《中等职业学校工业分析与检验专业教学标准》

（4）GB 3838—2002　地表水环境质量标准

（5）GB 18918—2002　城镇污水处理厂污染物排放标准

（6）GB 8978—1996　污水综合排放标准

（7）HJ 91.1—2019　污水监测技术规范

（8）GB/T 601—2016　化学试剂　标准滴定溶液的制备

（9）GB 11901—89　水质　悬浮物的测定　重量法

（10）GB 7489—87　水质　溶解氧的测定　碘量法

（11）GB 11892—89　水质　高锰酸盐指数的测定

（12）GB 50335—2016　城镇污水再生利用工程设计规范

（13）GB/T 50106—2010　建筑给水排水制图标准

（14）GB 50268—2008　给水排水管道工程施工及验收规范

（15）CECS 97：97　鼓风曝气系统设计规程

（16）GB 50318—2017　城市排水工程规划规范

2.5.6 应急预案

①在大赛之前，由安全保卫处对安保队员组织培训，提前进行安全教育，明确具体职责和具体分工。

②赛场安全区域管理，大赛前严格检查各部位消防设施，做好安全保卫工作，控制闲杂人员进入，防止火灾、盗窃现象发生，确保大赛期间赛场区域的安全与稳定。

③如发生安全事故，应立即报告现场总指挥，各类人员按照分工各尽其责，立即进行现场抢救和组织人员疏散，最大限度地减少人员伤亡和财产损失。

④电力供应如存在不稳定的因素，配备应急发电车，保证大赛顺利进行，如中途断电等现象，启用电力应急车并对停电工位进行补时，确保公平公正。

⑤设备和计算机等配置备用机，如计算机出现卡顿等现象立即进行更换，对选手进行适当时间的补时。

⑥设备运行调试时，应对每个系统分别调试，规范操作，避免设备短路故障出现。考生在进行计算机编程操作时现场裁判提醒要及时存盘，避免数据丢失。

⑦比赛过程中，技术保障组全程待命，如果出现设备或器件故障，及时给予维修或更换备用设备，裁判人员记录时间并报告裁判长，经裁判长同意根据实际情况按要求给予补时。

⑧应急处理。比赛期间发生意外事故，发现者应第一时间报告执委会，同时采取措施避免事态扩大。执委会应立即启动预案予以解决并报告组委会。赛项出现重大安全问题可以停赛，是否停赛由执委会决定。事后，执委会应向组委会报告详细情况。

3 水环境监测与治理职业技能培训体系

3.1 技能训练基本要求

3.1.1 实训目的

根据水环境监测与治理技术职业技能等级标准，通过训练，使学习者掌握水环境监测技术、水质采样技术、水处理工程技术、环境信息技术、电气自动化控制技术等理论和操作，达到水环境监测与治理技术职业技能的要求。

3.1.2 能力要求

（1）水环境监测能力

（2）水样配制与测定能力

（3）水处理工艺设计能力

（4）水处理设备安装调试能力

（5）水处理设备的运行与维护能力

（5）水处理设备的自动控制设计与运行能力

（7）水处理设备运行故障排除与维修能力

3.1.3 实训内容

（1）水样采集、保存、预处理，实验室水样监测，水质在线监测

（2）运用相关标准进行 A/O、A^2/O、SBR 和 MSBR 等工艺设计计算，运用 CAD 进行系统图、电气控制原理图的绘制

（3）根据相关图纸和工艺要求，进行 A/O、A^2/O、SBR 和 MSBR 等工艺系统的管道安装

（4）根据相关图纸和工艺要求，进行风机、水泵、反应器、搅拌机、曝气头等污水处理设备相关部件的安装与调试

（5）根据相关图纸和工艺要求，进行电气控制线路安装

（6）PLC 硬件与程序编写、运行调试

（7）触控组态软件以及程序编写、运行调试

3.1.4 实训平台

1．实训平台的技术性能

（1）系统输入电压：单相交流 220 V±10%，50 Hz

（2）系统要求工作环境：环境温度范围为 0～40℃、相对湿度＜85%（25℃）、海拔＜4 000 m

（3）系统容量：＜2.0 kVA

（4）控制柜尺寸：700 mm×600 mm×1 800 mm

（5）实训平台尺寸：3 010 mm×800 mm×1 700 mm

（6）安全保护：具有漏电压、漏电流保护装置，安全符合国家标准

2．实训平台的组成

水环境监测与治理技术综合实训平台包括水环境在线监测、A/O 工艺水处理技术、A^2/O 工艺水处理技术、SBR 工艺水处理技术、MSBR 工艺水处理技术、自动化控制技术等核心知识。

技术平台主要由控制系统、供水系统、水处理系统和在线监测系统四部分组成，实训平台如图 3.1-1 所示。

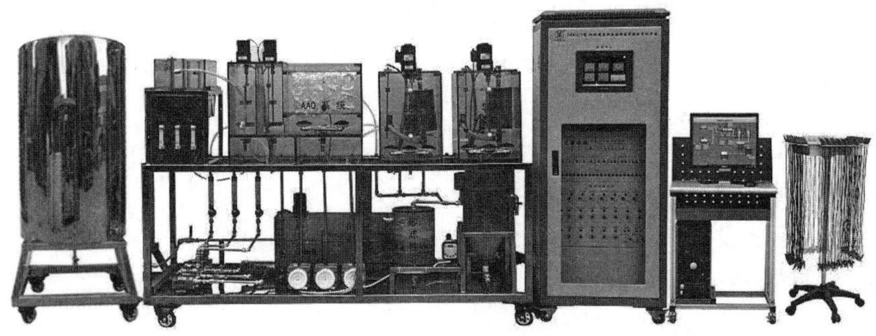

图 3.1-1 水环境监测与治理技术综合实训平台

（1）控制系统

由电气控制柜、漏电保护器、触摸屏、旋钮开关、工作状态指示灯、PLC 可编程序控制器、继电器、组态监控软件等组成。

（2）供水系统

由不锈钢大水箱、不锈钢支架、水箱液位管和球阀等组成。

（3）水处理系统

由水泵、风机、电磁阀、搅拌机、有机玻璃格栅调节池、有机玻璃沉砂池、有机玻璃 A^2/O 生物反应器、有机玻璃 SBR 池、有机玻璃二沉池、有机玻璃砂滤柱、有机玻璃加药池、风机、曝气头、搅拌机、流量计和管道等组成。

（4）在线监测系统

由 DO 在线监测仪、pH 在线监测仪、浮球液位开关等组成。

水环境监测与治理技术综合实训平台配置见表 3.1-1，监控系统基本配置见表 3.1-2，管材与配件见表 3.1-3，配套工具见表 3.1-4，赛场提供软件名称版本见表 3.1-5。

表 3.1-1 水环境监测与治理技术综合实训平台配置

序号	器材名称	规格或型号	实体图	单位	数量
1	不锈钢钢架	长 2 210 mm 宽 800 mm 高 1 400 mm		套	1
2	不锈钢原水箱	直径 750 mm 高 1 180 mm		个	1
3	有机玻璃 A^2/O 系统部件	长 780 mm 宽 400 mm 高 580 mm		台	1
4	SBR 系统部件	长 430 mm 宽 370 mm 高 520 mm		台	2
5	格栅调节池	长 740 mm 宽 260 mm 高 390 mm	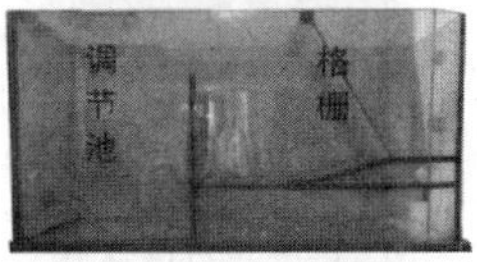	台	1
6	沉砂池	长 600 mm 宽 350 mm 高 340 mm		台	1

序号	器材名称	规格或型号	实体图	单位	数量
7	砂滤柱	直径 250 mm 高 300 mm		台	1
8	二沉池	直径 250 mm 高 520 mm		个	1
9	加药池	长 260 mm 宽 260 mm 高 300 mm		台	1
10	水泵	单相 AC220 V 功率 90 W 扬程 8 m 流量 8 L/min		个	4
11	电磁隔膜计量泵	单相 AC220 V 功率 16 W 扬程 2 m 流量 15 L/h	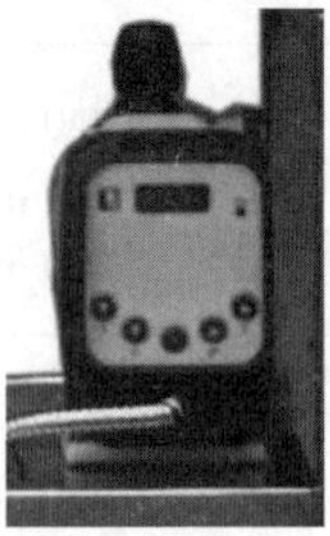	个	1

序号	器材名称	规格或型号	实体图	单位	数量
12	标准电机	单相 AC220 V 功率 25 W		台	4
13	调速电机	单相 AC220 V 功率 40 W		台	2
14	曝气头	微孔曝气头 Φ 8 cm	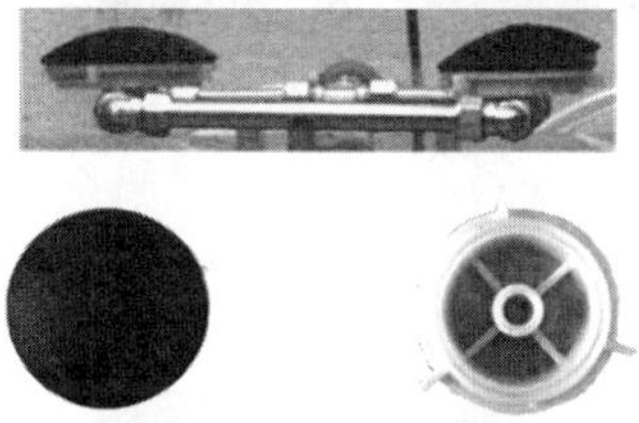	只	10
15	风机	AC220 V 功率 185 W	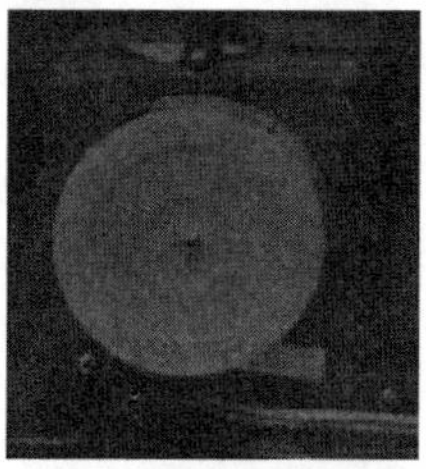	台	3
16	滗水器	空气堰式	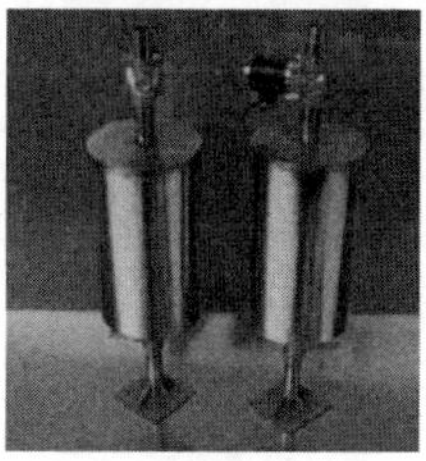	只	2
17	DO 传感器	0～20 mg/L 6 分外螺纹接口		个	4

序号	器材名称	规格或型号	实体图	单位	数量
18	pH 传感器	0～14 6 分外螺纹接口		个	1
19	气体流量计	0.5～8 L/min	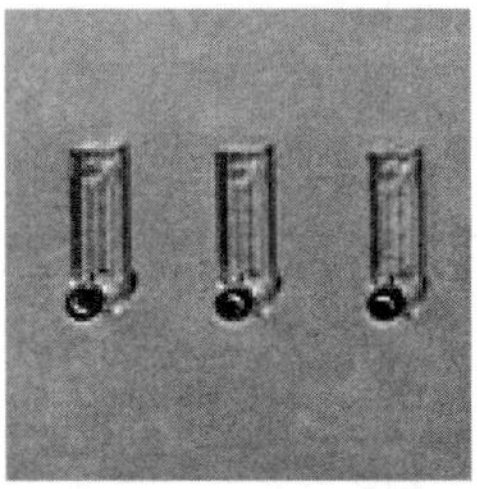	只	3
20	液体流量计	1～7 L/min		只	3
21	浮球液位开关	—	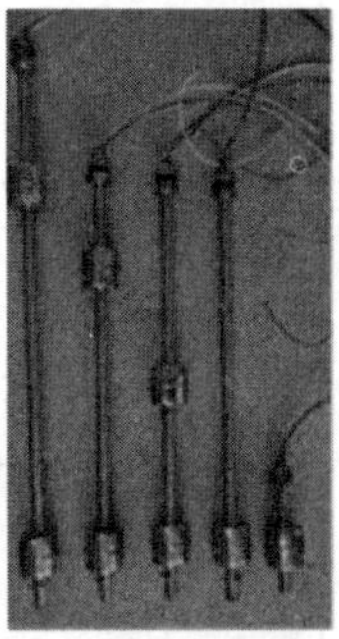	套	1
22	组合填料	Φ 150 mm		套	1

表 3.1-2　监控系统配置

序号	器材名称	规格或型号	实体图	单位	数量
1	PLC 控制器	CPU224 2DP 继电器主机（14I/10O）	 CPU224主机 6ES7 214-2BD23-0XB8	个	1
2	EM222 模块	8 点继电器输出	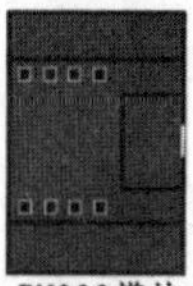 EM222模块 6ES7222-1HF22-0XA8	个	1
3	EM231 模块	8 入模拟量模块	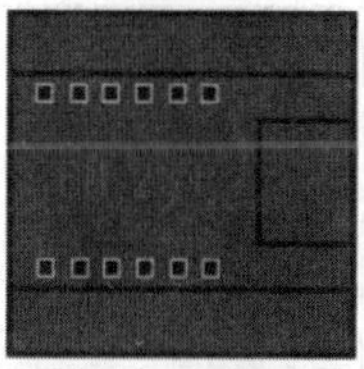 6ES7 231-0HF22-0XA0	个	1
4	EM232 模块	4 出模拟量模块	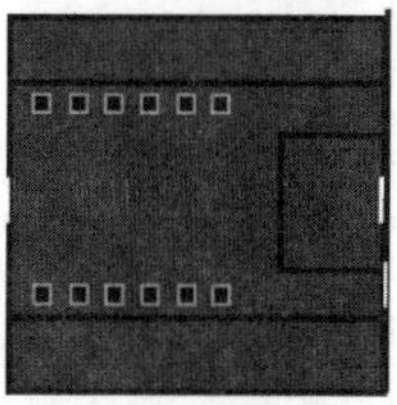 6ES7 232-0HD22-0XA0	个	1
5	触摸屏	10 英寸		台	1
6	低压电气	小继电器		套	1
7	空气开关	带漏电保护器	电源总开关  DZ47-63LEP-2P-10A	个	1

序号	器材名称	规格或型号	实体图	单位	数量
8	保险丝	熔断器	 RT14-20 RT14-20/10A	个	1
9	交流接触器	220 V		个	1
10	操作开关	2 位	 开 关 开 关 二位旋钮 Φ22-LAY16-DB01 二位旋钮 Φ22-LAY16-DB01	个	2
11	开关电源	输出：DC24 V		个	1
12	电机调速模块	内置式调速模块		个	2
13	工作状态指示灯		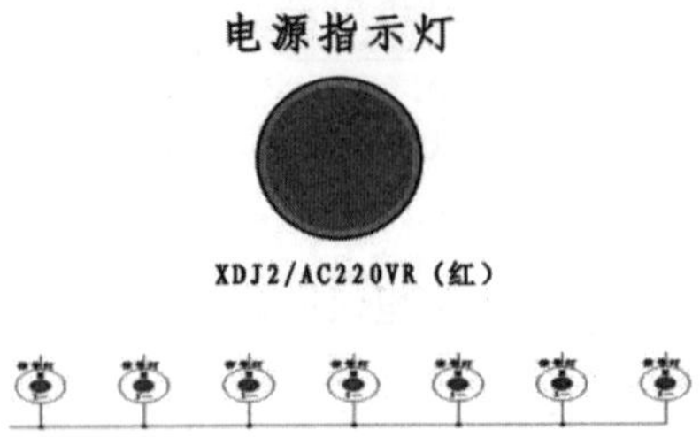 电源指示灯 XDJ2/AC220VR（红）	只	32

序号	器材名称	规格或型号	实体图	单位	数量
14	DO 仪	单相 AC220 V 输入，输出信号：4～20 mA		只	4
15	pH 仪	单相 AC220 V 输入，输出信号：4～20 mA		只	1

表 3.1-3　管材与配件一览

序号	管材与配件名称	实体图	序号	管材与配件名称	实体图
1	短柄球阀		13	DN20 塑料堵头	
2	长柄球阀		14	DN15 塑料堵头	
3	黄铜闸阀		15	外丝直通接头	
4	立式止回阀		16	内丝直通接头	
5	卧式止回阀		17	内丝三通接头	

序号	管材与配件名称	实体图	序号	管材与配件名称	实体图
6	自动排气阀		18	弯头	
7	电磁阀	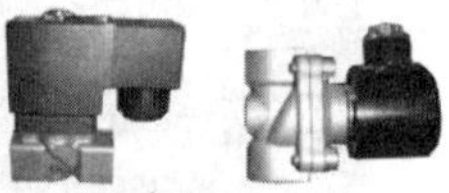	19	不锈钢内丝弯头	
8	宝塔接头		20	不锈钢内丝三通	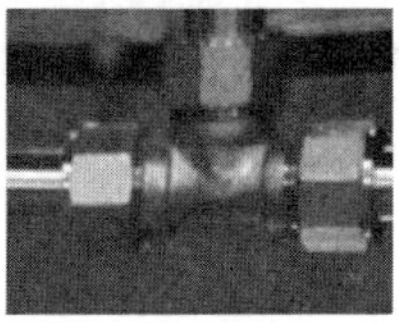
9	不锈钢复合管	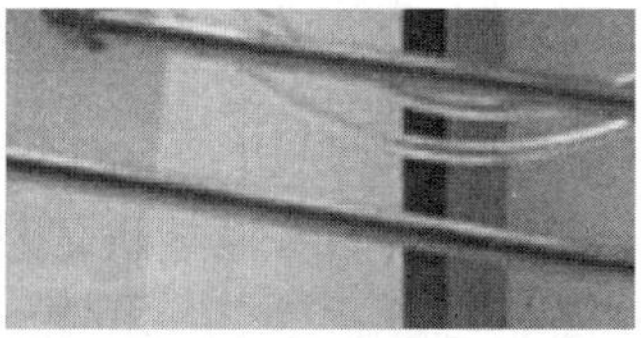	21	不锈钢外丝直接	
10	PU 管		22	不锈钢内丝直接	
11	金属线管	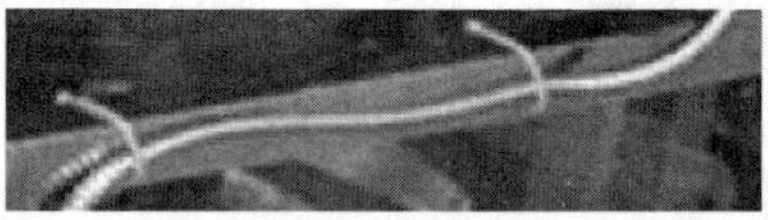	23	铜转接头	
12	波纹管	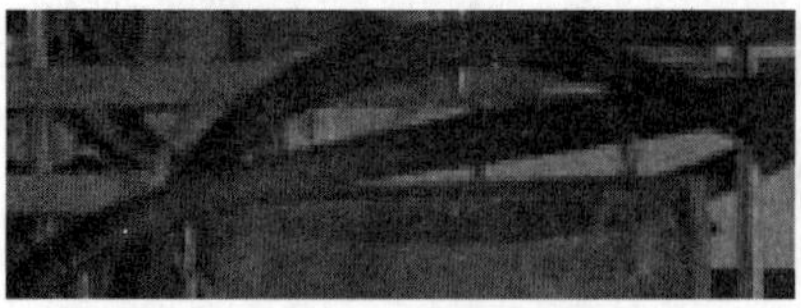	24	气动接头	

表 3.1-4 配套工具一览

序号	配套工具	实体图	序号	配套工具	实体图
1	复合管割刀	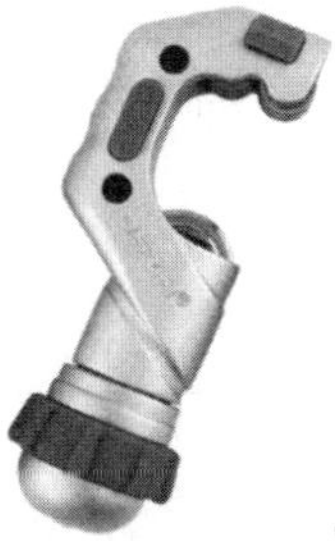	9	电工工具组合套装	
2	PVC 管子剪刀	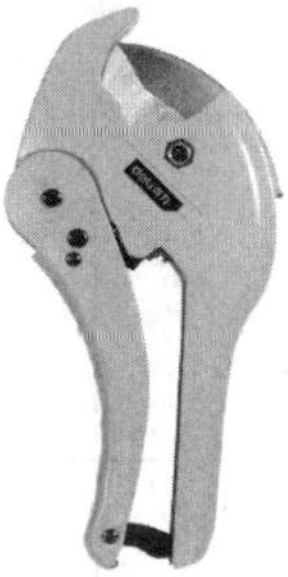	10	插线板	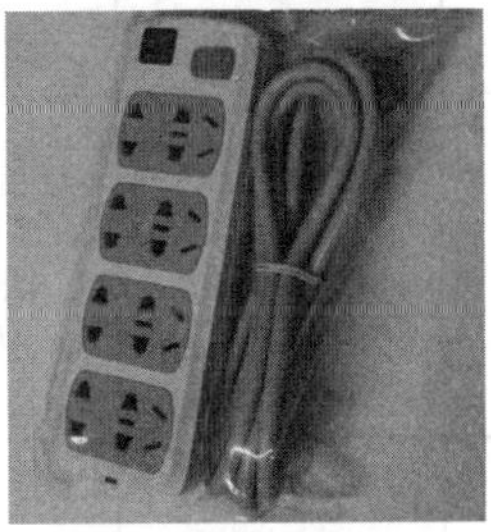
3	有机玻璃胶水	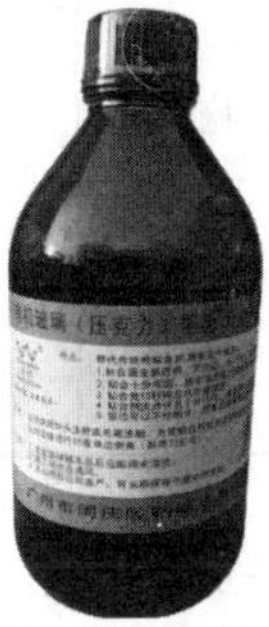	11	万用表	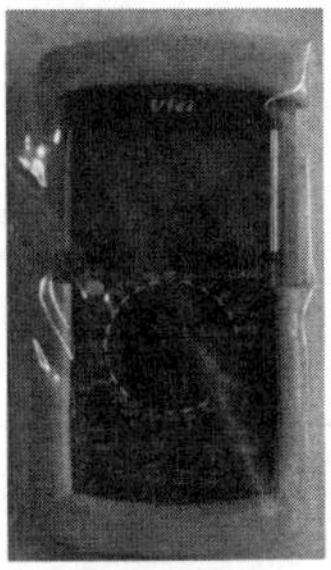
4	注射器		12	烙铁架	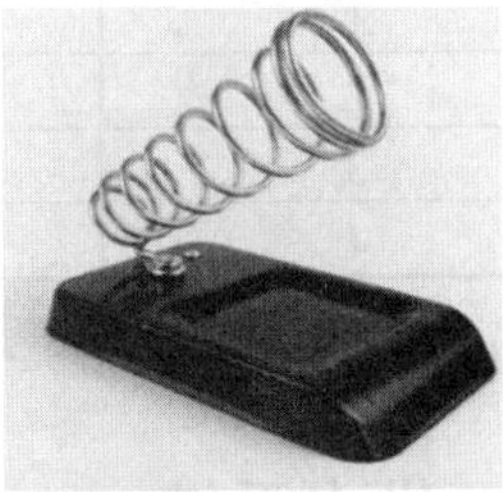

序号	配套工具	实体图	序号	配套工具	实体图
5	卷尺		13	导线架	
6	扳手		14	电工胶带	
7	生料带		15	记号笔	
8	内六角扳手组合套装		16	电脑桌	

表 3.1-5　软件版本一览

序号	系统及软件名称	版本号
1	计算机操作系统	Windows 7
2	编程软件	STEP7-MicroWIN V4.0 SP9
3	MCGS 触摸屏软件	MCGS 嵌入版 7.7
4	办公软件	Office 2003（Word/Excel）

3.2 供水系统

3.2.1 实训目的

了解水处理系统中供水系统工艺流程，认识供水系统中相关管道、阀门和附件。进行不锈钢复合管及 PU 管的切割、安装训练和平台系统的通水实验。

3.2.2 系统组成

供水系统由不锈钢水箱、液位指示管、短柄球阀、长柄球阀、电磁阀、不锈钢复合管、管接件及回水口等组成，如图 3.2-1 所示。

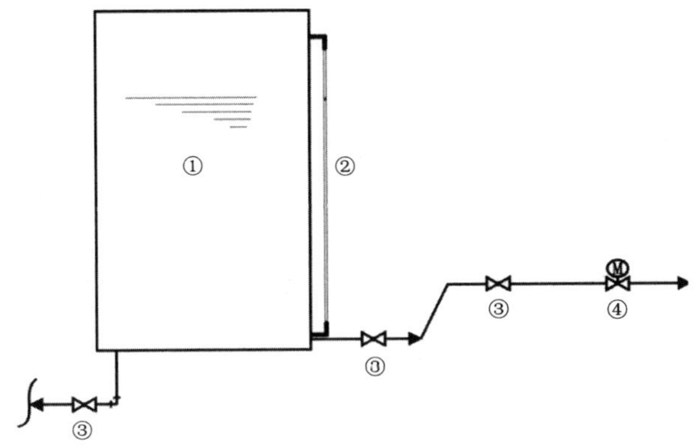

①-不锈钢水箱；②-液位指示管；③-球阀；④-电磁阀

图 3.2-1 供水系统原理

3.2.3 不锈钢水箱

（1）作用

用来储存提供整个污水处理系统的水源。

（2）参数

直径 750 mm，高度 1 180 mm。

（3）安装方式

从上向下穿螺丝，底板背面依次加上平垫、弹垫、螺母打紧。

3.2.4 液位指示管

（1）作用

用来指示不锈钢水箱的液位。

（2）材质

透明 PU 管。

（3）参数

直径 10 mm，高度 1 050 mm。

（4）安装方式

首先将上下两个快拧弯头固定在不锈钢水箱上，然后将透明 PU 管下端固定在下端的快拧弯头上，再将浮子放入 PU 管内，最后再将透明 PU 管上端固定在水箱上端的快拧弯头上。

3.2.5 供水管及管件

（1）作用

为整个系统提供水源的管道。

（2）材质

不锈钢复合管及管件。

（3）材质特点

耐腐蚀性强，硬度高，安装方便。

（4）切割

（5）连接

不锈钢复合管采用卡压式连接。管件用于连接管道。操作方法见不锈钢复合管的切割和连接。

3.2.6 球阀

（1）作用

在管道中通断水流。

（2）分类

长柄球阀、短柄球阀。

（3）规格

DN15。

（4）安装要求

丝扣连接。

3.2.7 电磁阀

（1）作用

电磁阀是用来控制流体的自动化基础元件，属于执行器；并不限于液压、气动。电磁阀是用于控制液压流动方向，工厂的机械装置一般都由液压缸控制，所以就会用到电磁阀。

（2）规格

DN15、DN20。

（3）安装要点

电磁阀一般是单向工作的，不能装反，阀上箭头是管路流体的运动方向，必须保持一致。

电磁阀安装一般应保持阀体水平，线圈垂直向上；有部分产品可以任意安装，但在条件允许时最好垂直，以增长使用寿命。

电磁阀在结冰场所重新工作时应加热处理，或设置保温措施。

电磁线圈引出线（接插件）连接好后，应确认是否牢固，连接电器元件触点不应松动，松动将引起电磁阀不工作。

3.3 污水处理单元

综合实训平台上涉及的污水处理系统各处理单元，包括格栅调节池、沉砂池、A^2/O 生物反应器、SBR 池、二沉池、砂滤柱、加药池，均为有机玻璃制作。

3.3.1 格栅调节池

（1）作用

格栅用于废水的前处理，安装在污水渠道、泵房集水井的进口处，截留较大的悬浮物或漂浮物，如纤维、碎皮、毛发、木屑、果皮、蔬菜、塑料制品等，以防止水泵、排水管以及后续处理构筑物的堵塞，保证处理设施和设备的正常运转。

调节池用于调节进水水质水量，减轻水质水量的波动对后续构筑物的冲击。

（2）分类

格栅是由金属棒或栅条按一定间距平行排列而成。栅条形状有圆形、矩形、方形等，其中圆形栅条的水力阻力小，矩形栅条因刚度好而常被采用。

格栅按形状，可分为平面格栅和曲面格栅两种。平面格栅由栅条与框架组成，曲面格栅可分为固定曲面格栅与旋转鼓筒式格栅两种。固定曲面格栅，利用渠道水流推动除渣桨板旋转鼓筒式格栅，污水向鼓筒外流动，被格除的栅渣，由冲洗管冲入渣槽内排出。

按栅条的空隙，可分为粗格栅（50～100 mm）、中格栅（10～40 mm）、细格栅（3～10 mm），为了更好地拦截废水中的颗粒物，有时采用粗、中两道格栅，甚至采用粗、中、细三道格栅。

粗格栅拦截呈悬浮或漂浮状态的固体杂物，以免进水中的粗大杂物进入后续构筑物，堵塞管道和水泵机组，保证污水提升系统正常运行而不受损害。工程上一般将粗格栅间及进水泵房合建式为地下钢筋混凝土构筑物。

细格栅用于进一步去除污水中较大的漂浮物特别是丝状、带状漂浮物，以保证后续处理系统的正常运行。

（3）实训平台

格栅与调节池一体化设计，采用浅蓝色有机玻璃材质制作，模拟污水预处理，如图 3.3-1 所示。

图 3.3-1 格栅与调节池

3.3.2 沉砂池

（1）作用

从污水中分离相对密度较大（约 2.65 t/m^3）的无机颗粒，如砂、炉灰渣等。它一般设在泵站、沉淀池之前，用于保护机件和管道免受磨损，还能使沉淀池中污泥具有良好的流动性，能防止排放与输送管道被堵塞，且能使无机颗粒和有机颗粒分别分离，便于分别处理和处置。

根据沉砂池的功能，应注意控制沉砂池内的水流速度，只让密度约 2.65 t/m^3、粒径大于 0.2 cm 的无机颗粒沉淀下来，而有机颗粒应随水流出进入下一处理单元。

（2）原理

城市污水的沉砂量按 0.03 L/m^3 计算，生活污水的沉砂量按 0.01～0.02 L/（人·d）计，沉砂的含水率约 60%，密度为 1 500 kg/m^3。沉砂池的砂斗容积不应大于 2 d 的沉砂量，采用重力排砂时，砂斗的斗壁与水平面的夹角不应小于 55°。沉砂池一般采用机械排砂的方法，并经砂水分离后贮存或外运；采用人工排砂时，排砂管直径不应小于 200 mm。砂的流动性不如污泥，排砂管应考虑防堵塞措施。

（3）分类

常用的沉砂池有平流沉砂池（图 3.3-2）、曝气沉砂池和钟式沉砂池。

（4）实训平台

采用平流沉砂池，浅蓝色有机玻璃材质制作，矩形平面，废水经过消能或整流后进入池子，两端有闸门，以控制水流，池底设 1～2 个贮砂斗，利用重力排砂，也可用射流泵或螺旋泵排砂。

图 3.3-2 平流沉砂池

3.3.3 A²/O 生物反应器

（1）作用

A²/O 或称 AAO（Anaerobic-Anoxic-Oxic），即厌氧—缺氧—好氧工艺，是 20 世纪 70 年代由美国 Air Products and Chemicals Inc.公司开发的专利技术，通过厌氧段放磷、缺氧段反硝化脱氮和好氧段硝化、吸磷，实现同步脱氮除磷。A²/O 工艺在去除有机污染物的同时，能够实现脱氮除磷效果，总水力停留时间少于其他同类工艺，厌氧、缺氧、好氧交替运行，不利于丝状菌生长，污泥膨胀较少发生，生物除磷过程运行中无须投药，运行费用低，且污泥中含磷浓度高，具有较高的肥效，是实现污水回用和资源化的有效途径。

（2）原理

在厌氧段，外回流污泥中的聚磷菌释放磷，并吸收低级脂肪酸等易降解的有机物，同时对部分有机物进行氨化。

在缺氧段，将好氧段硝化作用后产生的硝酸盐回流至缺氧段进行反硝化，反硝化细菌利用污水中的有机物作为碳源，将内回流混合液带入的 NO_3-N 和 NO_2-N 通过反硝化作用转为氮气，从而达到脱氮的目的，并使 BOD_5 继续下降。

在好氧段，好氧菌降解去除 BOD_5、硝化和吸磷，在有氧条件下，有机物进一步氧化分解，氨氮被硝化菌转化为 NO_3-N，而在厌氧池中充分释磷的聚磷菌则可以在好氧池中过量吸收磷，形成高磷污泥，通过剩余污泥排出以达到除磷的目的。

（3）实训平台

厌氧—缺氧—好氧一体式设计，浅蓝色有机玻璃材质制作，如图 3.3-3 所示。

图 3.3-3 A²/O 生物反应器

3.3.4 SBR 生物反应器

（1）作用

SBR（Sequencing Batch Reactor），即序批式间歇活性污泥法的简称。在一个设有曝气或搅拌装置的反应器内依次循环实现进水、反应、沉淀、出水和闲置过程，实现污水处理目的。

（2）原理

进水：污水注入之前，反应器处于待机状态，此时沉淀后的上清液已经排空，反应器内还储存着高浓度的活性污泥混合液，此时反应器内的水位最低。注入污水，注水完毕才进入反应工序，此时具有调节水量、水质作用，故受负荷变动影响较小，对水质、水量变化的适应性较好。

反应：当污水达到预定高度时，开始反应操作，根据不同的处理目的选择相应的操作，例如控制曝气时间可以实现 BOD_5 的去除、硝化、磷的吸收等不同要求，控制曝气或搅拌器强度来使反应器内维持厌氧或缺氧状态，实现硝化、反硝化过程。

沉淀：停止曝气和搅拌，混合液处于静止状态，泥水分离。反应器中的污泥沉淀是在完全静止的状态下完成的，受外界干扰小。静止沉淀避免了连续出水容易带走密度轻、活性好的污泥的问题。SBR 工艺沉降时间短，沉淀效率高，能使污泥保持较好的活性，沉淀时间根据污水类型以及处理要求具体设定，一般为 1～2 h。

出水：排出沉淀后的上清液，恢复到周期开始时的最低水位，剩下的一部分处理水起到循环水和稀释水的作用，沉淀的活性污泥大部分作为下个周期的回流污泥作用，剩余污泥则排放。

闲置：SBR 池处于空闲状态，微生物通过内源呼吸恢复活性，溶解氧浓度下降，起到一定的反硝化作用而进行脱氮，为下一运行周期创造良好的初始条件。由于经过闲置期后的微生物处于一种饥饿状态，活性污泥的表面积更大，因而在新的运行周期的进水阶段，活性污泥便可发挥其较强的吸附能力对有机物进行初始吸附去除。另外，待机工序可使池内溶解氧进一步降低，为反硝化工序提供良好的工况。

（3）特点

在空间上完全混合，时间上完全推流式，反应速度高。在同样处理效率情况下，SBR 法的反应池明显小于连续式的体积，且池越多，SBR 的总体积越小。工艺流程简单，构筑物少，占地省，造价低，运行管理费用低。静止沉淀，分离效果好，出水水质高。运行方式灵活，可生成多种工艺路线。同一反应器仅通过改变运行工艺参数就可以处理不同性质的废水。由于进水结束后，原水与反应器隔离，进水水质水量的变化对反应器不再有任何影响，因此工艺的耐冲击负荷能力高。间歇进水、排放以及每次进水只占反应器的 2/3 左右，其稀释作用进一步提高了工艺对进水冲击负荷的耐受能力。缺氧、好氧并存，反应中底物浓度较大、泥龄短，比增长速率大，能够有效地控制丝状菌的过量繁殖。

（4）组成

反应池、曝气装置、排水装置（即滗水装置）和自动控制系统。

（5）实训平台

设 2 座 SBR 池，采用浅蓝色有机玻璃材质制作。自动控制系统采用以监控管理计算机为核心的自控系统，包括监控管理计算机（上位机）、可编程序控制器（PLC）、电气控制柜、在线（现场）工作的器械与设备（滗水器、进水阀、泵）、在线（现场）监测仪器、仪表（DO、ORP、pH、水位等仪器的探头）等，如图 3.3-4 所示。

图 3.3-4　SBR 生物反应器

3.3.5　二沉池

（1）作用

实现生化反应后的混合液泥水分离，使混合液澄清，污泥浓缩，并且将分离的活性污泥回流到曝气池。由于水质、水量的变化，还要暂时贮存污泥。其工作性能对活性污泥处理系统的出水水质和回流污泥浓度有着直接的影响。由于进入二次沉淀池的活性污泥混合液浓度高，具有絮凝性，属于成层沉淀，并且密度小，沉速较慢。二次沉淀池有污泥浓缩的作用，需要适当增大污泥区容积。

（2）原理

沉淀池按其功能可分为进水区、沉淀区、污泥区、出水区及缓冲区五个部分。进水区和出水区是使水流均匀地流过沉淀池。沉淀区也称澄清区，是可沉降颗粒与废水分离的工作区。污泥区是污泥贮存、浓缩和排出的区域。缓冲区是分隔沉淀区和污泥区的水层，保证已沉降颗粒不因水流搅动而再度浮起。

（3）分类

常用沉淀池的类型有平流式沉淀池、辐流式沉淀池、竖流式沉淀池和斜板（管）沉淀池四种。

竖流式沉淀池多为圆形或方形，沉淀池上部为圆筒形的沉淀区，下部为截头圆锥状的污泥斗，两层之间为缓冲层。污水从中心管自上而下流入，经反射板向四周均匀分布，沿沉淀区的整个断面上升，清水由池四周集水槽收集。集水槽大多采用平顶堰或三角形锯齿堰。沉淀池贮泥斗倾角为 45°～60°，污泥可借静水压力由排泥管排出。

图 3.3-5　竖流式沉淀池

（4）实训平台

采用竖流式沉淀池，浅蓝色有机玻璃制作，如图 3.3-5 所示。

3.3.6　砂滤柱

（1）作用

去除生物过程和化学澄清过程中未能沉降的颗粒和胶体物质，进一步提高对悬浮固体、浊度、磷、BOD_5、COD、重金属和细菌病毒的去除率，为后续工艺提供有利的条件。

（2）分类

按流速滤池可分为慢滤池、快滤池和高速滤池；按滤料不同可以分为单层滤料（石英砂）、双层滤料（石英砂+无烟煤）、三层滤料（石英砂+无烟煤+重质矿石）、陶粒滤料和纤维球滤料等；按阀门数量的不同可以分为四阀滤料、双阀滤料、单阀滤料、无阀滤料、虹吸滤池；按过滤的驱动力不同可分为重力流滤池和压力滤池。

（3）滤料

滤料是滤池的核心，要求提供较大的比表面积和孔隙率，常用的滤料有石英砂、无烟煤、白云石、花岗石、石榴石、磁铁矿、硅藻土等天然材料的滤料，以及纤维球、塑料球、橡胶粒和陶粒等人工制成的滤料。

滤料应具备的条件：足够的机械强度，以免在冲洗的过程中滤料出现明显的磨损和破碎；足够的化学稳定性，保证在过滤过程中滤料不与水发生化学反应产生溶解现象而恶化水质；就地取材，货源充足，价格低廉；外形接近于球形，表面有比较粗糙的棱角；不能含有对人体健康和生产有害的物质。

（4）承托层

由若干层卵石或经破碎的石块、重质矿石构成，并按照上小下大顺序依次排列。承托层可以防止过滤时滤料通过配水系统的孔眼进入过滤后的水中，在反冲洗时保持滤层稳定，并对均匀配水起到辅助作用。承托层的最上层直接与滤料接触，其粒径大小由滤料的粒径来确定；最下层与配水系统相接触，其粒径大小需根据配水系统孔眼的大小来确定，一般按孔径的 4 倍来考虑。

图 3.3-6　砂滤柱

（5）实训平台

砂滤柱，采用浅蓝色有机玻璃制作，如图 3.3-6 所示。

3.3.7　加药池

（1）作用

向水中投加药剂，通过化学或者物理化学反应，实现水质变化。

（2）原理

向酸性废水中投加碱，或者向碱性废水投加酸，可以调节水的 pH。向含有悬浮物和胶体的天然水体（或二沉池）中投加混凝剂，可以产生混凝反应，产生絮体下沉分离。向水中投加消毒剂，可以灭杀水中的病毒、致病微生物、大肠杆菌等。

（3）实训平台

实训平台采用清水模拟整个工艺流程，为考核 DO 值参数范围的控制，加药池用于投药脱氧。

（4）考核方法

根据水温，查阅表 3.3-1，得出给定实验条件下水样溶解氧饱和值 C_S，并根据 C_S 和水样体积 V 求投药量，然后投药脱氧。

表 3.3-1　空气中溶氧度对照

温度/℃	DO/（mg/L）	温度/℃	DO/（mg/L）	温度/℃	DO/（mg/L）	温度/℃	DO/（mg/L）
0	14.6	15	10.07	30	7.59	45	5.76
1	14.21	16	9.85	31	7.46	46	5.63
2	13.83	17	9.65	32	7.34	47	5.49
3	13.46	18	9.45	33	7.21	48	5.35
4	13.11	19	9.26	34	7.09	49	5.21
5	12.78	20	9.08	35	6.98	50	5.06
6	12.45	21	8.91	36	6.86	51	4.9
7	12.14	22	8.74	37	6.74	52	4.74
8	11.84	23	8.58	38	6.62	53	4.57
9	11.56	24	8.42	39	6.5	54	4.4
10	11.28	25	8.27	40	6.38	55	4.22
11	11.02	26	8.13	41	6.26	56	4.03
12	10.76	27	7.99	42	6.14	57	3.83
13	10.52	28	7.85	43	6.02	58	3.62
14	10.29	29	7.72	44	5.89	59	3.41

（5）脱氧剂 Na_2SO_3 的用量计算

在自来水中加入 Na_2SO_3 还原剂来还原水中的溶解氧。

$$Na_2SO_3+\frac{1}{2}O_2\xrightarrow{CoCl_2}Na_2SO_4$$

相对分子质量比为

$$\frac{O_2}{2Na_2SO_3}=\frac{32}{2\times126}\approx\frac{1}{8}$$

故 Na_2SO_3 理论用量为水中溶解氧量的 4 倍。水中有部分杂质会消耗 Na_2SO_3，实际用量为理论用量的 1.5 倍。

所以投加的 Na_2SO_3 用量为

$$W=1.5\times8\times C_S\times V=12\times C_S\times V$$

式中：W——Na_2SO_3 投加量，g；

C_S——实验室水温对应的水中饱和溶解氧值，mg/L；

V——水样体积，m^3。

（6）催化剂投加量计算

根据水样体积 V 确定催化剂（钴盐）的投加量。

氯化钴的投加量，按维持池中的钴离子浓度为 0.05～0.5 mg/L 计算，本实验取 0.4 mg/L。

因为

$$\frac{CoCl_2\cdot6H_2O}{Co^{2+}}=\frac{238}{59}\approx4.0$$

所以单位水样投加钴盐量为 $CoCl_2 \cdot 6H_2O$，0.4×4.0=1.6（g/m^3）。

本实验所需投加钴盐为 $CoCl_2 \cdot 6H_2O$，1.6 V（g），式中，V 为水样体积（m^3）。

将 Na_2SO_3 用热水化开，均匀倒入加药池内，溶解的钴盐倒入加药池中，并开动加药搅拌机轻微搅动使其混合（约 10 s），再启动加药泵将脱氧剂加入实验水中进行脱氧。

3.4 动力系统

本平台动力系统主要由水泵、加药泵、风机、电磁阀、搅拌机等组成。

3.4.1 水泵

泵是一种输送流体的机械装置，把电动机的机械能或其他能源的能量传递给流体，使流体的能量（位能、压力能、动能）增加，在污水处理系统中用泵进行污水的提升，污泥的抽送及化学药剂的添加，是污水处理系统中必不可少的通用设备。

城市污水处理厂泵站的形式多种多样，按照不同的条件和采用的水泵种类分为干式泵房和湿式泵房，圆形泵房和矩形泵房，自灌式泵房和非自灌式泵房，地下式泵房和半地下式泵房，与集水池合建式泵房和分建式泵房等。按照泵房在污水处理系统所起的作用不同可分为中途泵站和最终提升泵站。

在污水处理厂，水泵类设备约占机械设备总投资额的 15%以上，也是主要耗能设备。由于输送的水量不同、输送的距离与扬程不同、介质不同，污水厂水泵类设备有各种不同的形式。主要可分为三大类：叶片泵、容积泵和其他类型泵，如螺旋泵等。叶片式水泵是利用工作叶轮的旋转运动来输送液体。按照工作原理可分为离心泵、轴流泵、混流泵和旋流泵。容积泵是利用工作时容积的周期变化来输送液体。螺旋泵是利用螺旋推进原理来输送液体。

泵站在污水处理系统中常被称为污水提升泵站，其作用主要是将上游来水提升至后续处理单元所需要的高度，使其实现重力自流。按照不同的分类方法，泵站又可分为多种不同类型，采取各种形式的水泵。它是污水处理系统，特别是预处理的重要环节。

本实训平台泵可分为水泵和加药泵。

3.4.2 风机

气体压缩和输送机械是化学工业与其他国民经济部门广泛应用的通用机械，主要用于以下几个方面：①气体输送；②产生高压气体；③产生真空。风机是我国气体压缩机械和气体输送机械的习惯简称。通常所说的风机为通风机、鼓风机、压缩机以及罗茨鼓风机。

3.4.3 电磁阀

详见相关章节。

3.4.4 搅拌机

本平台搅拌机由电机、搅拌叶和联轴器组成。

3.5 曝气系统

3.5.1 系统概述

曝气系统主要由风机、曝气头、搅拌机、流量计和管道等组成。通过本系统的学习和训练，了解曝气系统的基本组成，掌握电磁式风机、曝气管的工作原理等基本知识，具备相关器件的安装能力；具备正确使用操作工具的能力，熟练地进行管子的切断，掌握其操作技术要求。

3.5.2 PU 管的切割和连接

（1）特点及适用场合

曝气系统中部分管道采用的 PU 管，主要特点是质量轻，管道阻力小，方便更换与连接。

（2）切割工具及操作流程

PU 管的切割方式主要是采用 PVC 管子剪刀。

首先准备好所用的 PU 管，规格 D10。用卷尺度量好所需要的尺寸长度，并用记号笔画下标记。打开剪刀，其方法是将剪刀的两个手柄向外拉开。然后将 PU 管放入刀口内。用左手抓住 PU 管，将剪刀刀片对准 PU 管上的记号笔标记，然后开始剪切，直到切断。注意在切割过程中，要将剪刀的手柄一按一放，刀片慢慢地切向 PU 管，具体如图 3.5-1 所示。

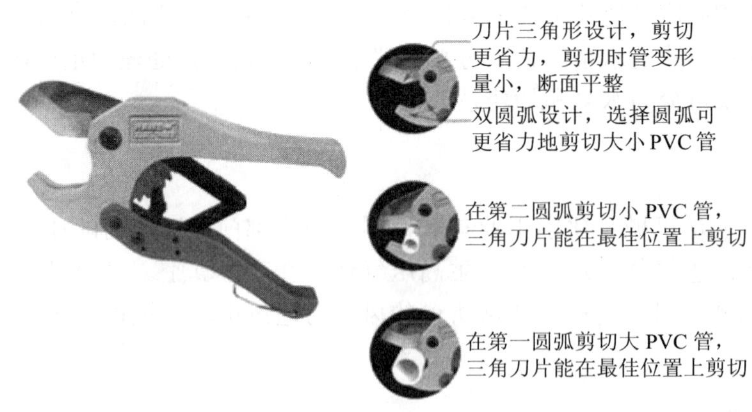

图 3.5-1 PVC 管割刀及切割示意

（3）连接

PU 管的连接方式采用气动接头连接，其连接方法为将 PU 气管直接插入气动接头内，注意将 PU 气管拔出时，需用左手将气动接头的弹性部分按到底部，右手再用力将气管拔出。

3.5.3　不锈钢复合管的切割和连接

（1）适用场合及特点

曝气系统中的风机引出管采用不锈钢复合管，不锈钢复合管主要结构是里面为 PVC 塑料管，外面采用不锈钢材料包裹，这样既可以达到防腐蚀性能，又能增强管道的强度和硬度。

（2）切割工具及操作流程

其切割方式采用专门的割刀切割（图 3.5-2）。其主要操作流程如下：

首先选中需要的不锈钢复合管型号（ϕ 16）。用卷尺度量好需要的尺寸长度，并用记号笔画下标记。打开割刀，利用割刀手柄上螺母逆时针旋转来调节割刀的刀片与前滚轮之间的间距，保证要切割的不锈钢复合管能放进去。将割刀刀片对准不锈钢复合管上的记号笔标记，然后再次利用割刀手柄上的螺母顺时针旋转将不锈钢复合管压紧。注意不要压得太紧，不要用力太大以防将复合管压变形。将复合管用割刀压紧后，用左手将不锈钢复合管抓牢，然后用右手顺时针旋转割刀，开始对不锈钢复合管进行切割，直到将复合管切割断。

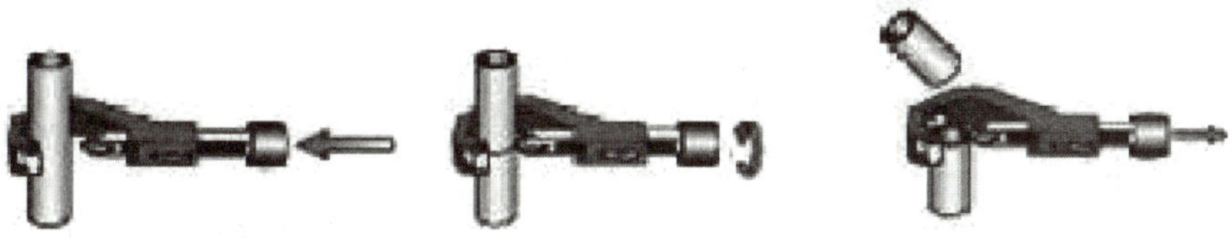

图 3.5-2　割刀操作示意

注意在切割过程中，要缓慢地顺时针调节割刀手柄上的螺母，以便割刀刀片逐渐深入管内。

（3）连接

不锈钢复合管采用的连接方式是卡压式连接，将管接件接头（枫叶管接件）一头螺母旋开，然后按照螺母、铜缺口环、铜封口环、白色密封圈顺序套入不锈钢复合管上，最后再插入管接件中，锁紧螺母。

3.5.4　配件及设备安装与操作

本系统主要由风机、曝气盘、搅拌机、流量计、不锈钢复合管、PU 管、管接件等组成。

（1）风机

为曝气系统提供需要的风压和风量，3 台风机分别为好氧池、SBR1 池、SBR2 池提供风能，适用电压 220 V，功率 185 W，风压 0.042 MPa，风量 150 L/min。

安装风机时，从上到下穿螺丝加平垫，底板反面焊有螺母，如图 3.5-3 所示。

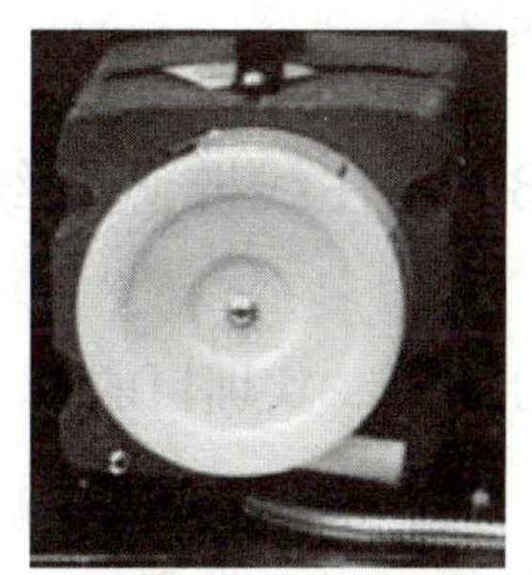

图 3.5-3　风机安装效果

（2）曝气盘

用于均匀曝气，曝气盘直径 80 mm，螺纹接口为 DN15 外螺纹。曝气盘结构简单、氧利用率高、性能可靠、气孔不堵塞、污水不倒灌、环向受力均匀、寿命长、安装维修方便、系统价格低廉。

安装时，先将曝气盘 DN15 外螺纹处缠上生料带，然后将其旋进有机玻璃池内曝气管路 DN15 内螺纹管接件处，旋紧即可，确保同一管路上的曝气盘处于同一水平线上，如图 3.5-4 所示。

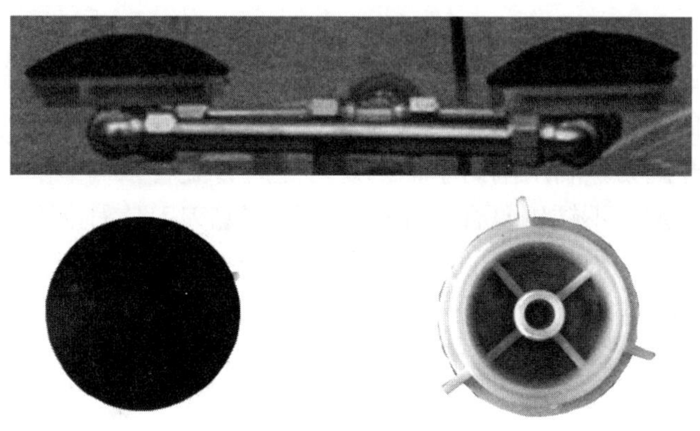

图 3.5-4　曝气盘安装效果

（3）流量计

用于测量曝气量。采用玻璃转子流量计，在面板上安装。量程 0.6～6 L/min，透明锥管位置刻度显示气体瞬间流量，可直接观察介质流动状态。

（4）搅拌机

用于加药池、调节池的搅拌机使用电压 220 V，功率 25 W，减速比 1∶15，最高转速 87 r/min，出轴轴径 10 mm。

用于厌氧池、缺氧池的搅拌机使用电压 220 V，功率 25 W，减速比 1∶30，最高转速 43 r/min，出轴轴径 10 mm。

用于 SBR 池的搅拌机使用电压 220 V，功率 40 W，减速比 1∶3，带内置式调速器，可调速。

安装搅拌机时，从下向上穿螺丝，将其固定于相应的有机玻璃板上，然后再用联轴器将搅拌杆与搅拌机连接起来。

图 3.5-5　搅拌机安装效果

3.6　在线监测系统

3.6.1　实训目的

了解 DO 在线监测仪、pH 在线监测仪、浮球液位开关的工作原理，掌握在线监测仪表（DO 在线监测仪、pH 在线监测仪）的零点和斜率的标定方法、上下限报警设置方法，运用在线监测仪器（DO 在线监测仪、pH 在线监测仪等）对设备的相关测试点进行监测和控制，达到预定功能要求。

3.6.2 实训内容

DO 在线监测仪、pH 在线监测仪、浮球液位开关。

3.6.3 工作原理

（1）DO 在线监测仪

由 DO 在线监测仪表与溶解氧探头组成，溶解氧探头是一个用选择性薄膜封闭的小室，室内有两个金属电极并充有电解质。氧和一定数量的其他气体及亲液物质可透过这层薄膜，但水和可溶性物质的离子几乎不能透过这层膜。将探头浸入水中进行溶解氧的测定时，由于外加电压在两个电极间产生电位差，使金属离子在阳极进入溶液，同时氧气通过薄膜扩散在阴极获得电子被还原，产生的电流与穿过薄膜和电解质层的氧的传递速度成正比，即在一定的温度下该电流与水中氧的分压（或浓度）成正比，测量出该电流值即得出当前温度下的溶解氧浓度。

（2）pH 在线监测仪

pH 在线监测仪由 pH 在线监测仪表与 pH 探头组成，其工作原理为：酸、碱、盐溶液都可以用氢离子浓度来表示溶液的酸碱度。在标准温度和压力条件下，纯水中氢离子和氢氧根的浓度相等，皆为 10^{-7} mol/L，我们称纯水为中性。如果往纯水中加入酸，那么氢离子浓度$[H^+]$会超过氢氧根的浓度$[OH^-]$，增加的程度取决于该酸的电离程度；如果往溶液里加入碱，那么氢氧根的浓度增加，增加程度取决于该碱的电离程度。玻璃电极对溶液中的氢离子敏感，并在相当宽的范围内有良好的线性关系，能稳定地工作在较强的酸、碱溶液当中。银—氯化银电极作为参比电极与溶液相通为玻璃电极提供一个恒定的基准电位，便组成了 pH 测量系统。

（3）浮球液位开关

在密封的非磁性金属或工程塑胶管内，根据需要设置一点或多点磁簧开关，再将带有内置磁性系统的浮球固定在本体管内磁簧开关相关位置上，使浮球在一定范围内上下浮动。利用浮球内的磁性系统透过本体管去触发磁簧开关的闭合或断开，进行控制液位。

3.6.4 DO 标定

（1）零点标定

首先进行无氧水制备，用 5%的无水亚硫酸钠（Na_2SO_3）加入 250 mL 的蒸馏水中配制成饱和溶液，即可视为无氧水，默认此时水中的氧气含量为 0 mg/L。

在主运行菜单下，按“↺”键，进入零点标定菜单，如图 3.6-1 所示。

Zero Demarcat
DO = 0.00 mg/L
Standard DO：
0.00 mg/L

图 3.6-1 零点标定菜单

将溶氧电极用蒸馏水冲洗干净，放入无氧水溶液中，稍置片刻后按“↵”键，“＝”开始闪烁，代表零点标定正在进行中，等DO后的数字显示稳定，按“↵”键缓存零点标定值。同时仪器返回零点标定菜单。如果确认保存之前标定值，则按“<”+“∩”键确认保存并返回主运行菜单。

（2）斜率标定

在零点标定菜单下，按“∩”键，进入斜率标定菜单，如图3.6-2所示（如果仪器测量不准，必须进行斜率标定）。

Slope Demarcat

DO = 8.26 mg/L

Standard DO：

8.26 mg/L

图 3.6-2　斜率标定菜单

将溶氧电极用蒸馏水冲洗干净，静置在空气中，稍置片刻后按“↵”键，“＝”开始闪烁，代表斜率标定正在进行中，等DO后的数字显示稳定，按“↵”键缓存斜率标定值。同时仪器返回斜率标定菜单。如果确认保存之前标定值，则按“<”+“∩”键确认保存并返回主运行菜单。

3.6.5　pH标定

（1）零点标定

将用蒸馏水清洗干净的pH电极放入pH为6.86的标准液中，轻轻搅拌几下，等仪表显示稳定。按“MENU”键，进入零点标定菜单一，如图3.6-3所示。

pH后面的数值为当前测量数据，标液后面的数值为标准液实际的pH。当选择的标准液正确时，屏幕右下角会显示“√”，表明可以标定，按“ENTER”键测量数据会稳定显示6.86，表明仪表零点标定完成。当选择的标准液不合适时，会显示“×”，表明有误不能标定，“ENTER”键被屏蔽。此自动识别标准液的功能可以有效防止误操作，标定不准确。

（2）斜率标定

按“MENU”键，进入斜率标定菜单二，如图3.6-4所示。

零点标定

pH：6.98

标液：6.86 √

图 3.6-3　零点标定菜单

斜率标定

pH：4.16

标液：4.00 √

图 3.6-4　斜率标定菜单

将pH电极从pH为6.86的标准液中取出，清洗干净并用滤纸吸干，然后将电极放入pH为4.00的标准液（仪表自动识别标准液，若标准液是碱性则显示9.18）中，轻轻搅拌几下。等仪器显示数值稳定。屏幕右下角会显示“√”，表明可以标定，按“ENTER”键测量数据会稳定显示 4.00（或 9.18），表明仪表斜率标定完成。

3.6.6 仪器安装

（1）主机安装

在仪表柜或安装面板上开出一个矩形切口，如图 3.6-5 所示。将仪表插入仪表柜，并紧固锁紧条，如图 3.6-6 所示。

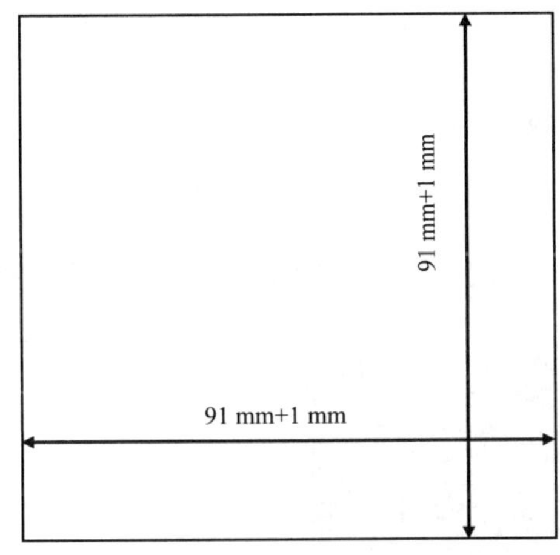

图 3.6-5 矩形切口

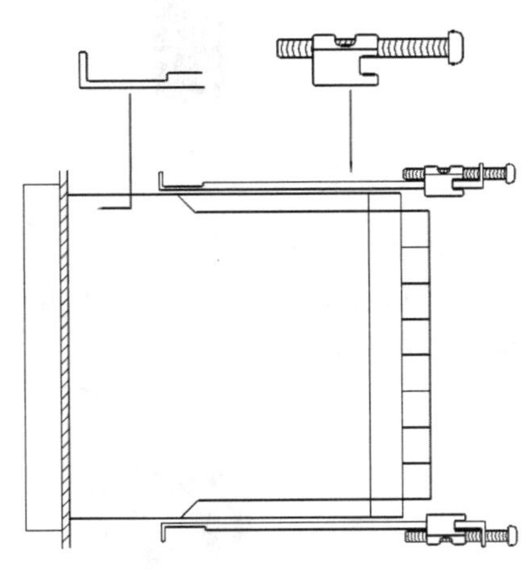

图 3.6-6 仪表安装固定

（2）电极安装

实训平台电极安装均采用侧壁式安装，用电极安装支架或流通杯。安装前务必使用生料带（3/4 螺纹处）做好防水封闭工作。严禁把电极直接投入水中，避免水进入 DO（或 pH）电极中，造成 DO（或 pH）电极电缆线短路。电极安装方式见图 3.6-7。

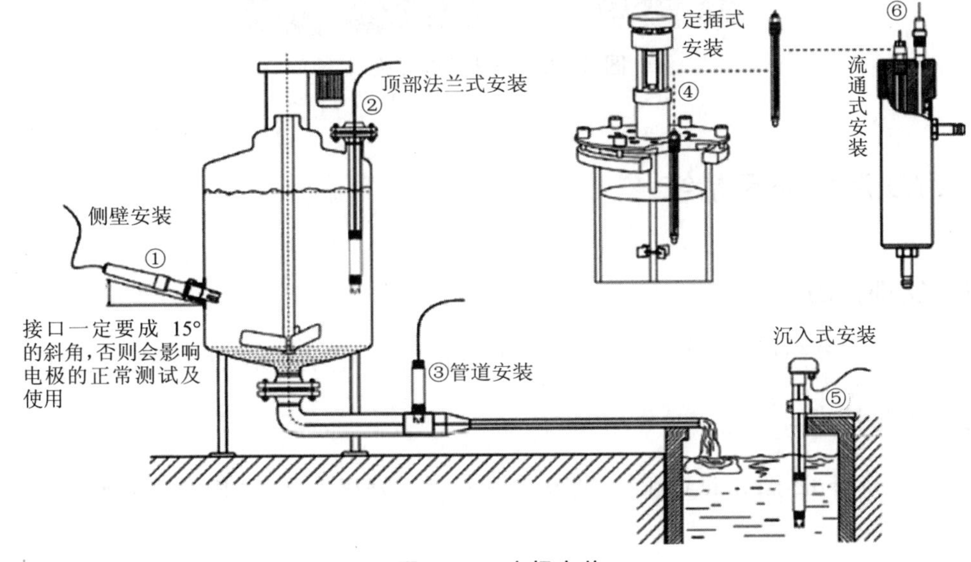

图 3.6-7 电极安装

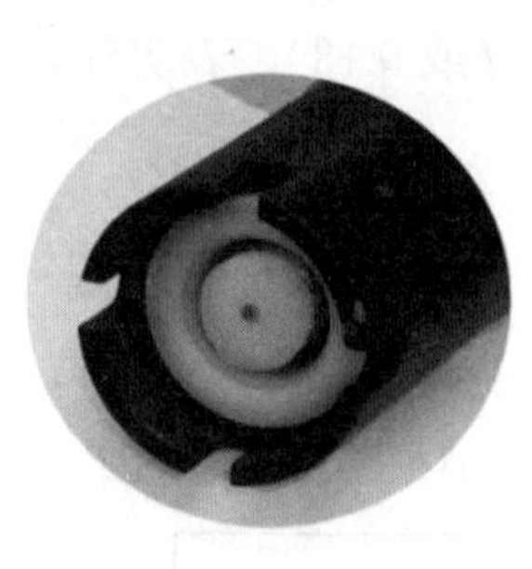

图 3.6-8　电极

（3）浮球液位开关安装

首先将浮球液位开关顶部螺纹处旋进有机玻璃固定块螺纹处旋紧，再将其固定在指定的有机玻璃水处理单元上。

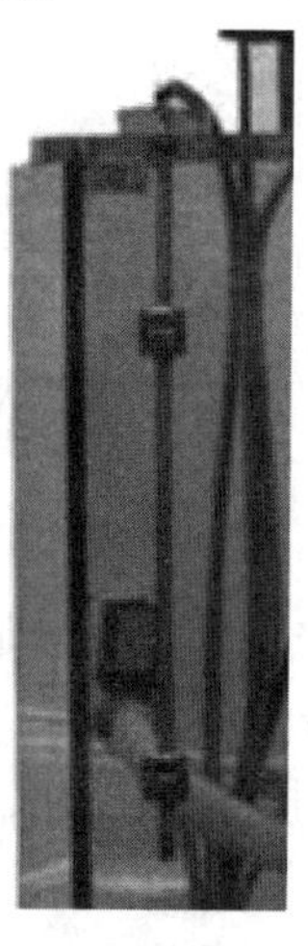

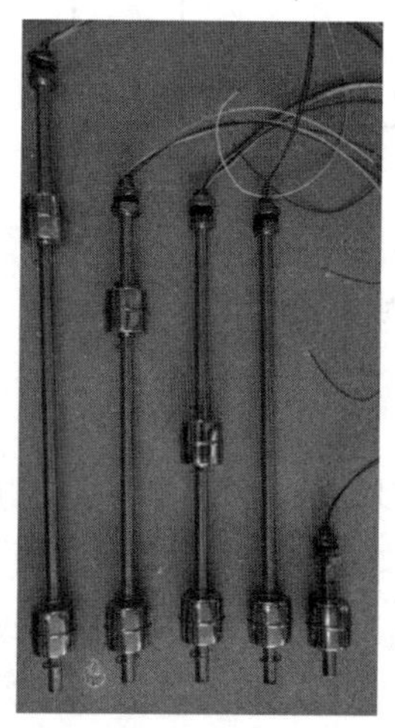

图 3.6-9　浮球液位开关

3.7　A^2/O 污水处理系统

3.7.1　实训目的

了解 A^2/O 系统组成，掌握 A^2/O 工艺流程，能根据图纸完成管道及相关设备的安装。

3.7.2　工艺特点

A^2/O（Anaerobic-Anoxic-Oxic），即厌氧—缺氧—好氧工艺，如图 3.7-1 所示。

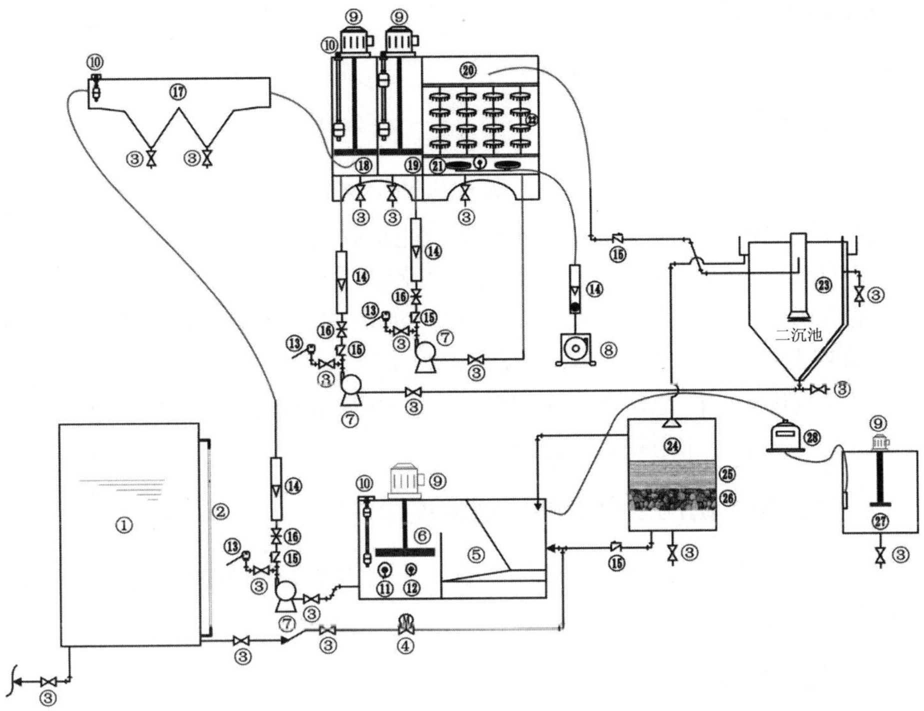

①-原水箱 ②-液位指示管；③-球阀；④-电磁阀；⑤格栅；⑥-调节池；⑦-水泵；⑧-风机；⑨-搅拌机；⑩-浮球液位开关；⑪-溶解氧传感器；⑫-pH 传感器；⑬-自动放气阀；⑭-流量计；⑮-止回阀；⑯-闸阀；⑰-平流式沉砂池 ⑱-厌氧池；⑲-缺氧池 ⑳-好氧池；㉑-曝气头；㉒-组合填料；㉓-竖流式二沉池；㉔-砂滤柱；㉕-石英砂；㉖-鹅卵石；㉗-加药池；㉘-加药泵

图 3.7-1 A^2/O 工艺流程

本工艺在系统上可以称为最简单的同步脱氮除磷工艺，总的水力停留时间少于其他同类工艺。而且在厌氧（缺氧）、好氧交替运行条件下，不易发生污泥膨胀。

运行中无须投药，厌氧池和缺氧池只用轻缓搅拌，运行费用低。

3.7.3 系统组成

（1）处理单元

原水箱、格栅、调节池、平流式沉砂池、厌氧池、缺氧池、好氧池、竖流式二沉池、砂滤柱等。

（2）动力设备

水泵、风机、搅拌机、加药泵等。

（3）传感设备

DO 传感器、pH 传感器、浮球液位开关、电磁阀等。

（4）管道、阀门与配件

不锈钢复合管、PU 管、长柄球阀、短柄球阀、黄铜闸阀、止回阀、流量计、管接件、自动放气阀、气动接头等。

（5）其他材料与设备

曝气头、组合填料、石英砂、鹅卵石等。

3.7.4 工艺流程

首先，原废水与含磷回流污泥一起进入厌氧池。聚磷菌在这里完成释放磷和摄取有机物。混合液从厌氧池进入缺氧池，本段的首要功能是脱氮，硝态氮是通过内循环由好氧池送来的，循环的混合液量较大，一般为 2 倍的进水量。

其次，混合液从缺氧池进入好氧池——曝气池，这一反应池单元是多功能的，去除 BOD_5，硝化和吸收磷等功能反应均在本反应器内进行。

最后，混合液进入沉淀池，进行泥水分离，上清液作为处理水排放，沉淀污泥的一部分回流厌氧池，另一部分作为剩余污泥排放。

3.7.5 PU 气管和不锈钢复合管的切割和连接

A^2/O 工艺系统采用 PU 气管和不锈钢复合管，其中 PU 气管规格有ϕ 16 和ϕ 10 两种，具体操作方法见曝气系统章节。

3.7.6 配件及设备安装

（1）水泵

设有水泵 4 台（3 用 1 备）。其中提升泵 1 台，外回流泵 1 台，内回流泵 1 台，备用 1 台。水泵使用电压 220 V，流量 8 L/min，扬程 8 m，功率 90 W，进口螺纹为 DN15，出口螺纹为 DN15。

安装时，从上向下穿螺丝，底板有焊接螺母，如图 3.7-2 所示。注意在泵下面要垫上一块 2 mm 透明胶皮，用于减轻泵运行所带来的振动。

图 3.7-2　水泵安装效果

（2）加药泵

加药泵为电磁式隔膜计量泵，用于投加脱氧剂的加药系统提供动力。使用电源为 220 VAC，流量为 15 L/h，压力为 1 bar，吸程为 2 m，功率为 16 W。

安装时，从上向下穿螺丝，反面加平垫、弹垫、螺母打紧。在加药泵下面要垫上一块厚 2 mm 的透明胶皮，用来减轻泵运行所带来的振动。

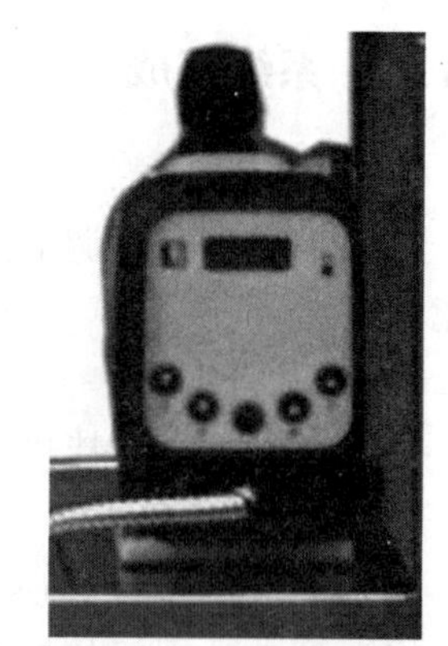
图 3.7-3　加药泵安装效果

（3）自动排气阀

用于排除管道内的气体以保证管道水流畅通，使水泵正常工作。自动排气阀规格为 DN15，工作压力为 10 bar，工作温度为 110℃。

安装时，将 DN15 外螺纹处缠上适量的生料带装于管接件 DN15 内螺纹处，拧紧。

图 3.7-4 自动排气阀安装效果

（4）止回阀

用于管道水流单向流动的阀门，安装在水泵的压水管上，有立式（图 3.7-5）和卧式（图 3.7-6）之分，规格为 DN15，两端均为内丝。在阀体上箭头标识，箭头方向为水流方向。

安装时，将 2 只 DN15 外丝直接缠上适量的生料带与之连接，图 3.7-5 中弯头为一端内丝，另一端卡扣连接。

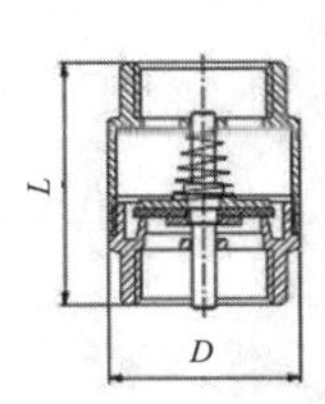

DN	10	15	20	25	32	40	50
SIZE	3/8″	1/2″	3/4″	1″	1 1/4″	1 1/2″	2″
L	40	48	49	58	62	72	76
H	24	76	81	100	110	120	143

技术规范：

1. 公称压力：1.6 MPa
2. 工作介质：水、油
3. 工作温度：$-20℃ \leqslant t \leqslant 120℃$
4. 管螺纹符合 ISO 228 标准

图 3.7-5 立式止回阀安装效果

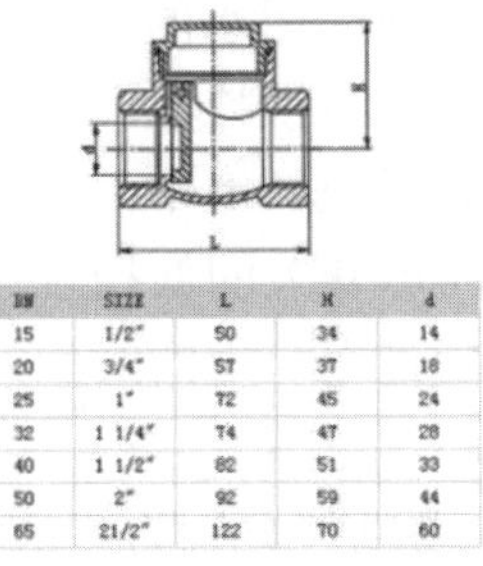

DN	SIZE	L	H	d
15	1/2"	50	34	14
20	3/4"	57	37	18
25	1"	72	45	24
32	1 1/4"	74	47	28
40	1 1/2"	82	51	33
50	2"	92	59	44
65	21/2"	122	70	60

图 3.7-6 卧式止回阀安装效果

（5）闸阀

用于通断水流和调节流量大小，安装在水泵的出水口。

图 3.7-7 黄铜闸阀

（6）组合填料

用于实训平台 A^2/O 系统中的好氧池中，由塑料管、细绳、圆环组成，直径为 150 mm。组合填料用于挂膜，是接触氧化工艺重要的组成材料，是在软性填料与半软性填料的基础上发展而成的，兼有两者的优点。

将塑料圆片压扣改成双圈大塑料环，将醛化维纶纤维或涤纶丝压在环的外圈上，使纤维束均匀分布。内圈是雪花状塑料枝条，既能挂膜，又能有效切割气泡，提高氧的转移速率和利用率。使气、水、生物膜得到充分交换，使水中的有机物得到高效的处理。

图 3.7-8 组合填料安装效果

（7）浮球液位开关

调节池中的浮球开关用来计量调节池中污水的水位，与提升泵一起使用，使调节池中的污水达到一定水位后，开启提升泵，避免调节池中污水过满而溢出水池。

沉砂池中的浮球开关用来计量沉砂池中污水的水位，与提升泵一起使用，避免沉砂池中污水过满而溢出水池。

厌氧池中的浮球开关用来计量厌氧池中污水的水位，与厌氧池搅拌机一起使用，使厌氧池中的污水达到一定水位后，开启厌氧池搅拌机。

缺氧池中的浮球开关主要是用来计量缺氧池中污水的水位，与缺氧池搅拌机及外回流泵一起使用，使缺氧池中的污水达到浮球开关的低挡触点后，开启缺氧池搅拌机，使缺氧池中的污水达到浮球开关的高挡触点后延迟一定的时间，开启外回流泵。

（8）流量计

包括气体流量计和液体流量计，主要功能分别为测量曝气的气量和液体的流量。采用玻璃转子流量计，带透明锥管能测量管道中各种流体的瞬间流量，便于直接观察介质流动状态，其量程分别为 0.5～8 L/min、1～7 L/min。安装方式分别为面板式安装和管道式安装。

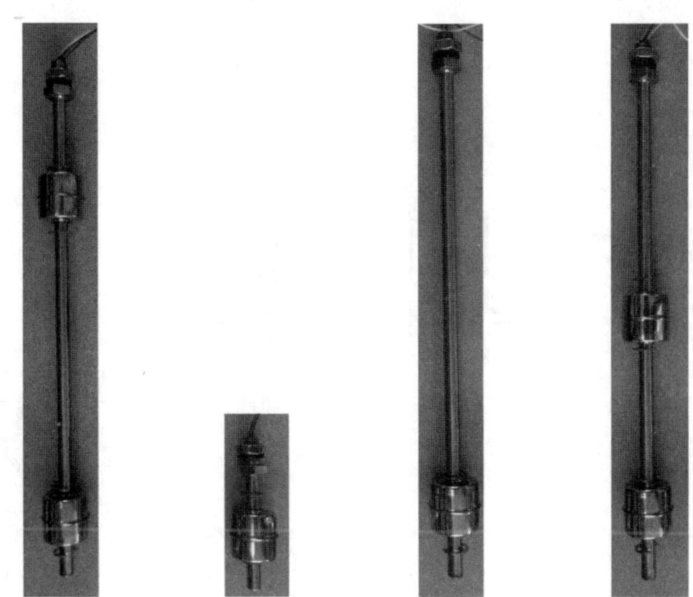

图 3.7-9 浮球开关（从左向右依次用于调节池、沉砂池、厌氧池、缺氧池）

3.8 SBR 污水处理系统

3.8.1 实训目的

了解 SBR 系统组成，掌握 SBR 工艺流程，能根据图纸完成管道及相关设备的安装。

3.8.2 工艺特点

SBR（Sequencing Batch Reactor），序批式活性污泥法工艺。

SBR 工艺可视为间歇交替运行、沉淀功能。SBR 工艺集约化程度高、系统可靠、土建工程量和总装机容量低、节能降耗、节省用地。

3.8.3 系统组成

（1）处理单元

原水箱、格栅、调节池、平流式沉砂池、SBR 池、竖流式二沉池、砂滤柱等。

（2）动力设备

水泵、风机、搅拌机、加药泵、滗水器等。

（3）传感设备

DO 传感器、pH 传感器、浮球液位开关、电磁阀等。

（4）管道、阀门与配件

不锈钢复合管、PU 管、长柄球阀、短柄球阀、黄铜闸阀、止回阀、流量计、管接件、自动放气阀、气动接头等。

3.8.4 工艺流程

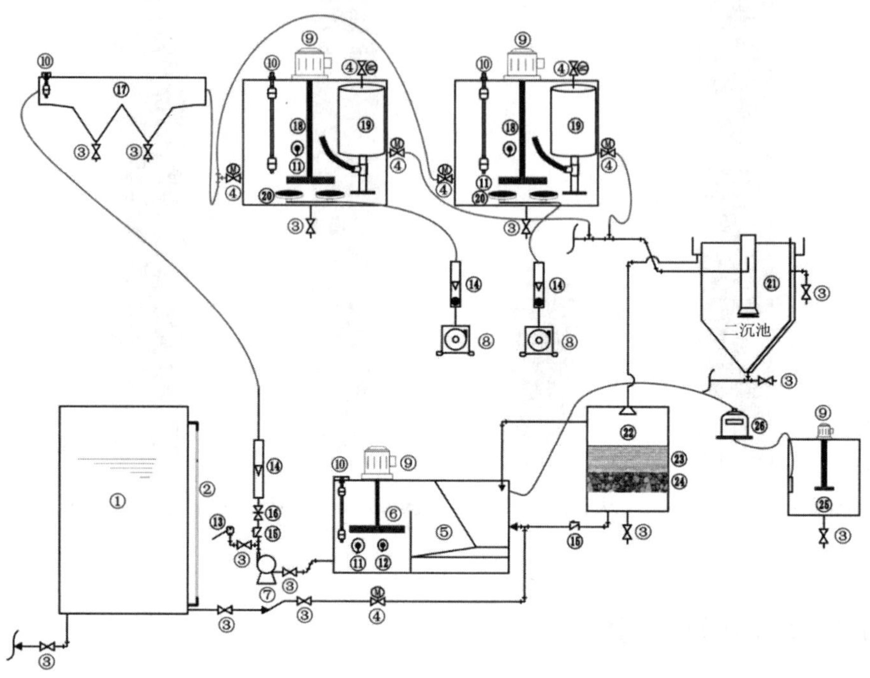

①-原水箱；②-液位指示管；③-球阀；④-电磁阀；⑤格栅；⑥-调节池；⑦-水泵；⑧-风机；⑨-搅拌机；⑩-浮球液位开关；⑪-溶解氧传感器；⑫-pH 传感器；⑬-自动放气阀；⑭-流量计；⑮-止回阀；⑯-闸阀；⑰-平流式沉砂池 ⑱-SBR 池；⑲-滗水器；⑳-曝气头；㉑-竖流式二沉池；㉒-砂滤柱；㉓-石英砂；㉔-鹅卵石；㉕-加药池；㉖-加药泵

图 3.8-1 SBR 污水处理系统工艺流程

3.8.5 PU 气管和不锈钢复合管的切割和连接

SBR 工艺系统采用 PU 气管和不锈钢复合管，其中 PU 气管规格有ϕ16 和ϕ10 两种，具体操作方法见曝气系统章节。

3.8.6 滗水器安装

（1）作用

实训平台采用空气堰滗水器，其是应用于污水处理 SBR、CASS、ICEAS、DAT-IAT 等工艺中的一项关键专用设备，以虹吸方式自动排 SBR 反应池中上清液。适用于城镇污水及各种工业废水处理，对水量、水质变化有很强适应性，无机械转动、无须动力驱动，高效节能。

（2）功能

①具有稳定连续排水的性能。滗水器的吸水口成圆弧形，在上清液排出的同时，能完全隔离曝气时产生的污泥，具有连续排水的功能。

②具有定量排水的功能。滗水器排水时，在规定的负荷范围内不搅动沉淀的污泥，吸水口设有浮筒和挡渣板不将池中的浮渣带出，在规定的流量范围内排放。

（3）特点

①水下部件全部采用不锈钢，没有需要经常更换的易损件，安装后不用维修，使用寿命 10 年以上。

②整个滗水器具有坚固的支架，可以承受工作时遇到的各种应力。

③滗水器采用分体结构，便于运输和安装。

④结构精巧，外形美观。

⑤基本可认为是无动力式滗水器，利用虹吸原理进行滗水，只消耗极少的动力。

⑥利用伸缩管进行滗水，无须水下密封接头，不存在污水泄漏与经常更换密封圈的问题。

⑦电气控制原理巧妙，结构简洁，控制精确。克服了螺杆旋转式滗水器电气控制复杂的缺陷。

（4）参数及安装

实训平台采用的空气堰滗水器直径 160 mm，圆筒高度为 250 mm，出气口、出水口螺纹为 DN20，滗水深度为 250 mm。

安装时，用 DN20 三通将圆筒与底座连接起来，用生料带于 DN20 螺纹处缠绕，以防止漏水。有机玻璃块上配有攻丝，将底座固定于 SBR 池中的有机玻璃固定块上，穿螺丝、平垫、弹垫打紧，如图 3.8-2 所示。

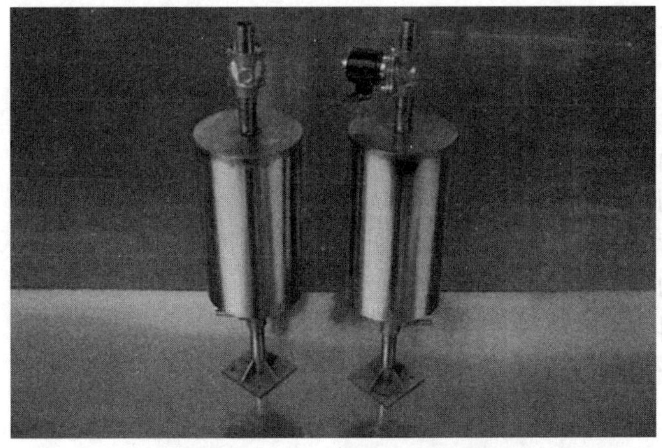

图 3.8-2 滗水器实体安装效果

3.8.7 配件及设备操作与安装

见相关章节。

3.9 MSBR污水处理系统

3.9.1 实训目的

了解MSBR系统组成，掌握MSBR工艺流程，能根据图纸完成管道及相关设备的安装。

3.9.2 工艺特点

MSBR（Modified Sequencing Batch Reactor），即改良式序批式活性污泥法工艺，由C.Q.Yang等根据SBR工艺特点，结合传统活性污泥法开发的一种连续进出水污水处理工艺。

MSBR工艺可视为A^2/O工艺和SBR系统的组合，具有脱氮除磷、间歇交替运行、沉淀功能。MSBR工艺具有集约化程度高、系统可靠、土建工程量和总装机容量低、节能降耗、节省用地等特点。

3.9.3 系统组成

（1）处理单元

原水箱、格栅、调节池、平流式沉砂池、厌氧池、缺氧池、好氧池、SBR池、竖流式二沉池、砂滤柱等。

（2）动力设备

水泵、风机、搅拌机、加药泵、滗水器等。

（3）传感设备

DO传感器、pH传感器、浮球液位开关、电磁阀等。

（4）管道、阀门与配件

不锈钢复合管、PU管、长柄球阀、短柄球阀、黄铜闸阀、止回阀、流量计、管接件、自动放气阀、气动接头等。

（5）其他材料与设备

曝气头、组合填料、石英砂、鹅卵石等。

3.9.4 工艺流程

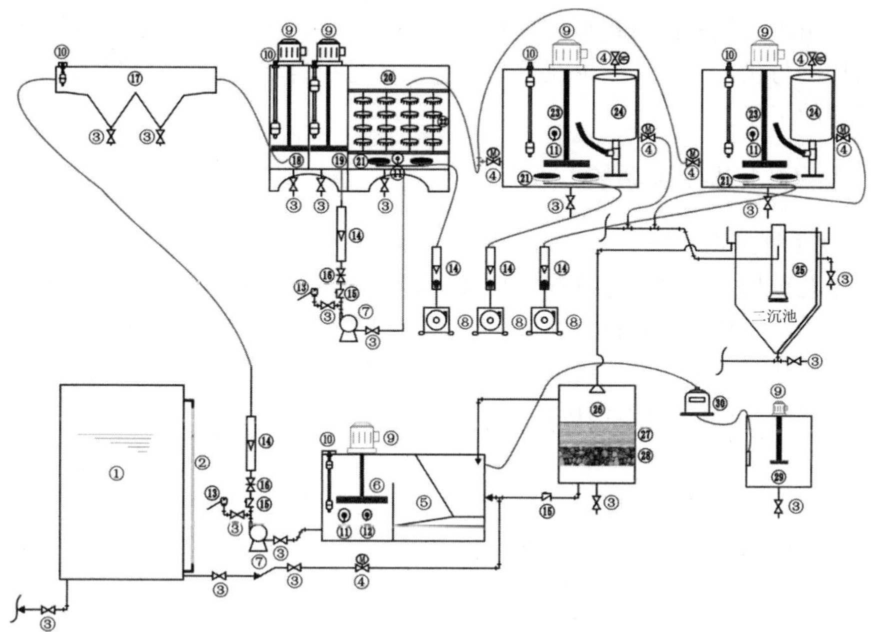

①-原水箱；②-液位指示管；③-球阀；④-电磁阀；⑤格栅；⑥-调节池；⑦-水泵；⑧-风机；⑨-搅拌机；⑩-浮球液位开关；⑪-溶解氧传感器；⑫-pH 传感器；⑬-自动放气阀；⑭-流量计；⑮-止回阀；⑯-闸阀；⑰-平流式沉砂池 ⑱-厌氧池；⑲-缺氧池 ⑳-好氧池；㉑-曝气头；㉒-组合填料；㉓-SBR 池；㉔-滗水器；㉕-竖流式二沉池；㉖-砂滤柱；㉗-石英砂；㉘-鹅卵石；㉙-加药池 ㉚-加药泵

图 3.9-1 SBR 污水处理系统工艺流程

3.9.5 PU 气管和不锈钢复合管的切割和连接

MSBR 工艺系统采用 PU 气管和不锈钢复合管，其中 PU 气管规格有ϕ16 和ϕ10 两种，具体操作方法见曝气系统章节。

3.9.6 配件及设备安装

配件及设备操作与安装方法见 A^2/O 工艺和 SBR 工艺相关章节。

3.10 控制系统

3.10.1 系统概述

水环境监测与治理技术综合实训平台可以组合成三套完整的控制系统（A^2/O 系统、SBR 系统、MSBR 系统）供学生做相应的实验实训。自动控制系统主要有电气控制柜、触摸屏、按钮、状态指示灯、PLC、模拟量输入模块、模拟量输出模块、调速模块、直流继电器、交流继电器、增压泵、风机、标准减速电机、调速电机、计量泵、传感器（浮球式液位开关、pH 探头、溶解氧探头、压力变送器）、MCGS 组态监控软件等组成。通过控制系统可实现水环境监测与治理系统的自动化控制功能。控制系统分手动和自动两种工作状态，在手动工作状态下，可通过触摸屏调试界面观看和操作各部分电气元件的工作状态。手动状态主要用于系统的调试运行；在自动工作状态下，可通过 PLC 控制器和组态软件实现设备的控制与状态检测。无论在手动状态下还是在自动状态下，控制柜上的指示灯均可指示出设备的工作状态。

3.10.2 A^2/O 工艺控制系统

（1）A^2/O 系统工作原理

本系统工艺结构主要是由原水箱、格栅、调节池、平流式沉砂池、厌氧池、缺氧池、好氧池、竖流式二沉池、砂滤柱等组成。电气控制主要由控制柜、进水阀、计量泵、调节池搅拌电机、浮球式液位开关、厌氧池搅拌电机、缺氧池搅拌电机、好氧池曝气盘和风机等组成。其程序控制流程见图 3.10-1。

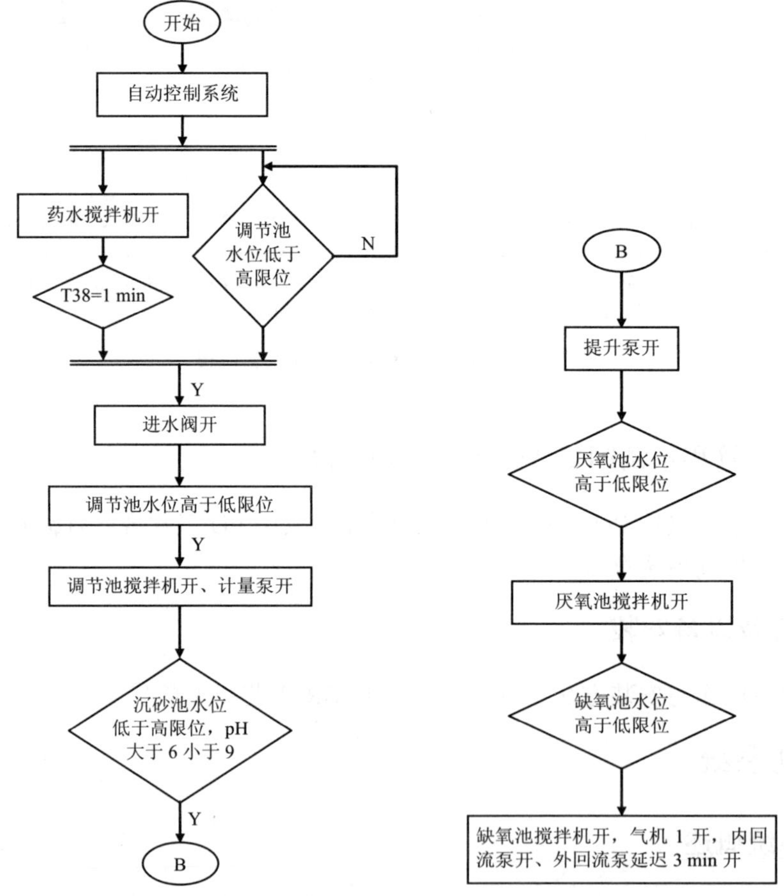

图 3.10-1　A^2/O 系统自动控制流程

（2）A^2/O 系统 I/O 分布图

A^2/O 系统 I/O 分布见图 3.10-2。

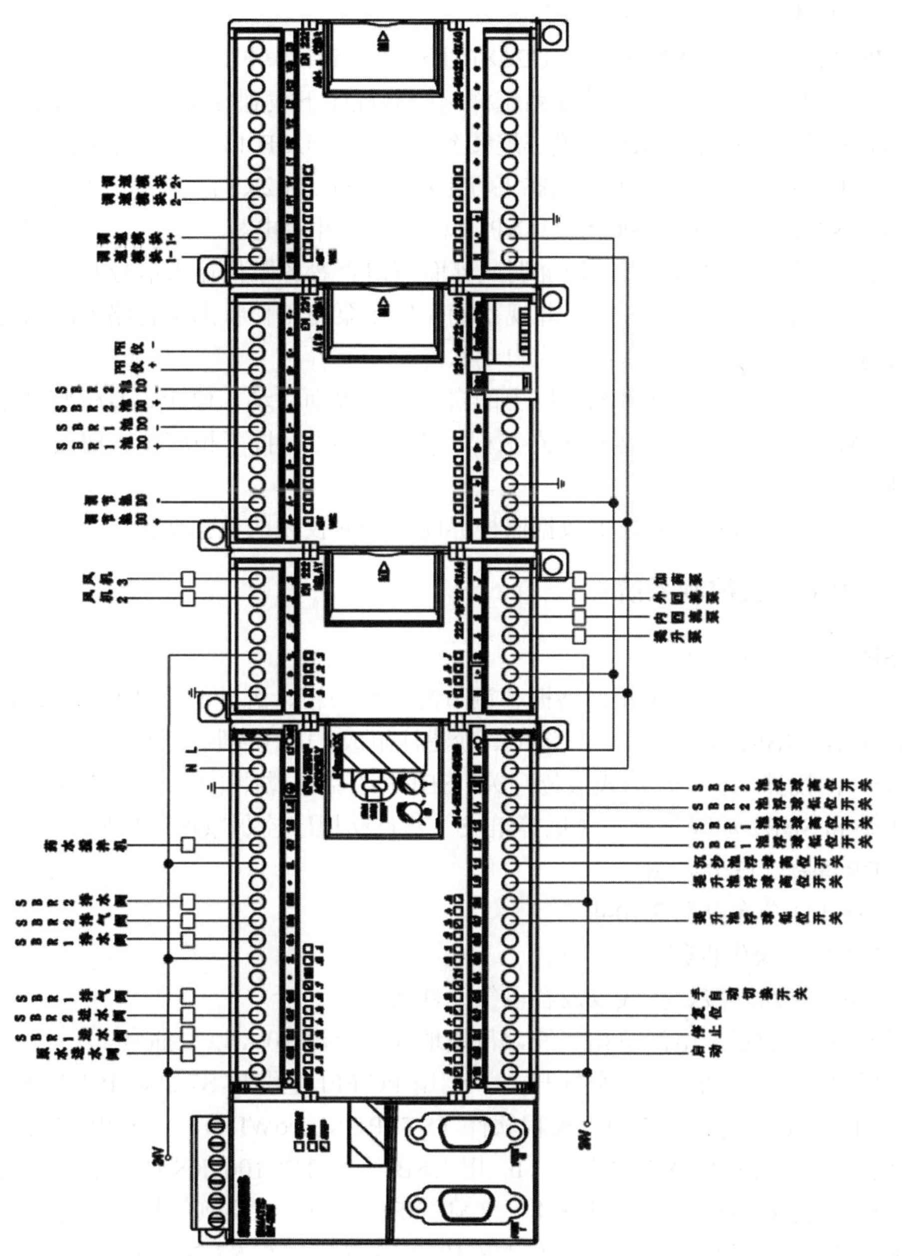

图 3.10-2 A^2/O 系统 I/O 分布

（3）A^2/O 工艺控制系统操作步骤

①检查系统管路连接、接线以及各电气元件状态。

②将控制柜电源插入电源单相三线，带接地线，电流 10 A 以上插座。

③打开计算机和控制柜上的空气开关。

④用 PC/PPI 电缆将 S7-200 CPU224XP 主机连接到计算机的串口上，打开 S7-200 编程软件（STEP 7-MicroWIN），将 A^2/O 系统样例控制程序下载到 S7-200CPU224XP 主机上。

⑤用 USB 线将 TPC1062KS 触摸屏连接到计算机的 USB 口上，打开触摸屏工程组态软件（MCGSE 7.2），将样例触摸屏组态工程下载到 TPC1062KS 触摸屏。断电后插上自制的 TPC1062KS 触摸屏与 S7-200CPU224XP 主机通信线并上电。

⑥将系统置为手动状态，在触摸屏调试界面窗口查看各限位输入信号并操作按下相关按钮启动相应的设备是否运行正确。并观察确保增压泵在工作状态下管路无漏水现象，确保搅拌电机搅拌方向正确，将系统置为自动状态。

⑦通过面板上面的按钮或者触摸屏上的自动控制界面启动、停止、复位整个系统。

⑧打开 MCGS 组态软件，运行组态工程，进入主界面，按下相应按钮切换到相关监控界面进行监控。

⑨启动系统后，可打开触摸屏数据监控界面看相应仪表的数据变化。

3.10.3 SBR 工艺控制系统

（1）SBR 系统工作原理

SBR 系统工艺结构由原水箱、格栅、调节池、加药箱、沉砂池、SBR1 池、SBR2 池、SBR1 池滗水器、SBR2 池滗水器、二沉池、砂滤柱组成，电气控制主要由控制柜、进水阀、计量泵、调节池搅拌电机、浮球式液位开关、SBR1 池调速搅拌电机、SBR2 池调速搅拌电机、SBR1 池和 SBR2 池曝气盘、风机等组成。其自动程序控制原理流程见图 3.10-3。

（2）SBR 系统 I/O 分布图

SBR 系统 I/O 分布见图 3.10-4。

（3）SBR 系统操作步骤

①检查系统管路连接、接线以及各电气元件状态。

②将控制柜电源插入电源单相三线，带接地线，电流 10 A 以上插座。

③打开计算机和控制柜上的空气开关。a. 用 PC/PPI 电缆将 S7-200CPU224XP 主机连接到计算机的串口上，打开 S7-200 编程软件（STEP7-MicroWIN），将 SBR 系统样例控制程序下载到 S7-200CPU224XP 主机上。b. 用 USB 线将 TPC1062KS 触摸屏连接到计算机的 USB 口上，打开触摸屏工程组态软件（MCGSE 7.2），将样例触摸屏组态工程下载到 TPC1062KS 触摸屏。断电后插上自制的 TPC1062KS 触摸屏与 S7-200CPU224XP 主机通信线并上电。

④将系统置为手动状态，在触摸屏调试界面窗口查看各限位输入信号及操作按下相关按钮启动相应的设备是否运行正确。并观察增压泵在工作状态下确保管路无漏水现象，确保搅拌电机搅拌方向正确，将系统置为自动状态。

⑤通过面板上面的按钮或者触摸屏上的自动控制界面启动、停止、复位整个系统。

⑥打开 MCGS 组态软件，运行组态工程，进入主界面，按下相应按钮切换到相关监控界面进行监控。

⑦启动系统后，可打开触摸屏数据监控界面看相应仪表的数据变化。

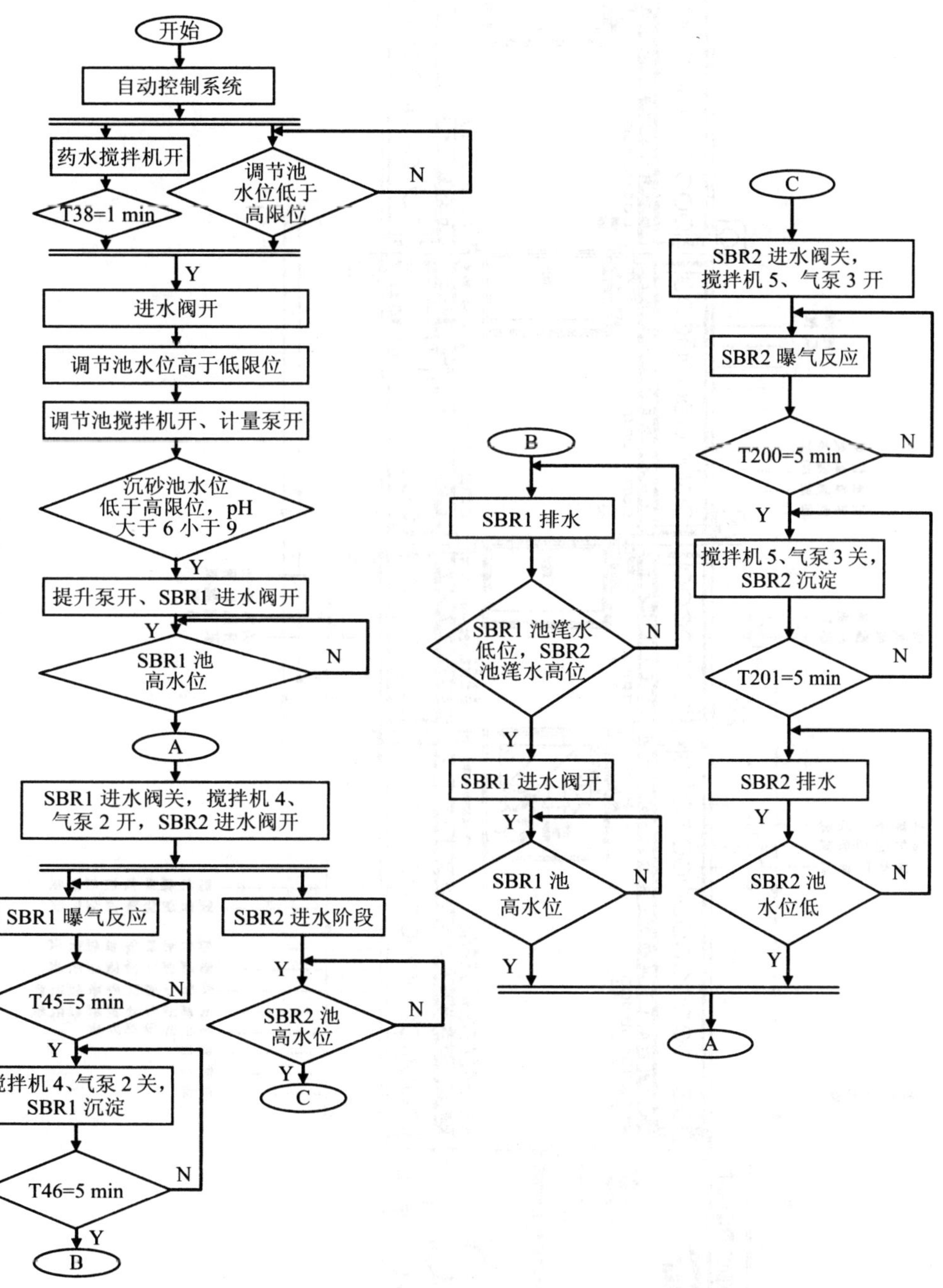

图 3.10-3 SBR 工艺自动控制系统流程

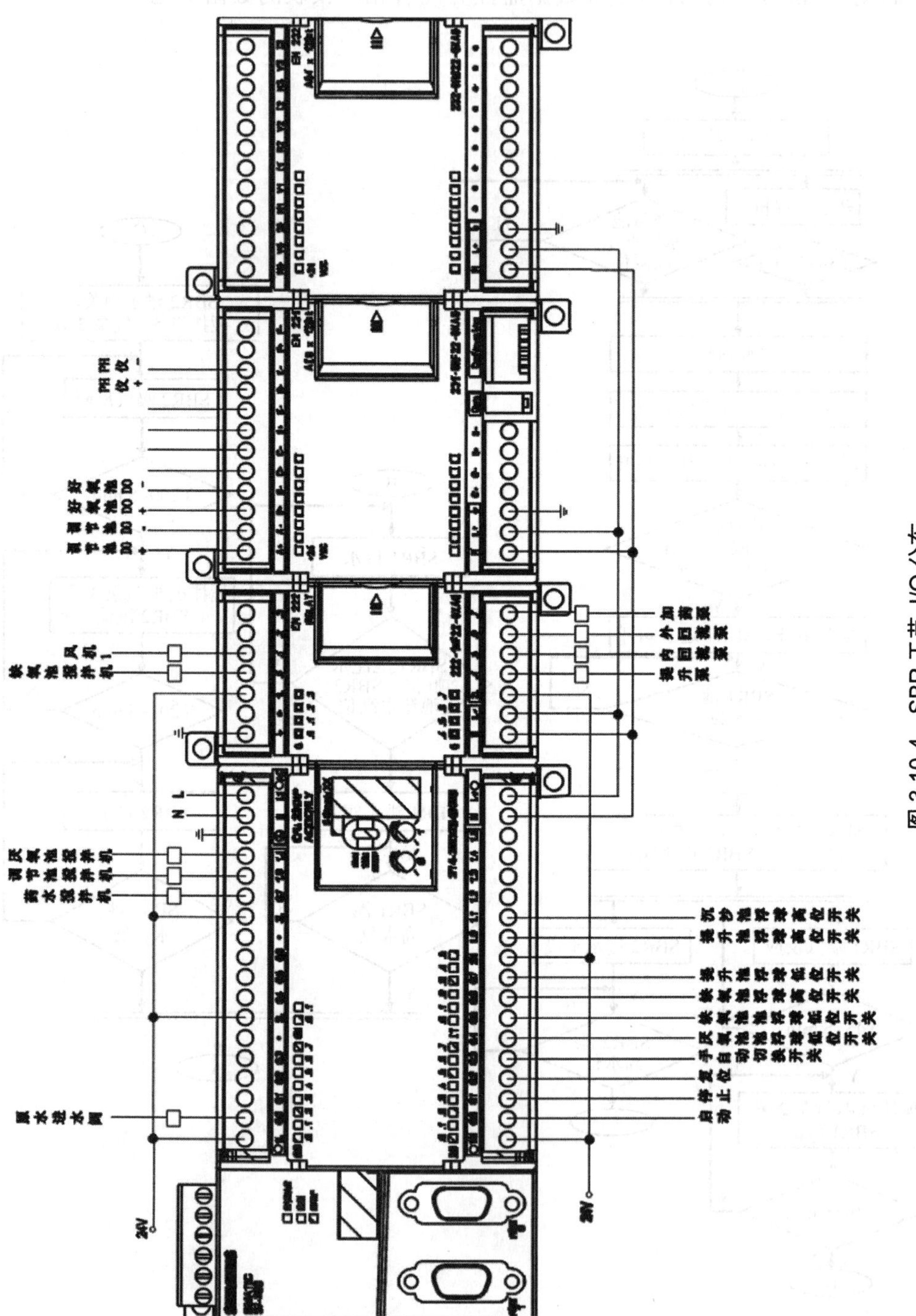

图 3.10-4　SBR 工艺 I/O 分布

3.10.4 MSBR 工艺控制系统

（1）MSBR 系统工作原理

MSBR 系统工艺结构由原水箱、格栅、调节池、加药箱、沉砂池、厌氧池、缺氧池、好氧池、SBR1 池、SBR2 池、SBR1 池滗水器、SBR2 池滗水器、二沉池、砂滤柱组成，电气控制主要由控制柜、进水阀、计量泵、调节池搅拌电机、浮球式液位开关、厌氧池搅拌电机、缺氧池搅拌电机、好氧池曝气盘和风机、SBR1 池调速搅拌电机、SBR2 池调速搅拌电机、SBR1 池和 SBR2 池曝气盘、风机等组成。其自动程序控制原理流程见图 3.10-5。

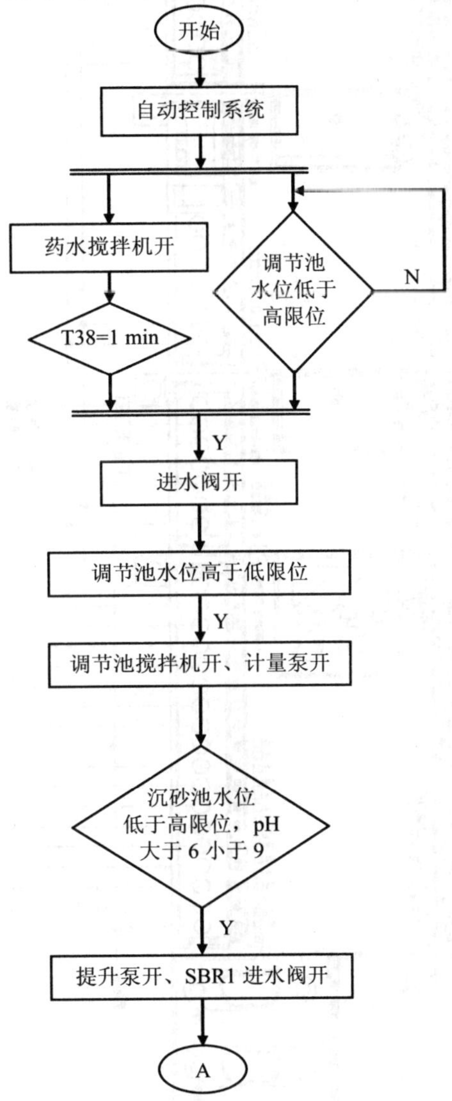

图 3.10-5 MSBR 系统自动控制工艺流程

（2）MSBR 系统 PLC I/O 分布图

MSBR 系统 PLC I/O 分布见图 3.10-6。

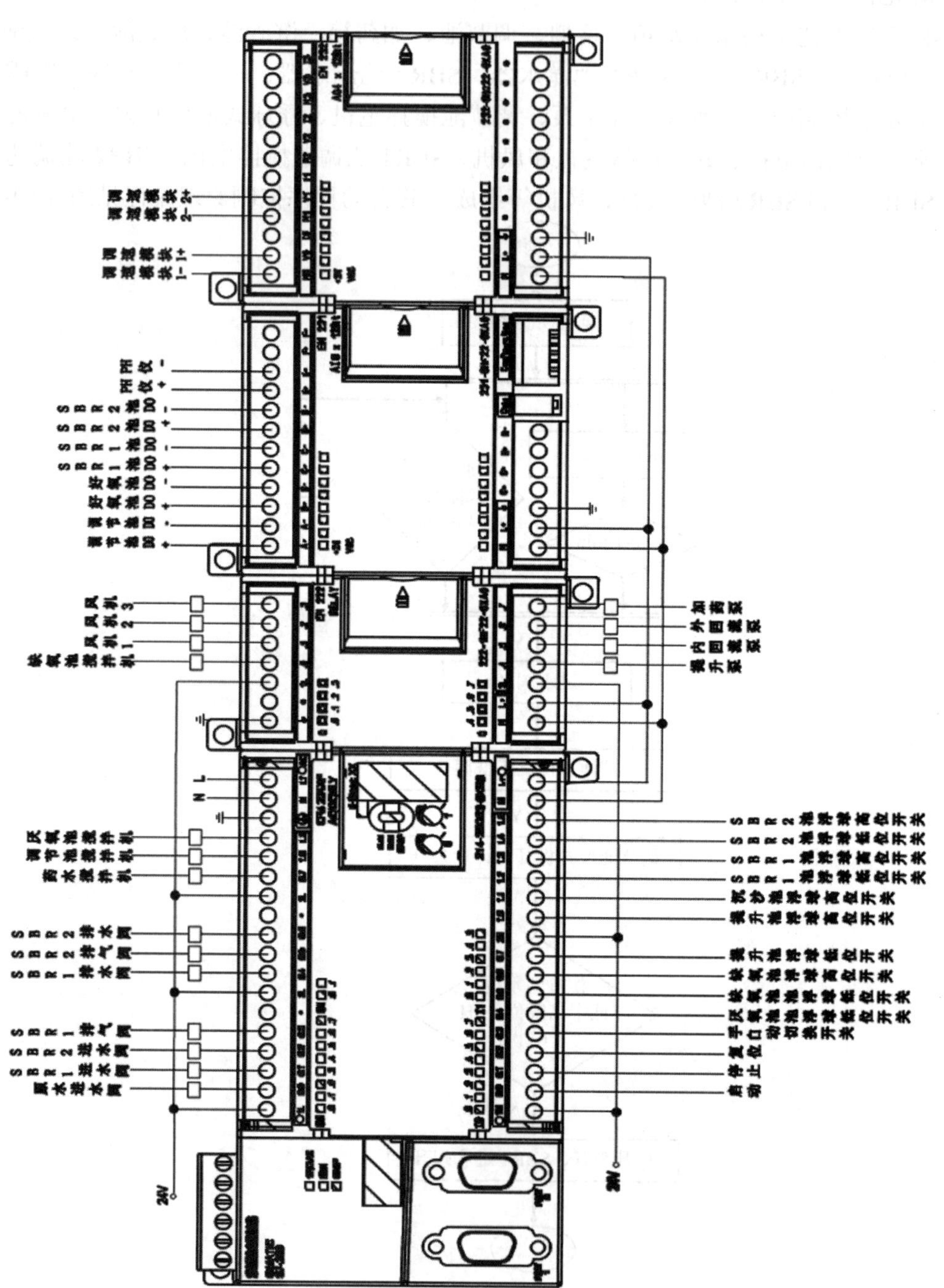

图 3.10-6　MSBR 系统 PLC I/O 分布

（3）MSBR 系统操作步骤

①检查系统管路连接、接线以及各电气元件状态。

②将控制柜电源插入电源单相三线，带接地线，电流 10A 以上插座。

③打开计算机和控制柜上的空气开关。a. 用 PC/PPI 电缆将 S7-200CPU224XP 主机连接到计算机的串口上，打开 S7-200 编程软件（STEP 7-MicroWIN），将 MSBR 系统样例控制程序下载到 S7-200CPU224XP 主机上。b. 用 USB 线将 TPC1062KS 触摸屏连接到计算机的 USB 口上，打开触摸屏工程组态软件（MCGSE 7.2），将样例触摸屏组态工程下载到 TPC1062KS 触摸屏。断电后插上自制的 TPC1062KS 触摸屏与 S7-200CPU224XP 主机通信线并上电。

④将系统置为手动状态，在触摸屏调试界面窗口查看各限位输入信号及操作按下相关按钮启动相应的设备是否运行正确。并观察增压泵在工作状态下确保管路无漏水现象，确保搅拌电机搅拌方向正确，将系统置为自动状态。

⑤通过面板上面的按钮或者触摸屏上的自动控制界面启动、停止、复位整个系统。

⑥打开 MCGS 组态软件，运行组态工程，进入主界面，按下相应按钮切换到相关监控界面进行监控。

⑦启动系统后，可打开触摸屏数据监控界面看相应仪表的数据变化。

3.10.5 电气控制接线图

（1）主电路原理图（图 3.10-7）

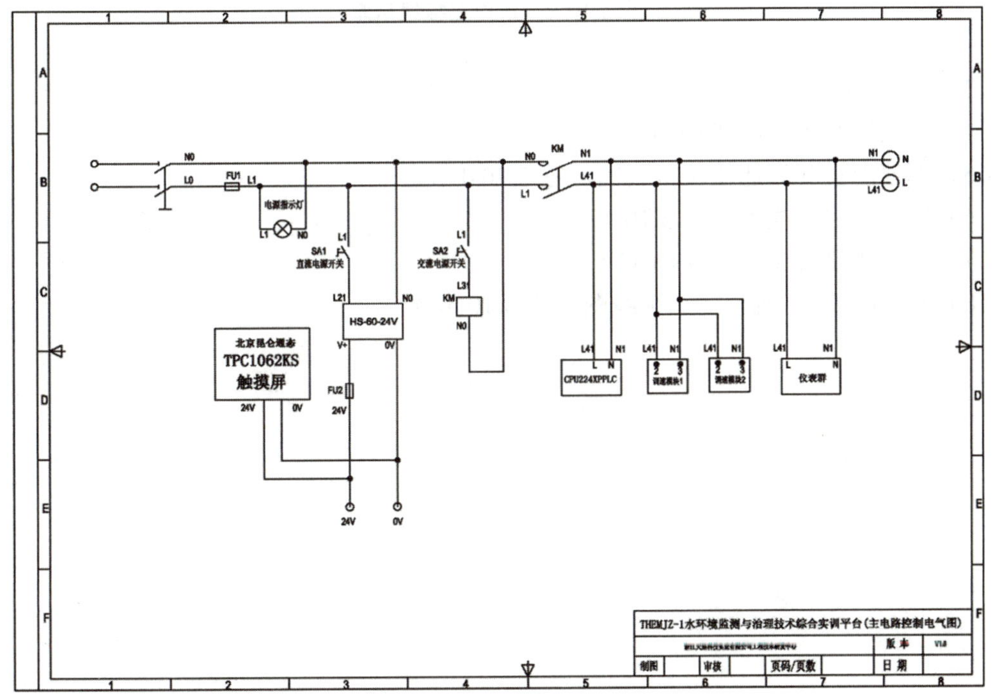

图 3.10-7 主电路原理

（2）继电器接线图（图 3.10-8）

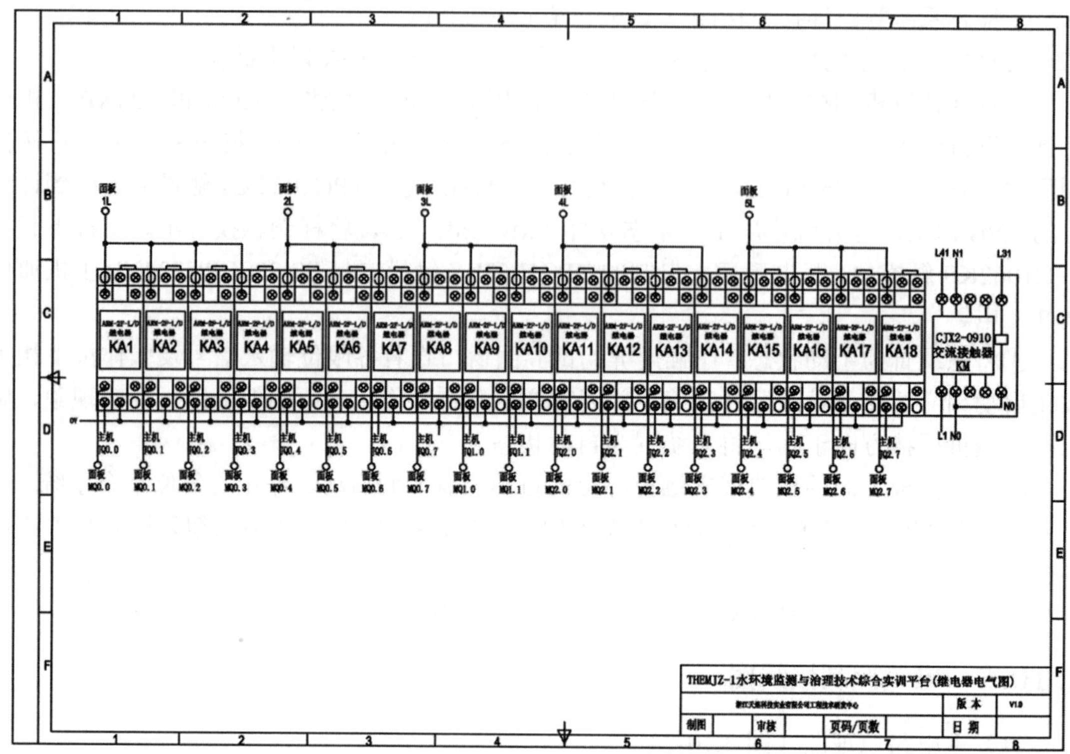

图 3.10-8　继电器接线示意

（3）系统 I/O 分布图（图 3.10-9）

（4）仪表接线图（图 3.10-10）

（5）调速电机和调速模块接线图（图 3.10-11）

（6）搅拌电机接线图（图 3.10-12）

（7）端子排接线图（图 3.10-13）

（8）42 芯、32 芯航空插头接线图（图 3.10-14）

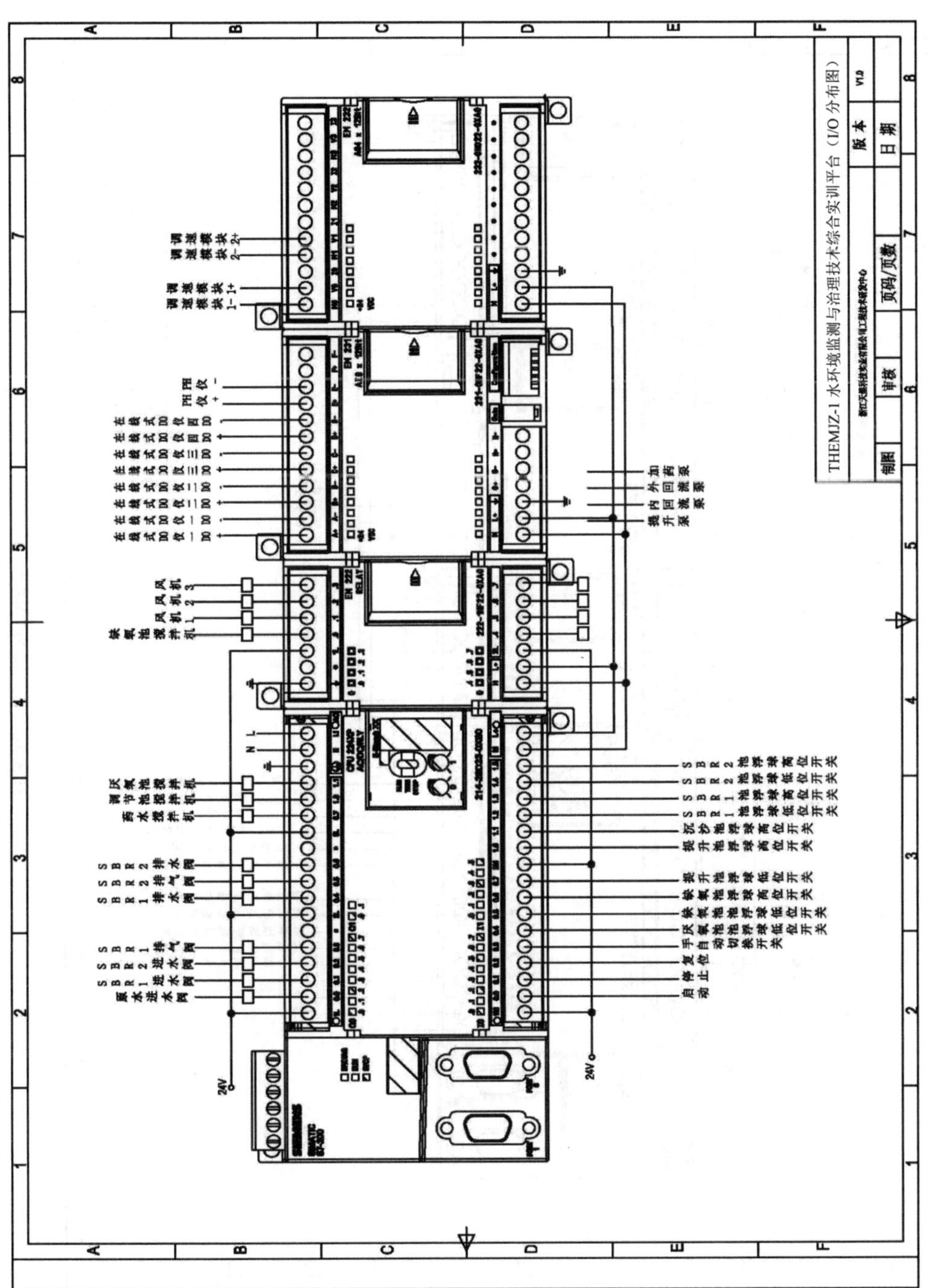

图 3.10-9 系统 I/O 分布

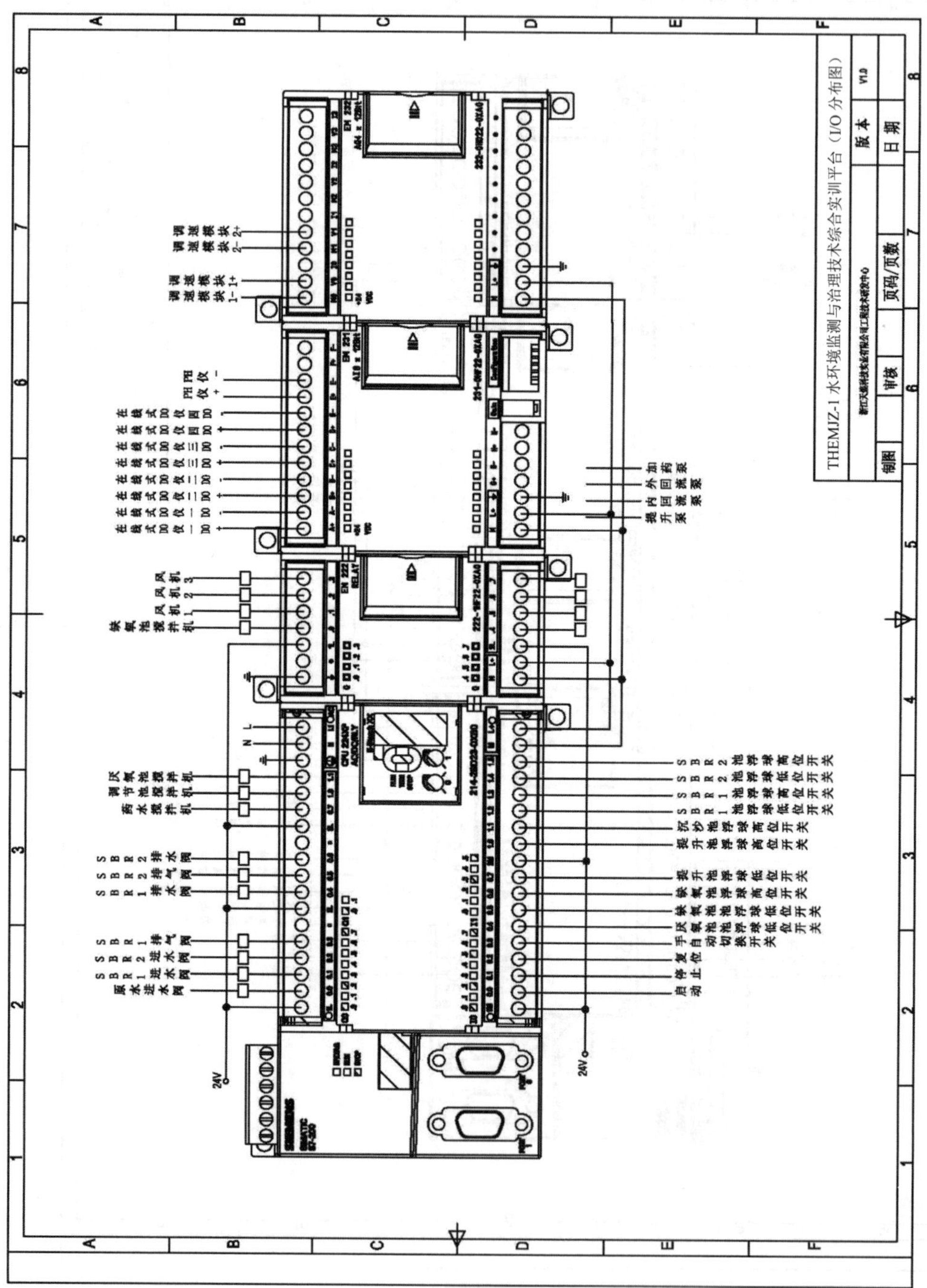

图 3.10-10　仪表接线示意

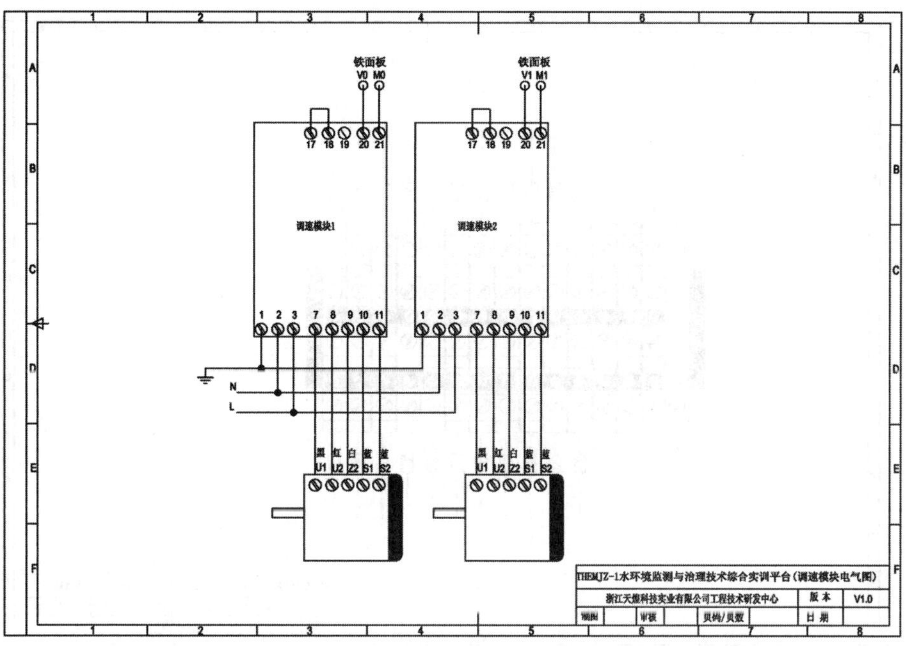

图 3.10-11　调速电机和调速模块接线示意

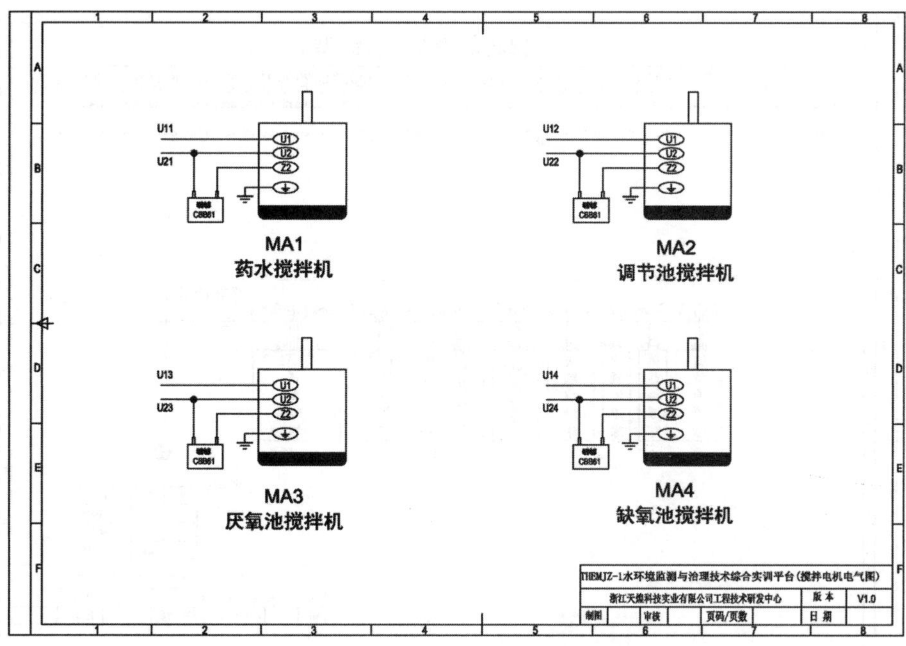

图 3.10-12　搅拌电机接线示意

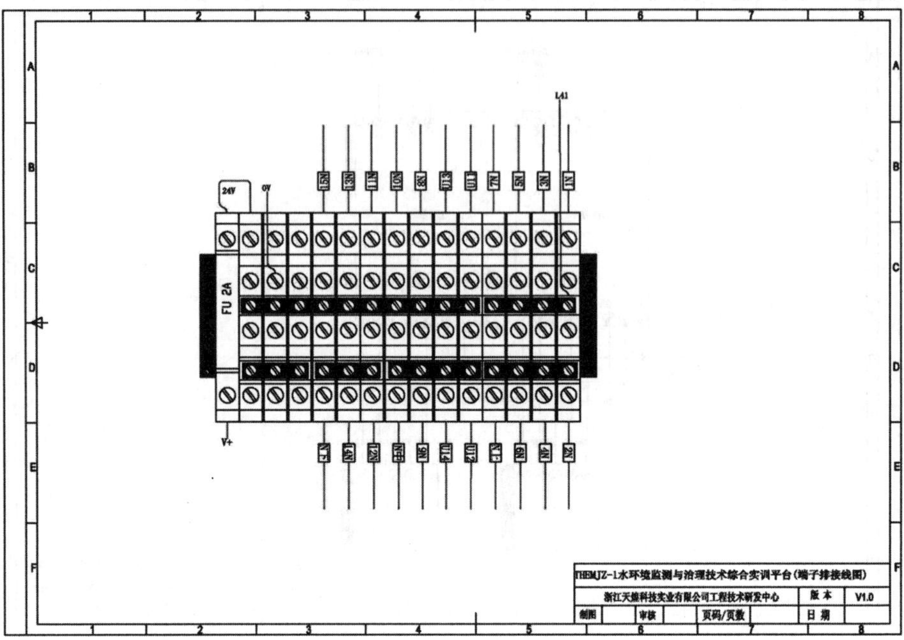

图 3.10-13　端子排接线示意

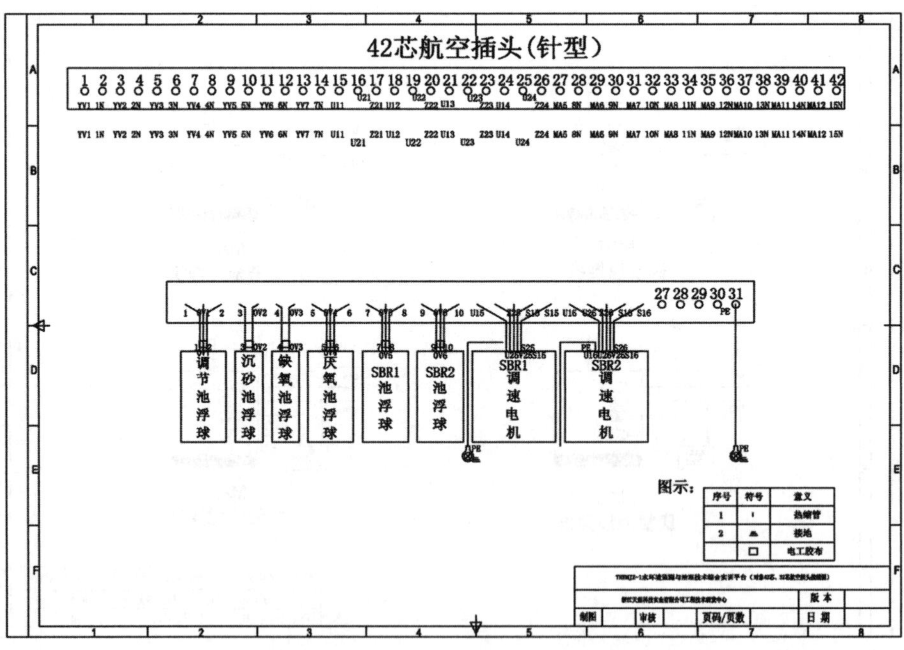

图 3.10-14　42 芯、32 芯航空插头接线示意

3.10.6 触摸屏组态监控界面

（1）触摸屏工程主界面

图 3.10-15 触摸屏工程主界面

（2）触摸屏工程自动控制界面

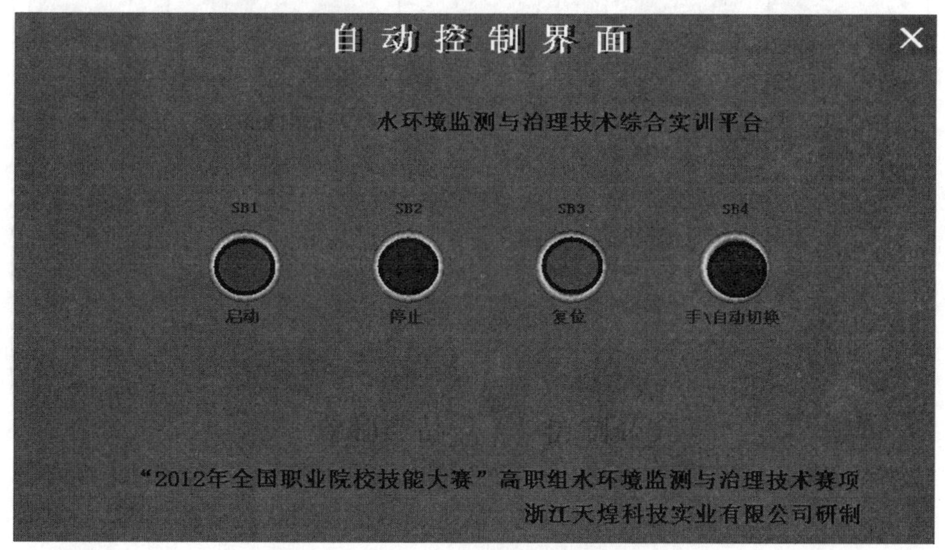

图 3.10-16 触摸屏工程自动控制界面

（3）触摸屏工程水环境监测与治理工艺流程示意图

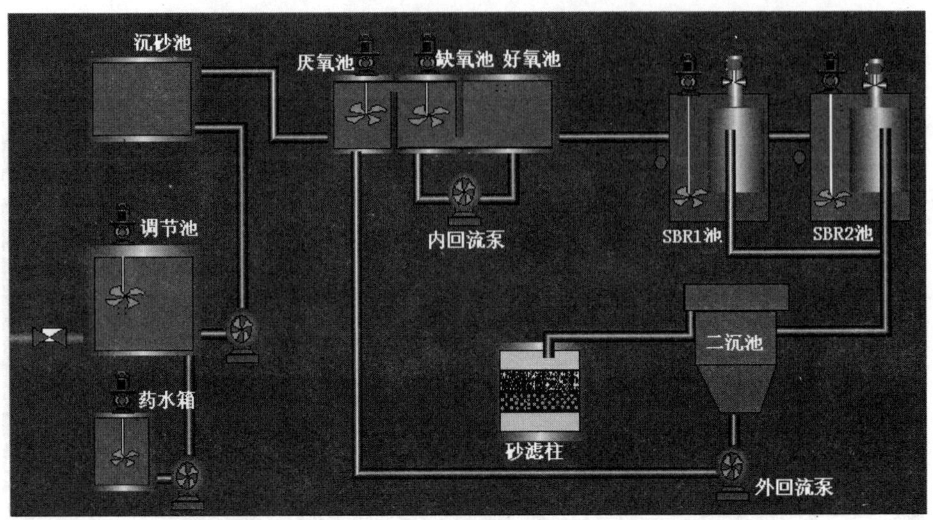

图 3.10-17 触摸屏工程水环境监测与治理工艺流程示意

（4）触摸屏工程仪表数据监控界面

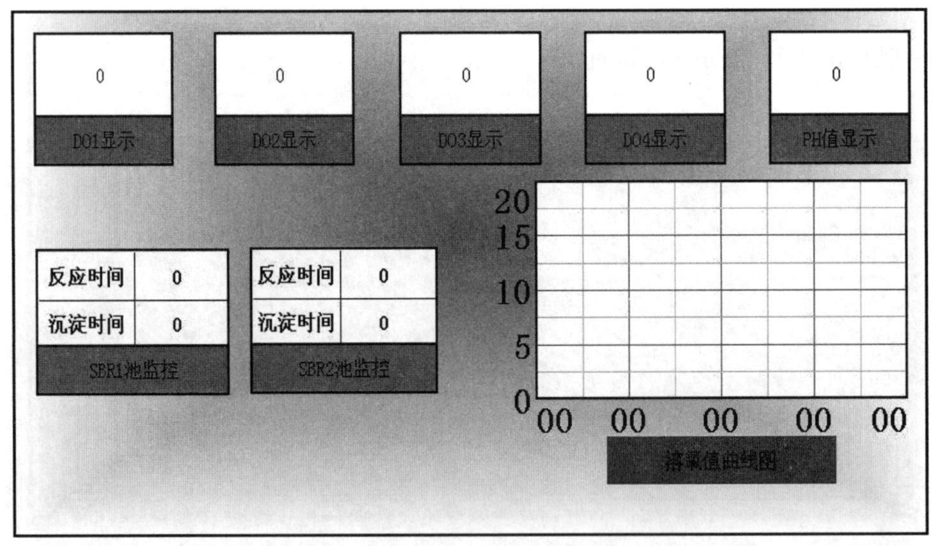

图 3.10-18 触摸屏工程仪表数据监控界面

（5）触摸屏工程系统监控界面

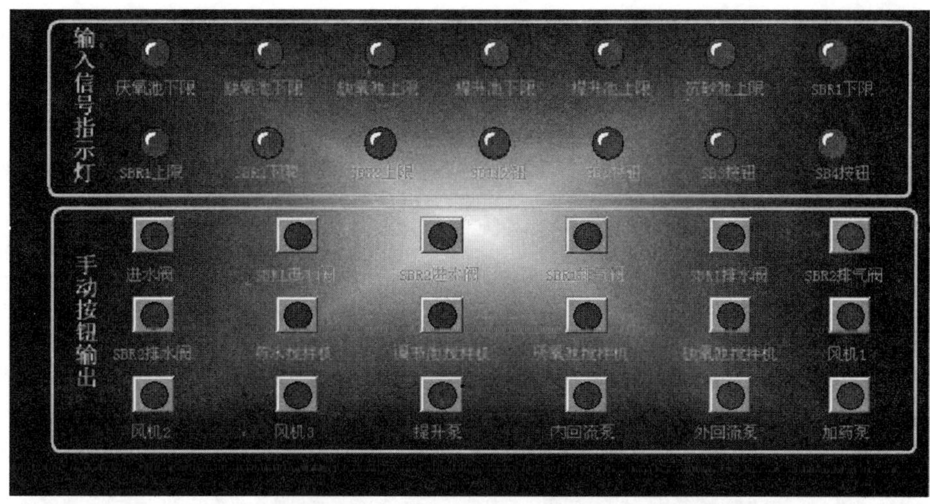

图 3.10-19　触摸屏工程系统监控界面

3.10.7　上位机组态监控界面

（1）上位机工程主界面

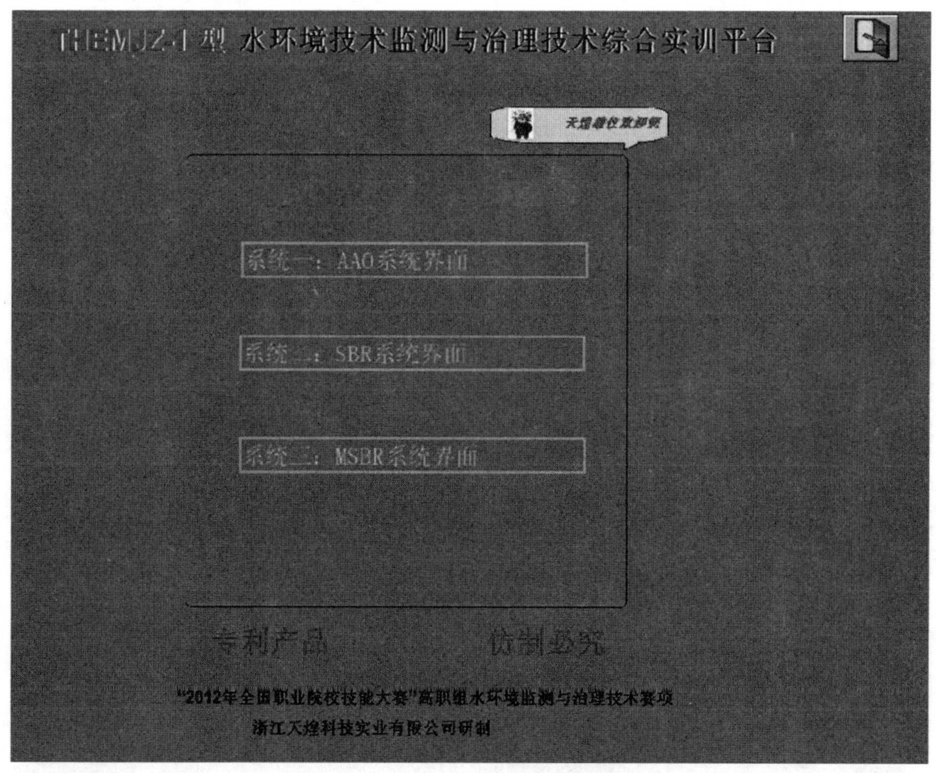

图 3.10-20　上位机工程主界面

（2）上位机 A^2/O 系统监控界面

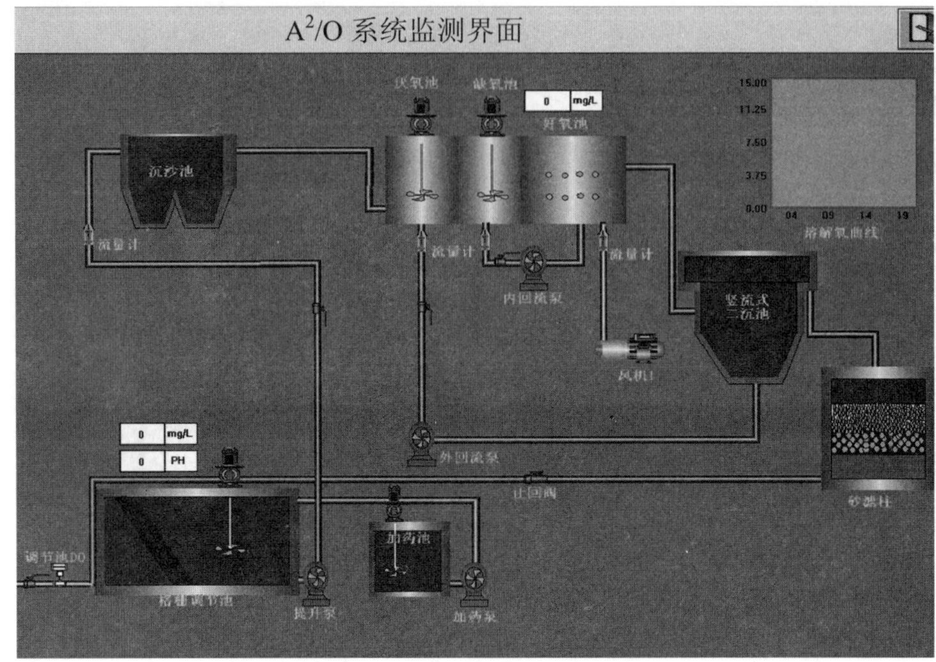

图 3.10-21　上位机 A^2/O 系统监控界面

（3）上位机 SBR 系统监控界面

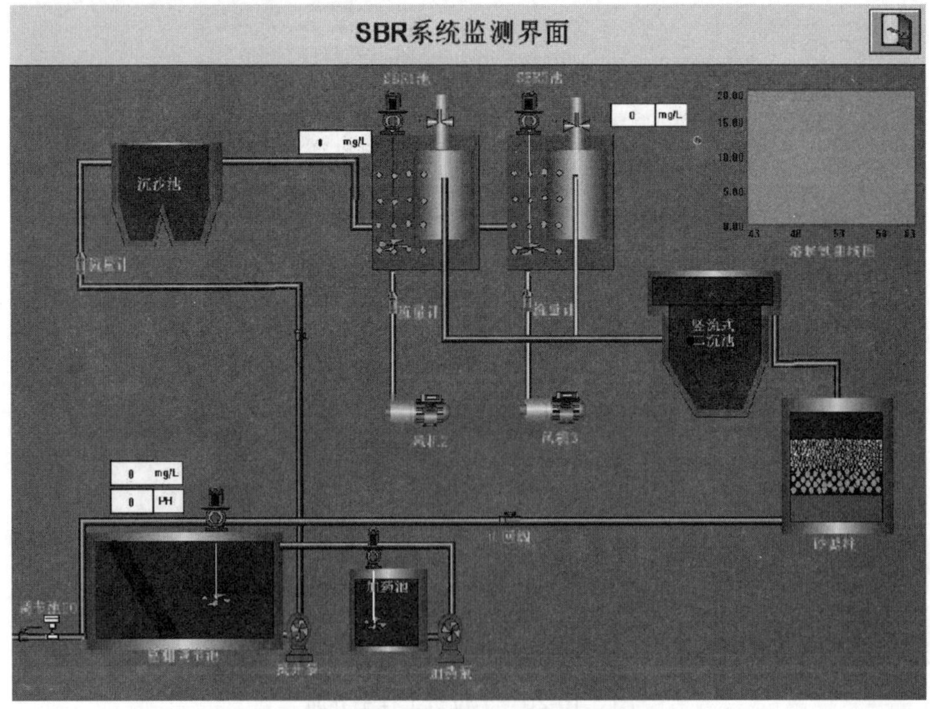

图 3.10-22　上位机 SBR 系统监控界面

（4）上位机 MSBR 系统监控界面

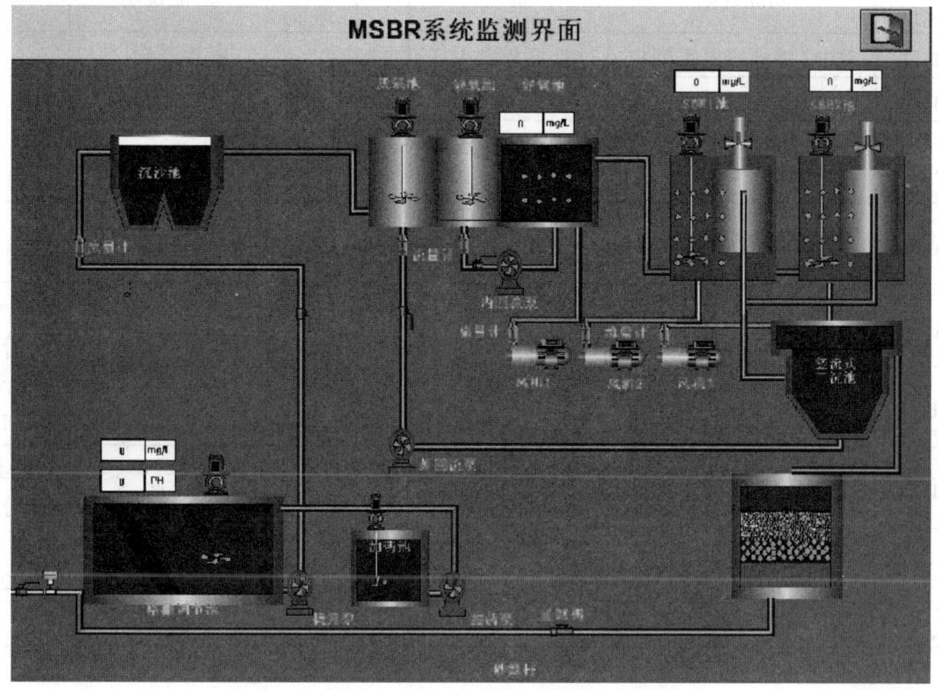

图 3.10-23 上位机 MSBR 系统监控界面

3.10.8 系统 I/O 分配表

表 3.10-1 系统 I/O 分配

序号	输入地址	功能说明	备注	序号	输出地址	功能说明	备注
1	I0.0	启动	接面板上 SB1	22	Q0.2	SBR2 池进水阀	
2	I0.1	停止	接面板上 SB2	23	Q0.3	SBR1 池排气阀	
3	I0.2	复位	接面板上 SB3	24	Q0.4	SBR1 池排水阀	
4	I0.3	手动/自动切换	接面板上 SB4	25	Q0.5	SBR2 池排气阀	
5	I0.4	厌氧池浮球开关低位	接面板上 4	26	Q0.6	SBR2 池排水阀	
6	I0.5	缺氧池浮球开关低位	接面板上 6	27	Q0.7	药水搅拌机	
7	I0.6	缺氧池浮球开关高位	接面板上 5	28	Q1.0	调节池搅拌机	
8	I0.7	提升池浮球开关低位	接面板上 2	29	Q1.1	厌氧池搅拌机	
9	I1.0	提升池浮球开关高位	接面板上 1	30	Q2.0	缺氧池搅拌机	
10	I1.1	沉沙池浮球开关高位	接面板上 3	31	Q2.1	风机 1	
11	I1.2	SBR1 池浮球开关低位	接面板上 8	32	Q2.2	风机 2	
12	I1.3	SBR1 池浮球开关高位	接面板上 7	33	Q2.3	风机 3	

<table>
<tr><th>序号</th><th>输入地址</th><th>功能说明</th><th>备注</th><th>序号</th><th>输出地址</th><th>功能说明</th><th>备注</th></tr>
<tr><td>13</td><td>I1.4</td><td>SBR2 池浮球开关低位</td><td>接面板上 10</td><td>34</td><td>Q2.4</td><td>提升泵</td><td></td></tr>
<tr><td>14</td><td>I1.5</td><td>SBR2 池浮球开关高位</td><td>接面板上 9</td><td>35</td><td>Q2.5</td><td>内回流泵</td><td></td></tr>
<tr><td>15</td><td>AIW4</td><td>在线式 DO 仪一</td><td>接面板上 A+、A−</td><td>36</td><td>Q2.6</td><td>外回流泵</td><td></td></tr>
<tr><td>16</td><td>AIW6</td><td>在线式 DO 仪二</td><td>接面板上 B+、B−</td><td>37</td><td>Q2.7</td><td>加药泵</td><td></td></tr>
<tr><td>17</td><td>AIW8</td><td>在线式 DO 仪三</td><td>接面板上 C+、C−</td><td rowspan="2">38</td><td rowspan="2">AQW4</td><td rowspan="2">SBR1 搅拌机</td><td rowspan="2">面板上 V0、M0 分别接面板上调速模块 1+、−</td></tr>
<tr><td>18</td><td>AIW10</td><td>在线式 DO 仪四</td><td>接面板上 D+、D−</td></tr>
<tr><td>19</td><td>AIW12</td><td>pH 仪</td><td>接面板上 E+、E−</td><td rowspan="2">39</td><td rowspan="2">AQW6</td><td rowspan="2">SBR2 搅拌机</td><td rowspan="2">面板上 V1、M1 分别接面板上调速模块 2+、−</td></tr>
<tr><td>20</td><td>Q0.0</td><td>原水进水阀</td><td></td></tr>
<tr><td>21</td><td>Q0.1</td><td>SBR1 池进水阀</td><td></td><td></td><td></td><td></td><td></td></tr>
</table>

4 水样采集保存与监测分析

4.1 地表水氨氮水样的采集与保存

4.1.1 仪器和试剂

①采水器：2 500 mL TN-S 水样采集器 1 只，金坛市泰纳仪器厂；
②采样容器：500 mL 试剂瓶 3 个；
③硫酸：1+1；
④pII 试纸：广泛试纸；
⑤其他防护用品。

4.1.2 采样步骤

（1）采样前准备

选择并洗净采水器、采样容器；配制水样保护剂；携带 pH 广泛试纸和水样防护必需品。

（2）采样

在规定的采样点，规定的采样深度，用水样将采水器和装水样容器洗涤三遍，采集水样、平行样和现场空白样各一个，加入保护剂，调节 pH 在规定范围内，做好现场描述和采样记录（表 4.1-1），贴好标签（表 4.1-2），对水样采取适当保护措施，将水样安全带回实验室。

表 4.1-1 地表水采样原始记录表

任务名称： 方法依据：

任务编号：（参赛队号） 天　　气：

采样人员__________ 现场描述：

采样地点	样品编号	采样日期	采样时间		pH	温度/℃	测定项目
			采样开始	采样结束			
备　　注	pH 计型号及编号						

采样： 记录： 校核：

表 4.1-2　现场采集样品标签

全国环赛 XX 字〔2009〕YY 号		
样品编号		
监测项目		
待检	在检	已检

注：XX 代表点位号，YY 代表参赛队号。

4.1.3　注意事项

①采样的一般安全预防措施；
②注意水文特征的影响及描述；
③注意避免样品被污染；
④注意保持采样现场的环境卫生。

4.1.4　考评体系

表 4.1-3　测定氨氮的水样采集评分表

考核证号：　　　　　　　　　工位号：
开始时间：　　　　　　　　　结束时间：　　　　　　　　日期：

序号	考核点	配分	评分标准	扣分	得分	考评员
（一）	采样前的准备	16				
1	采水器的洗涤	2	洗涤剂洗，自来水洗至少 2 遍；不合格扣 2 分			
2	装样容器的准备	6	1. 洗涤剂洗，自来水洗至少 3 遍，不合格扣 2 分； 2. 三个装样瓶的选择，错误扣 2 分； 3. 装样容器没有试漏的，扣 2 分			
3	保护剂的准备	2	保护剂的选择，不正确的扣 2 分			
4	广泛 pH 试纸的准备	2	没有准备的扣 2 分			
5	空白试样的准备	2	没有准备的扣 2 分			
6	标签的准备	2	没有准备的扣 2 分			
（二）	采样	30				
1	采水器的润洗	4	是否将采样器用水样润洗 2～3 遍，不合格扣 4 分			
2	装样容器的润洗	4	装样容器没有用水样润洗，扣 2 分，可累加；空白样容器没有用蒸馏水润洗，扣 2 分			
3	采样深度	4	从采样器底部起算，没有达到采样深度，扣 4 分			

序号	考核点	配分	评分标准	扣分	得分	考评员
4	装样容器装样要求	4	若将水样装满装样容器，扣 4 分			
5	未加保护剂前 pH 的测定	6	没有测定 pH，扣 6 分			
6	加保护剂，测定 pH	4	1. 没有加保护剂，扣 2 分； 2. pH 大于 2，扣 1 分； 3. 没有洗涤玻棒，扣 1 分			
7	对样品的防护	4	将装样容器装篮，没有采用报纸做衬里和隔板，扣 4 分			
（三）	现场质控	12				
1	平行样的采集和空白样的采集	6	1. 没有采集空白样或采集错误，扣3分； 2. 没有采集平行样或采集错误，扣 3 分			
2	避免样品污染	6	环境对采样器进水口的污染；采样者手对水样的污染；瓶盖对水样的污染（请在扣分项上打 √）。每出现一项不合格扣 2 分			
（四）	采样记录	32				
1	现场描述	6	水颜色，水气味、天气环境没有记录（请在扣分项上打 √），每项扣 2 分，或语句不通顺 1 分/项			
2	签字笔填写	2	使用其他笔，扣 2 分			
3	水温测定	4	1. 水温测定没有停留 5 min，扣 2 分； 2. 根据温度计的分度保留有效数字，读数错误，扣 2 分			
4	采样时间	2	开始时间从润洗起算，结束时间以加完保护剂为止，记录不完整，扣 2 分			
5	采样地点	2	填写不准确，扣 2 分			
6	测定项目	2	没有填写，扣 2 分			
7	保护剂	2	保护剂名称不对，扣 2 分			
8	采样人、记录人、校核人	3	每缺少一项，扣 1 分			
9	记录单填写	3	记录不准确，扣 1 分，涂改一项扣 1 分，可累加，最多扣 3 分			
10	标签填写、粘贴	4	1. 样品编号，缺少一项扣 2 分，不准确或涂改一项扣 1 分，可累加； 2. 监测项目、样品状态（指待检、在检等）没有填写，缺少一项扣 2 分，不准确或涂改一项扣 1 分； 3. 标签粘贴不及时，每次扣 1 分，可累加			
11	标签干燥信息清楚	2	打湿、模糊不清每项扣 1 分			

序号	考核点	配分	评分标准	扣分	得分	考评员
（五）	文明参赛	10				
1	过程条理清晰，现场整洁	5	采样点废液处理不合理、不及时清理台面等每项扣 2.5 分			
2	所用器皿完好无损	3	打碎一样玻璃器皿，扣 3 分			
3	合作精神	2	合作发生不愉快，扣 2 分			
（六）	采样时间		30 min，超过 5 min 扣 2 分，10 min 扣 4 分，以此类推。超过 20 min 停止比赛			

考评员签名：　　　　　　　　　　　　　　考生签“认可”字样：

4.2 纳氏试剂光度法测定氨氮

4.2.1 水样的预处理

水样带色或混浊以及含其他干扰物质，影响氨氮的测定。为此，在分析时需作适当的预处理。对较清洁的水，可采用絮凝沉淀法；对污染严重的水或工业废水，则用蒸馏法消除干扰。

1．絮凝沉淀法

加入适量的硫酸锌于水样中，并加氢氧化钠使呈碱性，生成氢氧化锌沉淀，再经过滤除去颜色和混浊等。

（1）仪器

100 mL 具塞量筒或比色管。

（2）试剂

①10%硫酸锌溶液：称取 10 g 硫酸锌溶液溶于水，稀释至 100 mL。

②25%氢氧化钠溶液：称取 25 g 氢氧化钠溶于水，稀释至 100 mL，贮于聚乙烯瓶中。

③硫酸：ρ =1.84 g/mL。

（3）步骤

取 100 mL 水样于具塞量筒或比色管中，加入 1 mL10%硫酸锌溶液和 0.1～0.2 mL 的 25%氢氧化钠溶液，调节 pH 至 10.5 左右，混匀。放置使溶液沉淀，用经无氨水充分洗涤过的中速滤纸过滤，弃去初滤液 20 mL。

2．蒸馏法

调节水样的 pH 控制在 6.0～7.4，加入适量氧化镁使其呈碱性，蒸馏释放出的氨被吸收于硫酸或硼酸中。采用纳氏比色法或酸滴定法时，以硼酸溶液为吸收液；采用水杨酸-次氯酸盐比色法时，则以硫酸溶液作为吸收液。

（1）仪器

带氮球的定氮蒸馏装置；500 mL 凯氏烧瓶、氮球、直形冷凝管和导管。

（2）试剂

水样稀释及试剂配制均用无氨水。

①无氨水制备：

蒸馏法：每升蒸馏水中加 0.1 mL 硫酸，在全玻璃蒸馏器中重蒸馏，弃去 50 mL 初馏液，接取其余馏出液于具塞磨口的玻璃瓶中，密塞保存。

离子交换法：使蒸馏水通过强酸性阳离子交换树脂柱。

②1 mol/L 盐酸溶液。

③1 mol/L 氢氧化钠溶液。

④轻质氧化镁（MgO）：将氧化镁在 500℃下加热，以除去碳酸盐。

⑤0.05%溴百里酚蓝指示液（pH 在 6.0～7.6）

⑥防沫剂，如石蜡碎片。

⑦吸收液：

硼酸溶液：称取 20 g 硼酸溶于水，稀释至 1 L。

硫酸溶液：0.01 mol/L。

（3）步骤

①蒸馏装置的预处理：加 250 mL 水样于凯氏烧瓶中，加 0.25 g 轻质氧化镁和数粒玻璃珠，加热蒸馏至馏出液不含氨为止，弃去瓶内残液。

②分取 250 mL 水样（如氨氮含量较高，可分取适量并加水至 250 mL，使氨氮含量不超过 2.5 mg），移入凯氏烧瓶中，加数滴溴百里酚蓝指示剂，用氢氧化钠溶液或盐酸溶液调节至 pH 7 左右。加入 0.25 g 轻质氧化镁和数粒玻璃珠，立即连接氮球与冷凝管，导管下端插入吸收液的液面下。加热蒸馏，至馏出液达 200 mL 时，停止蒸馏，定容至 250 mL。

③采用酸滴定法或纳氏比色法时，以 50 mL 硼酸溶液为吸收液；采用水杨酸-次氯酸盐比色法时，改用 50 mL 0.01 mol/L 硫酸溶液为吸收液。

（4）注意事项

①蒸馏时应避免发生暴沸，否则可造成馏出液温度升高，氨吸收不完全。

②防止在蒸馏时产生泡沫，必要时可加少许石蜡碎片于凯氏烧瓶中。

③水样如含余氯，则应加入适量 0.35%硫代硫酸钠溶液，每 0.5 mL 可除去 0.25 mg 余氯。

4.2.2 纳氏试剂光度法

1．方法原理

碘化汞和碘化钾的碱性溶液与氨反应生成淡红棕色的胶态化合物，此颜色在较宽的波长内具强烈吸收性。通常测量波长为 410～425 nm。

2．干扰及消除

脂肪胺、芳香胺、醛类、丙酮、醇类和有机氯胺类等有机化合物，以及铁、锰、镁和硫等无机离子，因产生异色或浑浊而引起干扰。水中颜色和浑浊亦影响比色。为此，须经絮凝、沉淀、过滤或蒸馏预处理，易挥发的还原性干扰物质还可在酸性条件下加热除去。对金属离子的干扰，可加入适量的掩蔽剂加以消除。

3．方法的适用范围

本法最低检出浓度为 0.025 mg/L（光度法），测定上限为 2 mg/L。采用目视比色法，最低检出浓度为 0.02 mg/L。水样作适当的预处理后，本方法可适用于地表水、地下水、工业废水和生活污水中氨氮的测定。

4．仪器

①分光光度计。

②pH 计。

5．试剂

①纳氏试剂：可选择下列一种方法制备。

● 称取 20 g 碘化钾溶于约 100 mL 水中，边搅拌边分次少量加入氯化汞结晶粉末（约 10 g），至出现朱红色沉淀不易溶解时，改为滴加饱和氯化汞溶液，并充分搅拌。当出现微量朱红色沉淀不易溶解时，停止滴加氯化汞溶液。

另称取 60 g 氢氧化钾溶于水，并稀释至 250 mL，充分冷却至室温后，将上述溶液在搅拌下，徐徐注入氢氧化钾溶液中，用水稀释至 400 mL，混匀。静置过夜。将上清液移入聚乙烯瓶中，密塞保存。

● 称取 16 g 氢氧化钠，溶于 50 mL 水中，充分冷却至室温。

另称取 7 g 碘化钾和 10 g 碘化汞溶于水，然后将此溶液在搅拌下徐徐注入氢氧化钠溶液中，用水稀释至 100 mL，贮于聚乙烯瓶中，密塞保存。

②酒石酸钾钠溶液：称取 50 g 酒石酸钾钠（$KNaC_4H_4O_6 \cdot 4H_2O$）溶于 100 mL 水中，加热煮沸以除去氨，放冷，定容至 100 mL。

③铵标准贮备溶液：3.819 g 经 100℃干燥过的优级纯氯化铵（NH_4Cl）溶于水中，移入 1 000 mL 容量瓶中，稀释至标线。此溶液每毫升含 1.00 mg 氨氮。

④铵标准使用溶液：移取 5.00 mL 铵标准贮备液于 500 mL 容量瓶中，用水稀释至标线。此溶液每毫升含 0.010 mg 氨氮。

6．步骤

（1）标准曲线的绘制

①吸取 0 mL、0.05 mL、1.00 mL、3.00 mL、5.00 mL、7.00 mL 和 10.0 mL 铵标准使用溶液于 50 mL 比色管中，加水至标线，加 1.0 mL 酒石酸钾溶液，混匀。加 1.5 mL 纳氏试剂，混匀。放置 10 min 后，在波长 420 nm 处，用光程 20 mm 比色皿，以水为参比，测量吸光度。

②由测得的吸光度，减去零浓度空白的吸光度后，得到校正吸光度，绘制以氨氮含量（mg）对校正吸光度的校准曲线。

（2）水样的测定

①分取适量经絮凝沉淀预处理后的水样（使氨氮含量不超过 0.1 mg），加入 50 mL 比色管中，稀释到标线，加 1.0 mL 酒石酸钾溶液。以下同校准曲线的绘制。

②分取适量经蒸馏预处理后的馏出液，加入 50 mL 比色管中，加一定量 1 mol/L 氢氧化钠溶液以中和硼酸，稀释至标线。加 1.5 mL 纳氏试剂，混匀。放置 10 min 后，同校准曲线步骤测量吸光度。

（3）空白试验

以无氨水代替水样，做全程序空白测定。

7．计算

由水样测得的吸光度减去空白试验的吸光度后，从校准曲线上查得氨氮含量（mg）。

$$\text{氨氮（N，mg/L）}=m/V\times 1\,000$$

式中：m——由校准曲线查得的氨氮量，mg；

V——水样体积，mL。

8．精密度和准确度

三个实验室分析含 1.14～1.16 mg/L 氨氮的加标水样，单个实验室的相对标准偏差不超过 9.5%；加标回收率范围为 95%～104%。

四个实验室分析含 1.81～3.06 mg/L 氨氮的加标水样，单个实验室的相对标准偏差不超过 4.4%；加标回收率范围为 94%～96%。

9．注意事项

①纳氏试剂中碘化汞与碘化钾的比例，对显色反应的灵敏度有较大影响。静置后生成的沉淀应除去。

②滤纸中常含痕量铵盐，使用时注意用无氨水洗涤。所用玻璃器皿应避免被实验室空气中的氨沾污。

本实验所用仪器及试剂见表 4.2-1、表 4.2-2。

表 4.2-1　钠氏试剂光度法使用仪器一览

<table>
<tr><th>名称</th><th>规格</th><th colspan="2">数量</th><th>备注</th></tr>
<tr><td>具塞量筒</td><td>100 mL</td><td colspan="2"></td><td>用于水样的预处理</td></tr>
<tr><td>带氮球的定氮蒸馏装置</td><td></td><td colspan="2">1 套</td><td>用于水样的预处理</td></tr>
<tr><td>玻璃珠</td><td></td><td colspan="2">少许</td><td></td></tr>
<tr><td>分光光度计</td><td></td><td colspan="2">1 台</td><td></td></tr>
<tr><td>比色皿</td><td>20 mm</td><td colspan="2">1 套</td><td></td></tr>
<tr><td>pH 计</td><td></td><td colspan="2">1 台</td><td></td></tr>
<tr><td rowspan="3">比色管</td><td rowspan="3">50 mL</td><td rowspan="3">13～17 支</td><td>7 支</td><td>用于标准曲线的绘制</td></tr>
<tr><td>3～5 支</td><td>用于水样的测定</td></tr>
<tr><td>3～5 支</td><td>用于空白的测定</td></tr>
<tr><td>移液管</td><td>1.00 mL、2.00 mL、5.00 mL</td><td colspan="2">各 1 支</td><td></td></tr>
<tr><td>容量瓶</td><td>500 mL、1 000 mL</td><td colspan="2">各 1 个</td><td></td></tr>
<tr><td>试剂瓶</td><td>30 mL、50 mL、100 mL</td><td colspan="2">各 1 个</td><td></td></tr>
<tr><td>聚乙烯瓶</td><td>100 mL</td><td colspan="2">1 个</td><td></td></tr>
</table>

表 4.2-2 纳氏试剂光度法使用试剂一览

名称	规格	用量（2 倍计）	装器皿所用仪器
硫酸锌溶液	10%		100 mL 试剂瓶
氢氧化钠溶液	25%		100 mL 聚乙烯瓶
硫酸	ρ =1.84 g/cm^3	少许	专用试剂瓶
盐酸溶液	1 mol/L	少许	专用试剂瓶
轻质氧化镁	晶体	少许	专用试剂瓶
溴百里酚蓝指示液	0.05%	数滴	专用试剂瓶
硼酸溶液		50 mL	100 mL 试剂瓶
纳氏试剂		20～30 mL	50 mL 试剂瓶
酒石酸钾钠溶液		13～17 mL	30 mL 试剂瓶
铵标准贮备液	1.00 mg/mL		1 000 mL 容量瓶
铵标准使用液	0.010 mg/mL		500 mL 容量瓶

4.2.3 考评体系

表 4.2-3 纳氏试剂光度法测定氨氮评分表

考核证号：　　　　　　　　工位号：

开始时间：　　　　　　　　结束时间：　　　　　　　　日期：

序号	考核点	配分	评分标准	扣分	得分	考评员
（一）	称量	14				
1	台秤的使用	1.5	未调零，扣 0.5 分； 称量操作不对，扣 1 分			
2	分析天平 称量前准备	2	未检查天平水平、砝码完好情况，扣 0.5 分； 未调零，扣 1 分； 天平内外不洁净，扣 0.5 分			
3	分析天平称量操作	6.5	手直接触及被称物容器或被称物容器放在台面上，扣 1 分； 称量瓶放置不当，扣 1 分； 开启升降枢不当，扣 1 分； 倾出试样不合要求，扣 0.5 分； 加减砝码操作不当，扣 1 分； 开关天平门操作不当，扣 1 分； 读数及记录不正确，扣 1 分			
4	称量后处理	4	砝码不回位，扣 1 分； 不关天平门，扣 1 分； 天平内外不清洁，扣 0.5 分； 未检查零点，扣 0.5 分； 凳子未归位、未做使用记录，扣 1 分			
（二）	样品预处理	9				

序号	考核点	配分	评分标准	扣分	得分	考评员
1	玻璃器皿的洗涤	1	洗涤不正确，扣 1 分			
2	滤纸的选择和使用	4	没有选择中速滤纸，扣 1 分； 滤纸折叠时手没有洗净，扣 1 分； 滤纸折叠锥顶折痕明显，扣 1 分； 没有用无氨水洗涤，扣 1 分			
3	过滤	2	没有尽量做成水柱，扣 1 分； 玻棒下端没有对着 3 层滤纸的一边，扣 1 分； 没有弃去前 20 mL 水样，扣 1 分			
4	pH 的测试	2	没有进行所要求的 pH 的调节，扣 1 分； 没有将溶液混匀，扣 1 分			
（三）	标准溶液的配制	14				
1	转移溶液	4	没有进行容量瓶试漏检查，扣 1 分； 烧杯没有沿玻棒向上提起，扣 0.5 分； 玻棒放回烧杯操作不正确扣 0.5 分； 吹洗转移重复 5 次以上，否则扣 1 分			
2	定容操作	5	加水至容量瓶约 3/4 体积时没有平摇，扣 1 分； 加水至近标线约 1 cm 处等待 1～2 min，没有等待扣 1 分； 逐滴加入蒸馏水至标线操作不当，扣 1 分； 未充分混匀、中间未开塞，扣 1 分； 持瓶方式不正确，扣 1 分			
3	标准系列的配置	5	稀释方法不正确，扣 2 分； 每个点取液应从零分度开始，出现不正确项 1 次扣 1 分，但不超过总分 5 分； 混合不充分、中间未开塞、持瓶方式不正确，扣 2 分			
（四）	分光光度计的使用	14				
1	测定前的准备	3	仪器没有预热，扣 0.5 分； 波长选择不正确，扣 0.5 分； 不能正确调“0”和“100%”，扣 2 分			
2	测定操作	7	手触及比色皿透光面，扣 1 分； 加入溶液高度不正确，扣 1 分； 比色皿外壁溶液处理不正确，扣 1 分； 不正确使用参比溶液，扣 1 分； 比色皿盒拉杆操作不当，扣 1 分； 开关比色皿暗箱盖不当，扣 1 分； 读数不准确，扣 1 分			
3	测定后的处理	4	台面不清洁，扣 0.5 分； 未取出比色皿及其洗涤，扣 1 分； 没有倒尽控干比色皿，扣 0.5 分； 测定结束，未做使用记录，扣 1 分； 未关闭仪器电源，扣 1 分			

序号	考核点	配分	评分标准	扣分	得分	考评员
（五）	数据记录和结果计算	13				
1	标准（工作）曲线的绘制	3.5	曲线名称、坐标、箭头、符号、单位量及小数点后数字位数、回归方程每缺少1项扣0.5分			
2	正确绘制校准曲线	2	校准曲线绘制方法错误，扣1分，测量数据未标在曲线中，扣1分			
3	试液吸光度处于要求范围内	2.5	试液取用量不合理致使吸光度超出要求范围，扣2.5分			
4	原始记录	4	数据未直接填在报告单上、数据不全、有空项、字迹不工整（请在扣分项上打√）			
5	有效数字运算	1	有效数字运算不规范； 一次性扣1分			
（六）	测定结果	35				
1	校准曲线线性	10	$\gamma \geq 0.9999$，不扣分； $\gamma = 0.9990 \sim 0.9998$，扣1～9分			
2	测定结果精密度	7	$\lvert RE \rvert \leq 1\%$，不扣分； $1\% < \lvert RE \rvert \leq 2\%$，扣2分； $2\% < \lvert RE \rvert \leq 3\%$，扣4分； $3\% < \lvert RE \rvert \leq 4\%$，扣6分； $\lvert RE \rvert > 4\%$，不得分			
3	测定结果准确度	15	测定结果：测定值在 保证值±1 s内，不扣分； 保证值±2 s内，扣5分； 保证值±3 s内，扣10分； 保证值±3 s外，不得分			
4	报告	3	原始记录齐全，但未完成报告者、报告不完整（数据不全除外）、不明确、不清晰。一次性扣3分			
（七）	文明操作	1	不规范，扣1分			
（八）	考核时间		考核时间为100 min。超过5 min扣2分，超过10 min扣4分，超过15分钟扣8分。以此类推，扣完本题分数为止			
合计						

注：没有完成计算和计算错误，扣除该项分数的一半，如只是最后一步计算错误，则扣除该项分数2分。

*未经考评员准许涂改原始数据或虚假读数皆取消比赛资格。

考评员签名：　　　　　　　　　　　　　　　　考生签“认可”字样：

4.3 氧化还原滴定法测定高锰酸盐指数

4.3.1 任务指引

水样加入硫酸使其呈酸性后，加入一定量的高锰酸钾溶液，并在沸水浴中加热反应一定的时间。剩余的高锰酸钾，用草酸钠溶液还原并加入过量，再用高锰酸钾溶液回滴过量的草酸钠，通过计算得到样品的高锰酸盐指数值。

4.3.2 试剂

①高锰酸钾贮备液 $C(\frac{1}{5}KMnO_4)$约为 0.1 mol/L：称取 3.2 g 高锰酸钾溶于 1.2 L 水中，加热煮沸，使体积减少至约 1 L，在暗处放置过夜，用 G-3 玻璃砂芯漏斗过滤，滤液贮于棕色瓶中保存（已准备，需标定）。

②高锰酸钾使用液 $C(\frac{1}{5}KMnO_4)$ 约为 0.01 mol/L：吸取 25 mL 上述高锰酸钾溶液，于 250 mL 容量瓶中摇匀、定容，贮于棕色瓶中（需选手稀释）。

③硫酸，密度（ρ_{20}）=1.84 g/mL（已准备）。

④硫酸，8+92 溶液（已准备）。

⑤硫酸，1+3 溶液（已准备）。配制时趁热滴加高锰酸钾溶液至呈微红色。

⑥草酸钠标准贮备液 $C(\frac{1}{2}Na_2C_2O_4)$=0.100 0 mol/L（草酸钠已烘干恒重，选手直接称量配制）。

⑦草酸钠标准使用液 $C(\frac{1}{2}Na_2C_2O_4)$=0.010 0 mol/L：吸取 10.00 mL 上述草酸钠溶液移入 100 mL 容量瓶中，用水稀释至标线（需选手稀释）。

4.3.3 仪器

①双列八孔数显沸水浴装置 1 台；
②锥形瓶：250 mL，9 个；
③棕色酸式滴定管：50 mL，1 支；
④移液管：100 mL，1 支；
⑤移液管：25 mL，1 支；
⑥移液管：10 mL，3 支；
⑦吸量管：5 mL，1 支；
⑧容量瓶：100 mL，2 个；
⑨棕色容量瓶：250 mL，1 个；
⑩棕色试剂瓶：500 mL，2 个；
⑪烧杯：100 mL，3 个；

⑫量筒：100 mL，1 支；

⑬电子分析天平：型号 FA2204B，上海精密科学仪器有限公司。

4.3.4 实验步骤

1．高锰酸钾标准滴定溶液 $C（\frac{1}{5}KMnO_4）$=0.1 mol/L 的标定

称取 0.25 g 于 105℃电烘箱中干燥至恒重的工作基准试剂草酸钠，溶于 100 mL（8+92）硫酸溶液中，用配制好的高锰酸钾溶液滴定，近终点时加热至约 65℃，继续滴定至溶液呈粉红色，并保持 30s。同时做空白试验。

高锰酸钾标准滴定溶液的浓度 $C（\frac{1}{5}KMnO_4）$，数值以摩尔每升（mol/L）表示，按下式计算：

$$C\left(\frac{1}{5}KMnO_4\right)=\frac{m}{M\left(\frac{1}{2}Na_2C_2O_4\right)(V_1-V_2)}\times 1\,000$$

式中：m——草酸钠质量的数值，g；

V_1——高锰酸钾体积的数值，mL；

V_2——空白试验高锰酸钾体积的数值，mL；

M——草酸钠摩尔质量的数值，g/mol，［$M（\frac{1}{2}）Na_2C_2O_4$=66.999］。

2．高锰酸盐指数（酸性法）的测定

（1）草酸钠标准溶液的配置

草酸钠标准贮备液 $C（\frac{1}{2}Na_2C_2O_4）$=0.100 0 mol/L：称取 0.6705 g 在 105～110℃烘干 1 h 并冷却的优级纯草酸钠于 100 mL 烧杯中，溶于水，定容于 100 mL 容量瓶中。

草酸钠标准使用液 $C（\frac{1}{2}Na_2C_2O_4）$=0.010 0 mol/L：吸取 10.00 mL 上述草酸钠溶液移入 100 mL 容量瓶中，用水稀释至标线。

（2）样品的测定

①用移液管移取 100 mL 混匀水样（如高锰酸盐指数高于 10 mg/L，则酌情少取，并用水稀释至 100 mL）于 250 mL 锥形瓶中。

②加入 5 mL（1+3）硫酸，混匀。

③用滴定管加入 10.00 mL 0.01 mol/L 高锰酸钾溶液，摇匀，立即放入沸水浴中加热 30 min（从水浴重新沸腾起计时）。沸水浴液面应高于反应溶液的液面。

④取下锥形瓶，趁热用移液管加入 10.00 mL 0.010 0 mol/L 草酸钠标准溶液，摇匀。立即用 0.01 mol/L 高锰酸钾溶液滴定至显微红色，记录高锰酸钾溶液消耗量。

⑤高锰酸钾溶液浓度的标定：将上述已滴定完毕的溶液加热至约 70℃，用移液管准确加入 10.00 mL 0.010 0 mol/L 草酸钠标准使用液，再用 0.01 mol/L 高锰酸钾溶液滴定至显微

红色。记录高锰酸钾溶液的消耗量，按下式求得高锰酸钾溶液的校正系数（K）。

$$K=10.00/V$$

式中：V——高锰酸钾溶液消耗量，mL。

若水样经稀释时，应同时另取 100 mL 蒸馏水，同水样操作步骤进行空白试验。

对给定水样同时测定三份平行样。

（3）计算

$$高锰酸盐指数（O_2，mg/L）=[(10+V_1)K-10]\times M\times 8\times 1\,000/100$$

式中：V_1——滴定水样时，高锰酸钾溶液的消耗量，mL；

K——校正系数；

M——草酸钠溶液浓度，mol/L；

8——氧（$\frac{1}{2}$O）摩尔质量。

4.3.5 考评体系

参照《水质　高锰酸盐指数的测定》(GB 11892—89)。

表 4.3-1　化学分析操作评分表

考核证号：　　　　　　　　　　工位号：

开始时间：　　　　　　　　　　结束时间：　　　　　　　　　　日期：

序号	考核点	配分	评分标准	扣分	得分	考评员
（一）	称量	15	未经考评员准许涂改原始数据或虚假读数皆取消比赛资格。修改数据由考评员签名，学生不签名			
1	分析天平称量前准备	1	1. 未检查调整天平水平扣 0.5 分； 2. 托盘未清扫，扣 0.5 分			
2	分析天平称量操作（不允许重称）	12	1. 干燥器盖子放置不正确，扣 0.5 分； 2. 称样时，若手直接接触被称物容器或被称物容器直接放在台面上，每次扣 0.5 分；试样撒落，扣 1.5 分； 3. 称量瓶未放置在天平盘中央，扣 0.5 分； 4. 没有回敲动作，一次性扣 2 分； 5. 称一份试样敲样超过三次，一次性扣 2 分； 6. 超出规定量±5%，扣 1 分/份；超出规定量±10%，扣 2 分/份； 7. 开关天平门、放置称量物要轻，否则一次性扣 0.5 分； 8. 配制草酸钠标准贮备液时未用固定质量称取草酸钠，扣 1 分； 9. 固定称量时，被称物容器中的 $Na_2C_2O_4$ 不可往外舀，否则扣 2 分； 10. 标定 0.1 mol/L 高锰酸钾称基准物时未用差减法，扣 1 分			

序号	考核点	配分	评分标准	扣分	得分	考评员
3	称量后处理	2	1. 不关天平门，扣 0.5 分； 2. 未检查零点，扣 0.5 分； 3. 称量后未清洁天平、凳子未归位，扣 0.5 分； 4. 未做使用记录登记，扣 0.5 分			
（二）	标准滴定溶液的配制和标定	24	—			
1	玻璃仪器的洗涤	0.5	玻璃仪器洗涤干净后内壁应不挂水珠，否则一次性扣 0.5 分			
2	转移溶液	3	1. 容量瓶未试漏检查，一次性扣 0.5 分； 2. 烧杯没沿玻棒向上提起，一次性扣 0.5 分； 3. 玻棒若靠在烧杯嘴处，一次性扣 0.5 分； 4. 吹洗转移重复 3 次以上，否则扣 0.5 分； 5. 转移时溶液有损失，扣 1 分			
3	移液管润洗	2	1. 润洗溶液若超过总体积的 1/3，一次性扣 0.5 分； 2. 润洗后废液应从下口排放，否则一次性扣 0.5 分； 3. 润洗少于 3 次，一次性扣 1 分			
4	移取溶液、放出溶液	5.5	1. 移液管取出液面后，未将管的下部插入溶液的部分沿所吸溶液容器内壁轻转，以除去管外壁的溶液，出现一次扣 0.5 分，最多扣 2 分； 2. 移液时，移液管插入液面下 1～2 cm，插入过深一次性扣 0.5 分； 3. 吸空或将溶液吸入吸耳球内一次性扣 1 分； 4. 调节好液面后放液前管尖有气泡，一次性扣 1 分； 5. 移液时，移液管不竖直，每次扣 0.5 分；锥形瓶未倾斜 30°～45°，每次扣 0.5 分；管尖未靠壁，每次扣 0.5 分，此项累计不超过 2 分； 6. 溶液流完后未停靠 15 s，每次扣 0.5 分，此项累计不超过 1 分			
5	定容操作	4	1. 加水至容量瓶约 2/3 体积时没有平摇，一次性扣 0.5 分； 2. 加水至近标线应等待 1 min，没有等待，一次性扣 0.5 分； 3. 定容超过刻度，一次性扣 2 分； 4. 未充分摇匀、中间未开塞，一次性扣 0.5 分； 5. 定容或摇匀时持瓶方式不正确，一次性扣 0.5 分			

序号	考核点	配分	评分标准	扣分	得分	考评员
6	滴定操作	9	1. 滴定管未进行试漏或时间不足 2 min（总时间），扣 0.5 分； 2. 润洗前，未摇匀 $KMnO_4$ 溶液，一次性扣 0.5 分；润洗次数少于 3 次，扣 1 分； 3. 未排净气泡，每次扣 0.5 分；调 0 时，应捏住滴定管上部无刻度处，否则一次性扣 0.5 分； 4. 滴定前管尖残液未除去，每出现一次扣 0.5 分，最多扣 1 分； 5. 滴定速度得当，若直线放液，一次性扣 1 分； 6. 操作不当造成漏液或滴出锥形瓶外，一次性扣 2 分； 7. 终点控制不准（非半滴到达、颜色过深），每出现一次扣 0.5 分，最多扣 2 分； 8. 终点后滴定管尖悬挂液滴或有气泡，一次性扣 1 分； 9. 标定必须是冷法标定，只能在近终点时加热草酸钠溶液（加热溶液之后滴定至终点消耗 $KMnO_4$ 溶液不超过 3 mL），否则一次性扣 2 分			
（三）	水样的测定	5	—			
1	取水样	1	容量器皿选择不正确，扣 1 分			
2	测定过程	4	1. 加 $KMnO_4$ 前，应将 $KMnO_4$ 摇匀，没有摇匀，一次性扣 0.5 分； 2. 水浴还没有沸腾时就加热水样，一次性扣 1 分； 3. 水浴水面低于水样液面；一次性扣 1 分； 4. 加热时间不在（30±2）min，一次性扣 1 分； 5. 加入 $Na_2C_2O_4$ 溶液前，没有摇匀 $Na_2C_2O_4$ 溶液的一次性扣 0.5 分			
（四）	数据的记录和结果计算	11				
1	正确读数	4	1. 读数不正确，每出现一次扣 0.5 分（滴定管的读数应读准至±0.01 mL）； 2. 经考评员准许（由考评员签字）修改原始数据，每出现一次扣 0.5 分			
2	原始记录	4	1. 数据未直接填在报告单上，每出现一次扣 1 分； 2. 数据不全、有空格、字迹不工整、请在扣分项上打 √，每出现一次扣 0.5 分，可累加扣分，但不出现给负分的情况			
3	有效数字运算	2	有效数字运算不规范，每出现一次扣 1 分，最多扣 2 分			
4	计算公式	1	计算公式[V_{20}、$C(1/5KMnO_4)$、K 值、COD_{Mn}]少写或错写，每个扣 0.5 分			

序号	考核点	配分	评分标准	扣分	得分	考评员
（五）	文明参赛	5				
1	文明操作	1	实验过程台面、地面脏乱，一次性扣 1 分			
2	实验结束清洗仪器、试剂物品归位	2	实验结束未先清洗仪器或试剂物品未归位就完成报告，一次性扣 2 分			
3	仪器损坏	2	损坏仪器，每出现一次扣 1 分			
（六）	操作时间		所有项目均不允许重测			
1	完成时间		比赛时间限 210 min。提前结束不加分，每延时 5 min 扣 2 分，延时 20 min 即终止比赛			
2	试剂用量		每名选手均配备有两倍用量的试剂，若还需添加，则一次性扣 5 分			
操作部分合计		60	—			
（七）	测定结果	40	—			
1	标定结果精密度	10	1.（极差/平均值）≤0.15%，不扣分； 2. 0.15%＜（极差/平均值）≤0.25%，扣 2.5 分； 3. 0.25%＜（极差/平均值）≤0.35%，扣 5 分； 4. 0.35%＜（极差/平均值）≤0.45%，扣 7.5 分； 5.（极差/平均值）＞0.45%，或参赛选手标定结果少于 4 份，精密度不给分			
2	标定结果准确度	10	1.（极差/平均值）＞0.45%，或参赛选手标定结果少于 4 份，准确度不给分； 2. 保证值±1 s 内，不扣分； 3. 保证值±2 s 内，扣 3 分； 4. 保证值±3 s 内，扣 6 分； 5. 保证值±3 s 外，扣 10 分			
3	测定结果精密度	10	1. 参赛选手必须有三次测定结果才能计分； 2.（极差/平均值）≤3%，不扣分； 3. 3%＜（极差/平均值）≤5%，扣 3 分； 4. 5%＜（极差/平均值）≤7.5%，扣 7 分； 5. 7.5%＜（极差/平均值），扣 10 分			
4	测定结果准确度	10	1. 参赛选手必须有三次测定结果才能计分； 2. K 与 C（1/5$KMnO_4$）的比值不在 9.9～10.1 扣 6 分（考察选手数据的合理性）； 3.（极差/平均值）＞10%，准确度 0 分； 4. 保证值±1 s 内，不扣分； 5. 保证值±2 s 内，扣 3 分； 6. 保证值±3 s 内，扣 7 分； 7. 保证值±3 s 外，不得分			
结果部分合计						
最终合计						

注：1. 纸质阅卷考评员将对每位考生每项计算结果进行核算，计算出每位考生分析结果的精密度与准确度，作为真值计算的依据之一，交计算机阅卷考评员进行数据录入。

2. 若考生计算错误，按照测定结果评分项，每项错误扣 5 分；

3. 基本操作中对结果影响较大的项目扣分较重，以体现考生的操作水平的差异，但每项最低为 0 分，不计负分（除用带编程的计算器进行回归计算外）；

4. 评分表分操作和结果两部分，考评员给出操作成绩，评分程序给出结果成绩。两部分合计为该考生的最终得分。

考评员签名：　　　　　　　　　　考生签“认可”字样：

4.4 钼锑抗分光光度法测定总磷

4.4.1 任务指引

在酸性条件下，正磷酸盐与钼酸铵、酒石酸锑氧钾反应，生成磷钼杂多酸，被还原剂抗坏血酸还原，则变成蓝色络合物，通常即称磷钼蓝。

4.4.2 试剂

①硫酸，1+1 硫酸溶液。

②10%抗坏血酸溶液：溶解 10 g 抗坏血酸于水中，并稀释至 100 mL。该溶液储存在棕色玻璃瓶中，在约 4℃可稳定几周。如颜色变黄，则弃去重配。

③钼酸盐溶液：溶解 13 g 钼酸铵［$(NH_4)_6Mo_7O_{24}\cdot 4H_2O$］于 100 mL 水中。溶解 0.35 g 酒石酸锑氧钾［$K(SbO)C_4H_4O_6\cdot 1/2H_2O$］于 100 mL 水中。在不断搅拌下，将钼酸铵溶液徐徐加到 300 mL（1+1）硫酸中，加酒石酸锑氧钾溶液并且混合均匀。贮存在棕色玻璃瓶中于约 4℃保存，可稳定两个月。

④磷酸盐贮备溶液：将优级纯磷酸二氢钾（KH_2PO_4）于 110℃干燥 2 h，在干燥器中放冷。称取 0.219 7 g 溶于水，移入 1 000 mL 容量瓶中，加（1+1）硫酸 5 mL，用水稀释至标线。此溶液每毫升含 50.0 μg 磷（以 P 计）。

⑤磷酸盐标准使用液：将贮备液稀释至浓度为 5 μg/ mL 即可。

4.4.3 主要仪器

①比色管：50 mL，12 支；

②废液缸：1 000 mL，1 个；

③移液管：25 mL、10 mL、5 mL 各 1 支；

④吸量管：10 mL，2 支；5 mL、2 mL、1 mL 各 1 支；

⑤容量瓶：250 mL，1 个；100 mL，3 个；50 mL，1 个；

⑥比色皿：1cm，4 只；

⑦烧杯：500 mL，1 个；100 mL，3 个；

⑧722N 型可见分光光度计，上海精密科学仪器有限公司。

4.4.4 吸收曲线绘制及测定波长选择

移取一定体积的磷标准使用溶液（选手自行配制）于 50 mL 比色管中，定容。加入 1 mL 抗坏血酸溶液，摇匀。再加入 2 mL 钼酸盐溶液，摇匀。放置 15 min 后，用 1 cm 比色皿，以蒸馏水为参比，在 600～800 nm 范围内，测定吸光度，并作吸收曲线，从曲线上确定最大吸收波长作为定量测定时的测量波长。

4.4.5 比色皿校正值的测定

比色皿装蒸馏水，于最大吸收波长处，以一个比色皿为参比，测定其余比色皿的校正值。

说明：参赛选手可以自由选择使用比色皿的个数。

4.4.6 校准曲线的绘制及样品中总磷含量的测定

（1）校准曲线的绘制

根据吸收曲线上最大吸收波长时的吸光度及未知液的浓度范围，确定未知液的稀释倍数，并合理配制标准系列溶液。取数支 50 mL 具塞比色管，分别加入一定量的磷酸盐标准使用液，定容。

显色。向比色管中加入 1 mL 的 10%抗坏血酸溶液，混匀。30 s 后加入 2 mL 钼酸盐溶液充分混匀，放置 15 min。

在最大吸收波长处，以蒸馏水为参比，测定各自吸光度。以浓度或质量为横坐标，以相应的吸光度为纵坐标绘制校准曲线。

（2）样品测定

分取适量经过处理的水样，加入 50 mL 比色管中，用水稀释至标线。以下按照校准曲线绘制的步骤进行显色和测量。减去空白试验的吸光度，并借助校准曲线计算出样品中总磷的浓度。

要求选手对给定的水样进行三份平行样品的测定，同时做空白试验。

4.4.7 结果计算及数据报告

根据样品的稀释倍数，求出样品中总磷的含量。填报测定结果。

4.4.8 样品含量范围

30～50 μg/mL。

4.4.9 评价体系

参照《水质　总磷的测定　钼酸铵分光光度法》（GB 11893—89）。

表 4.4-1　仪器分析操作评分表

考核证号　　　　　　　　　　　　工位号：

开始时间：　　　　　　　　　　　结束时间：　　　　　　　　　　　日期：

序号	考核点	配分	评分标准	扣分	得分	考评员
（一）	仪器准备	4	—			
1.	玻璃仪器洗涤	2	玻璃仪器洗涤不合要求。一次性扣 2 分			
2	分光光度计预热 20 min	2	仪器未进行预热或预热时间不够 （请在扣分项上打 √）。 一次性扣 2 分			

序号	考核点	配分	评分标准	扣分	得分	考评员
（二）	标准溶液的配制	13	—			
1	转移溶液	3	没有进行容量瓶试漏检查，扣1分； 烧杯没有沿玻棒向上提起，扣0.5分； 玻棒放回烧杯操作不正确扣0.5分； 吹洗转移重复5次以上，否则扣1分			
2	定容操作	5	加水至容量瓶约3/4体积时没有平摇，扣1分； 加水至近标线约1 cm处等待1～2 min，没有等待扣1分； 逐滴加入蒸馏水至标线操作不当，扣1分； 未充分混匀、中间未开塞，扣1分； 持瓶方式不正确，扣1分			
3	标准系列的配置	5	稀释方法不正确，扣2分； 每个点取液应从零分度开始，出现不正确项1次扣1分，但不超过总分5分； 混合不充分、中间未开塞、持瓶方式不正确，扣2分			
（三）	分光光度计的使用	16	—			
1	测定前的准备	3	波长选择不正确，扣1分； 不能正确调“0”和“100%”，扣2分			
2	测定操作	7	手触及比色皿透光面，扣1分； 加入溶液高度不正确，扣1分； 比色皿外壁溶液处理不正确，扣1分； 不正确使用参比溶液，扣1分； 比色皿盒拉杆操作不当，扣0.5分； 开关比色皿暗箱盖不当，扣0.5分； 读数不准确，或重新取液测定，扣2分			
3	测定过程中仪器被溶液污染	2	比色皿放在仪器表面，扣1分； 比色室被撒落溶液污染或且未及时彻底清理干净，扣1分			
4	测定后的处理	4	台面不清洁，扣0.5分； 未取出比色皿及其洗涤，扣1分； 没有倒尽控干比色皿，扣0.5分； 测定结束，未做使用记录，扣1分； 未关闭仪器电源，扣1分			
（四）	吸收曲线的绘制	10	—			
1	溶液浓度配制	2	溶液取用量不合理致吸收曲线出现平峰；扣1分； 吸光度超过0.80，扣1分			
2	测定数据范围600～800 nm的吸收曲线	1	测定数据≥19个； 每缺少1个扣1分			
3	测量波长选定	2	λ_{max}选定不合理，扣1分； 使用不正确，扣1分			

序号	考核点	配分	评分标准	扣分	得分	考评员
4	吸收曲线项目标注齐全	5	曲线名称、坐标、箭头、符号、单位；小数点后数字位数合理、空项未画横线（请在扣分项上打√）。 每缺少 1 项扣 1 分 *图上出现考生相关信息或标记的，取消比赛资格			
（五）	数据记录和结果计算	14	—			
1	标准（工作）曲线的绘制	3.5	曲线名称、坐标、箭头、符号、单位量及小数点后数字位数、回归方程。 每缺少 1 项扣 0.5 分			
2	正确绘制校准曲线	2	校准曲线绘制方法错误，扣 1 分； 测量数据未标在曲线中，扣 1 分			
3	试液吸光度处于要求范围内	2.5	试液取用量不合理致使吸光度超出要求范围。扣 2.5 分			
4	原始记录	4	数据未直接填在报告单上、数据不全、有空项、字迹不工整（请在扣分项上打√），前面已扣不重复扣			
5	有效数字运算	2	有效数字运算不规范。一次性扣 2 分			
（六）	测定结果	40	—			
1	校准曲线线性	10	$\gamma \geq 0.999\,9$，不扣分； $\gamma = 0.999\,0 \sim 0.999\,8$，扣 1～9 分； $\gamma < 0.999\,0$，不得分			
2	测定结果精密度	12	$\lvert RE \rvert \leq 1\%$，不扣分； $1\% < \lvert RE \rvert \leq 2\%$，扣 5 分； $2\% < \lvert RE \rvert \leq 3\%$，扣 8 分； $3\% < \lvert RE \rvert \leq 4\%$，扣 11 分； $\lvert RE \rvert > 4\%$，不得分			
3	测定结果准确度	15	测定结果：测定值在 保证值±1 s 内，不扣分； 保证值±2 s 内，扣 5 分； 保证值±3 s 内，扣 10 分； 保证值±3 s 外，不得分			
4	报告	3	原始记录齐全，但未完成报告者、报告不完整（数据不全除外）、不明确、不清晰。一次性扣 3 分			
（七）	文明参赛	3	—			
1	文明操作	1	不规范，扣 1 分			
2	仪器损坏	2	仪器损坏，一次性扣 2 分			
（八）	考核时间		考核时间为 100 min。超过 5 min 扣 2 分，超过 10 min 扣 4 分，超过 15 min 扣 8 分。以此类推，扣完本题分数为止			

*未经考评员准许涂改原始数据或虚假读数皆取消比赛资格。

注：没有完成计算和计算错误，扣除该项分数的一半，如只是最后一步计算错误，则扣除该项分数 2 分。

考评员签名：　　　　　　　　　　　　考生签“认可”字样：

5 水样配制与测定

5.1 酸性废水处理

5.1.1 技能要求

根据给定的酸性废水，进行 pH 在线监测和水量计算。计算 NaOH 投加量，并计入表格。配制 NaOH 溶液，投加至废水池中。在线监测 pH，达到规定的 pH 范围。

5.1.2 任务指引

参赛选手根据现场竞赛设备和任务书要求，利用给定的水样、池体、设备、仪器和药剂，进行原水检测、数据计算、药品称量、药剂配制、中和处理、数据保存、结果分析等实践运用（计算精确到 0.01）。

①根据给定的原始数据，测量调节池中水样的深度（误差不超过±2 mm）和水样的 pH，计算出调节池中水样的体积，记入表 5.1-1 中，并举手示意裁判确认签字。

表 5.1-1 水样原始数据记录表

序号	项目		数值	
1	调节池内部底面尺寸/mm		长：280.00	宽：212.00
2	水样深度/mm			
3	水样体积/L			
4	中和前水样 pH			
5	确认签字	参赛者：	裁判员：	

②测量加药池中自来水的深度（误差不超过±2 mm），计算自来水的体积和 NaOH 用量，根据计算结果，称取相应的药品（用烧杯称取），配制成 0.08 mol/L 的 NaOH 溶液，记入相关数据于表 5.1-2 中，并举手示意裁判确认签字。

③使用加药泵以 150 mL/min 的流量将药剂注入调节池，开启搅拌机并注意观察 pH 仪读数变化，使得水样的调节终点在 7.00～8.00。将相关数据记入表 5.1-3 中，举手示意裁判，签名确认加药终点。

表 5.1-2　投药数据记录表

序号	项目			数值	
1	加药池内部底面尺寸/mm			长：240.00	宽：212.00
2	加药池自来水深度/mm				
3	自来水体积/L				
4	NaOH 用量/g				
5	药剂 pH		理论值		
			实际值		
6	确认签字	参赛者：		裁判员：	

表 5.1-3　中和反应实验数据记录表

序号	项目		数值
1	加药泵运行频率/（r/min）		
2	中和后加药池液位/mm		
3	加药量/L		
4	中和后水样 pH		
5	确认签字	参赛者：	裁判员：

注意：任务完成后，戴好乳胶手套去掉调节池与格栅间过水孔堵件，继续下一流程。

5.1.3　评价体系

表 5.1-4　水样配制与测定评价表（15 分）

序号	考核项目	知识点（技能点）	评分标准	分值	备注
1	水样的配制与测定	药剂称量	正确使用天平进行药剂称量。操作规范得 0.5 分，操作不当每处扣 0.1 分，扣完为止	0.5	
		药剂配制	正确进行药剂配制，共 1 分。化药未开启药水搅拌机扣 0.5 分；额外增加溶剂体积扣 0.5 分	1	
		药剂投加	正确进行药剂投加，共 1 分。未开启调节池搅拌机进行反应扣 0.5 分；未正确使用加药泵扣 0.5 分	1	
		仪表使用	正确悬挂电极，尾部不得浸没于液体中。浸没则扣 0.5 分。同时，若因此造成电极损坏，应另扣重大失误分	0.5	
		数据记录与转化	本任务评分内容点分布在以下 3 个表格中，按下表格评分	12	
2	合计				
3	说明：水样配制与测定前，选手应向裁判人员示意，裁判人员在场情况下完成本项任务，裁判不在场或未经裁判同意擅自操作，按 0 分计				

表 5.1-5　水样原始数据记录表（2.5 分）

序号	项目	数值		分值	得分
1	调节池内部底面尺寸/mm	长：280.00	宽：212.00		
2	水样深度/mm			0.5	
3	水样体积/L			1	
4	中和前水样 pH	实测		1	

表 5.1-6　投药数据记录表（4.5 分）

序号	项目		数值		分值	得分
1	加药池内部底面尺寸/mm		长：240.00	宽：212.00		
2	加药池自来水深度/mm				0.5	
3	自来水体积/L				1	
4	NaOH 用量/g				1	
5	药剂 pH	理论值			1	
		实际值	实测		1	

表 5.1-7　中和反应实验数据记录表（5 分）

序号	项目	数值	分值	得分
1	加药泵运行频率/（r/min）	120	1	
2	中和后加药池液位/mm	实测	1	
3	加药量/L	实测	1	
4	中和后水样 pH	7.00～8.00	2	

5.2　碱性废水处理

5.2.1　技能要求

根据给定的碱性废水，进行 pH 在线监测和水量计算。计算 10%的稀盐酸投加量，并记入表格。配制中和药剂，定量投加到废水池中。实时监测 pH，达到规定的 pH 范围。

5.2.2　任务引导

参赛选手根据现场竞赛设备和任务书要求，利用给定的水样、池体、设备、仪器和药剂，进行原水检测、数据计算、药剂配制、中和处理、数据保存和结果分析等实践运用（计算精确到 0.1）。

①根据给定的原始数据，测量调节池中水样的深度（误差不超过±2 mm）和水样 pH，计算出调节池中水样的体积，记入表 5.2-1 中，并举手示意裁判确认签字。

表 5.2-1 水样原始数据记录表

序号	项目		数值	
1	调节池内部底面尺寸/mm		长：280.0	宽：212.0
2	水样深度/mm			
3	水样体积/L			
4	中和前水样 pH			
5	确认签字	参赛者：	裁判员：	

②测量加药池中自来水的深度（误差不超过±2 mm），计算自来水的体积和 10%稀盐酸用量。根据计算结果，量取相应药剂，配制成 0.1 mol/L 的盐酸溶液。记录相关数据于表 5.2-2 中，并举手示意裁判确认签字。

表 5.2-2 配药数据记录表

序号	项目		数值	
1	加药池内部底面尺寸/mm		长：240.0	宽：212.0
2	加药池自来水深度/mm			
3	自来水体积/L			
4	10%稀盐酸的用量/mL			
5	药剂 pH	理论值		
		实际值		
6	确定签字	参赛者：	裁判员：	

③使用加药泵以 7.5 L/h 的流量，将药剂注入调节池。开启搅拌机，并注意观察 pH 仪读数变化，使得水样调节终点在 7.0～8.0。将相关数据记入表 5.2-3 中，举手示意裁判确认加药终点。

表 5.2-3 中和反应实验数据记录表

序号	项目		数据
1	加药泵运行频率/（r/min）		
2	中和后加药池液位/mm		
3	加药量/L		
4	中和后水样 pH		
5	确认签字	参赛者：	裁判员：

5.2.3 评价体系

表 5.2-4 水样配制与测定评价表（15 分）

序号	考核项目	知识点（技能点）	评分标准	分值	备注
1	水样的配制与测定	药剂称量	正确使用天平进行药剂称量。操作规范得 0.5 分，操作不当每处扣 0.1 分，扣完为止	0.5	
		药剂配制	正确进行药剂配制，共 1 分。化药未开启药水搅拌机扣 0.5 分；额外增加溶剂体积扣 0.5 分	1	
		药剂投加	正确进行药剂投加，共 1 分。未开启调节池搅拌机进行反应扣 0.5 分；未正确使用加药泵扣 0.5 分	1	
		仪表使用	正确悬挂电极，尾部不得浸没于液体中。浸没则扣 0.5 分。同时，若因此造成电极损坏，应另扣重大失误分	0.5	
		数据记录与转化	本任务评分内容点分布在以下 3 个表格中，按下表格评分	12	
2	合计				
3	说明：水样配制与测定前，选手应向裁判人员示意，裁判人员在场情况下完成本项任务，裁判不在场或未经裁判同意擅自操作，按 0 分计				

表 5.2-5 水样原始数据记录表（2.5 分）

序号	项目	数值		分值	得分
1	调节池内部底面尺寸/mm	长：280.00	宽：212.00		
2	水样深度/mm			0.5	
3	水样体积/L			1	
4	中和前水样 pH	实测		1	

表 5.2-6 投药数据记录表（4.5 分）

序号	项目		数值		分值	得分
1	加药池内部底面尺寸/mm		长：240.00	宽：212.00		
2	加药池自来水深度/mm				0.5	
3	自来水体积/L				1	
4	10%稀盐酸的用量/mL				1	
5	药剂 pH	理论值			1	
		实际值	实测		1	

表 5.2-7 中和反应实验数据记录表（5 分）

序号	项目	数值	分值	得分
1	加药泵运行频率/（r/min）	120	1	
2	中和后加药池液位/mm	实测	1	
3	加药量/L	实测	1	
4	中和后水样 pH	7.00～8.00	2	

5.3 缺氧废水处理

5.3.1 技能要求

根据给定的原水，进行 DO 值在线监测和水量计算，计算脱氧剂投加量，并计入表格。配制脱氧溶液，投加至指定容器中，以完全脱除原水中的溶解氧。再利用曝气（机械曝气或鼓风曝气）充氧，使得 DO 值达到指定值，并在一段时间内保持恒定。

5.3.2 任务指引

参赛选手根据现场竞赛设备和任务书要求，利用给定的池体、设备、仪器和药剂，进行原水检测、数据计算、药品称量、药剂配制、曝气处理、数据保存、结果分析等实践运用（计算精确到 0.01）。

①根据给定的原始数据，在 SBR2 池中完成 DO 值监测、相关计算。调试好系统后，向 SBR2 池中进水，水样高度为 300.00 mm±2 mm，计算出 SBR2 池中的水样的体积，记入表 5.3-1 中，并举手示意裁判，签名确认检测值。

备注：向 SBR2 池进水方法：可直接从提升泵出水口连接管道到 SBR2 池进水口或 SBR2 池上任意接口，手动进水到指定高度，完成本实验，然后恢复系统管路及利用排空阀将实验水样放回格栅调节池进行下一环节。注意：SBR2 池放水的过程中，可以启动自动运行，选手也可根据实际情况自行设计方法完成本实验。

表 5.3-1 水样原始数据记录表

序号	项目		数值	
1	SBR2 池内部底面尺寸/mm		长：350.00	宽：380.00
2	水样深度/mm			
3	水样体积/L			
4	水样 DO 值			
5	确认签字	参赛者：	裁判员：	

②测量加药池中自来水的深度（误差不超过±2 mm），并称取 45 g 的无水亚硫酸钠，配制成一定浓度的无氧水，相关数据记入表 5.3-2 中，并举手示意裁判，签名确认检测值。

表 5.3-2 投药数据记录表

序号	项目		数值	
1	加药池内部底面尺寸/mm		长：240.00	宽：212.00
2	加药池自来水深度/mm			
3	自来水体积/L			
4	确认签字	参赛者：	裁判员：	

③使用加药泵药将剂以 175 mL/min 的流量添加于 SBR2 池中，通过调节搅拌强度，控制去氧效果。用 DO 仪（二）在线监测，先将水样脱氧至 0.50 mg/L 以下，再利用风机将水样 DO 值提升到 2.00～2.50 mg/L。并将相关数据记入表 5.3-3 中，举手示意裁判，签名确认终点值。

表 5.3-3 实验数据记录表

序号	项目		数值
1	加药泵运行频率/（r/min）		
2	水样脱氧终点值/（mg/L）		
3	水样充氧终点值/（mg/L）		
4	确认签字	参赛者：	裁判员：

5.3.3 评价体系

表 5.3-4 水样配制与测定评价表（15 分）

序号	考核项目	知识点（技能点）	评分标准	分值	备注
1	水样的配制与测定	实验水添加	在 SBR2 池中加注入实验水 300 mm±5 mm，得 1 分。不在 SBR2 池中加注入实验水扣 0.5 分，注入水位不在要求范围扣 0.5 分	1	
		药剂称量	正确使用天平进行药剂称量。操作规范得 0.5 分，操作不当每处扣 0.1 分，扣完为止	0.5	
		药剂配制	正确进行药剂配制，共 1 分。化药未开启药水搅拌机扣 0.5 分；额外增加溶剂体积扣 0.5 分	1	
		药剂投加	正确进行药剂投加，共 1.5 分。未开启 SBR2 池搅拌机进行反应扣 0.5 分；未开启风机 1 进行曝气扣 0.5 分；未正确使用加药泵扣 0.5 分	1.5	
		仪表使用	正确悬挂电极，尾部不得浸没于液体中。浸没则扣 0.5 分。同时，若因此造成电极损坏，应另扣重大失误分	0.5	
		在线监测	使用 DO 仪（二）进行在线监测，得 1 分。否则，得 0 分	1	
		数据记录与转化	本任务评分内容点分布在以下 3 个表格中，按下表格评分	9.5	
2	合计				
3	说明：水样配制与测定前，选手应向裁判人员示意，裁判人员在场情况下完成本项任务，裁判不在场或未经裁判同意擅自操作，按 0 分计				

表 5.3-5　水样原始数据记录表（3 分）

序号	项目	数值		分值	得分
1	SBR2 池内部底面尺寸/mm	长：350.00	宽：380.00		
2	水样深度/mm	300.00±2		0.5	
3	水样体积/L	39.63～40.17		1.5	
4	水样 DO 值	现场实测		1	

表 5.3-6　投药数据记录表（3.5 分）

序号	项目	数值		分值	得分
1	加药池内部底面尺寸/mm	长：240.00	宽：212.00		
2	加药池自来水深度/mm	185.00±2.00		1.5	
3	自来水体积/L	9.31～9.51		2	

表 5.3-7　中和反应实验数据记录表（3 分）

序号	项目	数值	分值	得分
1	加药泵运行频率/（r/min）	140	1	
2	水样脱氧终点值/（mg/L）	0.00～0.50	1	
3	水样终点值/（mg/L）	2.00～2.50	1	

5.4　混凝沉淀处理

5.4.1　技能要求

根据给定的污水，进行浊度检测和水量计算。计算硫酸铝投加量，并记入表格。配制絮凝剂，定量投加到污水中。通过控制搅拌强度和反应时间，使得悬浮物去除率达到要求范围。

5.4.2　任务引导

参赛选手根据现场竞赛设备和任务书要求，利用给定的水样、池体、设备、仪器和药剂，进行原水检测、数据计算、药剂配制、混凝沉淀、数据保存和结果分析等实践运用（计算精确到 0.1）。

①根据给定的原始数据，测量 SBR1 池中水样的深度（误差不超过±2 mm）、水样的浊度和 pH。计算出 SBR1 池中水样的体积，记入表 5.4-1 中，并举手示意裁判确认签字。

表 5.4-1 水样原始数据记录表

序号	项目		数值	
1	SBR1 池内部底面尺寸/mm		长：410.0	宽：350.0
2	水样深度/mm			
3	水样体积/L			
4	处理前水样 pH			
5	处理前水样浊度/NTU			
6	确认签字	参赛者：	裁判员：	

②测量加药池中自来水的深度（误差不超过±2 mm），计算自来水的体积和硫酸铝用量。根据计算结果，量取相应药剂，配制成 1%浓度的硫酸铝溶液。相关数据记入表 5.4-2 中，并举手示意裁判确认签字。

表 5.4-2 配药数据记录表

序号	项目		数值	
1	加药池内部底面尺寸/mm		长：240.0	宽：212.0
2	加药池自来水深度/mm			
3	自来水体积/L			
4	硫酸铝的用量/g			
5	确定签字	参赛者：	裁判员：	

③使用加药泵以 10 L/h 的流量，将药剂注入 SBR1 池。开启搅拌机，进行快速混合和慢速反应。其间注意矾花的形成过程、外观和大小等。自主把握运行参数，待搅拌完成，报告并静沉 15 min 后，取样分析处理结果，确保其悬浮物去除率大于 70%。最后将相关数据记入表 5.4-3 中，举手示意裁判确认处理效率。

表 5.4-3 混凝沉淀实验数据记录表

序号	项目		数据
1	加药泵运行频率/（r/min）		
2	处理后加药池液位/mm		
3	硫酸铝投药量/（mg/L）		
4	沉淀开始时间		
5	沉淀结束时间		
6	处理后水样 pH		
7	处理后水样浊度/NTU		
8	悬浮物去除率		
9	确认签字	参赛者：	裁判员：

5.4.3 评价体系

表 5.4-4 水样配制与测定评价表（15 分）

序号	考核项目	知识点（技能点）	评分标准	分值	备注
1	水样的配制与测定	实验水添加	在 SBR1 池中加注入实验水 300 mm±5 mm，得 1 分。不在 SBR1 池加注入实验水扣 0.5 分，注入水位不在要求范围扣 0.5 分	1	
		药剂称量	正确使用天平进行药剂称量。操作规范得 0.5 分，操作不当每处扣 0.1 分，扣完为止	0.5	
		药剂配制	正确进行药剂配制，共 1 分。化药未开启药水搅拌机扣 0.5 分；额外增加溶剂体积扣 0.5 分	1	
		药剂投加	正确进行药剂投加，共 1.5 分。未开启 SBR1 池搅拌机进行反应扣 0.5 分；未开启风机 1 进行曝气扣 0.5 分；未正确使用加药泵扣 0.5 分	1.5	
		仪表使用	正确悬挂电极，尾部不得浸没于液体中。浸没则扣 0.5 分。同时，若因此造成电极损坏，应另扣重大失误分	0.5	
		在线监测	使用 DO 仪（二）进行在线监测，得 1 分。否则，得 0 分	1	
		数据记录与转化	本任务评分内容点分布在以下 3 个表格中，按下表格评分	9.5	
2	合计				
3	说明：水样配制与测定前，选手应向裁判人员示意，裁判人员在场情况下完成本项任务，裁判不在场或未经裁判同意擅自操作，按 0 分计				

表 5.4-5 水样原始数据记录表（3 分）

序号	项目	数值		分值	得分
1	SBR1 池内部底面尺寸/mm	长：410.0	宽：350.0		
2	水样深度/mm				
3	水样体积/L				
4	处理前水样 pH				
5	处理前水样浊度/NTU				

表 5.4-6 投药数据记录表（3.5 分）

序号	项目	数值		分值	得分
1	加药池内部底面尺寸/mm	长：240.00	宽：212.00		
2	加药池自来水深度/mm	185.00±2.00			
3	自来水体积/L	9.31～9.51			
4	硫酸铝的用量/g				

表 5.4-7 中和反应实验数据记录表（3 分）

序号	项目	数值	分值	得分
1	加药泵运行频率/（r/min）			
2	处理后加药池液位/mm			
3	硫酸铝投药量/（mg/L）			
4	沉淀开始时间			
5	沉淀结束时间			
6	处理后水样 pH			
7	处理后水样浊度/NTU			
8	悬浮物去除率			

6 水处理系统工艺设计计算与图纸绘制

6.1 水处理构筑物工艺设计计算

6.1.1 格栅设计计算

1．技能要求

根据任务书给出的污水处理数据指标和要求，完成相关污水处理工艺的设计计算，并在提供的简图上标出相应的尺寸。

2．任务指引

根据图 6.1-1 和题目要求，并参照格栅设计计算相关公式，完成相应的设计计算，并在格栅示意图上（图 6.1-1）注明相关尺寸和水流方向等。

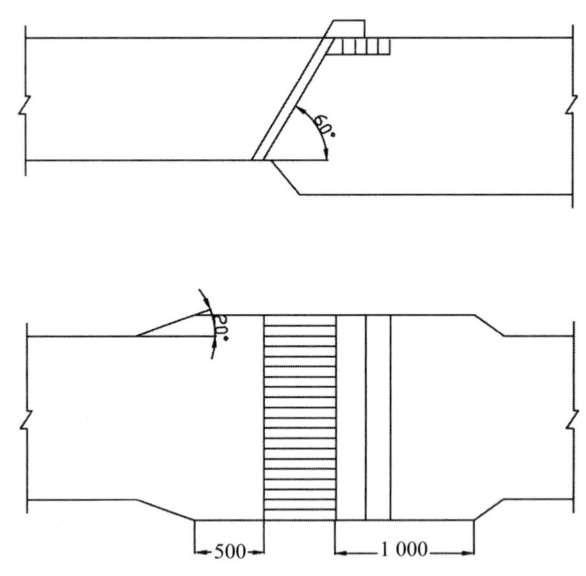

图 6.1-1 格栅计算简图（单位：mm）

（1）设计说明

栅条的断面主要根据过栅流速确定，过栅流速一般为 0.6～1.0 m/s，槽内流速 0.5 m/s 左右。如果流速过大，不仅过栅水头损失增加，还可能将已截留在栅上的栅渣冲过格栅，如果流速过小，栅槽内将发生沉淀。此外，在选择格栅断面尺寸时，应注意设计过流能力只为格栅生产厂商提供的最大过流能力的 80%，以留有余地。格栅栅条间隙拟定为

25.00 mm。

（2）设计流量

①日平均流量：

Q_d=8 000 m^3/d≈333 m^3/h≈0.093 m^3/s=93 L/s；

K_z取 1.64。

②最大日流量：

$Q_{max}=K_z \cdot Q_d$=1.64×0.093 m^3/s≈0.153 m^3/s。

（3）设计参数

栅条净间隙为 b=25.0 mm；栅前流速 v_1=0.7 m/s；

过栅流速 0.6 m/s；栅前部分长度：0.5 m；

格栅倾角δ=60°；单位栅渣量：ω_1=0.05 m^3 栅渣/10^3 m^3 污水；

栅条采用ϕ 10 mm 圆钢，即 S=0.01 m。

（4）计算参数

①栅前水深 h（小数点后有效数字保留两位）：

②栅条间隙数 n：

③栅槽有效宽度 B：

④通过格栅的水头损失 h_2（小数点后有效数字保留三位）：

⑤栅后槽总高度 H（栅前渠超高 h_1 一般取 0.3 m，小数点后有效数字保留三位）：

⑥栅槽总长度 L（小数点后有效数字保留两位）：

⑦栅渣量计算 W（小数点后有效数字保留一位）：

3．计算公式

①根据最优水力断面公式$Q_{max}=\dfrac{B_1^2 v_1}{2}$可得栅前槽宽 B_1，栅前水深$h=\dfrac{B_1}{2}$。

式中：v_1——栅前流速，m/s。

②栅条间隙数（n）为：

$$n=\frac{Q_{max}\sqrt{\sin\alpha}}{bhv}$$

式中：Q_{max}—— 最大设计流量，m^3/s；

α—— 格栅倾角，度（°）；

h—— 栅前水深，m；

v—— 污水的过栅流速，m/s；

b—— 栅条间距，m。

③栅槽有效宽度（B）为：

$$B=S(n-1)+bn$$

④格栅的水头损失 h_2：

$$h_2=K\times h_0$$

$$h_0 = \xi \frac{v^2}{2g} \sin\alpha$$

式中：h_0 —— 计算水头损失；

g —— 重力加速度；

K —— 格栅受污物堵塞使水头损失增大的倍数，一般取 3；

v —— 污水的过栅流速，m/s；

ξ —— 阻力系数，其数值与格栅栅条的断面几何形状有关，可按表 6.1-1 所列数据选用。

表 6.1-1　格栅栅条间隙的局部阻力系数ξ

栅条断面形状	公式	说明
矩形	$\xi = \beta \times \left(\frac{s}{b}\right)^{\frac{4}{3}}$	β=2.42
带半圆形的矩形		β=1.83
圆形		β=1.79
正方形	$\xi = \left(\frac{b+s}{\varepsilon b} - 1\right)^2$	收缩系数ξ取 0.64

⑤栅后槽总高度 H 为：$H=h+h_1+h_2$

⑥栅槽总长度 L 为：

$$L = L_1 + L_2 + 1.0 + 0.5 + \frac{H_1}{\tan\alpha}$$

其中：$L_1 = \frac{B - B_1}{2 \times \tan\alpha_1}$（式中 $\tan\alpha_1$=tan20°≈0.364）

$$L_2 = \frac{L_1}{2}$$

$$H_1 = h + h_1$$

式中：L_1 —— 进水渠长，m；

L_2 —— 栅槽与出水渠连接处渐窄部分长度，m；

B_1 —— 进水渠宽（即栅前槽宽）；

α_1 —— 进水渐宽部分的展开角，一般取 20°。

⑦栅渣量 W 计算公式为：

$$W = \frac{Q_{\max} W_1 \times 86\,400}{K_z \times 1000} \quad (\mathrm{m^3/d})$$

4．评价体系

表 6.1-2 格栅设计计算评分表

工作内容	标准答案	评分标准	配分
格栅的设计计算（10 分）	公式：$Q_{max}=\frac{B_1^2v_1}{2}$，$h=\frac{B_1}{2}$ 答案：栅前水深 $h\approx0.33$ m	栅前水深 h，数据公式运用正确得 0.5 分，答案正确得 0.5 分	1
	公式：$n=\frac{Q_{max}\sqrt{\sin\alpha}}{bhv}$ 答案：栅条间隙数 $n\approx30$（条）	栅条间隙数 n，数据公式运用正确得 0.5 分，答案正确得 0.5 分	1
	公式：$B=S(n-1)+bn$ 答案：栅槽有效宽度=1.04 m	栅槽有效宽度 B，数据公式运用正确得 0.5 分，答案正确得 0.5 分	1
	公式：$h_2=K\times h_0$，$h_0=\xi\frac{v^2}{2g}\sin\alpha$ 答案：水头损失 $h_2\approx0.025$ m	水头损失 h_2，数据公式运用正确得 0.5 分，答案正确得 0.5 分	1
	公式：$H=h+h_1+h_2$ 答案：栅后槽总高度 H=0.655 m	栅后槽总高度 H，数据公式运用正确得 0.5 分，答案正确得 0.5 分	1
	公式：$L=L_1+L_2+1.0+0.5+\frac{H_1}{\tan\alpha}$ 答案：栅槽总长度 L=2.64 m	栅槽总长度 L，数据公式运用正确得 0.5 分，答案正确得 0.5 分	1
	公式：$W=\frac{Q_{max}W_1\times86\,400}{K_z\times1\,000}$ 答案：栅渣量 $W\approx0.4\ m^3/d$	栅渣量 W，数据公式运用正确得 0.5 分，答案正确得 0.5 分	1
	—	简图上尺寸漏标或标错一处扣 0.3 分，扣完为止	3

6.1.2 沉砂池设计计算

1．技能要求

根据任务书给出的污水处理数据指标和要求，完成相关污水处理工艺的设计计算，并在提供的简图上标出相应的尺寸。

2．任务指引

根据图 6.1-2 和题目要求，并参照沉砂池设计计算相关公式，完成相应的设计计算，并在沉砂池示意图（图 6.1-2）上注明相关尺寸。

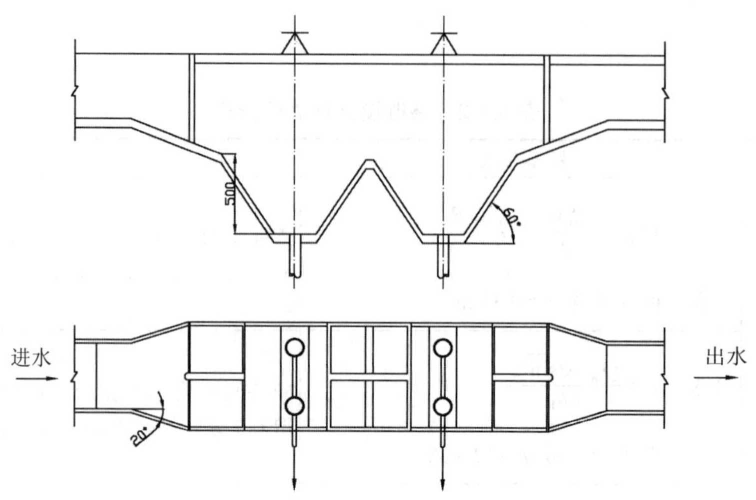

图 6.1-2　沉砂池计算简图（单位：mm）

（1）采用平流式沉砂池

（2）设计参数

设计流量：Q=301 L/s（按 2010 年算，设计 1 组，分为 2 格）；

设计流速：v=0.25 m/s；水力停留时间：t=30 s。

（3）计算参数

①沉砂池水流部分长度 L：

②水流断面积 A（小数点后有效数字保留三位）：

③池总宽度 B（设计 n=2 格，每格宽取 b=1.2 m＞0.6 m）：

④有效水深 h_2（小数点后有效数字保留一位）：

⑤贮泥区所需容积 V_1（设计 T=2 d，即考虑排泥间隔天数为 2 d，则每个沉砂斗容积，每格沉砂池设两个沉砂斗，两格共有四个沉砂斗，城市污水沉砂量 X_1：3 $m^3/10^5$ m^3，污水流量总变化系数 K：1.5；小数点后有效数字保留两位）：

⑥沉砂斗上口宽 a（小数点后有效数字保留一位）及容积 V（小数点后有效数字保留两位）（设计斗底宽 a_1=0.5 m，斗壁与水平面的倾角为 60°，斗高 h_d=0.5 m）：

⑦沉砂池总高度 H（采用重力排砂，设计池底坡度为 0.06；小数点后有效数字保留两位）：

⑧进水渐宽部分长度 L_1（小数点后有效数字保留两位）：

⑨出水渐窄部分长度 L_3（小数点后有效数字保留两位）：

⑩校核最小流量时的流速 V_{min}（最小流量即平均日流量，按最小流量时，池内最小流速 V_{min}≥0.15 m/s 进行验算；小数点后有效数字保留两位）：

3．计算公式

沉砂池设计计算相关公式。

①沉砂池水流部分长度：$L=vt$。

②水流断面积：$A=Q/v$。

③池总宽 $B=2b$。

④有效水深：$h_2=A/B$。

⑤贮泥区所需容积 V_1：

$$V_1=\frac{Q_1TX_1}{2K10^5}$$

式中：$Q_1=\frac{Q}{2}=\frac{301}{2}\text{L/s}=1.3\times10^4\,\text{m}^3/\text{d}$；

T=2 d；

X_1—— 城市污水沉砂量 3 $\text{m}^3/10^5\ \text{m}^3$；

K—— 污水流量总变化系数 1.5。

⑥沉砂斗上口宽 a：$a=\frac{2h_\text{d}}{\tan60°}+a_1$。

沉砂斗容积 V：$V=\frac{h_\text{d}}{6}(2a^2+2aa_1+2a_1^{\ 2})$。

⑦沉砂池高度 H：$H=h_1+h_2+h_3$（设超高 h_1=0.3 m）。

其中：沉泥区高度 h_3 为：$h_3=h_\text{d}+0.06\,L_2=h_\text{d}+0.06\times\frac{L-2a}{2}$（$L_2$ 为坡向沉砂斗长度）。

⑧进水渐宽部分长度：$L_1=\frac{B-2B_1}{\tan20°}$（$B_1$=0.94 m，$\tan20°\approx0.364$）。

⑨进水渐窄部分长度：$L_3=L_1$。

⑩校核最小流量时的流速 $v_{\min}$：$v_{\min}=Q_{平均日}/A$（其中 $Q_{平均日}=Q/K$）。

4．评价体系

表 6.1-3 沉砂池设计计算评分表

参考答案	评分标准	配分
公式：$L=vt$ 答案：沉砂池长度 L=7.5 m	沉砂池长度 L，数据公式运用正确得 0.5 分，答案正确得 0.5 分	1
公式：$A=Q/v$ 答案：水流断面积 A=1.204 m^2	水流断面积 A，数据公式运用正确得 0.5 分，答案正确得 0.5 分	1
公式：$B=2b$ 答案：沉砂池总宽度 B=2.4 m	沉砂池总宽度 B，数据公式运用正确得 0.5 分，答案正确得 0.5 分	1
公式：$h_2=A/B$ 答案：有效水深 h_2=0.50 m	有效水深 h_2，数据公式运用正确得 0.5 分，答案正确得 0.5 分	1
公式：$V_1=\frac{Q_1TX_1}{2K10^5}$ 答案：贮泥区所需容积 $V_1\approx0.26\ \text{m}^3$	贮泥区所需容积 V_1，数据公式运用正确得 0.5 分，答案正确得 0.5 分	1

参考答案	评分标准	配分
公式：$a=\frac{2h_d}{\tan 60°}+a_1$ 公式：$V=\frac{h_d}{6}(2a^2+2aa_1+2a_1^2)$ 答案：沉砂斗上口宽度 $a \approx 1.1$ m 容积 $V \approx 0.34$ m^3	沉砂斗上口宽度 a 及容积 V，数据公式运用正确各得 0.5 分，答案正确各得 0.5 分	2
公式：$H=h_1+h_2+h_3$ 答案：沉砂池高度 H=1.46 m	沉砂池高度 H，数据公式运用正确得 0.5 分，答案正确得 0.5 分	1
公式：$L_1=\frac{B-2B_1}{\tan 20°}$ 答案：进水渐宽部分长度 $L_1 \approx 1.43$ m	进水渐宽部分长度 L_1，数据公式运用正确得 0.5 分，答案正确得 0.5 分	1
公式：$L_3=L_1$ 答案：出水渐窄部分长度 $L_3 \approx 1.43$ m	出水渐窄部分长度 L_3，数据公式运用正确得 0.5 分，答案正确得 0.5 分	1
公式：$v_{min}=Q_{平均日}/A$ 答案：最小流量时的流速 $V_{min} \approx 0.17$ m/s	最小流量时的流速 V_{min}，数据公式运用正确得 0.5 分，答案正确得 0.5 分	1
	简图上尺寸漏标或标错一处扣 0.3 分，扣完为止	1.8

6.1.3 辐流式沉淀池设计计算

1．技能要求

根据任务书给出的污水处理数据指标和要求，完成相关污水处理工艺的设计计算，并在提供的简图上标出相应的尺寸。

2．任务指引

根据图 6.1-3 和题目要求，并参照辐流式沉淀池设计计算相关公式，完成相应的设计计算，并在沉淀池示意图（图 6.1-3）上注明相关尺寸。

（1）采用中心进水辐流式沉淀池

（2）设计参数

最大设计流量 Q_{max}=1 042 m^3/h；

沉淀池个数 n=2；

水力表面负荷 q'=1 m^3/（m^2 h）；

出水堰负荷 1.7 L/（s·m）[146.88 m^3/（m·d）]；

沉淀时间 T=2 h；

污泥斗下半径 r_2=1 m，上半径 r_1=2 m；

剩余污泥含水率 P_1=99.2%。

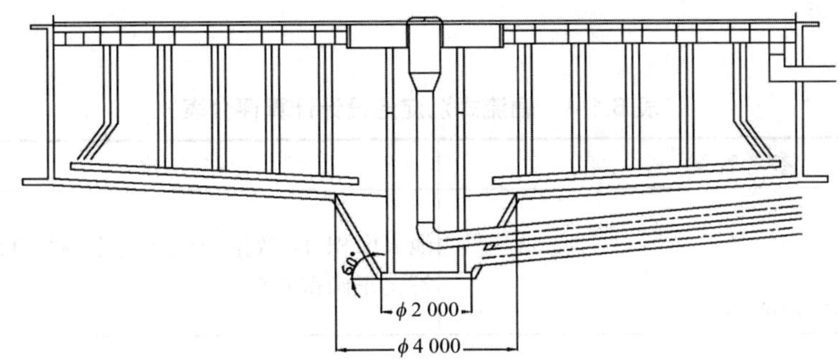

图 6.1-3 辐流式沉淀池计算简图（单位：mm）

（3）设计计算

①池表面积 A：

②单池面积 $A_{单池}$（要求计算结果取为 10 的倍数）：

③池直径 D（要求计算结果取为整数）：

④沉淀部分有效水深 h_2：（混合液在分离区泥水分离，该区存在絮凝和沉淀两个过程，分离区的沉淀过程会受进水的紊流影响，取 h_2=3 m）：

⑤沉淀池部分有效容积 V（小数点后有效数字保留两位）：

⑥沉淀池坡底落差 h_4（取池底坡度 i=0.05）：

⑦沉淀池周边处的高度 H_0（保护高 h_1 取 0.3 m，缓冲层高 h_3 取 0.5 m）：

⑧污泥斗容积（小数点后有效数字保留两位）：

⑨沉淀池总高度 H：

3．计算公式

辐流式沉淀池设计计算相关公式。

①池表面积 A：$A=\dfrac{Q_{\max}}{q'}$。

②沉淀池坡底落差 h_4：$h_4=i\times\left(\dfrac{D}{2}-r_1\right)$。

③沉淀池周边处的高度 H_0 为：$H_0=h_1+h_2+h_3$。

④污泥斗容积 V：

污泥斗高度：$h_5=(r_1-r_2)\cdot\tan\alpha$。

$$V_1=\frac{\pi h_5}{3}\left(r_1^2+r_1r_2+r_2^2\right)$$

池底可储存污泥的体积 V_2 为：$V_2=\dfrac{\pi h_4}{3}\times\left(R^2+Rr_1+r_1^2\right)$。

共可贮存污泥体积为：$V=V_1+V_2$。

⑤沉淀池总高度：$H=h_1+h_2+h_3+h_4+h_5$。

4．评价体系

表 6.1-4　辐流式沉淀池设计计算评分表

参考答案	评分标准	配分
公式：$A=\frac{Q_{max}}{q'}$ 答案：池表面积 A=1 042 m^2	池表面积 A，数据公式运用正确得 0.5 分，答案正确得 0.5 分	1
公式：$A_{单池}=\frac{A}{2}$ 答案：单池表面积 $A_{单池}$=521 m^2，取 530 m^2	单池表面积 $A_{单池}$，数据公式运用正确得 0.5 分，答案正确得 0.5 分	1
公式：$D=\sqrt{\frac{4A_{单池}}{\pi}}$ 答案：池直径 $D\approx$26 m	池直径 D，数据公式运用正确得 0.5 分，答案正确得 0.5 分	1
答案：沉淀部分有效水深 h_2=3 m	沉淀部分有效水深 h_2，答案正确得 0.5 分	0.5
公式：$V=\frac{\pi D^2}{4}\times h_2$ 答案：沉淀池部分有效容积 V=1 591.98 m^3	沉淀池部分有效容积 V，数据公式运用正确得 0.5 分，答案正确得 0.5 分	1
公式：$h_4=i\times\left(\frac{D}{2}-r_1\right)$ 答案：沉淀池坡度落差 h_4=0.55 m	沉淀池坡度落差 h_4，数据公式运用正确得 0.5 分，答案正确得 0.5 分	1
公式：$H_0=h_1+h_2+h_3$ 答案：沉淀池周边水深 H_0=3.8 m	沉淀池周边水深 H_0，数据公式运用正确得 0.5 分，答案正确得 0.5 分	1
公式：$V_1=\frac{\pi h_5}{3}\left(r_1^2+r_1r_2+r_2^2\right)$， $V_2=\frac{\pi h_4}{3}\times\left(R^2+Rr_1+r_1^2\right)$ $V=V_1+V_2$ 答案：污泥斗容积 V=127.23 m^3	污泥斗容积 V，数据公式运用正确得 0.5 分，答案正确得 1 分	1.5
公式：$H=h_1+h_2+h_3+h_4+h_5$ 答案：沉淀池总高度 H=6.08 m	沉淀池总高度 H，数据公式运用正确得 0.5 分，答案正确得 0.5 分	1
	简图上尺寸漏标或标错一处扣 0.3 分，扣完为止	0.6

6.1.4　竖流式沉淀池设计计算

1．技能要求

根据任务书给出的污水处理数据指标和要求，完成相关污水处理工艺的设计计算，并在提供的简图上标出相应的尺寸。

2．任务指引

根据图 6.1-4 和题目要求，并参照竖流式沉淀池设计计算相关公式，完成相应的设计计算，并在竖流式沉淀池示意图（图 6.1-4）注明相关尺寸。

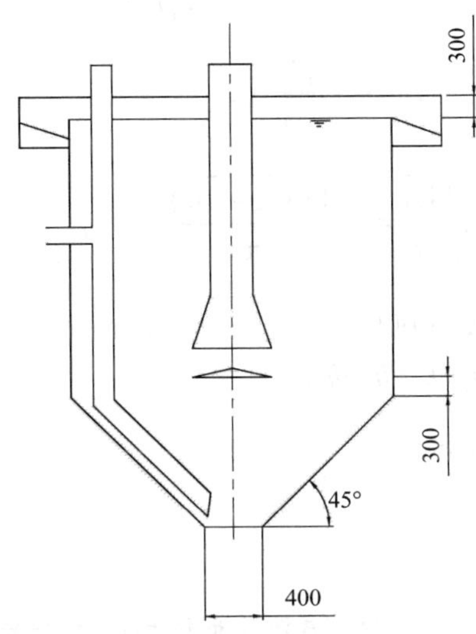

图 6.1-4 竖流式沉淀池计算简图 （单位：mm）

（1）设计参数

竖流式沉淀池各部分尺寸的设计计算。某废水最大废水量为 150 L/s，废水中悬浮物大多是有机物，其含量为 600 mg/L，要求的沉降效率为 70%，根据试验，这时的沉降时间应为 1.5 h，颗粒最小沉降速率为 0.7 mm/s。

（2）计算参数

①采用四个沉淀池，每池最大流量 Q_{max} 为：

②池内设中心导流筒，流速 v_0 采用 0.03 m/s，喇叭口处设反射板，则中心导流筒面积 A_1 为：

③中心导流筒直径 d_0 为（小数点后有效数字保留两位）：

④喇叭口直径 d_1 为（小数点后有效数字保留一位）：

⑤反射板直径 d_2 为（小数点后有效数字保留一位）：

⑥污水由中心导流筒与反射板之间的缝隙流出，出流速度 v_1 为 0.02 m/s，则反射板表面至喇叭口的距离 h_3 为（小数点后有效数字保留两位）：

⑦沉淀区有效断面面积 A_2 为（小数点后有效数字保留一位）：

⑧沉淀池直径 D 为（小数点后有效数字保留一位且该有效数字取为 5 的倍数）：

⑨沉淀区深度 h_2 为（小数点后有效数字保留一位）：

⑩沉淀池的总高度 H（如图 6.1-4 所示，沉淀池的保护高度 h_1 为 0.3 m，缓冲层高度 h_4 为 0.3 m）：

3．计算公式

竖流式沉淀池设计计算相关公式。

①喇叭口直径 d_1 为：$d_1=1.35d_0$。

②反射板直径 d_2 为：$d_2=1.35d_1$。

③反射板表面至喇叭口的距离 h_3 为：$h_3=\dfrac{Q_{max}}{v_1\pi d_1}$。

④沉淀区有效断面面积 A_2 为：$A_2=\dfrac{Q_{max}}{v}$。

⑤沉淀池直径 D 为：$D=\sqrt{\dfrac{4A}{\pi}}=\sqrt{\dfrac{4\times(A_1+A_2)}{\pi}}$。

⑥沉淀区深度 h_2 为：$h_2=vt\times3\ 600$。

⑦沉淀池总高度：$H=h_1+h_2+h_3+h_4+h_5$。

其中：$h_5=\left(\dfrac{D}{2}-\dfrac{0.4}{2}\right)\times\tan45°$。

4．评价体系

表 6.1-5 竖流式沉淀池设计计算评分表

标准答案	评分标准	配分
答案：每池最大流量 Q_{max}=0.037 5 m^3/s	每池最大流量 Q_{max}，答案正确得 1 分	1
公式：$A_1=\dfrac{Q_{max}}{v_0}$ 答案：中心导流筒面积 A_1=1.25 m^2	中心导流筒面积 A_1，数据公式运用正确得 0.5 分，答案正确得 0.5 分	1
公式：$d_0=\sqrt{\dfrac{4A_1}{\pi}}$ 答案：中心导流筒直径 d_0≈1.26 m	中心导流筒直径 d_0，数据公式运用正确得 0.5 分，答案正确得 0.5 分	1
公式：d_1=1.35d_0 答案：喇叭口直径 d_1≈1.7 m	喇叭口直径 d_1，数据公式运用正确得 0.5 分，答案正确得 0.5 分	1
公式：d_2=1.35d_1 答案：反射板直径 d_2≈2.3 m	反射板直径 d_2，数据公式运用正确得 0.5 分，答案正确得 0.5 分	1
公式：$h_3=\dfrac{Q_{max}}{v_1\pi d_1}$ 答案：反射板表面至喇叭口的距离 h_3≈0.35 m	反射板表面至喇叭口的距离 h_3，数据公式运用正确得 0.5 分，答案正确得 0.5 分	1
公式：$A_2=\dfrac{Q_{max}}{v}$ 答案：沉淀区有效断面面积 A_2≈53.6 m^2	沉淀区有效断面面积 A_2，数据公式运用正确得 0.5 分，答案正确得 0.5 分	1

标准答案	评分标准	配分
公式：$D=\sqrt{\frac{4A}{\pi}}=\sqrt{\frac{4\times(A_1+A_2)}{\pi}}$ 答案：沉淀池直径 $D\approx8.35\ m$，取 8.5 m	沉淀池直径 D，数据公式运用正确得 0.5 分，答案正确得 0.5 分	1
公式：$h_2=vt\times3\ 600$ 答案：沉淀区深度 $h_2\approx3.8$ m	沉淀区深度 h_2，数据公式运用正确得 0.5 分，答案正确得 0.5 分	1
公式：$H=h_1+h_2+h_3+h_4+h_5$ 答案：沉淀池的总高度 H=8.8 m	沉淀池的总高度 H，数据公式运用正确得 0.5 分，答案正确得 0.5 分	1
	简图上尺寸漏标或标错一处扣 0.3 分，扣完为止	1

6.1.5　调节池设计计算

1．技能要求

根据任务书给出的污水处理数据指标和要求，完成相关污水处理工艺的设计计算，并在提供的简图上标出相应的尺寸。

2．任务指引

根据图 6.1-5 和题目要求，并参照调节池设计计算相关公式，完成相应的设计计算。

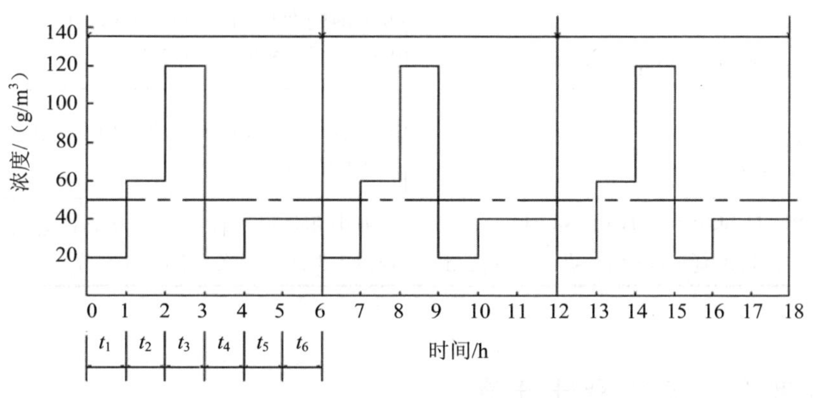

图 6.1-5　废水浓度变化曲线

某工厂所排废水流量为 150 m^3/h，污染物浓度随时间变化曲线如图 6.1-5 所示，求：

①在此调节时间下废水平均浓度 $c=\frac{\sum_{i=1}^{T}c_iq_i}{\sum q_i}$ 为：

②采用对角出水的调节池，池容积 V 为（要求计算结果取为整数）：

③调节池的面积 A（调节池高度 H 设定为 2 m，要求计算结果取为整数）为：

④如采用分割数 n=10，每格宽为 1 m，池长 L 为：

⑤若该工厂所排废水为含有硫酸的酸性废水，pH=2，试计算溶液中和每日需要消耗的

量（计算结果换算为 90%的 NaOH 溶液量）：

3．计算公式

①在 $q_1=q_2=\cdots=q_6=q$ 的情况下，废水平均浓度 c 为：$c=\frac{1}{6}\sum_{i=1}^{6}c_i$ 。

②采用对角线出水的调节池，池容积 V 为：$V=\frac{1}{1.4}\sum_{i=1}^{n}q_i$ 。

③溶液中和每日需要消耗的量的计算方法为：

H_2SO_4 与 NaOH 中和反应式为：$2NaOH+H_2SO_4 \longrightarrow 2H_2O+Na_2SO_4$。

由 pH=−lg[H^+]，可计算出 pH=2 时酸性废水中氢离子浓度[H^+]=10^{-2} mol/L。

4．评价体系

表 6.1-6　调节池设计计算评分表

标准答案	评分标准	配分
公式：$c=\frac{1}{6}\sum_{i=1}^{6}c_i$ 答案：废水平均浓度 c=50 mg/L 或 50 g/m^3	废水平均浓度 c，数据公式运用正确得 0.5 分，答案正确得 0.5 分	1
公式：$V=\frac{1}{1.4}\sum_{i=1}^{n}q_i$ 答案：池容积 V≈643 m^3	池容积 V，数据公式运用正确得 0.5 分，答案正确得 0.5 分	1
公式：$A=\frac{V}{H}$ 答案：调节池的面积 A≈322 m^2	调节池的面积 A，数据公式运用正确得 0.5 分，答案正确得 0.5 分	1
公式：$L=\frac{A}{n\times 1}$ 答案：池长 L=32.2 m	池长 L，数据公式运用正确得 0.5 分，答案正确得 0.5 分	1
反应式：$2NaOH+H_2SO_4 \longrightarrow 2H_2O+Na_2SO_4$ 答案：溶液中和每日消耗 NaOH 的量=1 600 kg/d	溶液中和每日消耗的量，反应式运用正确得 1.5 分，答案正确得 1.5 分	3

6.2　水处理系统工艺设计计算

6.2.1　A^2/O 工艺设计计算

1．技能要求

根据任务书给出的污水处理数据指标和要求，完成相关污水处理工艺的设计计算，并在提供的简图上标出相应的尺寸。

2．任务指引

根据“THEMJZ-1 型水环境监测与治理技术综合实训平台”提供的 A^2/O 系统（图 6.2-1）的有关参数，完成相应的设计计算。

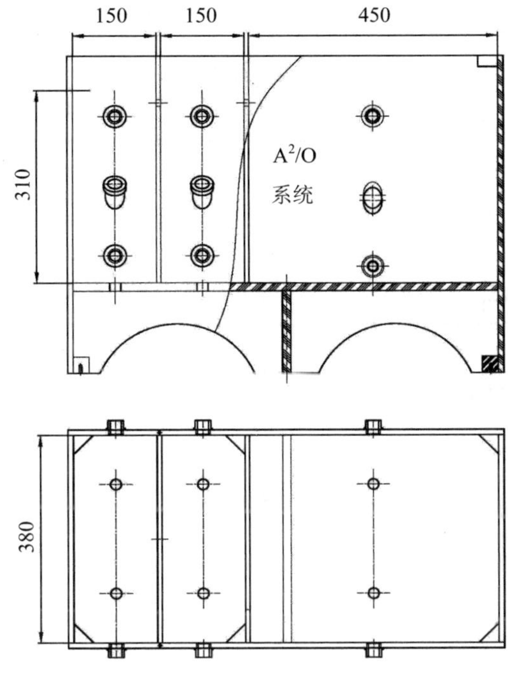

图 6.2-1 A^2/O 系统计算简图（单位：mm）

（1）设计参数

最大设计流量 Q_{max}=0.24 m^3/h，厌氧池、缺氧池、好氧池有效高度 H=0.31 m，厌氧池、缺氧池、好氧池池长 L=0.38 m，厌氧池池宽 $W_{厌}$=0.15 m、缺氧池 $W_{缺}$=0.15 m、好氧池 $W_{好}$=0.45 m。

（2）计算参数

①厌氧池有效容积 V_{DN}（小数点后有效数字保留三位）：

②厌氧池水力停留时间 HRT（要求计算结果取为整数）：

③缺氧池有效容积 V_{AN}（小数点后有效数字保留三位）：

④缺氧池水力停留时间 HRT（要求计算结果取为整数）：

⑤好氧池有效容积 V_N（小数点后有效数字保留三位）：

⑥好氧池水力停留时间 HRT（要求计算结果取为整数）：

3．评价体系

表 6.2-1 A^2/O 系统设计计算评分表

标准答案	评分标准	配分
公式：$V_{DN}=W_{厌}\times L\times H$ 答案：厌氧池有效容积 $V_{DN}\approx 0.018\ m^3$	厌氧池有效容积 V_{DN}，数据公式运用正确得 1 分，答案正确得 0.6 分	1.6
公式：$HRT=\frac{V_{DN}}{Q_{max}}$ 答案：厌氧池水力停留时间 HRT≈5 min	厌氧池水力停留时间 HRT，数据公式运用正确得 1 分，答案正确得 0.6 分	1.6
公式：$V_{AN}=W_{缺}\times L\times H$ 答案：缺氧池有效容积 $V_{AN}\approx 0.018\ m^3$	缺氧池有效容积 V_{AN}，数据公式运用正确得 1 分，答案正确得 0.6 分	1.6

标准答案	评分标准	配分
公式：$HRT=\frac{V_{AN}}{Q_{max}}$ 答案：缺氧池水力停留时间 HRT≈5 min	缺氧池水力停留时间 HRT，数据公式运用正确得 1 分，答案正确得 0.6 分	1.6
公式：$V_N=W_{好}\times L\times H$ 答案：好氧池有效容积 V_N≈0.053 m^3	好氧池有效容积 V_N，数据公式运用正确得 1 分，答案正确得 0.6 分	1.6
公式：$HRT=\frac{V_N}{Q_{max}}$ 答案：好氧池水力停留时间 HRT≈14 min	好氧池水力停留时间 HRT，数据公式运用正确得 1 分，答案正确得 0.6 分	1.6

6.2.2 SBR 工艺设计计算

1．技能要求

根据任务书给出的污水处理数据指标和要求，完成相关污水处理工艺的设计计算，并在提供的简图上标出相应的尺寸。

2．任务指引

根据“THEMJZ-1 型水环境监测与治理技术综合实训平台”提供的 SBR 系统（图 6.2-2）的有关参数，完成相应的设计计算。

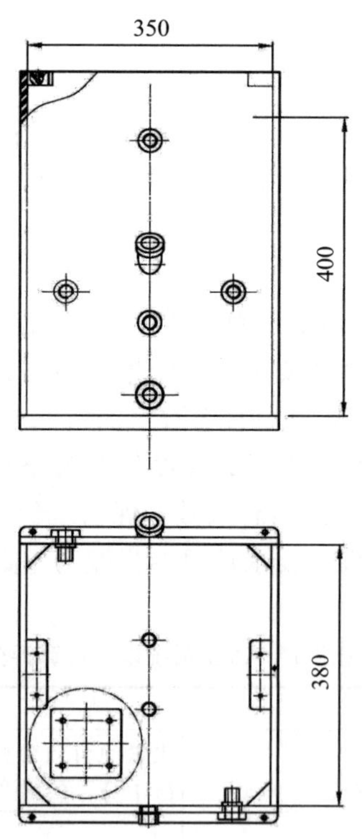

图 6.2-2 SBR 系统设计计算简图（单位：mm）

（1）设计参数

最大设计流量 Q_{max}=0.24 m^3/h，SBR 池最高水位 H_{max}=0.4 m，SBR 池最低水位 H_{min}=0.15 m，SBR 池长 L=0.38 m，SBR 池宽 W=0.35 m。

（2）计算参数

①池子面积 A（小数点后有效数字保留三位）：

②池子储水容积 ΔV（小数点后有效数字保留三位）：

③池子滗水水深 ΔH（小数点后有效数字保留两位）：

3．评价体系

表 6.2-2　SBR 系统设计计算评分表

标准答案	评分标准	配分
公式：$A=L\times W$ 答案：池子面积 $A\approx0.133\ m^2$	池子面积 A，数据公式运用正确得 1 分，答案正确得 1 分	2
公式：$\Delta V=A\times\Delta H$ 答案：池子储水容积 $\Delta V\approx0.033\ m^3$	池子储水容积 ΔV，数据公式运用正确得 1 分，答案正确得 1 分	2
公式：$\Delta H=H_{max}-H_{min}$ 答案：池子滗水水深 ΔH=0.25 m	池子滗水水深 ΔH，数据公式运用正确得 1 分，答案正确得 1 分	2

6.3　水处理工艺图纸绘制

6.3.1　A^2/O 工艺流程图绘制

1．技能要求

根据任务书给定的工艺和相关技术要求，选用并设计合理的水处理系统（任务书会给出 A/O、A^2/O、SBR、MSBR 等其中一个系统），按照我国相关设计标准和城镇污水处理厂经验数据，运用 Office2003－Excel 软件进行各构筑物设计计算，高程计算和图纸绘制。

2．任务指引

（1）任务描述

启动制图软件，绘制工艺流程图。不同管路分别用不同的线型代号绘制，并标注相应管径，文件名另存为“机位号+流程图”。

（2）任务要求

已知天津市某教育园城市污水处理项目，日平均处理污水量 Q 为 30 000 m^3/d，启动 Autocad 软件，根据给定的 DWG 格式图形及有关数据，选用图中给定的 A^2/O 工艺系统流程图，经过主要水处理构筑物的适当设计计算，得出有关数据。根据图纸给定的 25 个任务（图 6.3-1），补充绘制工艺流程图（图 6.3-2），要求所有图形及文字均采用白色，文字采用 hztxt.shx 字体，数字及英文采用 romans.shx 字体。不同管路分别用何种不同的线型代号绘制，管道线宽按图纸任务统一设定。在图纸右下角标明比赛场次、工位号。本任务完成后，文件名另存为“场次+工位号+流程图”，并转换成 PDF 格式，保存到“U 盘：/考试程序”文件夹中。

污水处理厂工艺流程图任务书

注意：以下任务内容在污水处理厂工程流程图中完成。

序号	任务内容	分值	得分	评判记录
1	补充完善图例中线型 ——WN—— 名称。			
2	补充完善图例中线型 ——XH—— 名称。			
3	补充完善图例中线型 ——CY—— 名称。			
4	补充完善图例中线型 ——W—— 名称。			
5	补充完善图例中线型 ——PAM—— 名称。			
6	补充完善图例中线型 ——PAC—— 名称。			
7	标出 ① 处设备或附件名称。			
8	标出 ② 处设备或附件名称。			
9	标出 ③ 处设备或附件名称。			
10	标出 ④ 处设备或附件名称。			
11	标出 ⑤ 处设备或附件名称。			
12	标出 ⑥ 处设备或附件名称。			
13	标出 ⑦ 处设备或附件名称。			
14	标出 ⑧ 处设备或附件名称。			
15	标出 ⑨ 处设备或附件名称。			
16	标出 ⑩ 处设备或附件名称。			
17	标出 ⑪ 处设备或附件名称。			
18	标出 ⑫ 处设备或附件名称。			
19	标出 ⑬ 处构筑物名称。			
20	标出 ⑭ 处构筑物名称。			
21	标出 ⑮ 处构筑物名称。			
22	标出 ⑯ 处构筑物名称。			
23	标出 ⑰ 处构筑物名称。			
24	标出 ⑱ 处构筑物名称。			
25	标出 ⑲ 处构筑物名称。			
特别提醒：完成任务后，本文件名称存为“场次号+工位号+流程图”，并转换成 PDF 格式，保存到“U 盘：/考试程序”文件夹中		总分		裁判 复核 记分 监督 时间

图 6.3-1　使用 CAD 补充绘制污水处理工艺流程图任务书

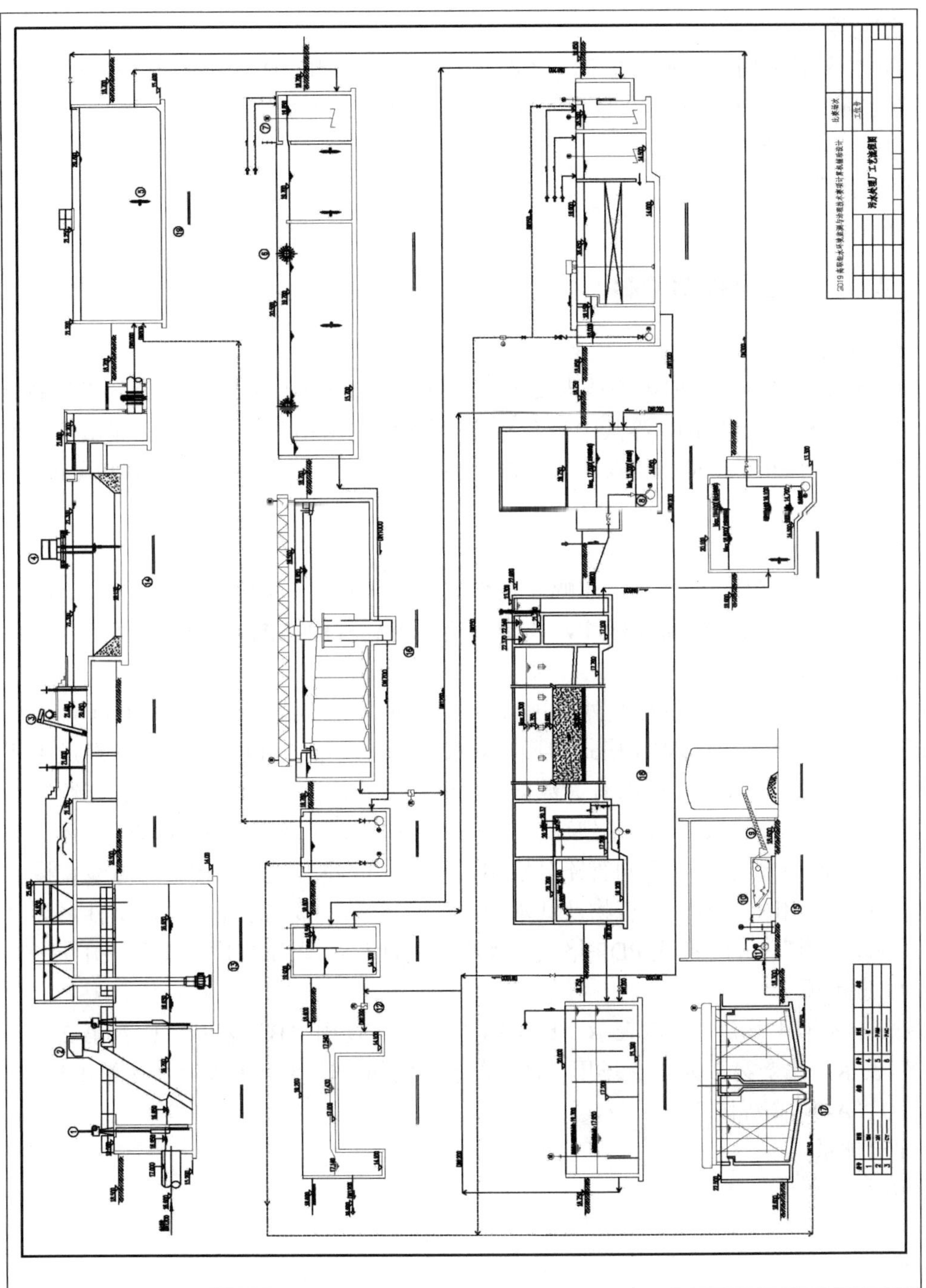

图 6.3-2 使用 CAD 补充绘制污水处理流程

（3）注意事项

比赛第 1 天第 1 场用“A”表示，比赛第 1 天第 2 场用“B”表示，比赛第 2 天第 1 场用“C”表示，比赛第 2 天第 2 场用“D”表示。例如，比赛第 1 天第 1 场第 1 号工位，文件名应为“A-01-流程图”。

3．评价体系

见图 6.3-1。

6.3.2 A^2/O 工艺高程图绘制

1．技能要求

根据任务书给定的工艺和相关技术要求，选用并设计合理的水处理系统（任务书会给出 A/O、A^2/O、SBR、MSBR 等其中一个系统），按照我国相关设计标准和城镇污水处理厂经验数据，运用 Office2003－Excel 软件进行各构筑物设计计算，高程计算和图纸绘制。

2．任务指引

（1）任务描述

启动制图软件，设定一个给定图幅，文件名为“机位号+高程图”，按一定比例绘制高程图，并在高程图上进行高程标注，要求所绘制的高程图在图中比例适中。

（2）任务要求

已知天津市某教育园城市污水处理项目，日平均处理污水量 Q 为 30 000 m^3，启动 Autocad 软件，根据给定的 DWG 格式图形及有关数据，选用 A^2/O 工艺系统，经过主要水处理构筑物的适当设计计算，得出有关数据，根据给定的任务书（图 6.3-3）补充绘制高程布置图（图 6.3-4），要求设置所有图形及文字均采用白色，文字采用 hztxt.shx 字体，数字及英文采用 romans.shx 字体。不同管路分别用何种不同的线型代号绘制，管道线宽按图纸任务统一设定。为相应管道、构筑物及其水面、池底等要求部位标注标高，文件名为“场次+工位号+高程图”，并转换成 PDF 格式，保存到“U 盘：/考试程序”文件夹中。

（3）注意事项

比赛第 1 天第 1 场用“A”表示，比赛第 1 天第 2 场用“B”表示，比赛第 2 天第 1 场用“C”表示，比赛第 2 天第 2 场用“D”表示。例如，比赛第 1 天第 1 场第 1 号工位，文件名应为“A-01-高程图”。

3．评价体系

见图 6.3-3。

污水处理厂工艺高程图任务书

注意：以下任务内容在污水处理厂工程高程图中完成。

序号	任务内容	分值	得分	评判记录
1	补充完善图例中线型 ——W—— 名称。			
2	补充完善图例中线型 ——N—— 名称。			
3	补充完善图例中线型 ——A—— 名称。			
4	补充完善图例中线型 ——HW—— 名称。			
5	标出 ① 处构筑物名称。			
6	标出 ② 处构筑物名称。			
7	标出 ③ 处构筑物名称。			
8	标出 ④ 处构筑物名称。			
9	标出 ⑤ 处构筑物名称。			
10	标出 ⑥ 处构筑物名称。			
11	根据图纸上所列条件，确定并补充 ⑦处标高。			
12	根据图纸上所列条件，确定并补充 ⑧处标高。			
13	根据图纸上所列条件，确定并补充 ⑨处标高。			
14	根据图纸上所列条件，确定并补充 ⑩处标高。			
15	根据图纸上所列条件，确定并补充 ⑪处标高。			
16	根据图纸上所列条件，确定并补充 ⑫处标高。			
17	根据图纸上所列条件，确定并补充 ⑬处标高。			
18	根据图纸上所列条件，确定并补充 ⑭处标高。			
19	根据图纸上所列条件，确定并补充 ⑮处标高。			
20	根据图纸上所列条件，确定并补充 ⑯处标高。			
21	根据图纸上所列条件，确定并补充 ⑰处标高。			
22	根据图纸上所列条件，确定并补充 ⑱处标高。			
23	根据图纸上所列条件，确定并补充 ⑲处标高。			
24	根据图纸上所列条件，确定并补充 ⑳处标高。			
25	根据图纸上所列条件，确定并补充 ㉑处标高。			
特别提醒：完成任务后，本文件名称存为“场次号+工位号+高程图”，并转换成 PDF 格式，保存到“U 盘：/考试程序”文件夹中		总分		裁判　　复核　　记分　　监督　　时间

图 6.3-3　使用 CAD 补充绘制污水处理工艺高程图任务书

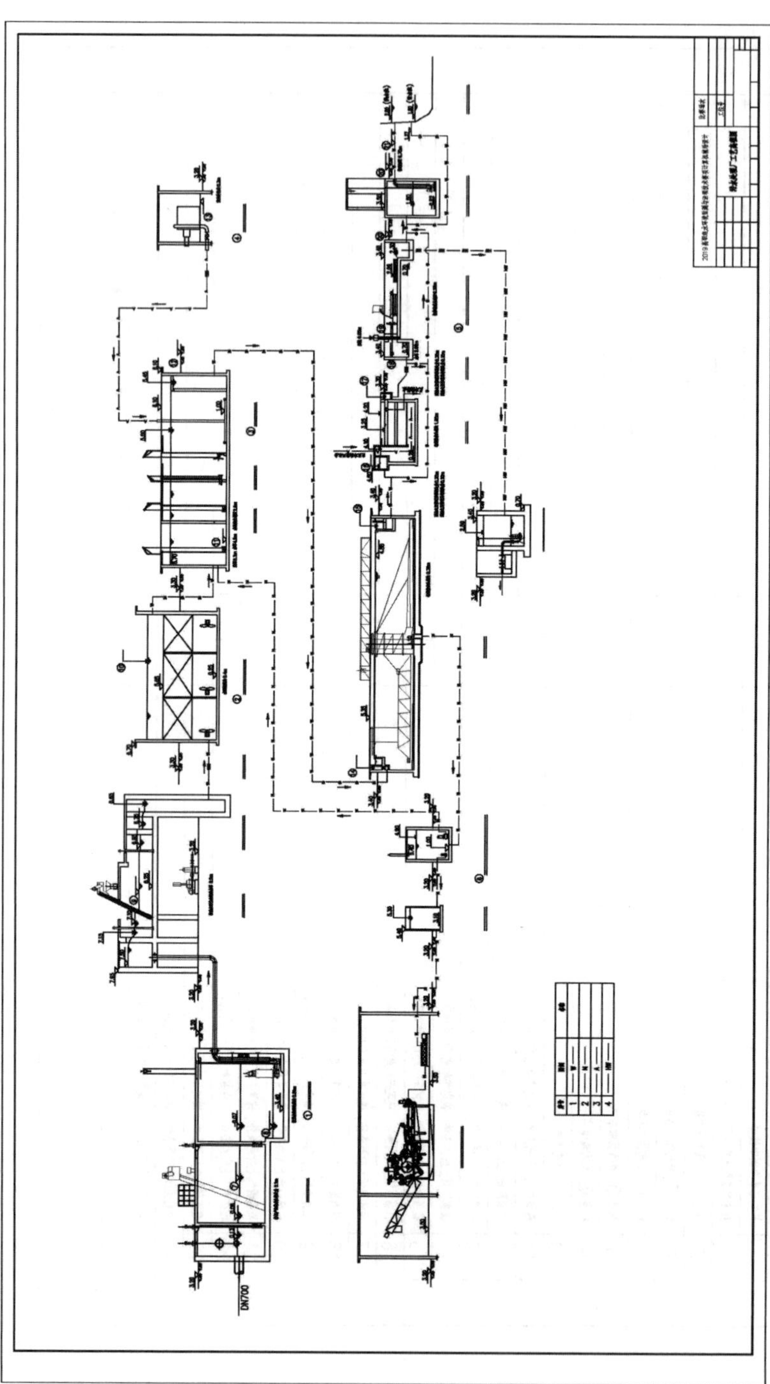

图 6.3-4 使用 CAD 补充绘制污水处理高程

6.3.3 MSBR 工艺系统图绘制

1. 技能要求

根据任务书给定的工艺和相关技术要求，选用并设计合理的水处理系统（任务书会给出 A/O、A^2/O、SBR、MSBR 等其中一个系统），按照我国相关设计标准和城镇污水处理厂经验数据，运用 Office2003－Excel 软件进行各构筑物设计计算，高程计算和图纸绘制。

2. 任务指引

（1）任务描述

根据提供的侧面图和剖面图（图 6.3-5～图 6.3-7），并结合设备实物手绘完成 MSBR 水处理系统的系统图绘制（曝气系统不需绘制）。要求所绘制的高程图在图中比例适中。

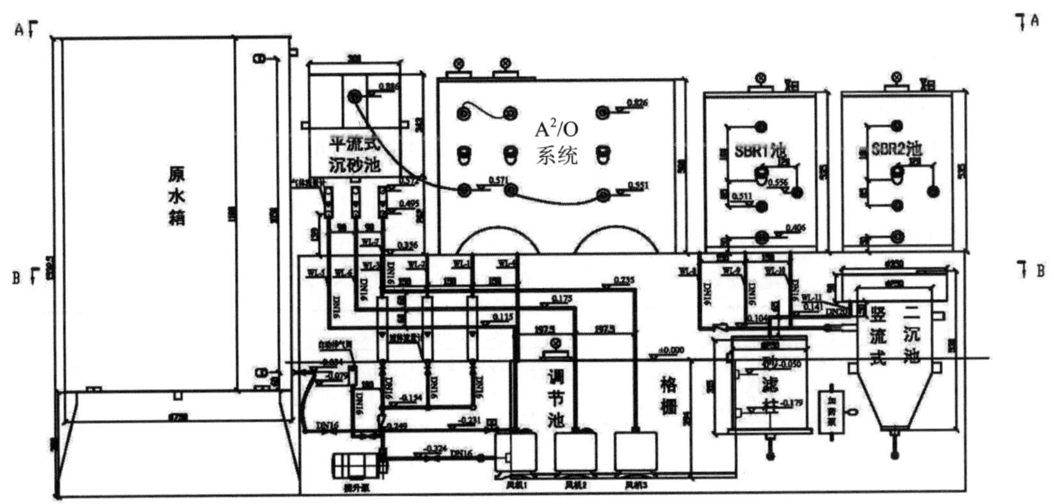

图 6.3-5 MSBR 工艺系统侧面图

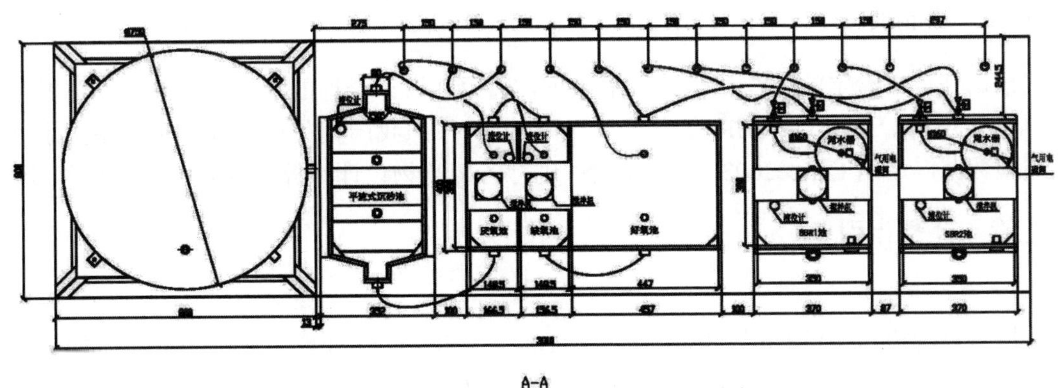

图 6.3-6 MSBR 工艺系统 A-A 剖面图

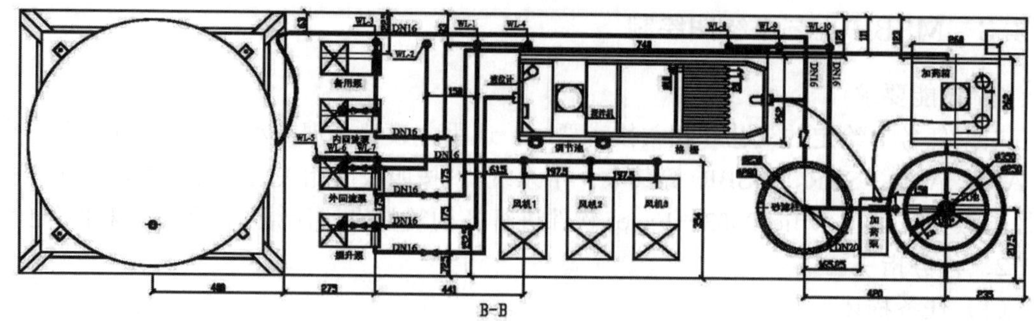

图 6.3-7 MSBR 工艺系统 B-B 剖面图

（2）任务要求

系统图应绘制在赛场所提供的 A3 坐标纸上。绘图应符合《给水排水制图标准》（GB/T 50106—2001），字迹工整。

（3）注意事项

提交的 A3 坐标纸用工位号和场次标识，不得写上姓名或与身份有关的信息，否则成绩无效。

3．评价体系

表 6.3-1 MSBR 工艺系统设计计算评分表

内容	要求	分值
图纸绘制	评分要点：系统图方向、系统图管径、标高、立管编号标注、图例正确。每绘错一处扣 0.2 分，扣完为止	

6.4 水处理工艺高程计算与图纸绘制

6.4.1 技能要求

根据任务书给定的工艺和相关技术要求，选用并设计合理的水处理系统（任务书会给出 A/O、A^2/O、SBR、MSBR 等其中一个系统），按照我国相关设计标准和城镇污水处理厂经验数据，运用 Office2003－Excel 软件进行各构筑物设计计算，高程计算和图纸绘制。

6.4.2 任务指引

1．任务描述

拟建设规模为 10 万 m^3/d 污水处理站 1 座，采用 A^2/O 处理工艺。经计算，构筑物的沿程及局部水力损失见表 6.4-1，外河最高水位为 7.1 m。各构筑物的池底或池顶标高如下：

①计量槽：槽中最大水深 0.42 m，超高 0.5 m；

②消毒池：消毒池最大水深 2 m，超高 0.5 m；

③二沉池：二沉池水损 0.6 m，超高 0.5 m，池总深 5.7 m；

④氧化沟：氧化沟水损 0.50 m，超高 0.5 m，水深 4.5 m；

⑤配水井：配水井超高 0.3 m，水深 5 m；

⑥沉砂池：沉砂池水损 0.20 m，超高 0.3 m，水深 3.39 m；

⑦细格栅后：格栅至沉砂池水损 0.1 m，水深 1.0 m；

⑧细格栅前：过栅水损为 0.26 m，水深 1.0 m，超高 0.3 m；

⑨进水泵房：污水厂进水管水面标高为 3.98 m；中格栅前水面标高为 3.90 m，过栅水损为 0.08 m，水深 0.4 m；考虑潜污泵安装要求，水深为 3 m。

2．任务要求

①完成表 6.4-1 中总水损、构筑物水面上端高程、构筑物水面下端高程的数值计算；

②污水处理厂的设计地面高程为 7.5 m。根据上述材料，在 A3 坐标纸中绘制该污水处理厂的污水处理段高程布置图（水面标高、池底标高、池顶标高），要求标高绘图比例为 1∶100，其余示意即可，构筑物之间要有管道连接并带有水流方向；要求参照图 6.4-1 绘制各构筑物。

表 6.4-1　各构筑物水面高程计算过程表

管段	管长/m	单位水损/m	沿程水损与局部水损/m	下端构筑水损/m	总水损/m	上端高程/m	下端高程/m
外河—计量槽	100	0.001 2	0.14	0.10		7.10	
计量槽—消毒池	8	0.001 2	0.01	0.30			
消毒池—二沉池	105	0.001 6	0.20	0.60			
二沉池—氧化沟	170	0.001 6	0.30	0.50			
氧化沟—配水井	90	0.001 6	0.17	0.20			
配水井—沉砂池	40	0.001 6	0.07	0.20			
沉砂池—细格栅后	0	0	0	0.10			
细格栅后—细格栅前	0	0	0	0.26			

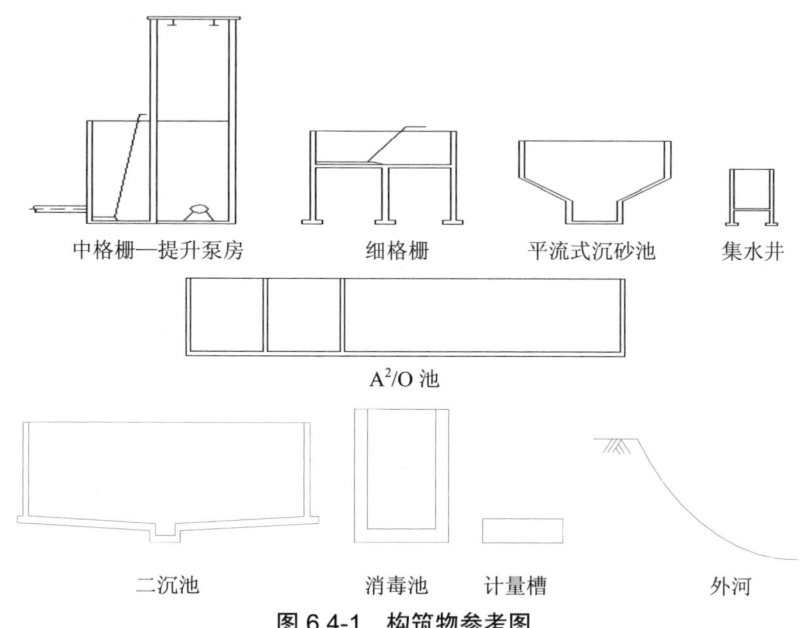

图 6.4-1　构筑物参考图

6.4.3 评价体系

（1）评分表

表 6.4-2 竖流式沉淀池设计计算评分表

内容	要求	分值
A^2/O 工艺高程图的绘制	评分要点：系统图方向、系统图管径、标高、立管编号标注、图例正确。每绘错一处扣 0.2 分，扣完为止	

（2）参考答案

表 6.4-3 各构筑物水面高程计算过程表

管段	管长/m	单位水损/m	沿程水损与局部水损/m	下端构筑水损/m	总水损/m	上端高程/m	下端高程/m
外河—计量槽	100	0.001 2	0.14	0.10	0.24	7.10	7.34
计量槽—消毒池	8	0.001 2	0.01	0.30	0.31	7.34	7.65
消毒池—二沉池	105	0.001 6	0.20	0.60	0.80	7.65	8.45
二沉池—氧化沟	170	0.001 6	0.30	0.50	0.80	8.45	9.25
氧化沟—配水井	90	0.001 6	0.17	0.20	0.37	9.25	9.62
配水井—沉砂池	40	0.001 6	0.07	0.20	0.27	9.62	9.89
沉砂池—细格栅后	0	0	0	0.10	0.10	9.89	9.99
细格栅后—细格栅前	0	0	0	0.26	0.26	9.99	10.25

7　水处理系统控制程序识读

7.1　A/O 工艺 PLC 控制程序识读

7.1.1　pH 控制程序识读

1．技能要求

启动 S7-200 软件，根据任务书要求，对指定的污水处理系统（任务书会给出 A/O、A^2/O、SBR、MSBR 等其中一个系统）进行程序编写或修改。

2．任务指引

打开 A/O 系统 PLC 控制程序（U 盘：/考试程序），在主程序中找到“pH 读取与计算”程序段，利用计算机截图功能及画图软件，将其截图并保存为图片“JPEG”格式，图片命名为“场次+工位号+题号”（如 A-01-01）保存到 U 盘中。

3．评价体系

（1）评分表

表 7.1-1　程序识读评分表

考核内容	评分标准	配分	得分	备注
程序识读（共 1 分）	①图片包含该网络给 0.5 分； ②图片格式及命名正确给 0.5 分	1		

（2）参考答案

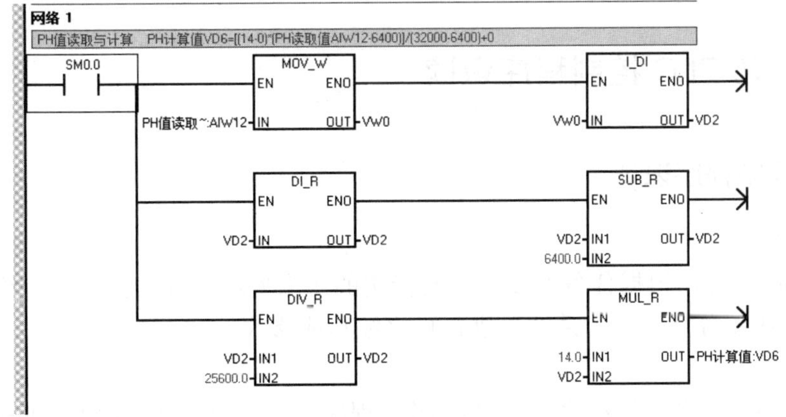

图 7.1-1　程序识读参考答案

7.1.2 提升泵启动控制程序识读

1．技能要求

启动 S7-200 软件，根据任务书要求，对指定的污水处理系统（任务书会给出 A/O、A^2/O、SBR、MSBR 等其中一个系统）进行程序编写或修改。

2．任务指引

打开 AO 系统 PLC 控制程序（U 盘：/考试程序），在主程序中找到“提升泵启动控制”程序段，利用计算机截图功能及画图软件，将其截图并保存为图片“JPEG”格式，图片命名为“场次-工位号-题号”（如 A-01-01）保存到 U 盘中。

3．评价体系

（1）评分表

表 7.1-2 程序识读评分表

考核内容	评分标准	配分	得分	备注
程序识读（共 1 分）	①图片包含该网络给 0.5 分； ②图片格式及命名正确给 0.5 分	1		

（2）参考答案

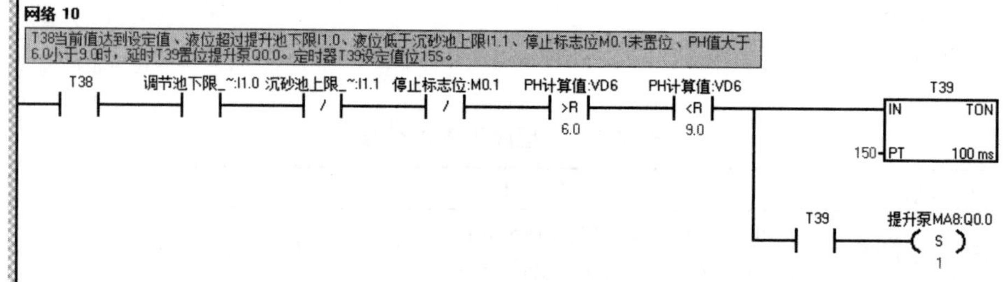

图 7.1-2 程序识读参考答案

7.2 A^2/O 工艺 PLC 控制程序识读

7.2.1 DO 控制程序识读

1．技能要求

启动 S7-200 软件，根据任务书要求，对指定的污水处理系统（任务书会给出 A/O、A^2/O、SBR、MSBR 等其中一个系统）进行程序编写或修改。

2．任务指引

打开 A^2/O 系统 PLC 控制程序（U 盘：/考试程序），在主程序中找到“DO1 值读取与计算”程序段，利用计算机截图功能及画图软件，将其截图并保存为图片“JPEG”格式，图片命名为“场次-工位号-题号”（如 A-01-01）保存到 U 盘中。

3．评价体系

（1）评分表

表 7.2-1 程序识读评分表

考核内容	评分标准	配分	得分	备注
程序识读（共 1 分）	①图片包含该网络给 0.5 分； ②图片格式及命名正确给 0.5 分	1		

（2）参考答案

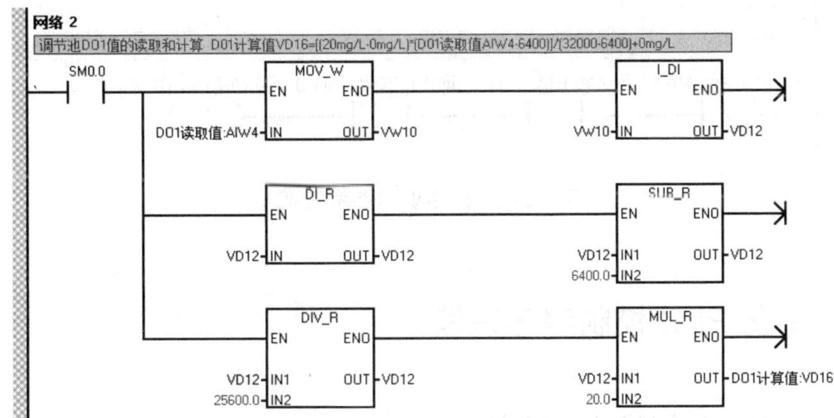

图 7.2-1 程序识读参考答案

7.2.2 进水阀控制程序识读

1．技能要求

启动 S7-200 软件，根据任务书要求，对指定的污水处理系统（任务书会给出 A/O、A^2/O、SBR、MSBR 等其中一个系统）进行程序编写或修改。

2．任务指引

打开 A^2/O 系统 PLC 控制程序（U 盘：/考试程序），在主程序中找到“进水阀自动控制”程序段，利用计算机截图功能及画图软件，将其截图并保存为图片“JPEG”格式，图片命名为“场次-工位号-题号”（如 A-01-01）保存到 U 盘中。

3．评价体系

（1）评分表

表 7.2-2 程序识读评分表

考核内容	评分标准	配分	得分	备注
程序识读（共 1 分）	①图片包含该网络给 0.5 分； ②图片格式及命名正确给 0.5 分	1		

（2）参考答案

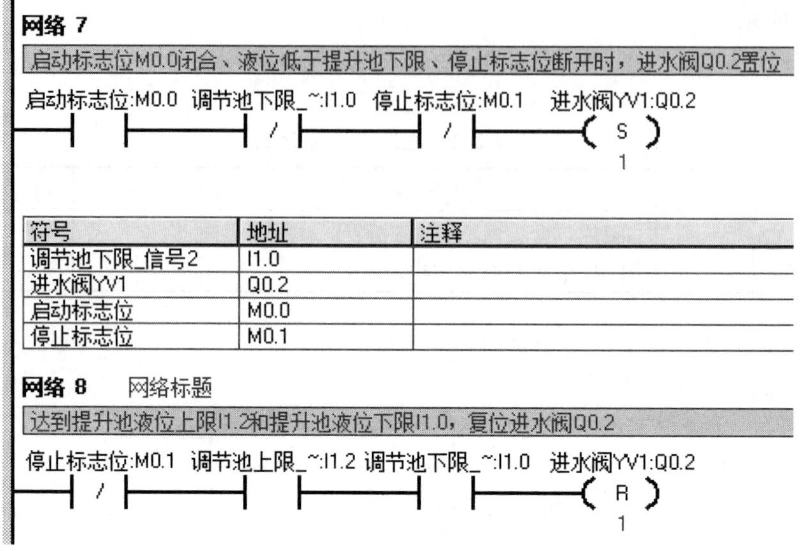

图 7.2-2 程序识读参考答案

7.3 SBR 工艺 PLC 控制程序识读

7.3.1 SBR 搅拌电机控制程序识读

1．技能要求

启动 S7-200 软件，根据任务书要求，对指定的污水处理系统（任务书会给出 A/O、A^2/O、SBR、MSBR 等其中一个系统）进行程序编写或修改。

2．任务指引

打开 SBR 系统 PLC 控制程序（U 盘：/考试程序），在主程序中找到“SBR1 搅拌机调速”程序段，利用计算机截图功能及画图软件，将其截图并保存为图片“JPEG”格式，图片命名为“场次-工位号-题号”（如 A-01-01）保存到 U 盘中。

3．评价体系

（1）评分表

表 7.3-1 程序识读评分表

考核内容	评分标准	配分	得分	备注
程序识读（共 1 分）	①图片包含该网络给 0.5 分； ②图片格式及命名正确给 0.5 分	1		

（2）参考答案

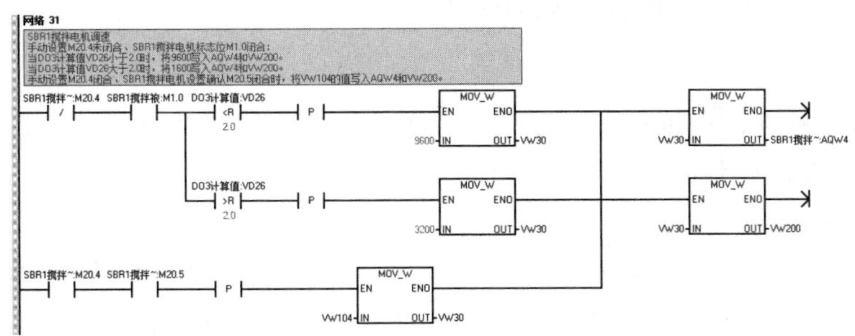

图 7.3-1 程序识读参考答案

7.3.2 反应及曝气时间转换控制程序识读

1．技能要求

启动 S7-200 软件，根据任务书要求，对指定的污水处理系统（任务书会给出 A/O、A^2/O、SBR、MSBR 等其中一个系统）进行程序编写或修改。

2．任务指引

打开 SBR 系统 PLC 控制程序（U 盘：/考试程序），在主程序中找到“反应及曝气时间转换”程序段，利用计算机截图功能及画图软件，将其截图并保存为图片“JPEG”格式，图片命名为“场次-工位号-题号”（如 A-01-01）保存到 U 盘中。

3．评价体系

（1）评分表

表 7.3-2 程序识读评分表

考核内容	评分标准	配分	得分	备注
程序识读（共 1 分）	①图片包含该网络给 0.5 分； ②图片格式及命名正确给 0.5 分	1		

（2）参考答案

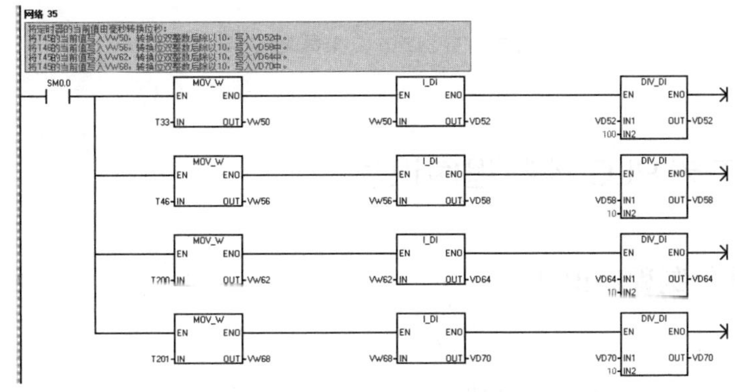

图 7.3-2 程序识读参考答案

7.3.3 SBR 搅拌电机停止控制程序识读

1．技能要求

启动 S7-200 软件，根据任务书要求，对指定的污水处理系统（任务书会给出 A/O、A^2/O、SBR、MSBR 等其中一个系统）进行程序编写或修改。

2．任务指引

打开 SBR 系统 PLC 控制程序（U 盘：/考试程序），在主程序中找到“SBR1 搅拌电机停止”程序段，利用计算机截图功能及画图软件，将其截图并保存为图片“JPEG”格式，图片命名为“场次-工位号-题号”（如 A-01-01）保存到 U 盘中。

3．评价体系

（1）评分表

表 7.3-3 程序识读评分表

考核内容	评分标准	配分	得分	备注
程序识读（共 1 分）	①图片包含该网络给 0.5 分； ②图片格式及命名正确给 0.5 分	1		

（2）参考答案

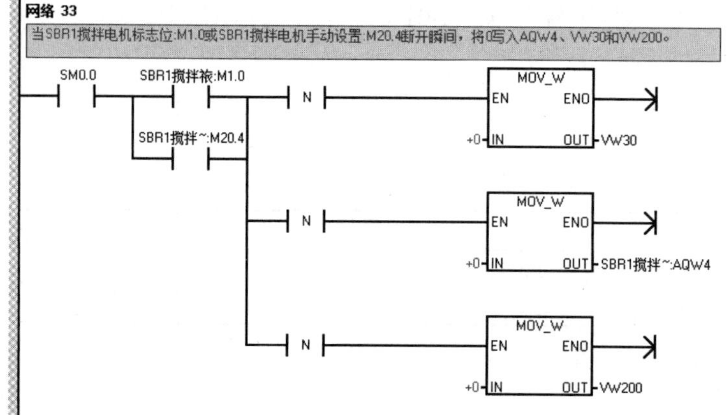

图 7.3-3 程序识读参考答案

7.4 MSBR 工艺 PLC 控制程序识读

7.4.1 SBR 池控制程序识读

1．技能要求

启动 S7-200 软件，根据任务书要求，对指定的污水处理系统（任务书会给出 A/O、A^2/O、SBR、MSBR 等其中一个系统）进行程序编写或修改。

2．任务指引

打开 MSBR 系统 PLC 控制程序（U 盘：/考试程序），在主程序中找到“SBR2 池控制”程序段，利用计算机截图功能及画图软件，将其截图并保存为图片“JPEG”格式，图片命名为“场次-工位号-题号”（如 A-01-01）保存到 U 盘中。

3．评价体系

（1）评分表

表 7.4-1 程序识读评分表

考核内容	评分标准	配分	得分	备注
程序识读（共 1 分）	①图片包含该网络给 0.5 分； ②图片格式及命名正确给 0.5 分	1		

（2）参考答案

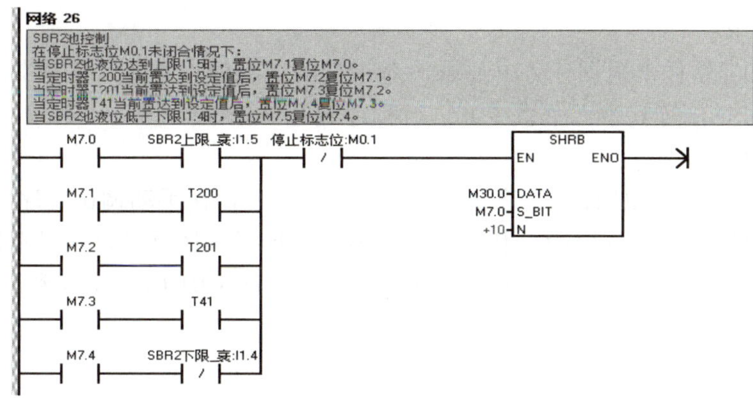

图 7.4-1 程序识读参考答案

7.4.2 SBR 搅拌电机控制程序识读

1．技能要求

启动 S7-200 软件，根据任务书要求，对指定的污水处理系统（任务书会给出 A/O、A^2/O、SBR、MSBR 等其中一个系统）进行程序编写或修改。

2．任务指引

打开 MSBR 系统 PLC 控制程序（U 盘：/考试程序），在主程序中找到“SBR1 搅拌电机速度转换实际值”程序段，利用计算机截图功能及画图软件，将其截图并保存为图片“JPEG”格式，图片命名为“场次-工位号-题号”（如 A-01-01）保存到 U 盘中。

3．评价体系

（1）评分表

表 7.4-2 程序识读评分表

考核内容	评分标准	配分	得分	备注
程序识读（共 1 分）	①图片包含该网络给 0.5 分； ②图片格式及命名正确给 0.5 分	1		

（2）参考答案

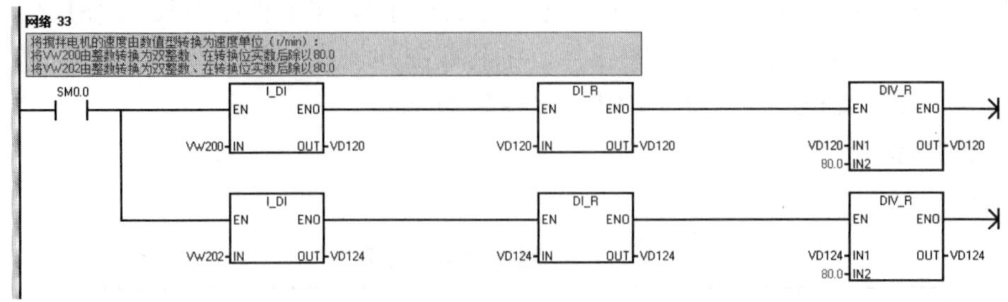

图 7.4-2　程序识读参考答案

7.4.3　SBR1 与 SBR2 搅拌电机启动控制程序识读

1．技能要求

启动 S7-200 软件，根据任务书要求，对指定的污水处理系统（任务书会给出 A/O、A^2/O、SBR、MSBR 等其中一个系统）进行程序编写或修改。

2．任务指引

打开 MSBR 系统 PLC 控制程序（U 盘：/考试程序），在手动调试程序中找到“SBR1 与 SBR2 搅拌电机启动”程序段，利用计算机截图功能及画图软件，将其截图并保存为图片“JPEG”格式，图片命名为“场次-工位号-题号”（如 A-01-01）保存到 U 盘中。

3．评价体系

（1）评分表

表 7.4-3　程序识读评分表

考核内容	评分标准	配分	得分	备注
程序识读（共 1 分）	①图片包含该网络给 0.5 分； ②图片格式及命名正确给 0.5 分	1		

（2）参考答案

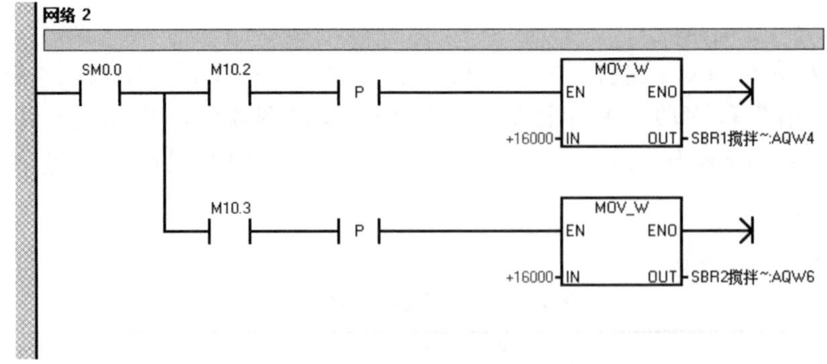

图 7.4-3　程序识读参考答案

8　水处理系统控制程序修改

8.1　A/O 工艺 PLC 控制程序修改

8.1.1　提升泵、外回流泵启停程序修改

1．技能要求

启动 S7-200 软件，根据任务书要求，对指定的污水处理系统（任务书会给出 A/O、A^2/O、SBR、MSBR 等其中一个系统）进行程序编写或修改。

2．任务指引

修改 A/O 系统 PLC 控制程序的参数：

①将程序中“提升泵”改为达到沉砂池上限或低于调节池下限后 45 s 关闭；

②将程序改为外回流泵启动 25 min 后设备停止运行。

将该网络（或包含）截图并保存为图片“JPEG”格式，图片命名为“场次-工位号-题号-图片号”（如 B-01-02-1）保存到 U 盘中。

3．评价体系

（1）评分表

表 8.1-1　程序参数修改评分表

重点检查内容	评分标准	配分	得分	备注
程序参数修改（共 3 分）	①提升泵延时关闭时间正确给 1 分； ②设备停止时间正确给 1 分； ③图片 1 格式及命名正确给 0.5 分； ④图片 2 格式及命名正确给 0.5 分	3		

（2）参考答案

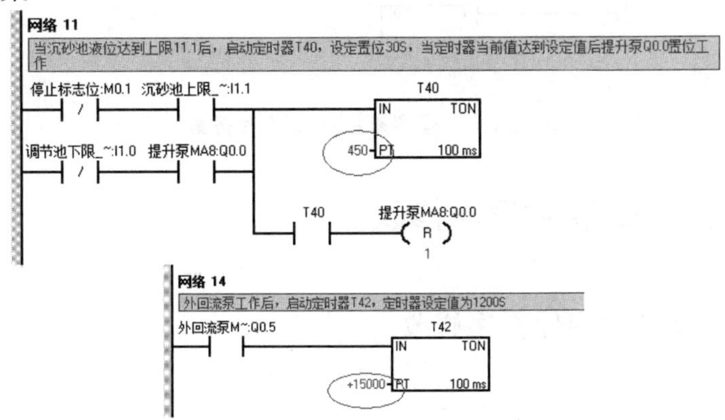

图 8.1-1　程序参数修改参考答案

8.1.2 提升泵、外回流泵启停程序修改

1．技能要求

启动 S7-200 软件，根据任务书要求，对指定的污水处理系统（任务书会给出 A/O、A^2/O、SBR、MSBR 等其中一个系统）进行程序编写或修改。

2．任务指引

修改 A/O 系统 PLC 控制程序的参数：

①将程序中“提升泵”改为满足液位及 pH 条件后延时 0.3 min 启动；

②将程序改为外回流泵启动 25 min 后设备停止运行。

将该网络（或包含）截图并保存为图片“JPEG”格式，图片命名为“场次-工位号-题号-图片号”（如 B-01-02-1）保存到 U 盘中。

3．评价体系

（1）评分表

表 8.1-2 程序参数修改评分表

考核内容	评分标准	配分	得分	备注
程序参数修改（共 3 分）	①提升泵启动条件修改正确给 1 分； ②设备停止时间正确给 1 分； ③图片 1 格式及命名正确给 0.5 分； ④图片 2 格式及命名正确给 0.5 分	3		

（2）参考答案

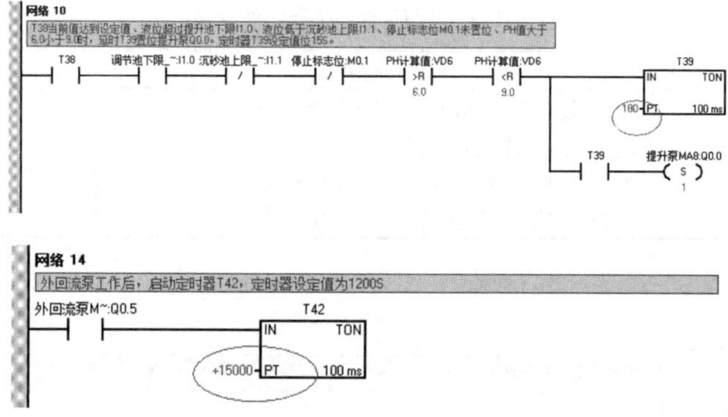

图 8.1-2 程序参数修改参考答案

8.2 A^2/O 工艺 PLC 控制程序修改

8.2.1 提升泵、调节池启停程序修改

1．技能要求

启动 S7-200 软件，根据任务书要求，对指定的污水处理系统（任务书会给出 A/O、

A^2/O、SBR、MSBR 等其中一个系统）进行程序编写或修改。

2．任务指引

修改 A^2/O 系统 PLC 控制程序的参数：

①将程序中提升泵开启的 pH 限定条件改为 5.0≤pH＜8.0；

②当调节池液位超过下限，调节池搅拌机和加药泵延时启动时间改为 45 s。将该网络（或包含）截图并保存为图片“JPEG”格式，图片命名为“场次-工位号-题号-图片号”（如 B-01-02-1）保存到 U 盘中。

3．评价体系

（1）评分表

表 8.2-1 程序参数修改评分表

重点检查内容	评分标准	配分	得分	备注
程序参数修改（共 3 分）	①提升泵开启条件正确给 1 分； ②搅拌机启动时间正确给 1 分； ③图片 1 格式及命名正确给 0.5 分； ④图片 2 格式及命名正确给 0.5 分	3		

（2）参考答案

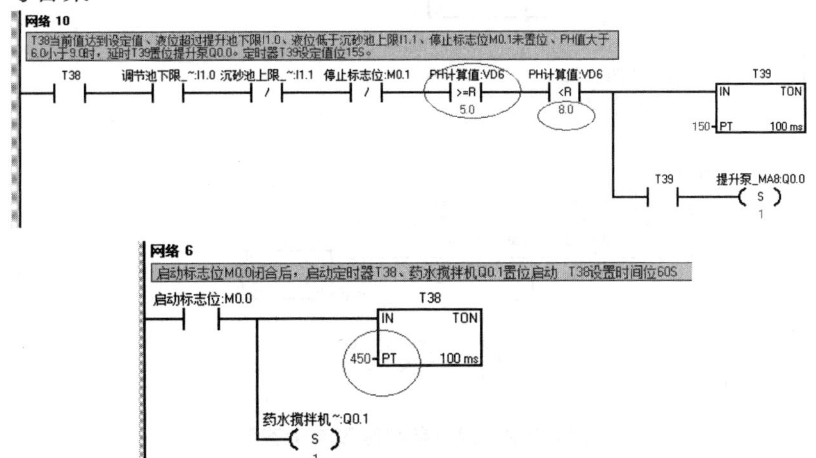

图 8.2-1 程序参数修改参考答案

8.2.2 调节池搅拌电机、加药泵及外回流泵程序修改

1．技能要求

启动 S7-200 软件，根据任务书要求，对指定的污水处理系统（任务书会给出 A/O、A^2/O、SBR、MSBR 等其中一个系统）进行程序编写或修改。

2．任务指引

修改 A^2/O 系统 PLC 控制程序的参数：

①当调节池液位超过下限，调节池搅拌机和加药泵延时启动时间改为 45 s；

②将程序中外回流泵开启条件改为达到缺氧池上限后延时 10 min。

将该网络（或包含）截图并保存为图片“JPEG”格式，图片命名为“场次-工位号-题号-图片号”（如 B-01-02-1）保存到 U 盘中。

3．评价体系

（1）评分表

表 8.2-2　程序参数修改评分表

重点检查内容	评分标准	配分	得分	备注
程序参数修改（共 3 分）	①启动时间修改正确给 1 分； ②外回流泵启动条件正确给 1 分； ③图片 1 格式及命名正确给 0.5 分； ④图片 2 格式及命名正确给 0.5 分	3		

（2）参考答案

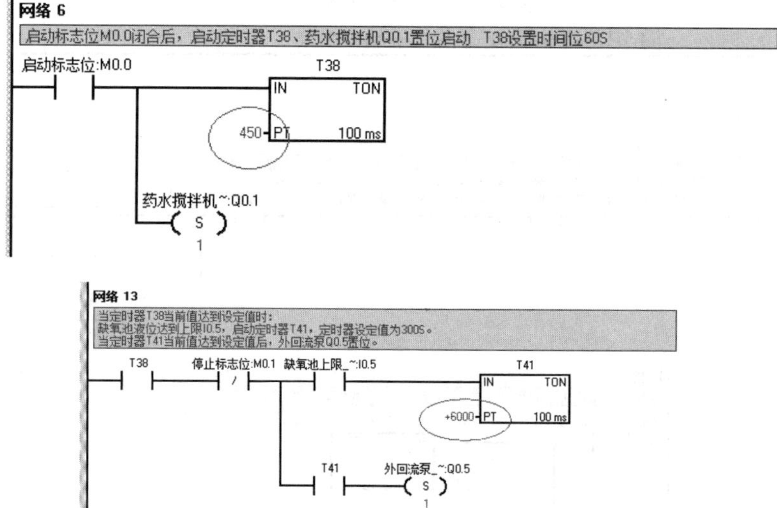

图 8.2-2　程序参数修改参考答案

8.3　SBR 工艺 PLC 控制程序修改

8.3.1　SBR 池循环次数、SBR1 搅拌程序修改

1．技能要求

启动 S7-200 软件，根据任务书要求，对指定的污水处理系统（任务书会给出 A/O、A^2/O、SBR、MSBR 等其中一个系统）进行程序编写或修改。

2．任务指引

修改 SBR 系统 PLC 控制程序的参数：

①将程序中 SBR1 池和 SBR2 池的循环处理次数修改为 5 次；

②将程序自动运行时，SBR1 搅拌器的搅拌速度改变条件改为≤2.0 时速度为 9 600。将该网络（或包含）截图并保存为图片“JPEG”格式，图片命名为“场次-工位号-题号-图片号”（如 B-01-02-1）保存到 U 盘中。

3．评价体系

（1）评分表

表 8.3-1 程序参数修改评分表

重点检查内容	评分标准	配分	得分	备注
程序参数修改（共 3 分）	①循环次数修改正确给 1 分； ②速度改变条件修改正确给 1 分； ③图片 1 格式及命名正确给 0.5 分； ④图片 2 格式及命名正确给 0.5 分	3		

（2）参考答案

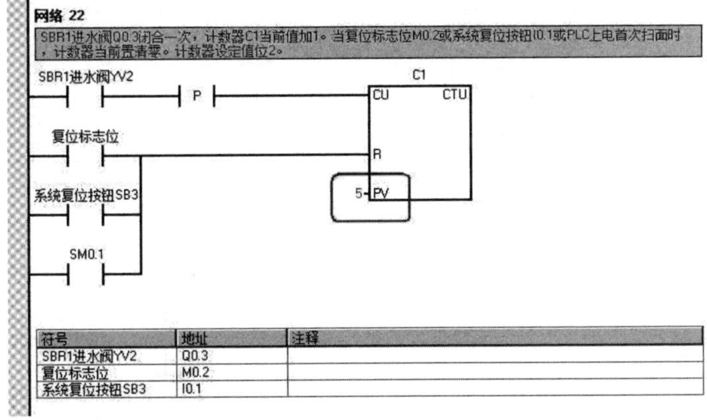

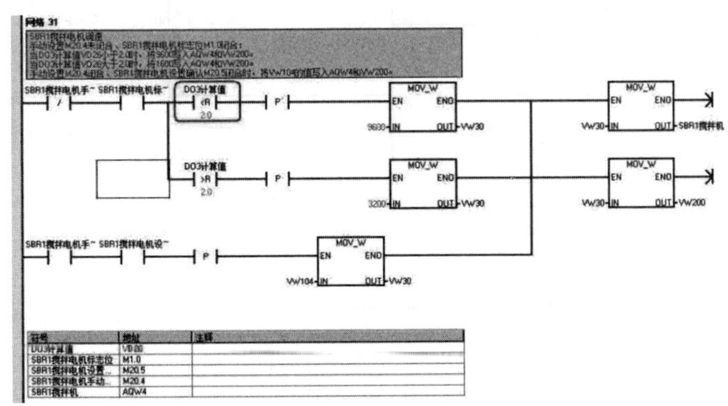

图 8.3-1 程序参数修改参考答案

8.3.2 DO1 传感器、SBR1 沉淀时间程序修改

1．技能要求

启动 S7-200 软件，根据任务书要求，对指定的污水处理系统（任务书会给出 A/O、A^2/O、SBR、MSBR 等其中一个系统）进行程序编写或修改。

2．任务指引

修改 SBR 系统 PLC 控制程序的参数：

①假设 DO1 传感器的输出信号由 1～5 V 变为 0～5 V，试修改对应程序段的数值；

②将程序中 SBR1 池的沉淀时间改为 55 s。

将该网络（或包含）截图并保存为图片“JPEG”格式，图片命名为“场次-工位号-题号-图片号”（如 B-01-02-1）保存到 U 盘中。

3．评价体系

（1）评分表

表 8.3-2　程序参数修改评分表

重点检查内容	评分标准	配分	得分	备注
程序参数修改（共 3 分）	①DO1 传感器修改正确给 1 分； ②沉淀时间正确给 1 分； ③图片 1 格式及命名正确给 0.5 分； ④图片 2 格式及命名正确给 0.5 分	3		

（2）参考答案

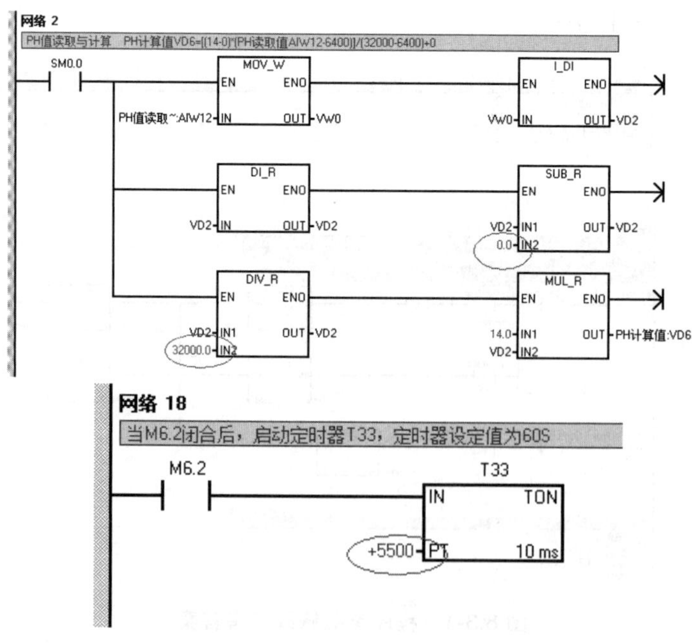

图 8.3-2　程序参数修改参考答案

8.3.3 DO1 传感器、SBR1 池排气阀程序修改

1．技能要求

启动 S7-200 软件，根据任务书要求，对指定的污水处理系统（任务书会给出 A/O、A^2/O、SBR、MSBR 等其中一个系统）进行程序编写或修改。

2．任务指引

修改 SBR 系统 PLC 控制程序的参数：

①假设 DO1 传感器的输出信号由 1～5 V 变为 0～5 V，试修改对应程序段的数值；

②将程序中“SBR1 池排气阀”改为打开后延时 2 s 关闭。

将该网络（或包含）截图并保存为图片“JPEG”格式，图片命名为“场次-工位号-题号-图片号”（如 B-01-02-1）保存到 U 盘中。

3．评价体系

（1）评分表

表 8.3-3　程序参数修改评分表

考核内容	评分标准	配分	得分	备注
程序参数修改（共 3 分）	①DO1 传感器修改正确给 1 分； ②排气阀延时关闭修改正确给 1 分； ③图片 1 格式及命名正确给 0.5 分； ④图片 2 格式及命名正确给 0.5 分	3		

（2）参考答案

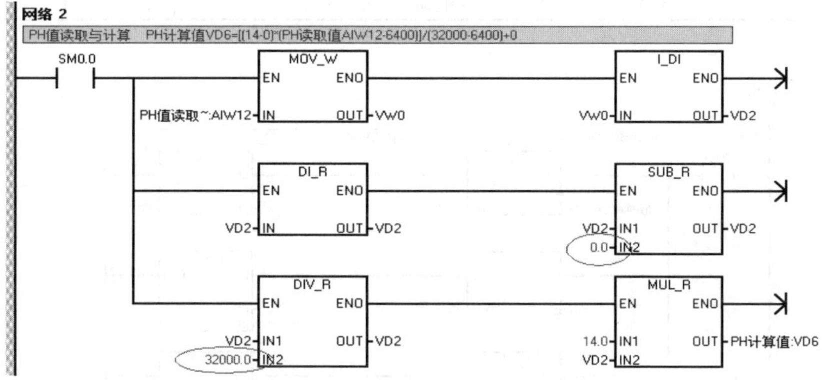

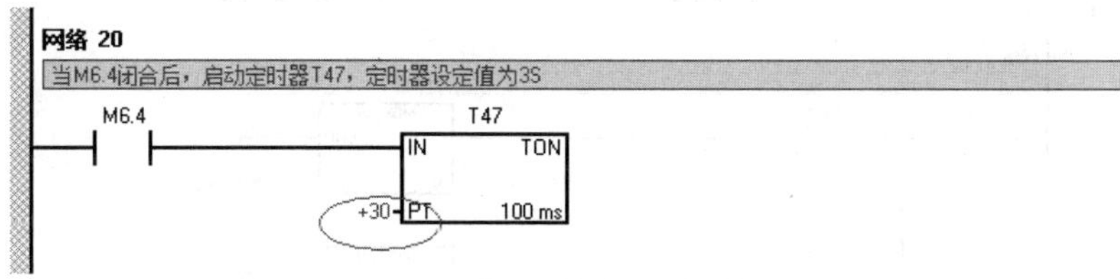

图 8.3-3　程序参数修改参考答案

8.4 MSBR 工艺 PLC 控制程序修改

8.4.1 DO 传感器、SBR 搅拌程序修改

1．技能要求

启动 S7-200 软件，根据任务书要求，对指定的污水处理系统（任务书会给出 A/O、A^2/O、SBR、MSBR 等其中一个系统）进行程序编写或修改。

2．任务指引

MSBR 系统 PLC 控制程序的参数修改：

①假设 DO1 传感器的输出信号由 1～5 V 变为 0～5 V，试修改对应程序段的数值；

②在手动调试子程序中，将 SBR1 池的搅拌器的搅拌速度改为 150 r/min。

将该网络（或包含）截图并保存为图片“JPEG”格式，图片命名为“场次+工位号+题号+图片号”保存到 U 盘中。

3．评价体系

（1）评分表

表 8.4-1　程序参数修改评分表

重点检查内容	评分标准	配分	得分	备注
程序参数修改（共 3 分）	①DO1 传感器参数修改正确给 1 分； ②搅拌电机速度正确给 1 分； ③图片 1 格式及命名正确给 0.5 分； ④图片 2 格式及命名正确给 0.5 分	3		

（2）参考答案

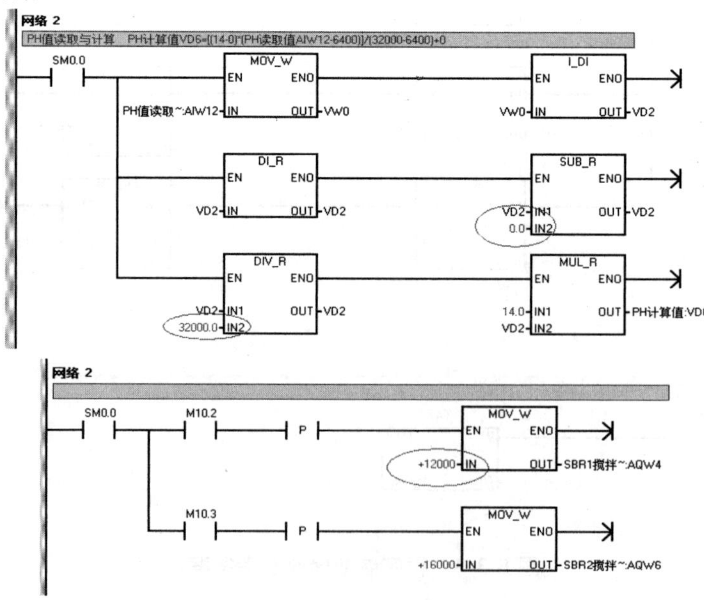

图 8.4-1　程序参数修改参考答案

8.4.2 SBR1 搅拌电机、SBR2 进水阀程序修改

1．技能要求

启动 S7-200 软件，根据任务书要求，对指定的污水处理系统（任务书会给出 A/O、A^2/O、SBR、MSBR 等其中一个系统）进行程序编写或修改。

2．任务指引

修改 MSBR 系统 PLC 控制程序的参数：

①将在手动调试子程序中，将 SBR1 池的搅拌器的搅拌速度改为 150r/min；

②将程序中 SBR2 进水阀改为达到 SBR1 池液位上限延时 5 s 后打开。将该网络（或包含）截图并保存为图片“JPEG”格式，图片命名为“场次-工位号-题号-图片号”（如 B-01-02-1）保存到 U 盘中。

3．评价体系

（1）评分表

表 8.4-2　程序参数修改评分表

重点检查内容	评分标准	配分	得分	备注
程序参数修改（共 3 分）	①搅拌速度修改正确给 1 分； ②进水阀延时打开修改正确给 1 分； ③图片 1 格式及命名正确给 0.5 分； ④图片 2 格式及命名正确给 0.5 分	3		

（2）参考答案

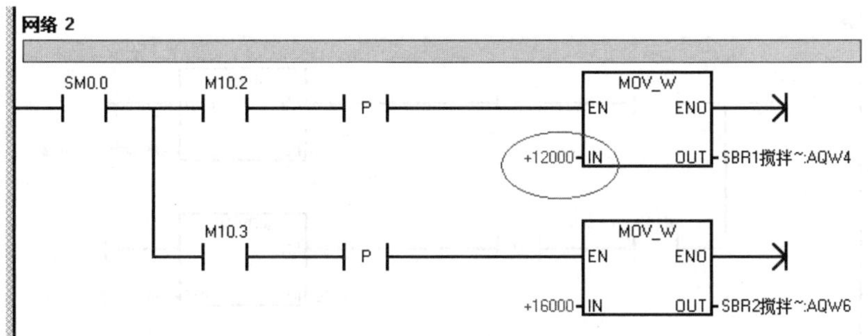

网络 24

当M5.4闭合瞬间，置位M6.6

当M6.6闭合、SBR2池液位低于下限I1.4时，启动定时器T62，定时器设定值为2S。

SM0.0　M5.4　P　M6.6　S　1

M6.6　SBR2下限_衰:I1.4　/　T62　IN　TON

50　PT　100 ms

图 8.4-2　程序参数修改参考答案

8.4.3 SBR1 搅拌电机、SBR2 进水阀程序修改

1．技能要求

启动 S7-200 软件，根据任务书要求，对指定的污水处理系统（任务书会给出 A/O、A^2/O、SBR、MSBR 等其中一个系统）进行程序编写或修改。

2．任务指引

修改 MSBR 系统 PLC 控制程序的参数：

①在手动调试子程序中，将 SBR1 池的搅拌器的搅拌速度改为 140 r/min；

②将程序中 SBR2 进水阀改为达到 SBR1 池液位上限延时 5 s 后打开。

将该网络（或包含）截图并保存为图片“JPEG”格式，图片命名为“场次-工位号-题号-图片号”（如 B-01-02-1）保存到 U 盘中。

3．评价体系

（1）评分表

表 8.4-3　程序参数修改评分表

重点检查内容	评分标准	配分	得分	备注
程序参数修改（共 3 分）	①搅拌机速度修改正确给 1 分； ②进水阀打开延时正确给 1 分； ③图片 1 格式及命名正确给 0.5 分； ④图片 2 格式及命名正确给 0.5 分	3		

（2）参考答案

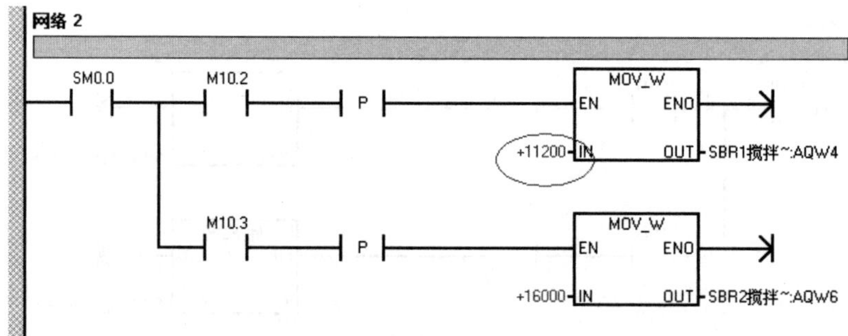

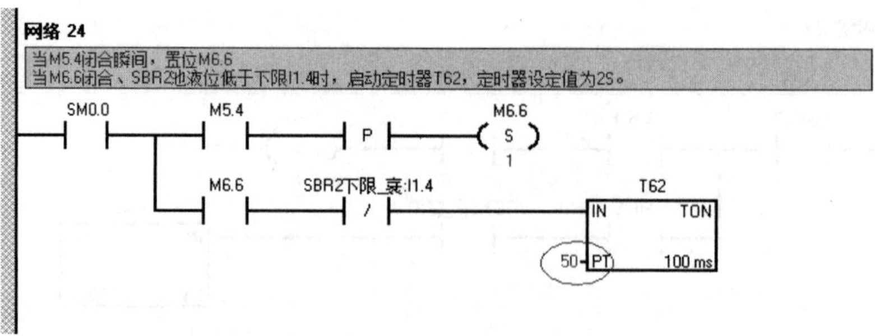

图 8.4-3　程序参数修改参考答案

9 水处理系统控制程序设计

9.1 调节池提升泵控制程序设计

9.1.1 技能要求

启动 S7-200 软件，根据任务书要求，对指定的污水处理系统（任务书会给出 A/O、A^2/O、SBR、MSBR 等其中一个系统）进行程序编写或修改。

9.1.2 任务指引

根据表 9.1-1，在 STEP 7-MicroWIN V4.0 中按控制要求完成程序设计，并将完成的程序打印为 PDF 文档。程序及 PDF 文档保存为“场次+工位+题号”并保存到 U 盘中。

例如，比赛第 1 场第 1 号工位第 2 题第③小题，文件名应为“A-01-2-3”。

表 9.1-1 系统 I/O 分配表

输入		输出	
地址	符号	地址	符号
I0.0	按钮 SB1	Q0.0	提升泵
I0.1	按钮 SB2		
I0.2	调节池液位下限		

控制要求：

①按下按钮“SB1”后，调节池液位高于液位下限时，打开提升泵。

②当提升池液位低于下限后，延时 0.5 min 关闭提升泵。

③按下按钮“SB2”后，立即关闭提升泵。

9.1.3 评价体系

（1）评分表

表 9.1-2 自动控制程序设计评分表

考核内容	评分标准	配分	得分	备注
自动控制程序设计（共 6 分）	①提升泵能启动给 2 分； ②提升泵能延时关闭给 2 分； ③提升泵能手动关闭给 2 分；	6		

（2）参考答案

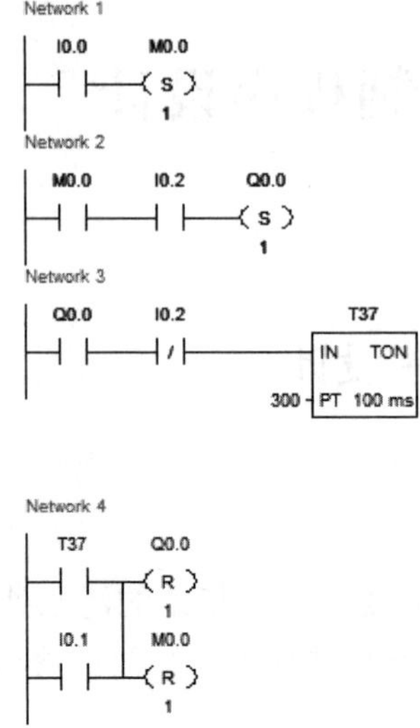

图 9.1-1 自动控制程序设计参考答案

9.2 SBR 池搅拌电机控制程序设计

9.2.1 技能要求

启动 S7-200 软件，根据任务书要求，对指定的污水处理系统（任务书会给出 A/O、A^2/O、SBR、MSBR 等其中一个系统）进行程序编写或修改。

9.2.2 任务指引

根据表 9.2-1，在 STEP 7-MicroWIN V4.0 中按控制要求完成程序设计，并将完成的程序打印为 PDF 文档。程序及 PDF 文档保存为“场次+工位+题号”并保存到 U 盘中。

表 9.2-1 系统 I/O 分配表

输入		输出	
地址	符号	地址	符号
I0.0	按钮 SB1	AQW0	SBR1 池搅拌机
I0.1	按钮 SB2		

控制要求：

①按下按钮“SB1”，SBR1 池搅拌机以 100 r/min 的速度搅拌。

②延时 5 s 后，搅拌机以 150 r/min 的速度搅拌。

③按下按钮“SB2”，SBR1 池搅拌机停止。

注：SBR1 池搅拌机调速模块控制电压为 0～10 V，PLC 的输出电压 0～10 V 对应数字量为 0～32 000。电机转速 1 200 r/min，减速比 4.8∶1。

9.2.3 评价体系

（1）评分表

表 9.2-2 自动控制程序设计评分表

考核内容	评分标准	配分	得分	备注
自动控制程序设计（共 6 分）	①搅拌电机启动速度正确给 3 分； ②速度修改正确给 2 分； ③搅拌电机延关闭给 1 分	6		

（2）参考答案

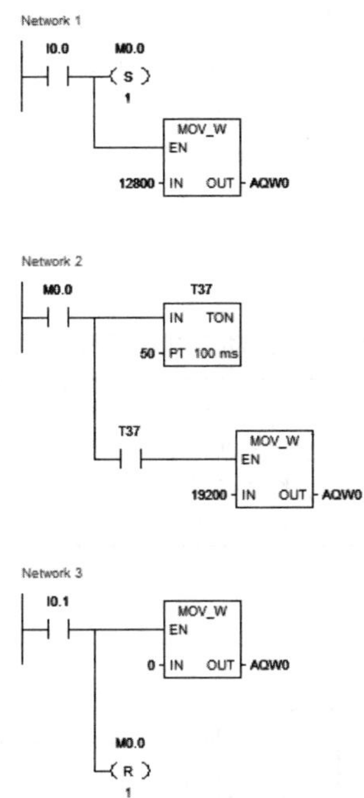

图 9.2-1 自动控制程序设计参考答案

9.3 pH 检测控制程序设计

9.3.1 技能要求

启动 S7-200 软件，根据任务书要求，对指定的污水处理系统（任务书会给出 A/O、A^2/O、SBR、MSBR 等其中一个系统）进行程序编写或修改。

9.3.2 任务指引

根据表 9.3-1，在 STEP 7-MicroWIN V4.0 中按控制要求完成程序设计，并将完成的程序打印为 PDF 文档。程序及 PDF 文档保存为“场次-工位-题号”（如：A-01-03），并保存到 U 盘中。

表 9.3-1 系统 I/O 分配表

输入		输出	
地址	符号	地址	符号
AIW4	pH 检测		

控制要求：

完成算式［（AIW4−5 530.0）/（27 648.0−5 530.0）］×14.0 的运算：

①应用浮点数计算指令完成计算。

②必须包含算式中所有运算，不得简化运算过程。

③寄存器使用 VB0-VB11，最终计算值保存在 VD8 中。

9.3.3 评价体系

（1）评分表

表 9.3-2 自动控制程序设计评分表

重点检查内容	评分标准	配分	得分	备注
自动控制程序设计（共 6 分）	①完全使用浮点数运算给 2 分； ②没有简化运算过程给 2 分； ③数据寄存器使用正确且在范围内给 2 分	6		

（2）参考答案

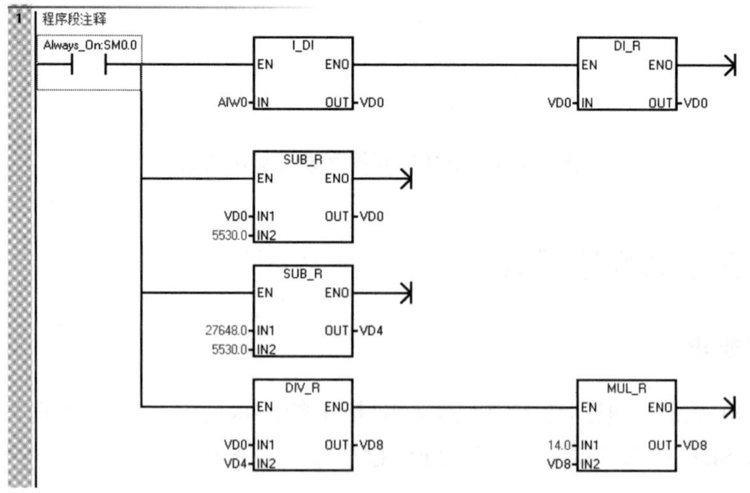

图 9.3-1 自动控制程序设计参考答案

9.4 厌氧池、缺氧池搅拌电机控制程序设计

9.4.1 案例 1

1．技能要求

启动 S7-200 软件，根据任务书要求，对指定的污水处理系统（任务书会给出 A/O、A^2/O、SBR、MSBR 等其中一个系统）进行程序编写或修改。

2．任务指引

根据表 9.4-1，在 STEP 7-MicroWIN V4.0 中按控制要求完成程序设计，并将完成的程序打印为 PDF 文档。程序及 PDF 文档保存为“场次-工位-题号”（如 A-01-03），并保存到 U 盘中。

表 9.4-1 系统 I/O 分配表

输入		输出	
地址	符号	地址	符号
I0.0	按钮 SB1	Q0.0	厌氧池搅拌机
I0.1	按钮 SB2	Q0.1	缺氧池搅拌机
I0.2	按钮 SB3		

控制要求：

①按下按钮“SB1”，厌氧池搅拌机开始工作。

②厌氧池搅拌机开始工作后，开始有 10 s 延时，若在 10 s 内按下“SB2”按钮 3 次，则缺氧池搅拌机开始工作，若超出 10 s 厌氧池搅拌机停止工作。

③按下按钮“SB3”，缺氧池搅拌机和缺氧池搅拌机均能停止工作。

3．评价体系

（1）评分表

表 9.4-2 自动控制程序设计评分表

考核内容	评分标准	配分	得分	备注
自动控制程序设计（共 6 分）	①厌氧池搅拌机按条件启动给 1 分； ②缺氧池搅拌机按条件启动给 2 分； ③厌氧池搅拌机按条件关闭给 2 分； ④均能停止给 1 分	6		

（2）参考答案

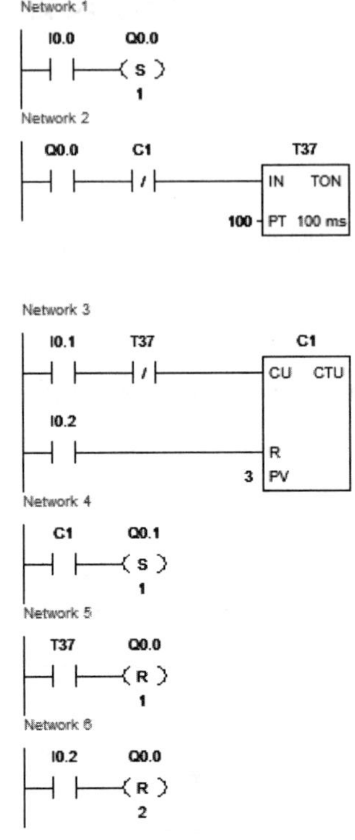

图 9.4-1 自动控制程序设计参考答案

9.4.2 案例 2

1. 技能要求

启动 S7-200 软件，根据任务书要求，对指定的污水处理系统（任务书会给出 A/O、A^2/O、SBR、MSBR 等其中一个系统）进行程序编写或修改。

2. 任务指引

根据表 9.4-3，在 STEP 7-MicroWIN V4.0 中按控制要求完成程序设计，并将完成的程序打印为 PDF 文档。程序及 PDF 文档保存为“场次-工位-题号”（如 A-01-03），并保存到 U 盘中。

表 9.4-3 系统 I/O 分配表

输入		输出	
地址	符号	地址	符号
I0.0	按钮 SB1	Q0.0	厌氧池搅拌机
I0.1	按钮 SB2	Q0.1	缺氧池搅拌机

控制要求：

①按下按钮“SB1”，延时 15 s 后缺氧池搅拌机开始工作。

②缺氧池搅拌机工作 20 s 后，厌氧池搅拌机开始工作。

③按下按钮“SB2”，缺氧池搅拌机和厌氧池搅拌机均能停止工作。

3．评价体系

（1）评分表

表 9.4-4 自动控制程序设计评分表

重点检查内容	评分标准	配分	得分	备注
自动控制程序设计（共 6 分）	①缺氧池搅拌机能启动给 2 分； ②厌氧池搅拌机能启动给 2 分； ③搅拌机能关闭给 2 分	6		

（2）参考答案

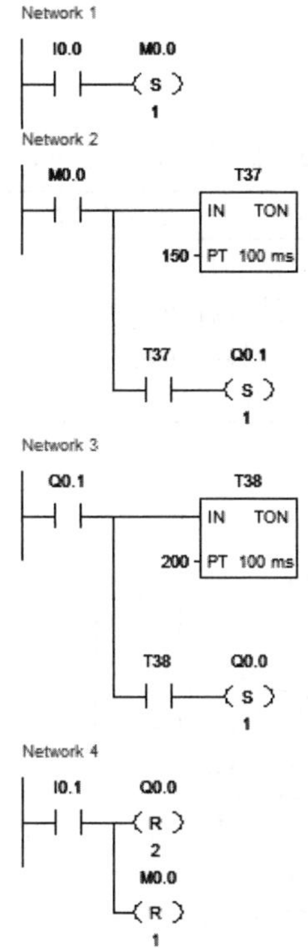

图 9.4-2 自动控制程序设计参考答案

9.4.3 案例 3

1．技能要求

启动 S7-200 软件，根据任务书要求，对指定的污水处理系统（任务书会给出 A/O、A^2/O、SBR、MSBR 等其中一个系统）进行程序编写或修改。

2．任务指引

根据表 9.4-5，在 STEP7-MicroWIN V4.0 中按控制要求完成程序设计，并将完成的程序打印为 PDF 文档。程序及 PDF 文档保存为“场次-工位-题号”（如 A-01-03），并保存到 U 盘中。

表 9.4-5　系统 I/O 分配表

输入		输出	
地址	符号	地址	符号
I0.0	按钮 SB1	Q0.0	厌氧池搅拌机
		Q0.1	缺氧池搅拌机

控制要求：

①第一次按下按钮“SB1”厌氧池搅拌机启动。

②第二次按下按钮“SB1”时，厌氧池搅拌机停止，5 s 后缺氧池搅拌机启动。

③第三次按下时，缺氧池搅拌机停止。

3．评价体系

（1）评分表

表 9.4-6　自动控制程序设计评分表

考核内容	评分标准	配分	得分	备注
自动控制程序设计（共 6 分）	①厌氧池搅拌机能启动给 1 分； ②厌氧池搅拌机能关闭给 2 分； ③缺氧池搅拌机能启动给 2 分； ④搅拌机能关闭给 1 分	6		

（2）参考答案

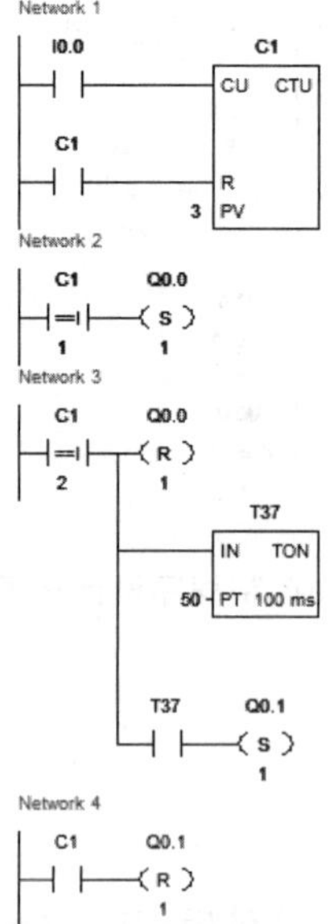

图 9.4-3　自动控制程序设计参考答案

9.5　调节池、厌氧池、缺氧池搅拌电机控制程序设计

9.5.1　技能要求

启动 S7-200 软件，根据任务书要求，对指定的污水处理系统（任务书会给出 A/O、A^2/O、SBR、MSBR 等其中一个系统）进行程序编写或修改。

9.5.2　任务指引

根据表 9.5-1，在 STEP7-MicroWIN V4.0 中按控制要求完成程序设计，并将完成的程序打印为 PDF 文档。程序及 PDF 文档保存为“场次-工位-题号”(如 A-01-03)，并保存到 U 盘中。

表 9.5-1　系统 I/O 分配表

输入		输出	
地址	符号	地址	符号
I0.0	按钮 SB1	Q0.0	厌氧池搅拌机
I0.1	按钮 SB2	Q0.1	缺氧池搅拌机
		Q0.2	调节池搅拌机

控制要求：

①按下按钮“SB1”后，厌氧池搅拌机启动。

②10 s 后缺氧池搅拌机启动、厌氧池搅拌机停止。

③20 s 后调节池搅拌机启动、缺氧池搅拌机停止。

9.5.3　评价体系

（1）评分表

表 9.5-2　自动控制程序设计评分表

重点检查内容	评分标准	配分	得分	备注
自动控制程序设计（共 6 分）	①厌氧池搅拌机能启动给 1 分； ②缺氧池搅拌机能启给 1 分； ③调节池搅拌机能启动给 1 分； ④能够循环给 2 分； ⑤搅拌机能停止给 1 分	6		

（2）参考答案

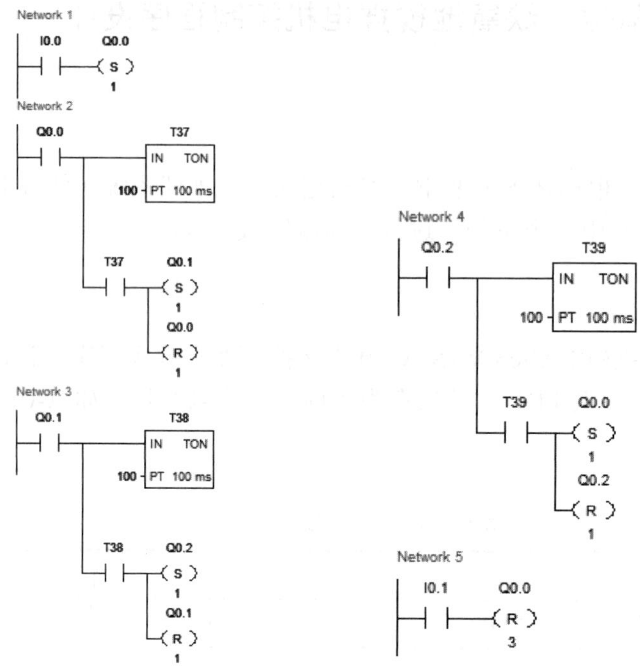

图 9.5-1 自动控制程序设计参考答案

9.6 加药池、调节池、厌氧池搅拌电机控制程序设计

9.6.1 案例 1

1．技能要求

启动 S7-200 软件，根据任务书要求，对指定的污水处理系统（任务书会给出 A/O、A^2/O、SBR、MSBR 等其中一个系统）进行程序编写或修改。

2．任务指引

根据表 9.6-1，在 STEP 7-MicroWIN V4.0 中按控制要求完成程序设计，并将完成的程序打印为 PDF 文档。程序及 PDF 文档保存为“场次-工位-题号”（如 A-01-03），并保存到 U 盘中。

表 9.6-1 系统 I/O 分配表

输入		输出	
地址	符号	地址	符号
I0.0	按钮 SB1	Q0.0	药水搅拌机
I0.1	按钮 SB2	Q0.1	调节池搅拌机
		Q0.2	厌氧池搅拌机

控制要求：

①按下按钮“SB1”后，药水搅拌机、调节池搅拌机同时启动。

②药水搅拌机、调节池搅拌机启动 5 s 后，厌氧池搅拌机启动。

③按下按钮“SB2”后，厌氧池搅拌机停止，6 s 后调节池搅拌机停止，再 6 s 后，药水搅拌机停止。

3．评价体系

（1）评分表

表 9.6-2 自动控制程序设计评分表

重点检查内容	评分标准	配分	得分	备注
自动控制程序设计（共 6 分）	①药水搅拌机和调节池搅拌机能启动给 1 分； ②厌氧池搅拌机能启动给 2 分； ③厌氧池能关闭给 1 分； ④调节池搅拌机停止给 1 分； ⑤药水搅拌机停止给 1 分	6		

（2）参考答案

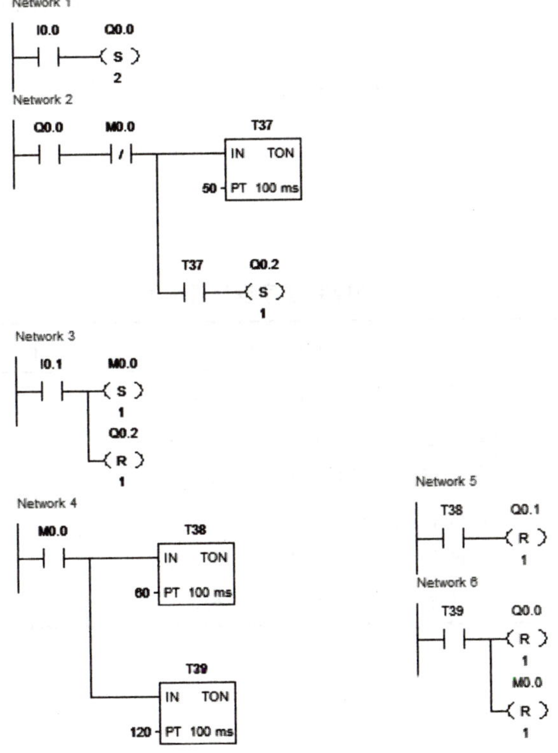

图 9.6-1 自动控制程序设计参考答案

9.6.2 案例 2

1．技能要求

启动 S7-200 软件，根据任务书要求，对指定的污水处理系统（任务书会给出 A/O、A^2/O、SBR、MSBR 等其中一个系统）进行程序编写或修改。

2．任务指引

根据表 9.6-3，在 STEP 7-MicroWIN V4.0 中按控制要求完成程序设计，并将完成的程序打印为 PDF 文档。程序及 PDF 文档保存为“场次+工位+题号”并保存到 U 盘中。

表 9.6-3 系统 I/O 分配表

输入		输出	
地址	符号	地址	符号
I0.0	按钮 SB1	Q0.0	药水搅拌机
I0.1	按钮 SB2	Q0.1	调节池搅拌机
		Q0.2	厌氧池搅拌机

控制要求：

①按下按钮“SB1”，搅拌机按顺序每隔 5 s 启动一台（药水搅拌机启动，接着调节池搅拌机启动，最后厌氧池搅拌机启动）。

②按下按钮“SB2”，搅拌按顺序每隔 5 s 停止一台（厌氧池搅拌机先停止，接着调节池搅拌机停止，最后药水搅拌机停止）。

3．评价体系

（1）评分表

表 9.6-4 自动控制程序设计评分表

考核内容	评分标准	配分	得分	备注
自动控制程序设计（共 6 分）	①药水搅拌机能启动给 1 分； ②调节池搅拌机能启动给 1 分； ③厌氧池搅拌机能启动给 1 分； ④厌氧池搅拌机能停止给 1 分； ⑤调节池搅拌机能停止给 1 分； ⑥药水搅拌机能停止给 1 分	6		

（2）参考答案

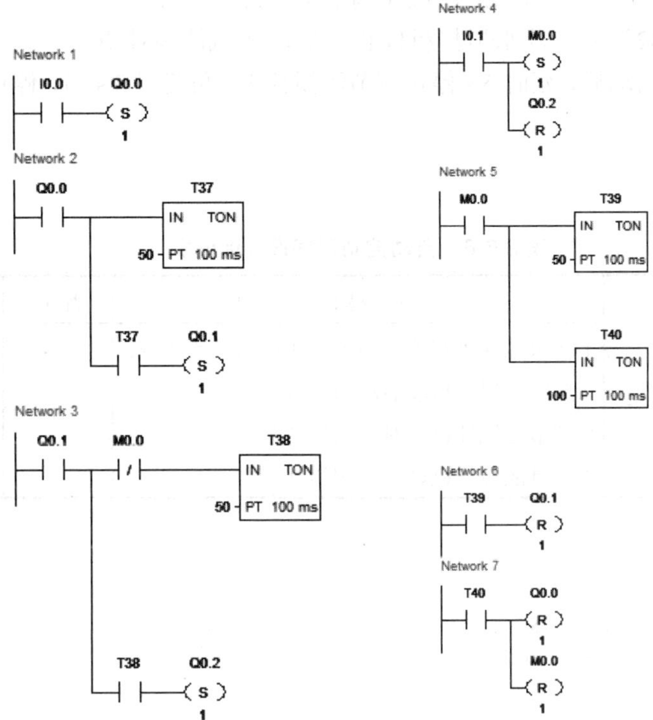

图 9.6-2 自动控制程序设计参考答案

9.6.3 案例 3

1．技能要求

启动 S7-200 软件，根据任务书要求，对指定的污水处理系统（任务书会给出 A/O、A^2/O、SBR、MSBR 等其中一个系统）进行程序编写或修改。

2．任务指引

根据表 9.6-5，在 STEP 7-MicroWIN V4.0 中按控制要求完成程序设计，并将完成的程序打印为 PDF 文档。程序及 PDF 文档保存为“场次-工位-题号”（如 A-01-03），并保存到 U 盘中。

表 9.6-5 系统 I/O 分配表

输入		输出	
地址	符号	地址	符号
I0.0	按钮 SB1	Q0.0	药水搅拌机
I0.1	按钮 SB2	Q0.1	调节池搅拌机
		Q0.2	厌氧池搅拌机

控制要求：

①按下按钮“SB1”后，药水搅拌机和调节池搅拌机工作。

②按下按钮“SB2”后，药水搅拌机停止，启动厌氧池搅拌机。

③厌氧池搅拌机启动后，延时 5 s 停止调节池搅拌机。再延时 3 s 后，停止厌氧池搅拌机。

3．评价体系

（1）评分表

表 9.6-6　自动控制程序设计评分表

考核内容	评分标准	配分	得分	备注
自动控制程序设计 （共 6 分）	①药水搅拌机和调节池搅拌机能启动给 1 分； ②厌氧池搅拌机能启动给 1 分； ③调节池搅拌机延时关闭给 2 分； ④厌氧池搅拌机延时关闭给 2 分	6		

（2）参考答案

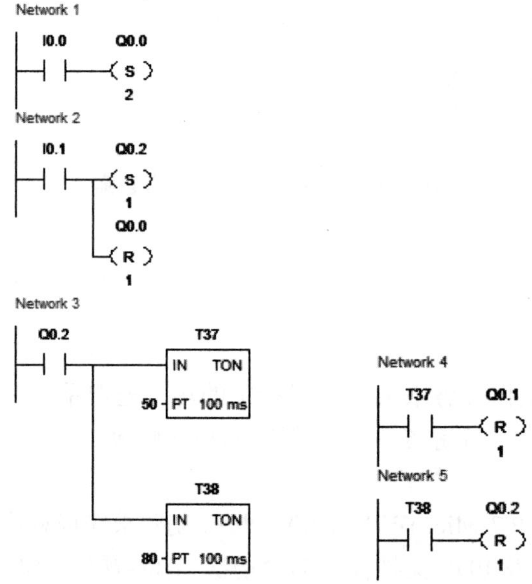

图 9.6-3　自动控制程序设计参考答案

10 水处理工艺设备安装

10.1 A/O 工艺设备安装

10.1.1 技能要求

根据平台给定的 A/O 工艺装配图及装配工艺要求，进行曝气头、填料、流量计、传感器等器件的装配与工艺管道（污水管、空气管、污泥管）的连接。

10.1.2 任务指引

考生根据现场设备和任务书要求，选择相应的管件、管材和器件，根据图 10.1-1 和表 10.1-2 完成 A/O 系统相应的管路连接和系统器件安装，并完成表 10.1-2 中考核内容，所有器件管道安装、连接完成确认无误后举手请考评员确认签字，并记录在表 10.1-1 中（注意：加引号的内容为接头名称，与平台后面的接头标签对应）。

表 10.1-1 安装连接完成确认表

序号	项目	参赛选手签“是”或“否”	考评员签字
1	器件、管道安装完成 □是 □否		
2	填料安装完成 □是 □否		
3	电极安装完成 □是 □否		

①根据赛场提供的组合型填料原料、细管和白绳子，利用工具完成好氧池填料安装，要求每串填料悬挂 4 片，共 48 片，间距要相等，绳子要拉直，且各条填料上下位置均衡。

②仪器安装，要求将在线式 DO 仪（三）、在线式 DO 仪（四）对应的 DO 传感器依次安装在接头 14、17 处。

③“外回流泵”出口接至接头 15。

【特别提示】

①此任务操作时，不得通水通电。

②不锈钢复合管管路连接正确，要横平竖直，曝气管路（硬管）两两之间间距均匀相等。

“提升泵”
⑤
④
⑩
②
③
①
提升泵
调
节
池
“外回流泵”
⑤
④
②
③
①
外回流泵
二
沉
池
“A2/O
系统出水”
“滗水排
水阀1”
“滗水排
水阀2”
⑥
二沉池
“好氧池
曝气流量”
“SBR2
曝气流量”
“SBR1
曝气流量”
气体流量3
⑦
气体流量2
气体流量1
⑨
风机3
风机2
风机1
厌氧池
缺氧池
好氧池
⑧
⑪
好氧池曝气管路安装示意图
后
左
右
前
虚后实前
①-短柄球阀；②-自动排气阀；③-立式止回阀；④-闸阀；⑤-管道流量计；⑥-卧式止回阀；⑦-面板流量计；
⑧-组合填料；⑨-检修口；⑩-加药口；⑪-曝气盘

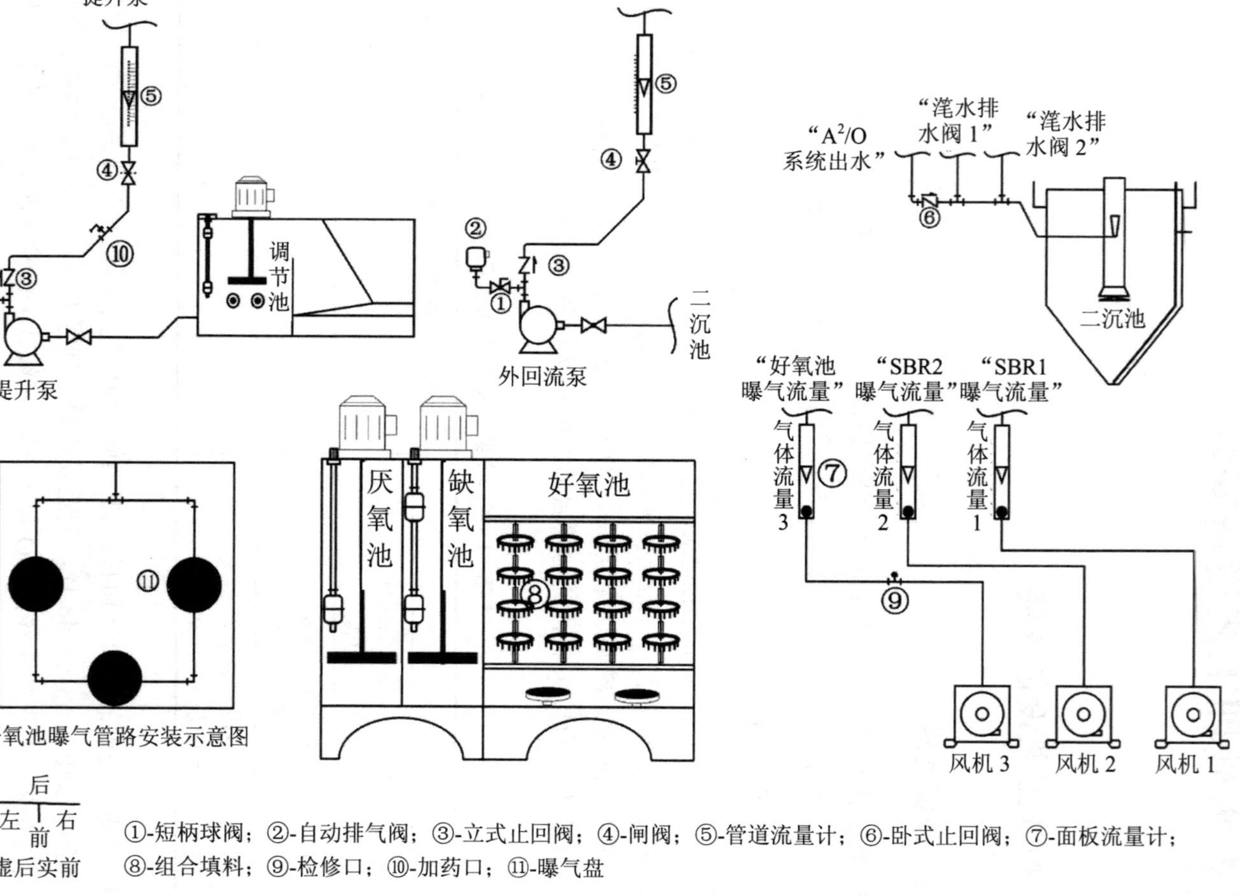

图 10.1-1 设备装配图

表 10.1-2 污水处理工艺流程设计任务

①根据下面提供的污水处理构筑物示意图，选择适当的接口，完成 A/O 污水处理工艺流程连接，注意水流短流现象。

②各构筑物的进水口分别为接口编号 1、6、13、59、62（其中原水从接头编号 1 处进水），请合理选用出水口，并写出出水口接口编号。

③按照工艺流程填写出所连接的接口编号的先后顺序（只需完成与 A/O 系统相关的，其他的无须完成，多写不得分）

构筑物三维图	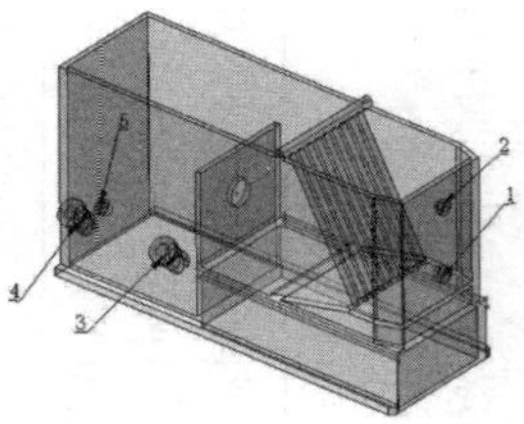	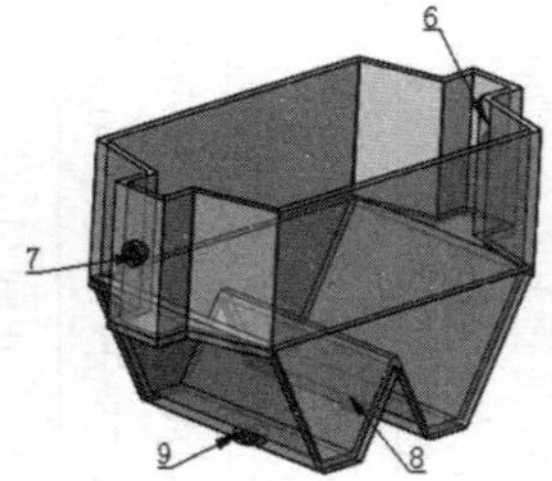	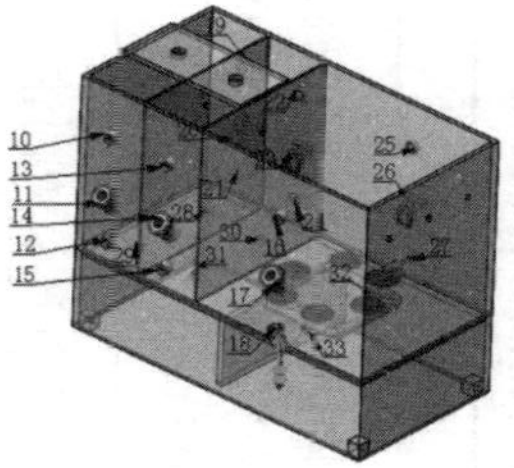	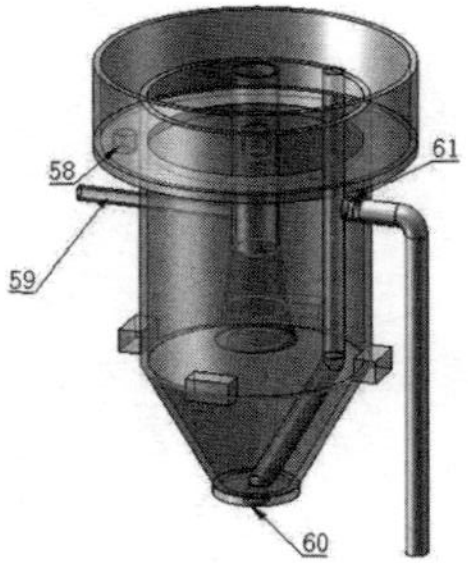
构筑物名称				
出水口接头编号				
构筑物三维图				左 后 前 右
构筑物名称				设备布置方向
出水口接头编号				

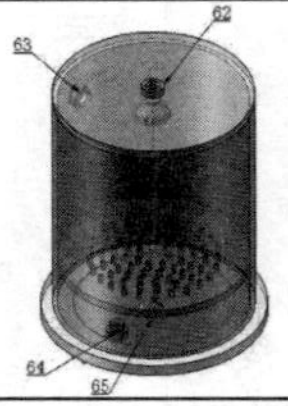

接头编号的先后顺序：____→____→____→____→____→____→____→____→____→____→____→____→____→____→____→____→______

混合液回流进出口编号：进口_____ 出口_______ 污泥回流进出口编号：进口_____ 出口________

③阀门、流量计、器件安装要与图中一致，要求安装牢固且不倾斜。同时，加药口用Φ6堵头堵住，检修口用4分塑料堵头堵住。

④PU气管管路连接正确，材料最省。

⑤PU气管管路水流禁止短流。

⑥管道、器件连接处密封不漏水、不渗水，不漏气。

10.1.3 评价体系

（1）评分表

表10.1-3 污水处理工艺设备部件与管道连接评分表（20分）

序号	考核项目	知识点（技能点）	评分标准	分值	备注
1	器件安装与管道连接	提升泵管路液体流量计安装	正确安装液体流量计。流向正确得0.1分，标尺方向朝正后方，得0.3分，错误得0.1分	0.4	
		外回流泵管路液体流量计安装	正确安装液体流量计。流向正确得0.1分，标尺方向朝左方，得0.5分，错误得0.1分	0.6	
		提升泵管路闸阀安装	正确安装闸阀。闸阀手柄方向朝正后方，得0.4分，错误得0.1分	0.4	
		外回流泵管路闸阀安装	正确安装闸阀。闸阀手柄方向朝正左方，得0.6分，错误得0.1分	0.6	
		提升泵管路立式止回阀安装	正确安装止回阀。止回阀的指示方向朝左方，得0.25分，错误得0.1分	0.25	
		外回流泵管路立式止回阀安装	正确安装止回阀。止回阀的指示方向朝右方，得0.25分，错误得0.05分	0.25	
		提升泵管路短柄球阀安装	正确安装短柄球阀。短柄球阀的红色手柄朝向正上且向右方，共1处，得0.5分，错误得0.1分	0.5	
		外回流泵管路短柄球阀安装	正确安装短柄球阀。短柄球阀的红色手柄朝向正上且向右方，共1处，得0.5分，错误得0.1分	0.5	
		提升泵管路自动排气阀安装	正确安装自动排气阀。自动排气阀的气嘴朝向正后方，得0.5分，错误得0.1分	0.5	
		外回流泵管路自动排气阀安装	正确安装自动排气阀。自动排气阀的气嘴朝向正右方，得0.5分，错误得0.1分	0.5	

序号	考核项目	知识点（技能点）	评分标准	分值	备注
1	器件安装与管道连接	气体流量计安装	正确安装气体流量计。流向正确且不倾斜得 0.3 分，错误得 0.1 分，标尺方向朝正前方，得 0.2 分，错误得 0 分	0.5	
		好氧池曝气盘安装	正确安装曝气盘，总共 3 个，三个安装在管路的中间得 0.8 分，错误得 0.2 分，接口连接不漏气得 0.8 分，漏气得 0.2 分	1.6	
		复合管道连接	复合管道连接完成，管路连接正确，错或漏 1 处扣 0.2 分，共 2 分，扣完为止；复合管道连接走向要横平竖直且牢靠，发现 1 处不符合要求扣 0.2 分，共 1 分，扣完为止	3	
		提升泵管路加药口	正确安装加药口，并安装在不锈钢复合管的中间，并用 $\Phi6$ 堵头堵住得 0.5 分，错误或没有安装得 0 分	0.5	
		风机 3 管路检修口	正确安装检修口，安装在不锈钢复合管的中间，并用 4 分塑料堵头堵住得 0.5 分，错误或没有安装得 0 分	0.5	
		PU 软管管路连接	PU 软管管路连接完成，管路连接正确，接头禁止缠绕生料带，错或漏 1 处扣 0.3 分，扣完为止	2.5	
		PU 软管连接顺畅	PU 管连接顺畅不折弯，错 1 处扣 0.2 分，扣完为止	1	
		管道连接	每空 0.05 分，扣完为止	1.5	
2	填料安装	安装数量	填料安装数量为 48 片，共 2 分，少 1 扣 0.1 分，扣完为止	2	
		安装间距	盘片间距要相等，共 0.5 分，错 1 处扣 0.1 分，扣完为止	0.5	
		安装牢固	绳子拉直且牢固，共 0.5 分，未拉直一处扣 0.1 分，扣完为止	0.5	
3	电极安装	氧电极安装	氧电极安装于正确接口，共 0.4 分，错或漏一处扣 0.2 分，扣完为止	0.4	
4	接头生料带缠绕考核		生料带露头、外露太多，一处扣 0.02 分	1	
5	合计				

（2）污水处理工艺流程设计任务参考答案

表 10.1-4　污水处理工艺流程设计任务参考答案（每空 0.05 分，共 1.5 分）

构筑物三维图	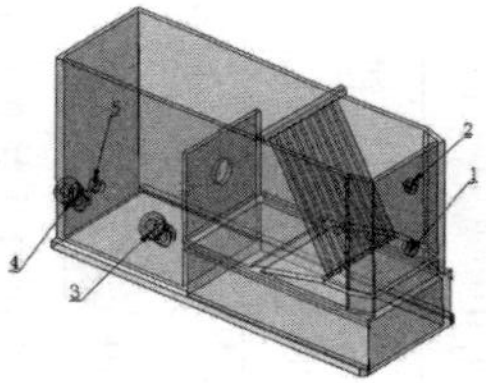	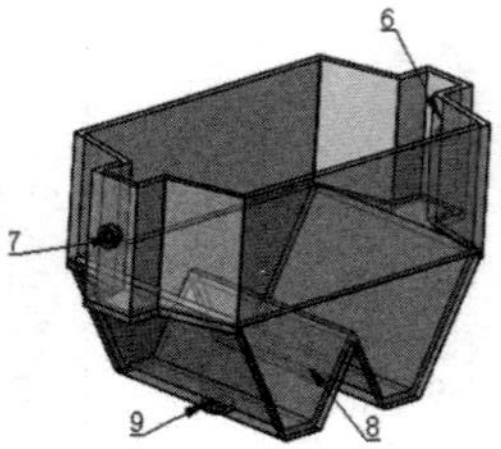	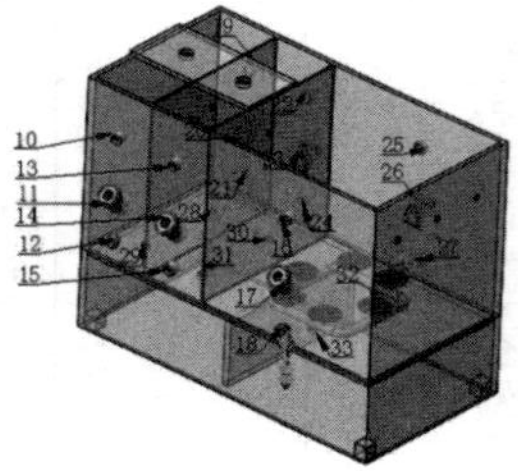	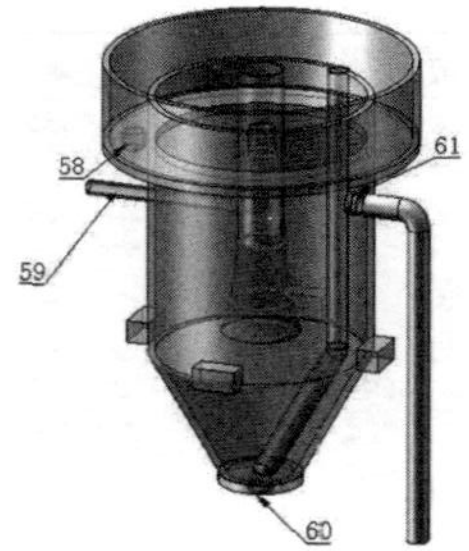
构筑物名称	格栅调节池	平流式沉砂池	A^2/O 生物反应器	竖流式二沉池
出水口接头编号	5	7	24、16	58
构筑物三维图				左 后 前 右
构筑物名称	砂滤柱			设备布置方向
出水口接头编号	65			

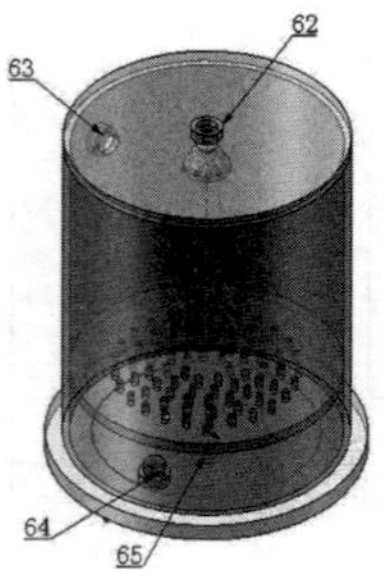

接头编号的先后顺序：1 → 5 → 6 → 7 → 13 → 24 → 27 → 16 → 59 → 58 → 62 → 65

混合液回流进出口编号：进口 32 ；出口 30　污泥回流进出口编号：进口 60 ；出口 15 或 22

10.2 A^2/O 工艺设备安装

10.2.1 技能要求

根据平台给定的 A^2/O 工艺装配图及装配工艺要求，进行曝气头、填料、流量计、传感器等器件的装配与工艺管道（污水管、空气管、污泥管）的连接。

10.2.2 任务指引

考生根据现场设备和任务书要求，选择相应的管件、管材和器件，根据图 10.2-1 和表 10.2-2 完成 A^2/O 系统相应的管路连接和系统器件安装，并完成表 10.2-2 中考核内容，所有器件管道安装、连接完成确认无误后举手请考评员确认签字，并记录在表 10.2-1 中（注意：加引号的内容为接头名称，与平台后面的接头标签对应）。

表 10.2-1 安装连接完成确认表

序号	项目	参赛选手签“是”或“否”	考评员签字
1	器件、管道安装完成 □是 □否		
2	填料安装完成 □是 □否		
3	电极安装完成 □是 □否		

①根据赛场提供的组合型填料原料、细管和白绳子，利用工具完成好氧池填料安装，要求每串填料悬挂 4 片，共 48 片，间距要相等，绳子要拉直，且各条填料上下位置均衡。

②仪器安装，要求将在线式 DO 仪（一）、在线式 DO 仪（四）对应的 DO 传感器依次安装在接头 11、17 处。

【特别提示】

①此任务操作时，不得通水通电。

②不锈钢复合管管路连接正确，要横平竖直，曝气管路（硬管）两两之间间距均匀相等。

③阀门、流量计、器件安装要与图中一致，要求安装牢固且不倾斜。同时，加药口用 $\Phi 6$ 堵头堵住，检修口用 4 分塑料堵头堵住。

④PU 气管管路连接正确，材料最省。

⑤PU 气管管路水流禁止短流。

⑥管道、器件连接处密封不漏水、不渗水，不漏气。

"提升泵"
提升泵
调节池
"内回流泵"
内回流泵
"内回流入口"
"A²/O系统出水"
"滗水排水阀1"
"滗水排水阀2"
二沉池
A²/O 系统
"好氧池曝气流量"
"SBR2曝气流量"
"SBR1曝气流量"
气体流量3
气体流量2
气体流量1
风机3
风机2
风机1
好氧池曝气管路安装示意图
左 右 前 后
虚后实前
①-短柄球阀；②-自动排气阀；③-立式止回阀；④-闸阀；⑤-管道流量计；⑥-卧式止回阀；⑦-面板流量计；
⑧-组合填料；⑨-曝气盘；⑩-加药口；⑪检修口

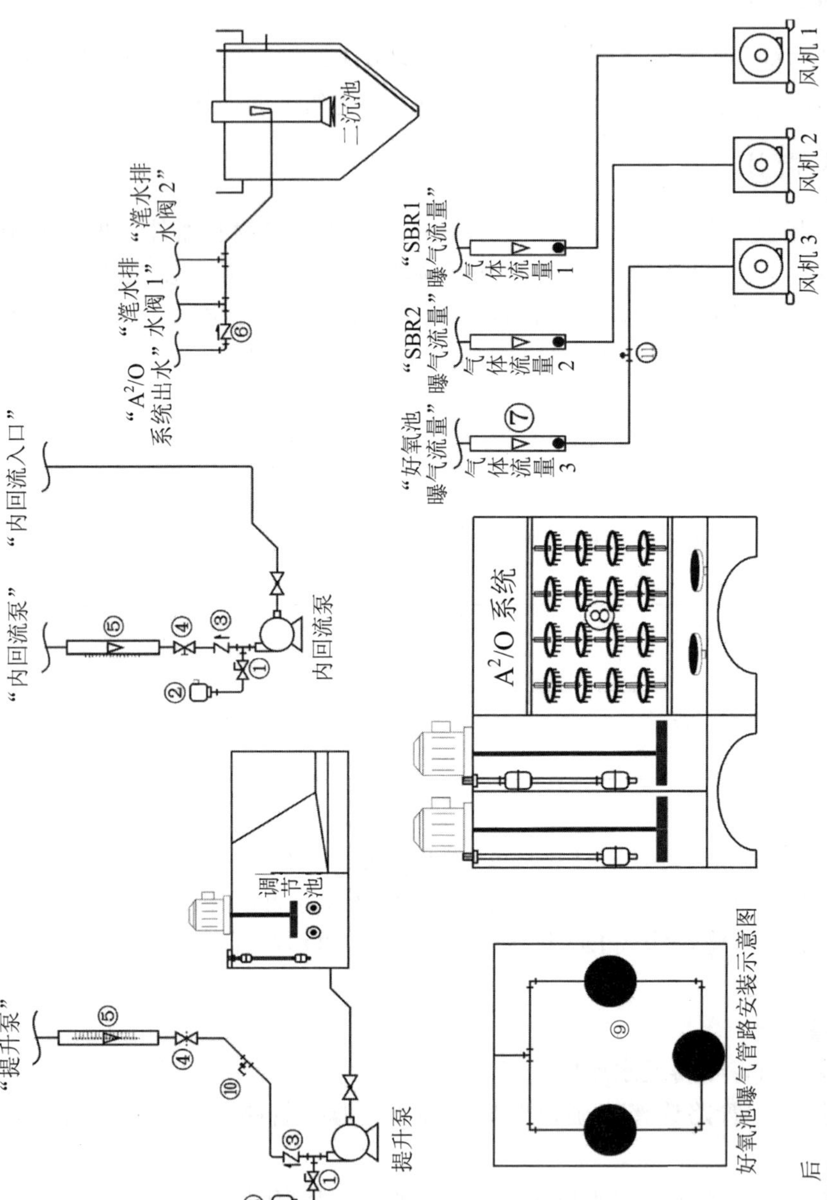

图 10.2-1 设备装配图

表 10.2-2　污水处理工艺流程设计任务

①根据下面提供的污水处理构筑物示意图，选择适当的接口，完成 A^2/O 污水处理工艺流程连接，注意水流短流现象。
②各构筑物的进水口分别为接口编号 1、6、12、59、62（其中原水从接头编号 1 处进水），请合理选用出水口，并写出出水口接口编号。
③按照工艺流程填写出所连接的接口编号的先后顺序（只需完成与 A^2/O 系统相关的，其他的无须完成，多写不得分）

构筑物三维图	1 2 3 4 5	6 7 8 9	10 11 12 13 14 15 17 18 20 21 22 23 24 25 26 27 28 31 32	58 59 60 61
构筑物名称				
出水口接头编号				
构筑物三维图	62 63 64 65			左 后 前 右
构筑物名称				设备布置方向
出水口接头编号				

接头编号的先后顺序：___→___→___→___→___→___→___→___→___→___→___→___→___→___→___→___→___

硝化液回流进出口编号：进口_____ 出口_______　　污泥回流进出口编号：进口_____ 出口________

10.2.3 评价体系

（1）评分表

表 10.2-3　污水处理工艺设备部件与管道连接评分表（20 分）

序号	考核项目	知识点（技能点）	评分标准	分值	备注
1	器件安装与管道连接	提升泵管路液体流量计安装	正确安装液体流量计。流向正确得 0.1 分，标尺方向朝正后方，得 0.3 分，错误得 0.1 分	0.4	
		外回流泵管路液体流量计安装	正确安装液体流量计。流向正确得 0.1 分，标尺方向朝左方，得 0.5 分，错误得 0.1 分	0.6	
		提升泵管路闸阀安装	正确安装闸阀。闸阀手柄方向朝正后方，得 0.4 分，错误得 0.1 分	0.4	
		外回流泵管路闸阀安装	正确安装闸阀。闸阀手柄方向朝正左方，得 0.6 分，错误得 0.1 分	0.6	
		提升泵管路立式止回阀安装	正确安装止回阀。止回阀的指示方向朝左方，得 0.25 分，错误得 0.1 分	0.25	
		外回流泵管路立式止回阀安装	正确安装止回阀。止回阀的指示方向朝右方，得 0.25 分，错误得 0.05 分	0.25	
		提升泵管路短柄球阀安装	正确安装短柄球阀。短柄球阀的红色手柄朝向正上且向右方，共 1 处，得 0.5 分，错误得 0.1 分	0.5	
		外回流泵管路短柄球阀安装	正确安装短柄球阀。短柄球阀的红色手柄朝向正上且向右方，共 1 处，得 0.5 分，错误得 0.1 分	0.5	
		提升泵管路自动排气阀安装	正确安装自动排气阀。自动排气阀的气嘴朝向正后方，得 0.5 分，错误得 0.1 分	0.5	
		外回流泵管路自动排气阀安装	正确安装自动排气阀。自动排气阀的气嘴朝向正右方，得 0.5 分，错误得 0.1 分	0.5	

序号	考核项目	知识点（技能点）	评分标准	分值	备注
1	器件安装与管道连接	气体流量计安装	正确安装气体流量计。流向正确且不倾斜得 0.3 分，错误得 0.1 分；标尺方向朝正前方，得 0.2 分，错误得 0 分	0.5	
		好氧池曝气盘安装	正确安装曝气盘，总共 3 个，3 个安装在管路的中间得 0.8 分，错误得 0.2 分；接口连接不漏气得 0.8 分，漏气得 0.2 分	1.6	
		复合管道连接	复合管道连接完成，管路连接正确，错或漏 1 处扣 0.2 分，共 2 分，扣完为止；复合管道连接走向要横平竖直且牢靠，发现 1 处不符合要求扣 0.2 分，共 1 分，扣完为止	3	
		提升泵管路加药口	正确安装加药口，并安装在不锈钢复合管的中间，并用 $\Phi 6$ 堵头堵住得 0.5 分，错误或没有安装得 0 分	0.5	
		风机 3 管路检修口	正确安装检修口，安装在不锈钢复合管的中间，并用 4 分塑料堵头堵住得 0.5 分，错误或没有安装得 0 分	0.5	
		PU 软管管路连接	PU 软管管路连接完成，管路连接正确，接头禁止缠绕生料带，错或漏 1 处扣 0.3 分，扣完为止	2.5	
		PU 软管连接顺畅	PU 管连接顺畅不折弯，错 1 处扣 0.2 分，扣完为止	1	
		管道连接	每空 0.05 分，扣完为止	1.5	
2	填料安装	安装数量	填料安装数量为 48 片，共 2 分，少 1 处扣 0.1 分，扣完为止	2	
		安装间距	盘片间距要相等，共 0.5 分，错 1 处扣 0.1 分，扣完为止	0.5	
		安装牢固	绳子拉直且牢固，共 0.5 分，未拉直一处扣 0.1 分，扣完为止	0.5	
3	电极安装	氧电极安装	氧电极安装于正确接口，共 0.4 分，错或漏一处扣 0.2 分，扣完为止	0.4	
4	接头生料带缠绕考核		生料带露头、外露太多，一处扣 0.02 分	1	
5	合计				

（2）污水处理工艺流程设计任务参考答案

表 10.2-4　污水处理工艺流程设计任务参考答案（每空 0.05 分，共 1.5 分）

构筑物三维图	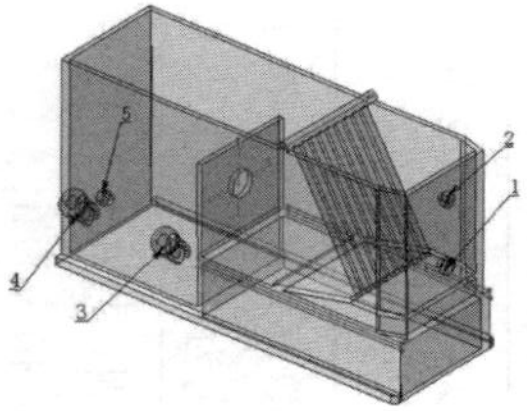	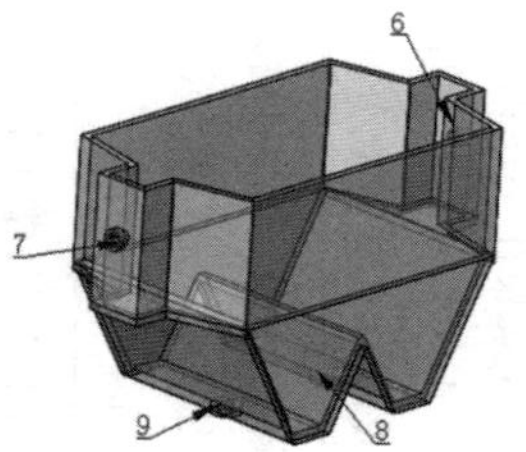	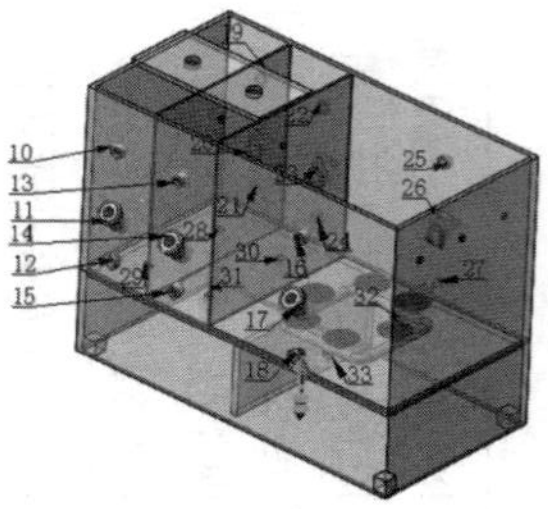	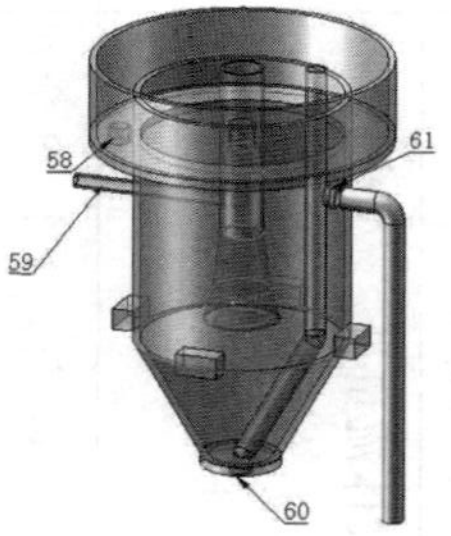
构筑物名称	格栅调节池	平流式沉砂池	A^2/O 生物反应器	竖流式二沉池
出水口接头编号	5	7	19、15、25	58
构筑物三维图				左　后 前　右
构筑物名称	砂滤柱			设备布置方向
出水口接头编号	65			

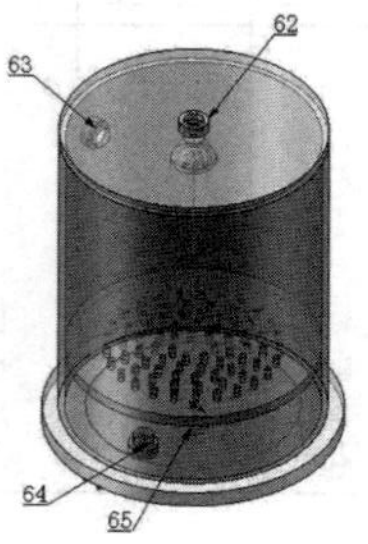

接头编号的先后顺序：1 → 5 → 6 → 7 → 12 → 19 → 22 → 15 → 18 → 25 → 59 → 58 → 62 → 65

硝化液回流进出口编号：进口　32 ；出口　30　污泥回流进出口编号：进口　60 ；出口　28

10.3 SBR 工艺设备安装

10.3.1 技能要求

根据平台给定的 SBR 工艺装配图及装配工艺要求，进行曝气头、填料、流量计、传感器等器件的装配与工艺管道（污水管、空气管、污泥管）的连接。

10.3.2 任务指引

考生根据现场设备和任务书要求，选择相应的管件、管材和器件，根据图 10.3-1 和表 10.3-2 完成 SBR 系统相应的管路连接和系统器件安装，并完成表 10.3-2 中的考核内容，所有器件管道安装、连接完成确认无误后举手请考评员确认签字，并记录在表 10.3-1 中（注意：加引号的内容为接头名称，与平台后面的接头标签对应）。

表 10.3-1 安装连接完成确认表

序号	项目	参赛选手签“是”或“否”	考评员签字
1	器件、管道安装完成 □是 □否		
2	填料安装完成 □是 □否		
3	电极安装完成 □是 □否		

①根据赛场提供的组合型填料原料、细管和白绳子，利用工具完成好氧池填料安装，要求每串填料悬挂 4 片，共 48 片，间距要相等，绳子要拉直，且各条填料上下位置均衡。

②仪器安装，要求将在线式 DO 仪（一）、在线式 DO 仪（三）对应的 DO 传感器依次安装在接头 40、47 处。

【特别提示】

①此任务操作时，不得通水通电。

②不锈钢复合管管路连接正确，要横平竖直，曝气管路（硬管）两两之间间距均匀相等。

③阀门、流量计、器件安装要与图中一致，要求安装牢固且不倾斜。同时，加药口用 $\Phi 6$ 堵头堵住，检修口用 4 分塑料堵头堵住。

④PU 气管管路连接正确，材料最省。

⑤PU 气管管路水流禁止短流。

⑥管道、器件连接处密封不漏水、水渗水，不漏气。

“提升泵”
⑤
④
②
⑫
③
①
调节池
提升泵
“内回流泵”
“内回流入口”
内回流泵
“淹水排水阀1”
“A²/O系统出水”
“淹水排水阀2”
⑥
二沉池
“好氧池曝气流量”
“SBR2曝气流量”
“SBR1曝气流量”
气体流量3
气体流量2
气体流量1
⑦
⑪
风机3
风机2
风机1
⑬
SBR池曝气管路安装示意图
A²/O系统
⑧
SBR1池
SBR2池
⑨
⑩
后
左
右
前
虚后实前
①-短柄球阀；②-自动排气阀；③-立式止回阀；④-闸阀；⑤-管道流量计；⑥-卧式止回阀；⑦-面板流量计；
⑧-组合填料；⑨-SBR1进水阀；⑩-SBR2进水阀；⑪-检修口；⑫-加药口；⑬-曝气盘

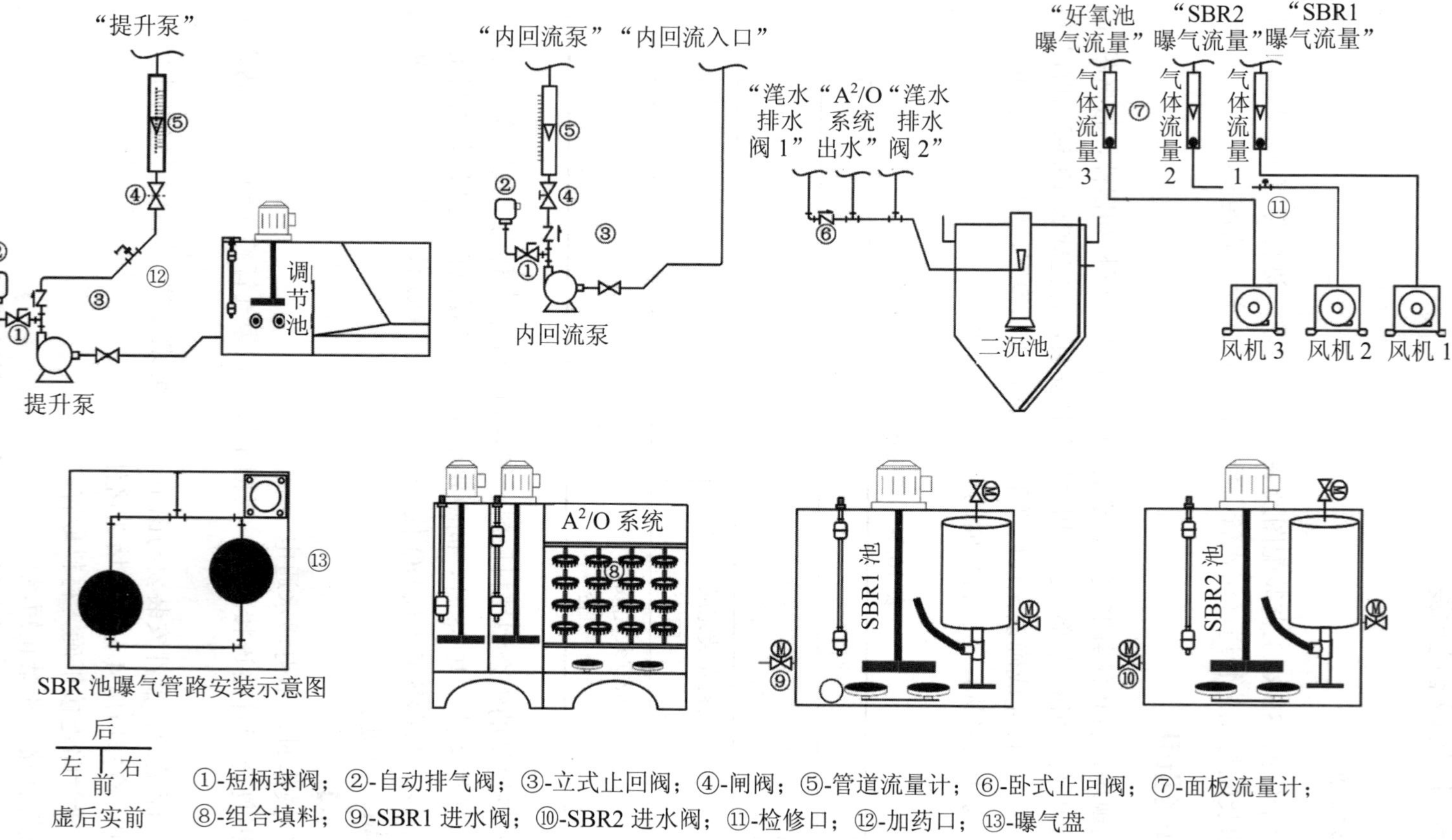

图 10.3-1　设备装配图

表 10.3-2　污水处理工艺流程设计任务

①根据下面提供到污水处理构筑物示意图，选择适当的接口，完成 SBR 污水处理工艺流程连接，注意水流短流现象。
②各构筑物的进水口分别为接口编号 1、7、41、53、59、62（其中原水从接头编号 1 处进水），请合理选用出水口，并写出出水口接口编号。
③按照工艺流程填写出所连接的接口编号的先后顺序（当出现一个出水口进入两个进水口时，则要求将两个进水口编号填写在同一空格中，以此类推，注意，只需填写与本系统相关的内容，无须多写）

构筑物三维图				
构筑物名称				
出水口接头编号				
构筑物三维图				左 后 前 右
构筑物名称				设备布置方向
出水口接头编号				

接头编号的先后顺序：__→__→__→__→__→__→__→__→__→__→__→__→__→__→__→__

10.3.3 评价体系

（1）评分表

表 10.3-3 污水处理工艺设备部件与管道连接评分表（20 分）

序号	考核项目	知识点（技能点）	评分标准	分值	备注
1	器件安装与管道连接	提升泵管路液体流量计安装	正确安装液体流量计。流向正确得 0.1 分，标尺方向朝正后方，得 0.3 分，错误得 0.1 分	0.4	
		内回流泵管路液体流量计安装	正确安装液体流量计。流向正确得 0.1 分，标尺方向朝左方，得 0.5 分，错误得 0.1 分	0.6	
		提升泵管路闸阀安装	正确安装闸阀。闸阀手柄方向朝正后方，得 0.4 分，错误得 0.1 分	0.4	
		内回流泵管路闸阀安装	正确安装闸阀。闸阀手柄方向朝正左方，得 0.6 分，错误得 0.1 分	0.6	
		提升泵管路立式止回阀安装	正确安装止回阀。止回阀的指示方向朝左方，得 0.25 分，错误得 0.1 分	0.25	
		内回流泵管路立式止回阀安装	正确安装止回阀。止回阀的指示方向朝右方，得 0.25 分，错误得 0.05 分	0.25	
		提升泵管路短柄球阀安装	正确安装短柄球阀。短柄球阀的红色手柄朝向正上且向右方，共 1 处，得 0.5 分，错误得 0.1 分	0.5	
		内回流泵管路短柄球阀安装	正确安装短柄球阀。短柄球阀的红色手柄朝向正上且向右方，共 1 处，得 0.5 分，错误得 0.1 分	0.5	
		提升泵管路自动排气阀安装	正确安装自动排气阀。自动排气阀的气嘴朝向正后方，得 0.5 分，错误得 0.1 分	0.5	
		内回流泵管路自动排气阀安装	正确安装自动排气阀。自动排气阀的气嘴朝向正右方，得 0.5 分，错误得 0.1 分	0.5	
		气体流量计安装	正确安装气体流量计。流向正确且不倾斜得 0.3 分，错误得 0.1 分；标尺方向朝正前方，得 0.2 分，错误得 0 分	0.5	
		电磁阀安装	正确安装进水电磁阀。电磁阀流向指示方向正确且线圈朝正上方，共 4 处，错 1 处扣 0.25 分，扣完为止	1	

序号	考核项目	知识点（技能点）	评分标准	分值	备注
1	器件安装与管道连接	SBR 池曝气盘安装	正确安装曝气盘，总共 2 个，2 个不在一条水平线上得 0.5 分，错误得 0.2 分；接口连接不漏气得 0.5 分，漏气得 0.2 分	1	
		复合管道连接	复合管道连接完成，管路连接正确，错或漏 1 处扣 0.2 分，共 2 分，扣完为止；复合管道连接走向要横平竖直且牢靠，发现 1 处不符合要求扣 0.2 分，共 1 分，扣完为止	3	
		提升泵管路加药口	正确安装加药口，并安装在不锈钢复合管的中间，并用 $\Phi6$ 堵头堵住得 0.5 分，错误或没有安装得 0	0.5	
		风机 2 管路检修口	正确安装检修口，安装在不锈钢复合管的中间，并用 4 分塑料堵头堵住得 0.5 分，错误或没有安装得 0	0.5	
		PU 软管管路连接	PU 软管管路连接完成，管路连接正确，接头禁止缠绕生料带，错或漏 1 处扣 0.3 分，扣完为止	2.5	
		PU 软管连接顺畅	PU 管连接顺畅不折弯，错 1 处扣 0.2 分，扣完为止	1	
		管道连接	每空 0.05 分，扣完为止	1.5	
2	填料安装	安装数量	填料安装数量为 48 片，共 2 分，少 1 扣 0.1 分，扣完为止	2	
		安装间距	盘片间距要相等，共 0.5 分，错 1 处扣 0.1 分，扣完为止	0.5	
		安装牢固	绳子拉直且牢固，共 0.5 分，未拉直一处扣 0.1 分，扣完为止	0.5	
3	电极安装	氧电极安装	氧电极安装于正确接口，共 0.4 分，错或漏一处扣 0.2 分，扣完为止	0.4	
4	接头生料带缠绕考核		生料带露头、外露太多，一处扣 0.02 分	0.6	
5	合计				

（2）污水处理工艺流程设计任务参考答案

表 10.3-4　污水处理工艺流程设计任务参考答案（每空 0.05 分，共 1.5 分）

构筑物三维图	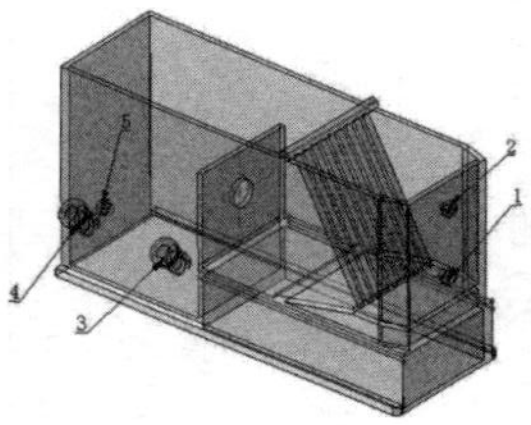	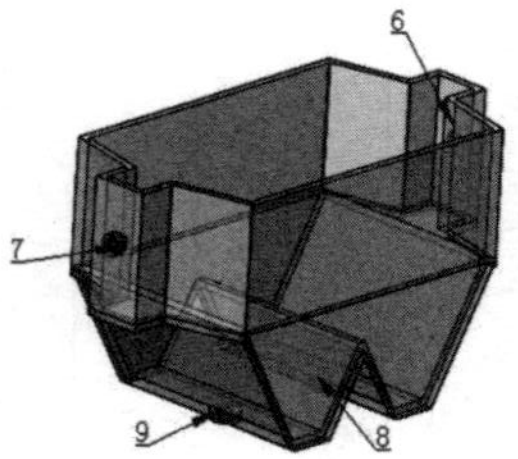	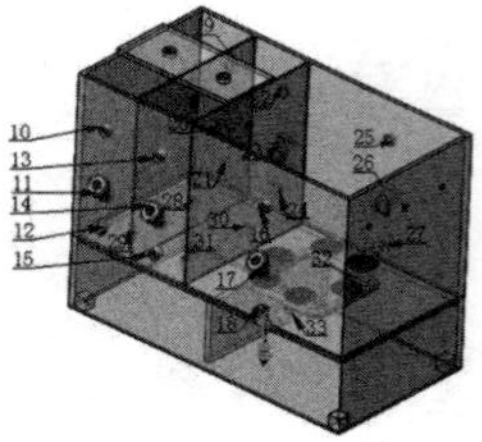	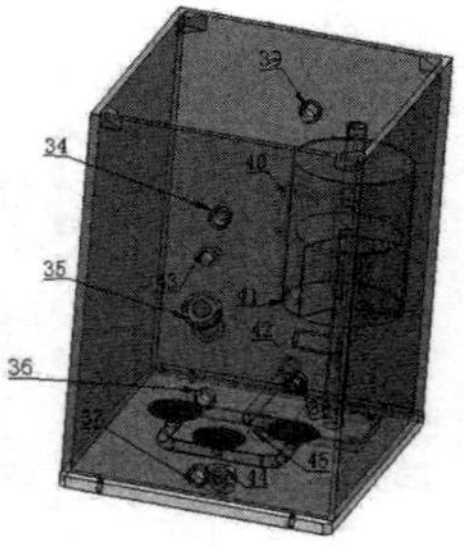
构筑物名称	格栅调节池	平流式沉砂池		SBR1 池
出水口接头编号	5	6		43
构筑物三维图				左　后　前　右
构筑物名称	SBR2 池	竖流式二沉池	砂滤柱	设备布置方向
出水口接头编号	55	58	65	
接头编号的先后顺序：1 → 5 → 7 → 6 → 41、53 → 43、55 → 59 → 58 → 62 → 65				

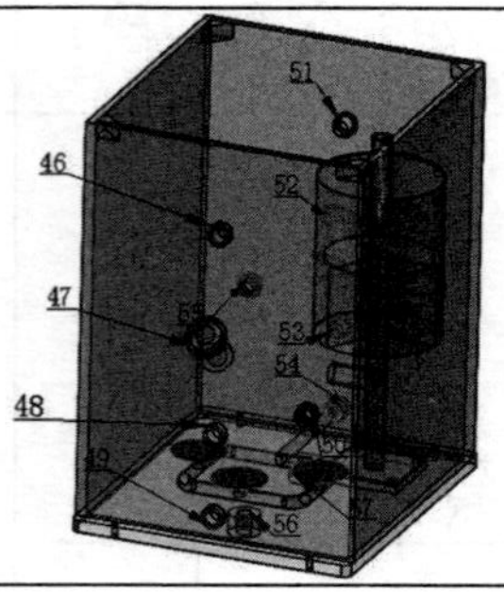

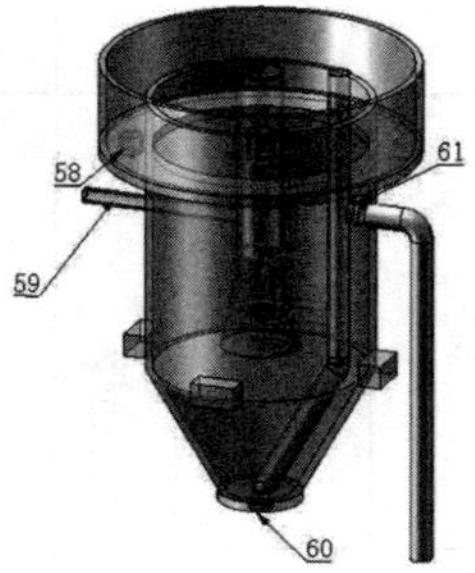

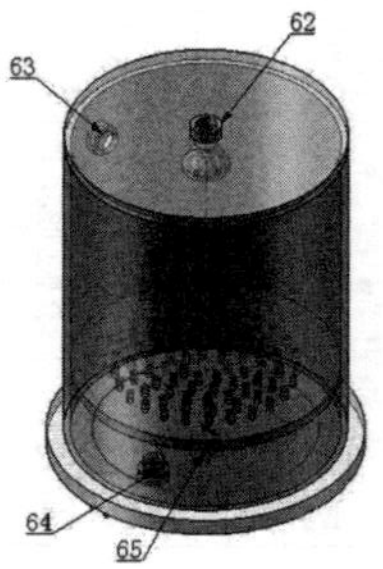

10.4 MSBR 工艺设备安装

10.4.1 技能要求

根据平台给定的 MSBR 工艺装配图及装配工艺要求，进行曝气头、填料、流量计、传感器等器件的装配与工艺管道（污水管、空气管、污泥管）的连接。

10.4.2 任务指引

考生根据现场设备和任务书要求，选择相应的管件、管材和器件，根据图 10.4-1 和表 10.4-2 完成 MSBR 系统相应的管路连接和系统器件安装，并完成填写表 10.4-2 中考核内容，所有器件管道安装、连接完成确认无误后举手请考评员确认签字，并记录在表 10.4-1 中（注意：加引号的内容为接头名称，与平台后面的接头标签对应）。

表 10.4-1 安装连接完成确认表

序号	项目	参赛选手签“是”或“否”	考评员签字
1	器件、管道安装完成 □是 □否		
2	填料安装完成 □是 □否		
3	电极安装完成 □是 □否		

①根据赛场提供的组合型填料原料、细管和白绳子，利用工具完成好氧池的填料正确安装，要求每串填料悬挂 3 片，总共 36 片，间距要相等，绳子要拉直，且各条填料上下位置均衡。

②仪器安装，要求将在线式 DO 仪（二）、在线式 DO 仪（四）对应的 DO 传感器依次安装在接头 17、47 处。

【特别提示】

①此任务操作时，不得通水通电。

②不锈钢复合管管路连接正确，要横平竖直，曝气管路（硬管）两两之间间距均匀相等。

③阀门、流量计、器件安装要与图中一致，要求安装牢固且不倾斜。同时，加药口用 $\Phi 6$ 堵头堵住，检修口用 4 分塑料堵头堵住。

④PU 气管管路连接正确，材料最省。

⑤PU 气管管路水流禁止短流。

⑥管道、器件连接处密封不漏水、不渗水，不漏气。

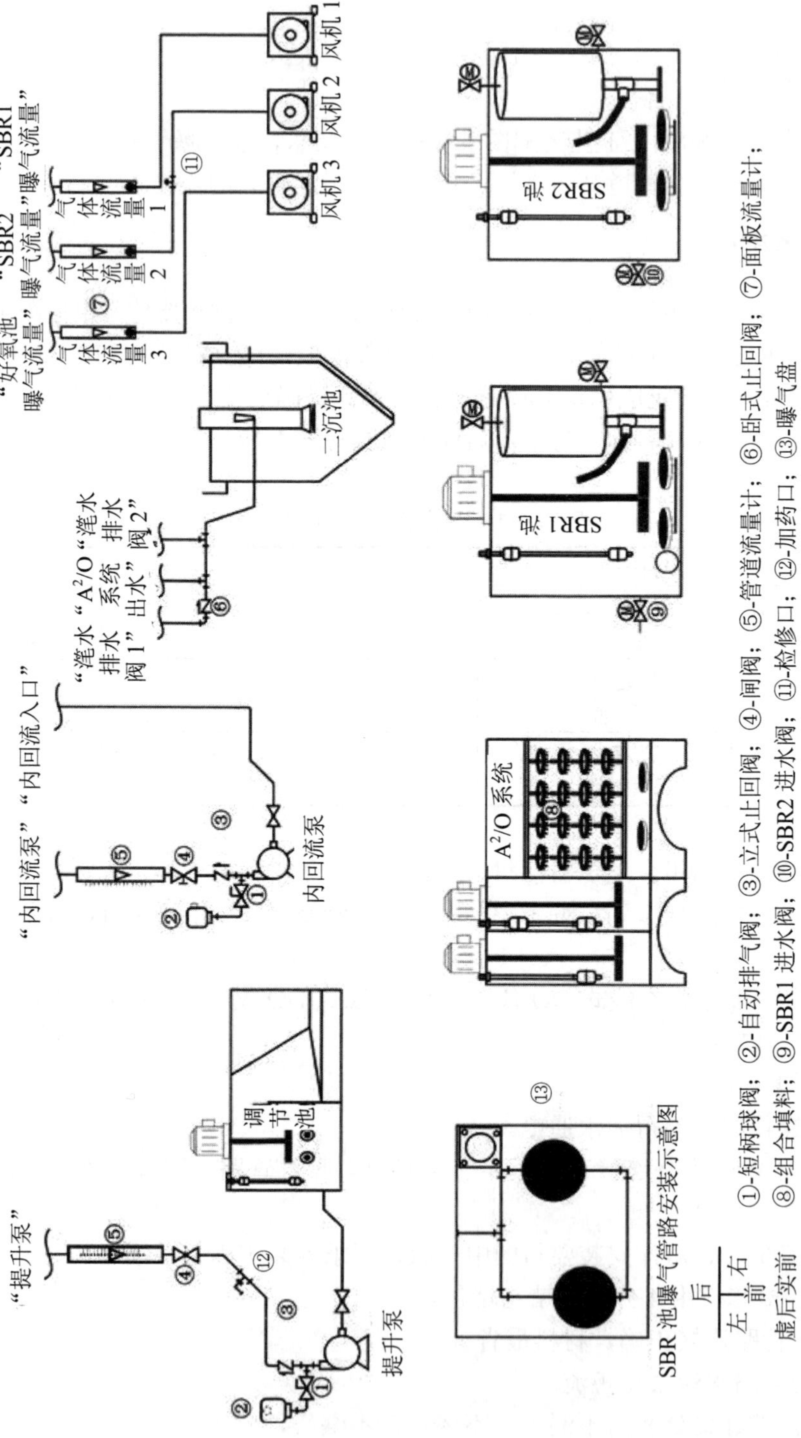

①-短柄球阀；②-自动排气阀；③-立式止回阀；④-闸阀；⑤-管道流量计；⑥-卧式止回阀；⑦-面板流量计；
⑧-组合填料；⑨-SBR1 进水阀；⑩-SBR2 进水阀；⑪-检修口；⑫-加药口；⑬-曝气盘

图 10.4-1 设备装配图

表 10.4-2 污水处理工艺流程设计任务

①根据下面提供的污水处理构筑物示意图，选择适当的接口，完成 MSBR 污水处理工艺流程连接，注意水流短流现象。

②各构筑物的进水口分别为接口编号 1、6、12、22、18、41、53、59、62（其中原水从接头编号 1 处进水），请合理选用出水口，并写出出水口接口编号。

③按照工艺流程填写出所连接的接口编号的先后顺序（当出现一个出水口进入两个进水口时，则要求将两个进水口编号填写在同一空格中，以此类推）

构筑物三维图	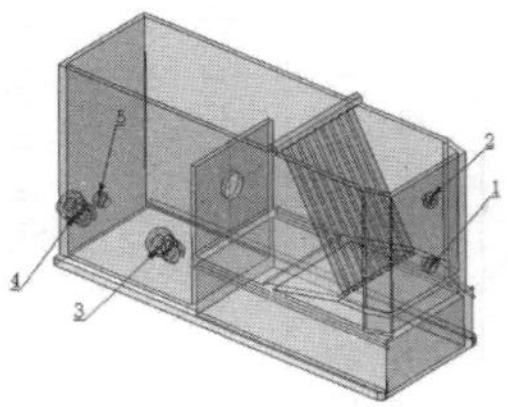 1, 2, 3, 4, 5	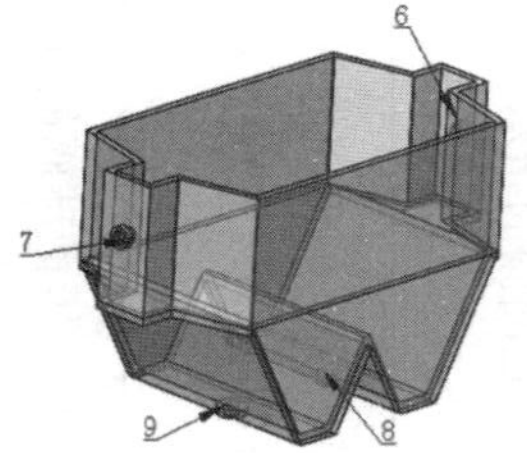 6, 7, 8, 9	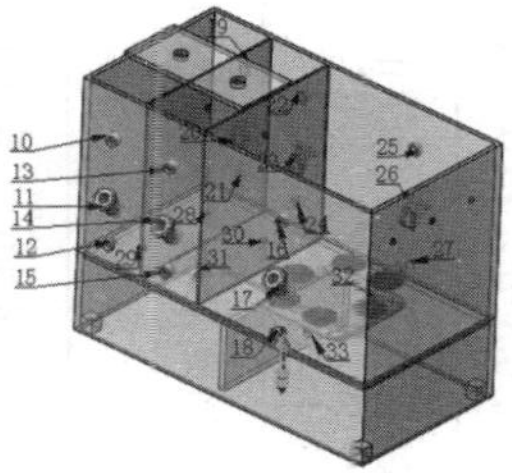 10–33	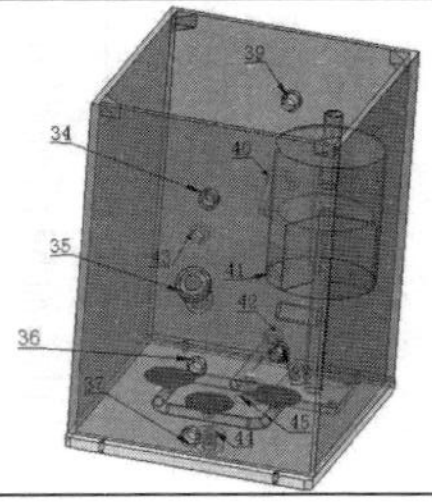 34–45
构筑物名称				
出水口接头编号				
构筑物三维图	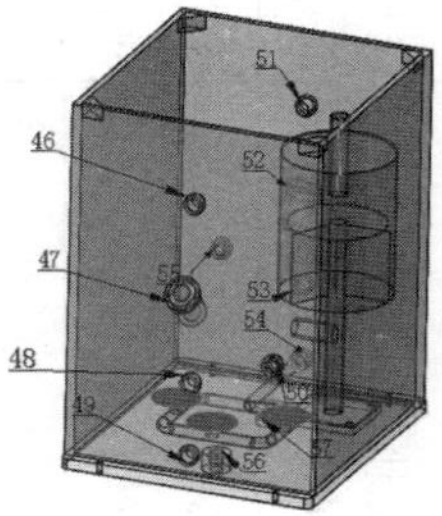 46–57	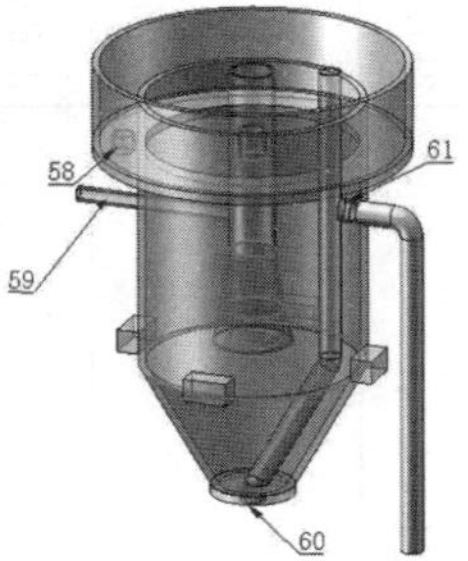 58, 59, 60, 61	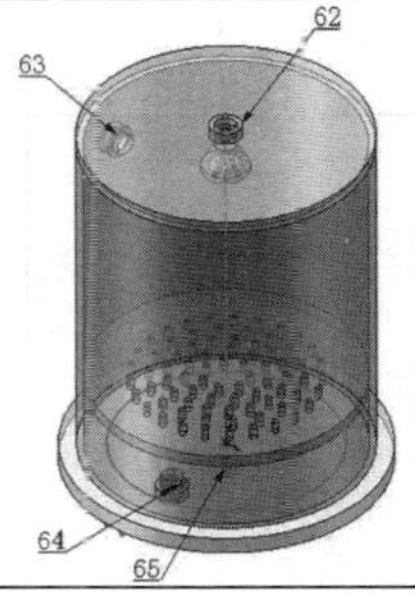 62, 63, 64, 65	 左 后 前 右
构筑物名称				设备布置方向
出水口接头编号				

接头编号的先后顺序：___→___→___→___→___→___→___→___→___→___→___→___→___→___→___→___

内回流进出口编号：进口_____ 出口_____

10.4.3 评价体系

（1）评分表

表 10.4-3 污水处理工艺设备部件与管道连接评分表（20 分）

序号	考核项目	知识点（技能点）	评分标准	分值	备注
1	器件安装与管道连接	提升泵管路液体流量计安装	正确安装液体流量计。流向正确得 0.1 分，标尺方向朝正后方，得 0.3 分，错误得 0.1 分	0.4	
		内回流泵管路液体流量计安装	正确安装液体流量计。流向正确得 0.1 分，标尺方向朝左方，得 0.5 分，错误得 0.1 分	0.6	
		提升泵管路闸阀安装	正确安装闸阀。闸阀手柄方向朝正后方，得 0.4 分，错误得 0.1 分	0.4	
		内回流泵管路闸阀安装	正确安装闸阀。闸阀手柄方向朝正左方，得 0.6 分，错误得 0.1 分	0.6	
		提升泵管路立式止回阀安装	正确安装止回阀。止回阀的指示方向朝左方，得 0.25 分，错误得 0.1 分	0.25	
		内回流泵管路立式止回阀安装	正确安装止回阀。止回阀的指示方向朝右方，得 0.25 分，错误得 0.05 分	0.25	
		提升泵管路短柄球阀安装	正确安装短柄球阀。短柄球阀的红色手柄朝向正上且向右方，共 1 处，得 0.5 分，错误得 0.1 分	0.5	
		内回流泵管路短柄球阀安装	正确安装短柄球阀。短柄球阀的红色手柄朝向正上且向右方，共 1 处，得 0.5 分，错误得 0.1 分	0.5	
		提升泵管路自动排气阀安装	正确安装自动排气阀。自动排气阀的气嘴朝向正后方，得 0.5 分，错误得 0.1 分	0.5	
		内回流泵管路自动排气阀安装	正确安装自动排气阀。自动排气阀的气嘴朝向正右方，得 0.5 分，错误得 0.1 分	0.5	
		气体流量计安装	正确安装气体流量计。流向正确且不倾斜得 0.3 分，错误得 0.1 分；标尺方向朝正前方，得 0.2 分，错误得 0 分	0.5	
		电磁阀安装	正确安装进水电磁阀。电磁阀流向指示方向正确且线圈朝正上方，共 4 处，错 1 处扣 0.25 分，扣完为止	1	

序号	考核项目	知识点（技能点）	评分标准	分值	备注
1	器件安装与管道连接	SBR 池曝气盘安装	正确安装曝气盘，总共 2 个，2 个不在一条水平线上得 0.5 分，错误得 0.2 分；接口连接不漏气得 0.5 分，漏气得 0.2 分	1	
		复合管道连接	复合管道连接完成，管路连接正确，错或漏 1 处扣 0.2 分，共 2 分，扣完为止；复合管道连接走向要横平竖直且牢靠，发现 1 处不符合要求扣 0.2 分，共 1 分，扣完为止	3	
		提升泵管路加药口	正确安装加药口，并安装在不锈钢复合管的中间，并用 $\Phi 6$ 堵头堵住得 0.5 分，错误或没有安装得 0 分	0.5	
		风机 2 管路检修口	正确安装检修口，安装在不锈钢复合管的中间，并用 4 分塑料堵头堵住得 0.5 分，错误或没有安装得 0 分	0.5	
		PU 软管管路连接	PU 软管管路连接完成，管路连接正确，接头禁止缠绕生料带，错或漏 1 处扣 0.3 分，扣完为止	2.5	
		PU 软管连接顺畅	PU 管连接顺畅不折弯，错 1 处扣 0.2 分，扣完为止	1	
		管道连接	每空 0.05 分，扣完为止	1.5	
2	填料安装	安装数量	填料安装数量为 36 片，共 2 分，少 1 扣 0.1 分，扣完为止	2	
		安装间距	盘片间距要相等，共 0.5 分，错 1 处扣 0.1 分，扣完为止	0.5	
		安装牢固	绳子拉直且牢固，共 0.5 分，未拉直一处扣 0.1 分，扣完为止	0.5	
3	电极安装	氧电极安装	氧电极安装于正确接口，共 0.4 分，错或漏一处扣 0.2 分，扣完为止	0.4	
4	接头生料带缠绕考核		生料带露头、外露太多，一处扣 0.02 分	0.6	
5	合计				

（2）污水处理工艺流程设计任务参考答案

表 10.4-4　污水处理工艺流程设计任务参考答案（每空 0.05 分，共 1.5 分）

构筑物三维图	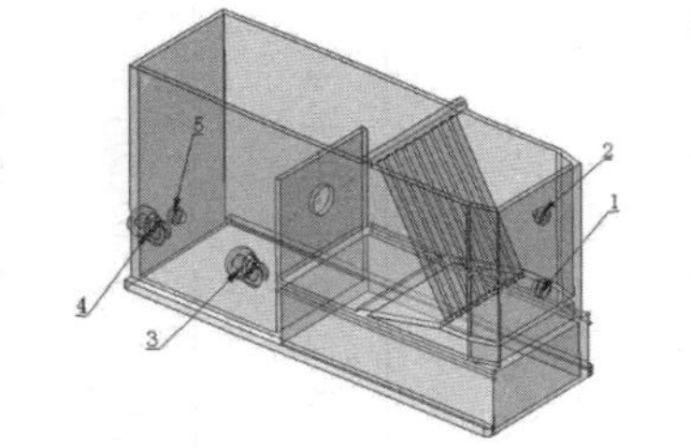	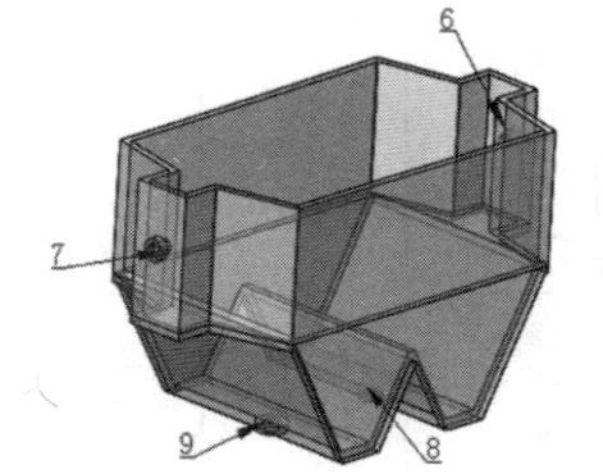	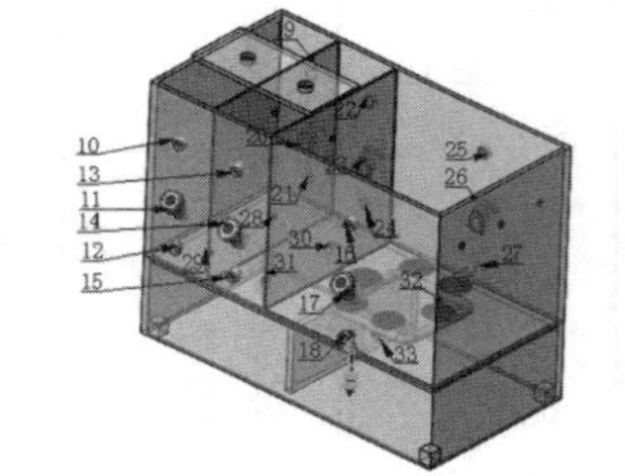	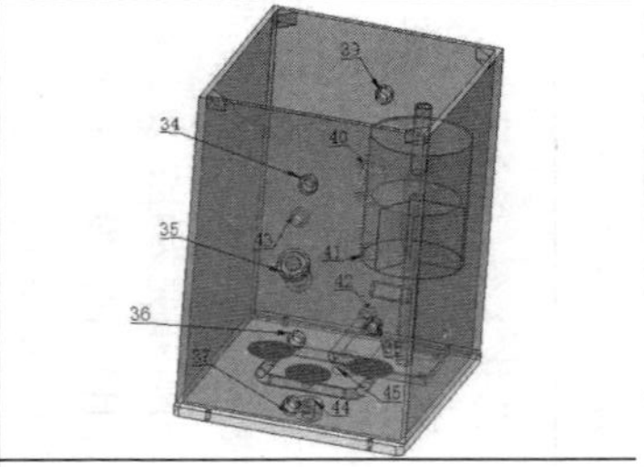
构筑物名称	格栅调节池	平流式沉砂池	A^2/O 生物反应器	SBR1 池
出水口接头编号	5	7	19、15、25	43
构筑物三维图	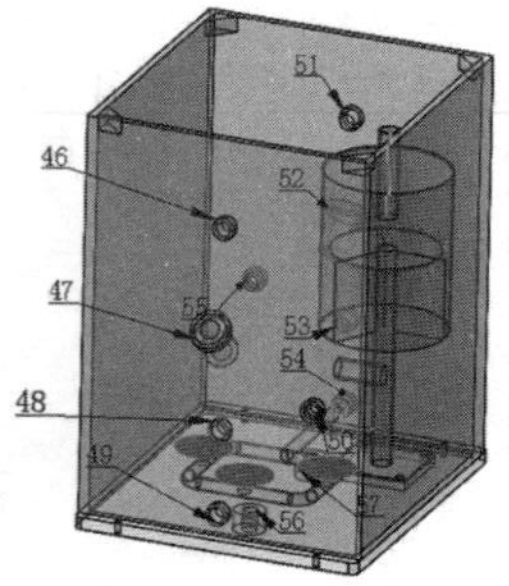	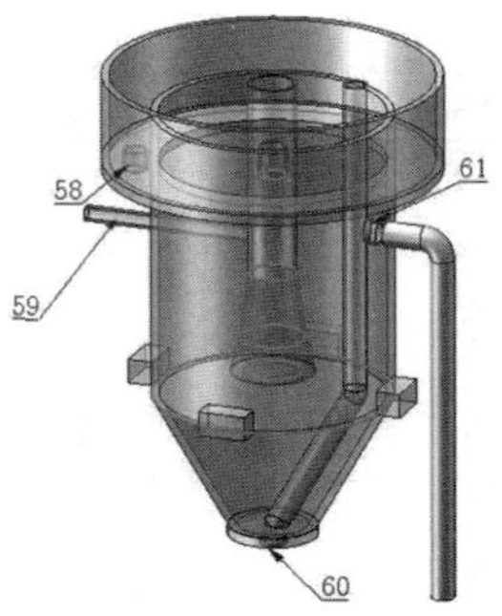	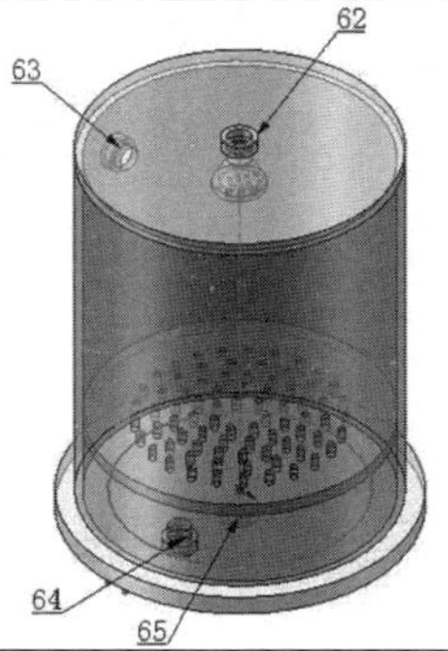	
构筑物名称	SBR2 池	竖流式二沉池	砂滤柱	设备布置方向
出水口接头编号	55	58	65	
接头编号的先后顺序：1 → 5 → 6 → 7 → 12 → 19 → 22 → 15 → 18 → 25 → 41、53 → 43、55 → 59 → 58 → 62 → 65				
内回流进出口编号：进口 32　出口 30				

11 水处理动力系统设计与安装

11.1 A/O 工艺动力系统设计与安装

11.1.1 技能要求

根据任务书给定的 A/O 工艺系统，绘制或补充完善动力线路原理图。根据任务书要求，对水处理系统所配置的动力系统与监测系统进行线路连接，确认无误后进行电控柜电源通电检测。

11.1.2 任务指引

根据任务书要求，利用现场提供的程序、导线及工具等，完成电气系统的原理图、定义表的补充和电气线路连接。

①根据控制要求在原理图虚线框内补全电气符号，见图 11.1-1。参考电气图形符号见图 11.1-2。

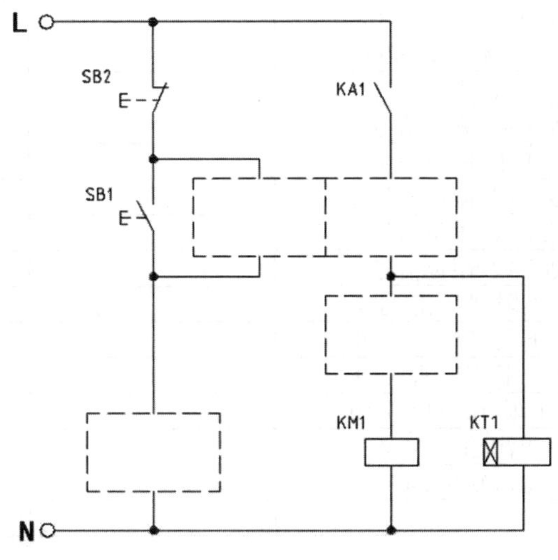

图 11.1-1　电气原理图

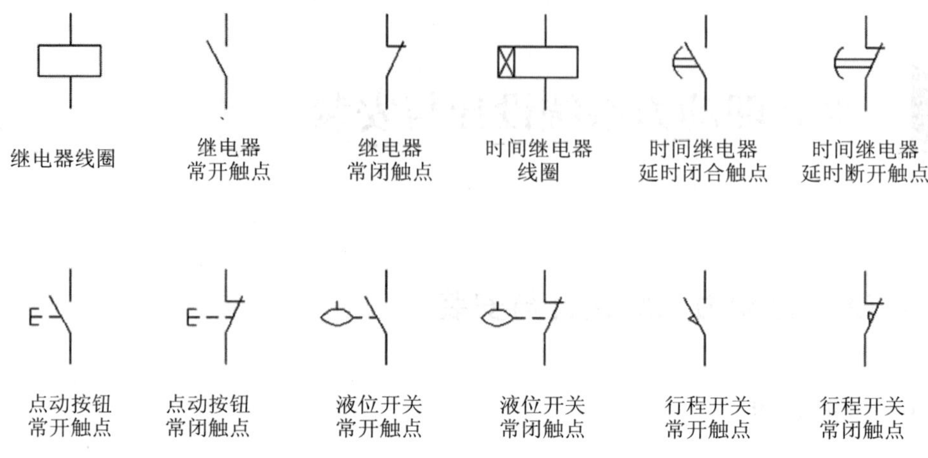

图 11.1-2 电气图形符号

控制要求：按下启动按钮“SB1”后，当调节池液位高于下限 SL1 且延时 KT1 时间继电器器的时间后，提升泵 KM1 工作。当按下停止按钮“SB2”或调节池液位低于下限 SL1 时，提升泵 KM1 停止工作。

②阅读现场提供的 MSBR 系统 PLC 程序，并依据此程序完善 PLC 端口定义表。

表 11.1-1 PLC 端口定义表

数字量输入定义		数字量输出定义	
PLC 输入点	定义、注释	PLC 输出点	定义、注释
	系统启动按钮 SB1		进水阀 YV1
	系统停止按钮 SB2		SBR1 进水阀 YV2
	系统复位按钮 SB3		SBR2 进水阀 YV3
	手自动切换按钮 SB4		SBR1 排气阀 YV4
	调节池上限 限位信号 1		SBR1 排水阀 YV5
	调节池下限 限位信号 2		SBR2 排气阀 YV6
	沉砂池上限 限位信号 3		SBR2 排水阀 YV7
	厌氧池下限 限位信号 4		药水搅拌机 MA1
	缺氧池上限 限位信号 5		调节池搅拌机 MA2
	缺氧池下限 限位信号 6		厌氧池搅拌机 MA3
	SBR1 上限 限位信号 7		缺氧池搅拌机 MA4
	SBR1 下限 限位信号 8		风机 1 MA5
	SBR2 上限 限位信号 9		风机 2 MA6
	SBR2 下限 限位信号 10		风机 3 MA7
1 M	直流电源输出 24 V		提升泵 MA8
2 M	直流电源输出 24 V		内回流泵 MA10
			加药泵 MA11
			外回流泵 MA9
		1 L	交流电源输出 L
		2 L	交流电源输出 L
		3 L	交流电源输出 L
		4 L	交流电源输出 L
		5 L	交流电源输出 L

模拟量输入定义		模拟量输出定义	
	在线式 DO 仪（一）+		调速模块 1 −
	在线式 DO 仪（一）−		调速模块 1 +
	在线式 DO 仪（二）+		调速模块 2 −
	在线式 DO 仪（二）−		调速模块 2 +
	在线式 DO 仪（三）+		
	在线式 DO 仪（三）−		
	在线式 DO 仪（四）+		
	在线式 DO 仪（四）−		
	在线式 pH 仪 +		
	在线式 pH 仪 −		

注：面板上控制对象部分 3 个“N”与交流电源输出“N”短接。

③根据已完成 PLC 端口定义表，完成电气控制柜的接线，要求导线颜色与插座颜色一致，并要求选取长度适中的导线进行连接。

注意当出现插座的颜色不同时，上下接线时以上边插座颜色为准，左右接线时以左边的颜色插座为准；长度适中：导线长度与两插座距离之差不超过 20 cm。

④根据在线 pH 仪的仪表与电极上的标签，完成 pH 电极接线。

⑤数据线（PLC 下载线、触摸屏下载线、PLC 与触摸屏的通信线）的连接。

⑥本任务中的所有线路连接确认完成无误后向裁判举手示意确认并签字，记录在表 11.1-2 中。

表 11.1-2　线路连接记录表

序号	项目	参赛选手签工位号	裁判签字
1	实验导线连接完成　□是　□否		
2	电极接线完成　□是　□否		
3	PLC 下载线连接完成　□是　□否		
4	触摸屏下载线连接完成　□是　□否		
5	通信线连接完成　□是　□否		

11.1.3　评价体系

（1）评分表

表 11.1-3　水处理平台动力系统线路设计与连接评分表（12 分）

序号	考核项目	知识点（技能点）	评分标准	分值	备注
1	控制原理图设计	控制原理图的设计连接	控制图设计与任务书指定系统一致得 3 分，共 4 空，错或漏 1 处扣 0.75 分，扣完为止	3	答案见图 11.1.3
2	PLC 端口定义表完善	补充完整 PLC 端口定义表	PLC 端口定义表填写正确，错或漏 1 处扣 0.1 分，共 3 分，扣完为止	3	答案见表 11.1.4

序号	考核项目	知识点（技能点）	评分标准	分值	备注
3	实验导线连接	导线连接	导线连接完成，导线连接要正确，错 1 处扣 0.2 分，扣完为止	2.5	
		导线颜色匹配	导线颜色与插座颜色连接要求一致，错 1 处扣 0.1 分，扣完为止	1	
4	pH 仪接线	电极接线	电极接线正确，正确得 1 分，错 1 处，扣 0.25 分，扣完为止	1	答案见图 11.1.4
5	数据线连接	PLC 下载线连接	连接正确，正确得 0.5 分，错误不得分	0.5	
		触摸屏下载线连接	连接正确，正确得 0.5 分，错误不得分	0.5	
		PLC 与触摸屏的通信线连接	连接正确，正确得 0.5 分，错误不得分	0.5	
6	合计				

（2）参考答案

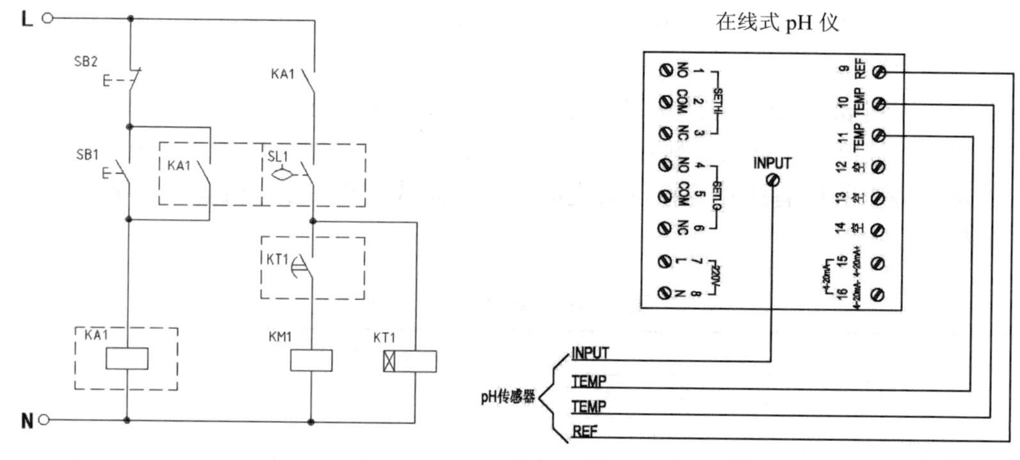

图 11.1-3　控制原理图答案

图 11.1-4　电极接线图

表 11.1-4　PLC 端口定义表（3 分）

数字量输入定义		数字量输出定义	
PLC 输入点	定义、注释	PLC 输出点	定义、注释
I0.1	系统启动按钮 SB1	Q0.2	进水阀 YV1
I0.2	系统停止按钮 SB2	Q0.3	SBR1 进水阀 YV2
I0.3	系统复位按钮 SB3	Q0.6	SBR2 进水阀 YV3
I0.0	手自动切换按钮 SB4	Q2.1	SBR1 排气阀 YV4
I0.7	调节池上限 限位信号 1	Q2.7	SBR1 排水阀 YV5
I1.0	调节池下限 限位信号 2	Q2.6	SBR2 排气阀 YV6
I1.3	沉砂池上限 限位信号 3	Q2.5	SBR2 排水阀 YV7
I0.6	厌氧池下限 限位信号 4	Q0.1	约水搅拌机 MA1
I0.4	缺氧池上限 限位信号 5	Q0.4	调节池搅拌机 MA2

数字量输入定义		数字量输出定义	
I0.5	缺氧池下限 限位信号 6	Q0.7	厌氧池搅拌机 MA3
I1.2	SBR1 上限 限位信号 7	Q2.0	缺氧池搅拌机 MA4
I1.1	SBR1 下限 限位信号 8	Q2.3	风机 1 MA5
I1.5	SBR2 上限 限位信号 9	Q2.4	风机 2 MA6
I1.4	SBR2 下限 限位信号 10	Q2.2	风机 3 MA7
1 M	直流电源输出 24 V	Q0.0	提升泵 MA8
2 M	直流电源输出 24 V	Q1.1	内回流泵 MA10
		Q1.0	加药泵 MA11
		Q0.5	外回流泵 MA9
		1 L	交流电源输出 L
		2 L	交流电源输出 L
		3 L	交流电源输出 L
		4 L	交流电源输出 L
		5 L	交流电源输出 L
模拟量输入定义		模拟量输出定义	
A+	在线式 DO 仪（一）+	M1	调速模块 1 −
A-	在线式 DO 仪（一）−	V1	调速模块 1 +
C+	在线式 DO 仪（二）+	M0	调速模块 2 −
C-	在线式 DO 仪（二）−	V0	调速模块 2 +
B+	在线式 DO 仪（三）+		
B-	在线式 DO 仪（三）−		
D+	在线式 DO 仪（四）+		
D-	在线式 DO 仪（四）−		
E+	在线式 pH 仪 +		
E-	在线式 pH 仪 −		

注：面板上控制对象部分 3 个“N”与交流电源输出“N”短接。

11.2 A^2/O 工艺动力系统设计与安装

11.2.1 技能要求

根据任务书给定的 A^2/O 工艺系统，绘制或补充完善动力线路原理图。根据任务书要求，对水处理系统所配置的动力系统与监测系统进行线路连接，确认无误后进行电控柜电源通电检测。

11.2.2 任务指引

根据任务书要求，利用现场提供的程序、导线及工具等，完成电气系统的原理图、定义表的补充和电气线路连接。

①根据控制要求在原理图虚线框内补全电气符号，见图 11.2-1。参考电气图形符号见图 11.2-2。

控制要求：按下启动按钮“SB1”后，药水搅拌机 KM1 工作，延时 KT1 时间继电器设定的时间后，加药泵 KM2 工作，药水搅拌机 KM1 停止工作。按下停止按钮“SB2”后，药水搅拌机 KM1 和加药泵 KM2 均能停止工作。

注意每一个虚线框内只能绘制一个电气符号（包括图形符号和文字符号）。

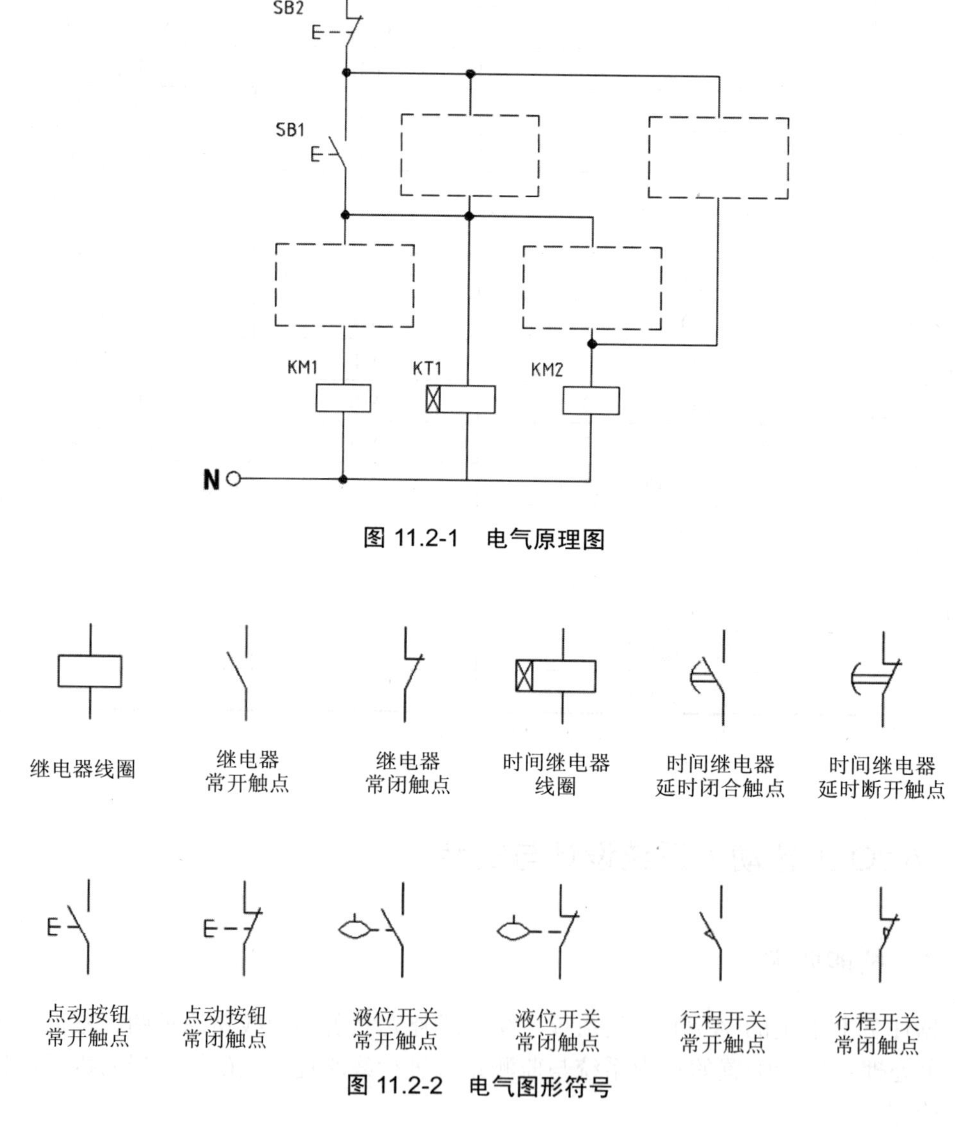

图 11.2-1　电气原理图

图 11.2-2　电气图形符号

②阅读现场提供的 A^2/O 系统 PLC 程序，并依据此程序完善 PLC 端口定义表。

表 11.2-1 PLC 端口定义表

数字量输入定义		数字量输出定义	
PLC 输入点	定义、注释	PLC 输出点	定义、注释
	系统启动按钮 SB1		进水阀 YV1
	系统停止按钮 SB2		SBR1 进水阀 YV2
	系统复位按钮 SB3		SBR2 进水阀 YV3
	手自动切换按钮 SB4		SBR1 排气阀 YV4
	调节池上限 限位信号 1		SBR1 排水阀 YV5
	调节池下限 限位信号 2		SBR2 排气阀 YV6
	沉砂池上限 限位信号 3		SBR2 排水阀 YV7
	厌氧池下限 限位信号 4		药水搅拌机 MA1
	缺氧池上限 限位信号 5		调节池搅拌机 MA2
	缺氧池下限 限位信号 6		厌氧池搅拌机 MA3
	SBR1 上限 限位信号 7		缺氧池搅拌机 MA4
	SBR1 下限 限位信号 8		风机 1 MA5
	SBR2 上限 限位信号 9		风机 2 MA6
	SBR2 下限 限位信号 10		风机 3 MA7
1 M	直流电源输出 24 V		提升泵 MA8
2 M	直流电源输出 24 V		内回流泵 MA10
			加药泵 MA11
			外回流泵 MA9
		1 L	交流电源输出 L
		2 L	交流电源输出 L
		3 L	交流电源输出 L
		4 L	交流电源输出 L
		5 L	交流电源输出 L
模拟量输入定义		模拟量输出定义	
	在线式 DO 仪（一）+		调速模块 1 −
	在线式 DO 仪（一）−		调速模块 1 +
	在线式 DO 仪（二）+		调速模块 2 −
	在线式 DO 仪（二）−		调速模块 2 +
	在线式 DO 仪（三）+		
	在线式 DO 仪（三）−		
	在线式 DO 仪（四）+		
	在线式 DO 仪（四）−		
	在线式 pH 仪 +		
	在线式 pH 仪 −		

注：面板上控制对象部分 3 个“N”与交流电源输出“N”短接。

③根据已完成 PLC 端口定义表，完成电气控制柜的接线，要求导线颜色与插座颜色一致，并要求选取长度适中的导线进行连接。

注意当出现插座的颜色不同时，上下接线时以上边插座颜色为准，左右接线时以左边的颜色插座为准；长度适中：导线长度与两插座距离之差不超过 20 cm。

④根据在线 pH 仪的仪表与电极上的标签，完成 pH 电极接线。

⑤数据线（PLC 下载线、触摸屏下载线、PLC 与触摸屏的通信线）的连接。

⑥本任务中的所有线路连接确认完成无误后向裁判举手示意确认并签字，记录在表 11.2-2 中。

表 11.2-2　线路连接记录表

序号	项目	参赛选手签字	裁判签字
1	实验导线连接完成　□是　□否		
2	电极接线完成　□是　□否		
3	PLC 下载线连接完成　□是　□否		
4	触摸屏下载线连接完成　□是　□否		
5	通信线连接完成　□是　□否		

11.2.3　评价体系

（1）评分表

表 11.2-3　水处理平台动力系统线路设计与连接评分表（12 分）

序号	考核项目	知识点（技能点）	评分标准	分值	备注
1	控制原理图设计	控制原理图的设计连接	控制图设计与任务书指定系统一致得 3 分，共 4 空，错或漏 1 处扣 0.75 分，扣完为止	3	答案见图 11.2-3
2	PLC 端口定义表完善	补充完整 PLC 端口定义表	PLC 端口定义表填写正确，错或漏 1 处扣 0.1 分，共 3 分，扣完为止	3	答案见表 11.2-4
3	实验导线连接	导线连接	导线连接完成，导线连接要正确，错 1 处扣 0.2 分，扣完为止	2.5	
		导线颜色匹配	导线颜色与插座颜色连接要求一致，错 1 处扣 0.1 分，扣完为止	1	
4	pH 仪接线	电极接线	电极接线正确，正确得 1 分，错 1 处，扣 0.25 分，扣完为止	1	答案见图 11.2-4
5	数据线连接	PLC 下载线连接	连接正确，正确得 0.5 分，错误不得分	0.5	
		触摸屏下载线连接	连接正确，正确得 0.5 分，错误不得分	0.5	
		PLC 与触摸屏的通信线连接	连接正确，正确得 0.5 分，错误不得分	0.5	
6	合计				

（2）参考答案

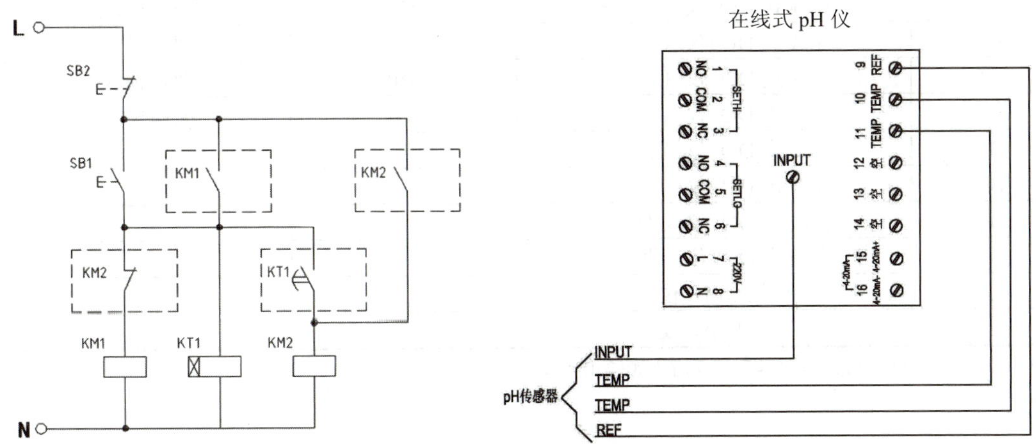

图 11.2-3　控制原理图答案

图 11.2-4　电极接线图

表 11.2-4　PLC 端口定义表（3 分）

数字量输入定义		数字量输出定义	
PLC 输入点	定义、注释	PLC 输出点	定义、注释
I0.1	系统启动按钮 SB1	Q0.2	进水阀 YV1
I0.2	系统停止按钮 SB2	Q0.3	SBR1 进水阀 YV2
I0.3	系统复位按钮 SB3	Q0.6	SBR2 进水阀 YV3
I0.0	手自动切换按钮 SB4	Q2.1	SBR1 排气阀 YV4
I0.7	调节池上限 限位信号 1	Q2.7	SBR1 排水阀 YV5
I1.0	调节池下限 限位信号 2	Q2.6	SBR2 排气阀 YV6
I1.3	沉砂池上限 限位信号 3	Q2.5	SBR2 排水阀 YV7
I0.6	厌氧池下限 限位信号 4	Q0.1	药水搅拌机 MA1
I0.4	缺氧池上限 限位信号 5	Q0.4	调节池搅拌机 MA2
I0.5	缺氧池下限 限位信号 6	Q0.7	厌氧池搅拌机 MA3
I1.2	SBR1 上限 限位信号 7	Q2.0	缺氧池搅拌机 MA4
I1.1	SBR1 下限 限位信号 8	Q2.3	风机 1 MA5
I1.5	SBR2 上限 限位信号 9	Q2.4	风机 2 MA6
I1.4	SBR2 下限 限位信号 10	Q2.2	风机 3 MA7
1 M	直流电源输出 24 V	Q0.0	提升泵 MA8
2 M	直流电源输出 24 V	Q1.1	内回流泵 MA10
		Q1.0	加药泵 MA11
		Q0.5	外回流泵 MA9
		1 L	交流电源输出 L
		2 L	交流电源输出 L
		3 L	交流电源输出 L
		4 L	交流电源输出 L
		5 L	交流电源输出 L

模拟量输入定义		模拟量输出定义	
A+	在线式 DO 仪（一）+	M1	调速模块 1 −
A−	在线式 DO 仪（一）−	V1	调速模块 1 +
C+	在线式 DO 仪（二）+	M0	调速模块 2 −
C−	在线式 DO 仪（二）−	V0	调速模块 2 +
B+	在线式 DO 仪（三）+		
B−	在线式 DO 仪（三）−		
D+	在线式 DO 仪（四）+		
D−	在线式 DO 仪（四）−		
E+	在线式 pH 仪 +		
E−	在线式 pH 仪 −		

注：面板上控制对象部分 3 个“N”与交流电源输出“N”短接。

11.3 SBR 工艺动力系统设计与安装

11.3.1 技能要求

根据任务书给定的 SBR 工艺系统，绘制或补充完善动力线路原理图。根据任务书要求，对水处理系统所配置的动力系统与监测系统进行线路连接，确认无误后进行电控柜电源通电检测。

11.3.2 任务指引

根据任务书要求，利用现场提供的程序、导线及工具等，完成电气系统的原理图、定义表的补充和电气线路连接。

①根据控制要求在原理图虚线框内补全电气符号，见图 11.3-1。参考电气图形符号见图 11.3-2。

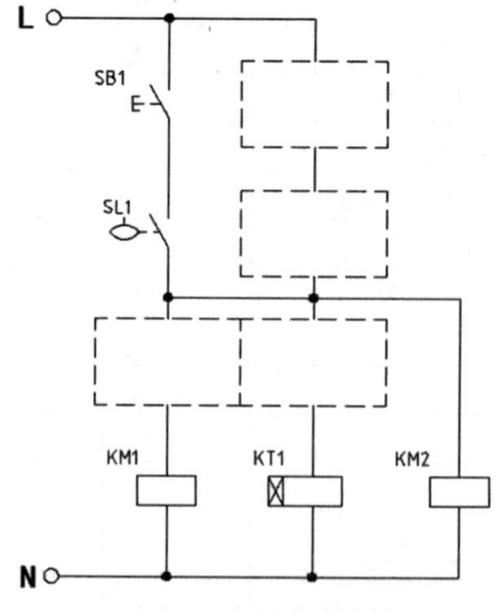

图 11.3-1　电气原理图

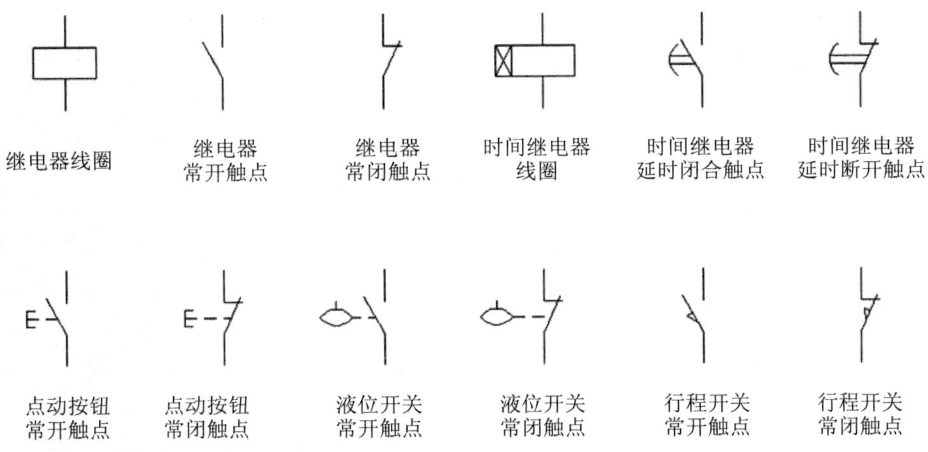

图 11.3-2 电气图形符号

控制要求：当 SBR1 池液位达到上限 SL1 后，按下启动按钮“SB1”，排气阀 KM1 和排水阀 KM2 同时工作。延时 KT1 时间继电器设定的时间后，排气阀 KM1 停止工作。当 SBR1 池液位低于下限 SL2 后，排水阀 KM2 停止工作。

注意每一个虚线框内只能绘制一个电气符号（包括图形符号和文字符号）。

②阅读现场提供的 SBR 系统 PLC 程序，并依据此程序完善 PLC 端口定义表（表 11.3-1）。

表 11.3-1 PLC 端口定义表

数字量输入定义		数字量输出定义	
PLC 输入点	定义、注释	PLC 输出点	定义、注释
	系统启动按钮 SB1		进水阀 YV1
	系统停止按钮 SB2		SBR1 进水阀 YV2
	系统复位按钮 SB3		SBR2 进水阀 YV3
	手自动切换按钮 SB4		SBR1 排气阀 YV4
	调节池上限 限位信号 1		SBR1 排水阀 YV5
	调节池下限 限位信号 2		SBR2 排气阀 YV6
	沉砂池上限 限位信号 3		SBR2 排水阀 YV7
	厌氧池下限 限位信号 4		药水搅拌机 MA1
	缺氧池上限 限位信号 5		调节池搅拌机 MA2
	缺氧池下限 限位信号 6		厌氧池搅拌机 MA3
	SBR1 上限 限位信号 7		缺氧池搅拌机 MA4
	SBR1 下限 限位信号 8		风机 1 MA5
	SBR2 上限 限位信号 9		风机 2 MA6
	SBR2 下限 限位信号 10		风机 3 MA7
1 M	直流电源输出 24 V		提升泵 MA8
2 M	直流电源输出 24 V		内回流泵 MA10

数字量输入定义		数字量输出定义	
			加药泵 MA11
			外回流泵 MA9
		1 L	交流电源输出 L
		2 L	交流电源输出 L
		3 L	交流电源输出 L
		4 L	交流电源输出 L
		5 L	交流电源输出 L
模拟量输入定义		模拟量输出定义	
	在线式 DO 仪（一）+		调速模块 1 −
	在线式 DO 仪（一）−		调速模块 1 +
	在线式 DO 仪（二）+		调速模块 2 −
	在线式 DO 仪（二）−		调速模块 2 +
	在线式 DO 仪（三）+		
	在线式 DO 仪（三）−		
	在线式 DO 仪（四）+		
	在线式 DO 仪（四）−		
	在线式 pH 仪 +		
	在线式 pH 仪 −		

注：面板上控制对象部分 3 个“N”与交流电源输出“N”短接。

③根据已完成 PLC 端口定义表，完成电气控制柜的接线，要求导线颜色与插座颜色一致，并要求选取长度适中的导线进行连接。

注意当出现插座的颜色不同时，上下接线时以上边插座颜色为准，左右接线时以左边的颜色插座为准；长度适中：导线长度与两插座距离之差不超过 20 cm。

④根据在线 pH 仪的仪表与电极上的标签，完成 pH 电极接线。

⑤数据线（PLC 下载线、触摸屏下载线、PLC 与触摸屏的通信线）的连接。

⑥本任务中的所有线路连接确认完成无误后向裁判举手示意确认并签字，记录在表 11.3-2 中。

表 11.3-2　线路连接记录表

序号	项目	参赛选手签字	裁判签字
1	实验导线连接完成　□是　　□否		
2	电极接线完成　□是　　□否		
3	PLC 下载线连接完成　□是　　□否		
4	触摸屏下载线连接完成　□是　　□否		
5	通信线连接完成　□是　　□否		

11.3.3 评价体系

（1）评分表

表 11.3-3 水处理平台动力系统线路设计与连接评分表（12 分）

序号	考核项目	知识点（技能点）	评分标准	分值	备注
1	控制原理图设计	控制原理图的设计连接	控制图设计与任务书指定系统一致得 3 分，共 4 空，错或漏 1 处扣 0.75 分，扣完为止	3	答案见图 11.3-3
2	PLC 端口定义表完善	补充完整 PLC 端口定义表	PLC 端口定义表填写正确，错或漏 1 处扣 0.1 分，共 3 分，扣完为止	3	答案见表 11.3-4
3	实验导线连接	导线连接	导线连接完成，导线连接要正确，错 1 处扣 0.2 分，扣完为止	2.5	
		导线颜色匹配	导线颜色与插座颜色连接要求一致，错 1 处扣 0.1 分，扣完为止	1	
4	pH 仪接线	电极接线	电极接线正确，正确得 1 分，错 1 处，扣 0.25 分，扣完为止	1	答案见图 11.3-4
5	数据线连接	PLC 下载线连接	连接正确，正确得 0.5 分，错误不得分	0.5	
		触摸屏下载线连接	连接正确，正确得 0.5 分，错误不得分	0.5	
		PLC 与触摸屏的通信线连接	连接正确，正确得 0.5 分，错误不得分	0.5	
6	合计				

（2）参考答案

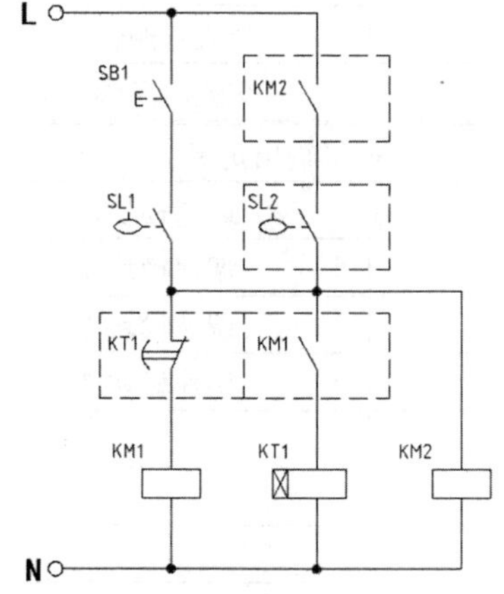

图 11.3-3 控制原理图答案

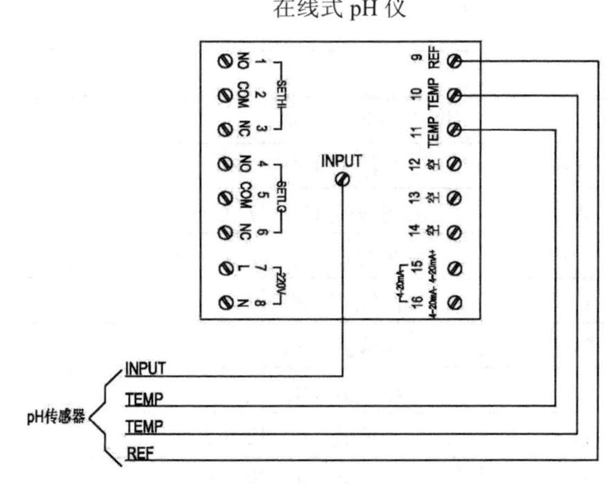

图 11.3-4 电极接线图

表 11.3-4 PLC 端口定义表（3 分）

数字量输入定义		数字量输出定义	
PLC 输入点	定义、注释	PLC 输出点	定义、注释
I0.1	系统启动按钮 SB1	Q0.2	进水阀 YV1
I0.2	系统停止按钮 SB2	Q0.3	SBR1 进水阀 YV2
I0.3	系统复位按钮 SB3	Q0.6	SBR2 进水阀 YV3
I0.0	手自动切换按钮 SB4	Q2.1	SBR1 排气阀 YV4
I0.7	调节池上限 限位信号 1	Q2.7	SBR1 排水阀 YV5
I1.0	调节池下限 限位信号 2	Q2.6	SBR2 排气阀 YV6
I1.3	沉砂池上限 限位信号 3	Q2.5	SBR2 排水阀 YV7
I0.6	厌氧池下限 限位信号 4	Q0.1	药水搅拌机 MA1
I0.4	缺氧池上限 限位信号 5	Q0.4	调节池搅拌机 MA2
I0.5	缺氧池下限 限位信号 6	Q0.7	厌氧池搅拌机 MA3
I1.2	SBR1 上限 限位信号 7	Q2.0	缺氧池搅拌机 MA4
I1.1	SBR1 下限 限位信号 8	Q2.3	风机 1 MA5
I1.5	SBR2 上限 限位信号 9	Q2.4	风机 2 MA6
I1.4	SBR2 下限 限位信号 10	Q2.2	风机 3 MA7
1 M	直流电源输出 24 V	Q0.0	提升泵 MA8
2 M	直流电源输出 24 V	Q1.1	内回流泵 MA10
		Q1.0	加药泵 MA11
		Q0.5	外回流泵 MA9
		1 L	交流电源输出 L
		2 L	交流电源输出 L
		3 L	交流电源输出 L
		4 L	交流电源输出 L
		5 L	交流电源输出 L
模拟量输入定义		模拟量输出定义	
A+	在线式 DO 仪（一）+	M1	调速模块 1 −
A−	在线式 DO 仪（一）−	V1	调速模块 1 +
C+	在线式 DO 仪（二）+	M0	调速模块 2 −
C−	在线式 DO 仪（二）−	V0	调速模块 2 +
B+	在线式 DO 仪（三）+		
B−	在线式 DO 仪（三）−		
D+	在线式 DO 仪（四）+		
D−	在线式 DO 仪（四）−		
E+	在线式 pH 仪 +		
E−	在线式 pH 仪 −		

注：面板上控制对象部分 3 个“N”与交流电源输出“N”短接。

11.4 MSBR 工艺动力系统设计与安装

11.4.1 技能要求

根据任务书给定的 MSBR 工艺系统，绘制或补充完善动力线路原理图。根据任务书要求，对水处理系统所配置的动力系统与监测系统进行线路连接，确认无误后进行电控柜电源通电检测。

11.4.2 任务指引

根据任务书要求，利用现场提供的程序、导线及工具等，完成电气系统的原理图、定义表的补充和电气线路连接。

①根据控制要求在原理图虚线框内补全电气符号，见图 11.4-1。参考电气图形符号见图 11.4-2。

控制要求：按下启动按钮“SB1”后，SBR1 进水阀 KM1 打开。当 SBR1 池液位高于上限 SL1 时，SRB1 搅拌电机 KM2 工作，SBR1 进水阀 KM1 关闭。当搅拌电机 KM2 工作一定时间后（KT1 时间继电器设定的时间），搅拌电机 KM2 停止工作。

注意每一个虚线框内只能绘制一个电气符号（包括图形符号和文字符号）。

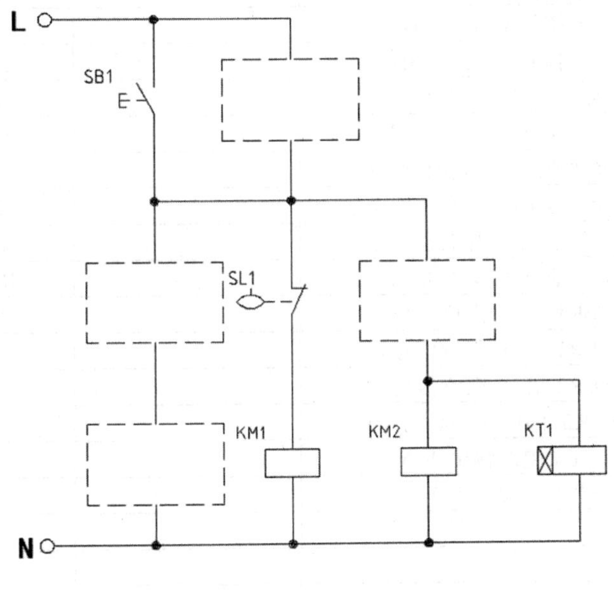

图 11.4-1 电气原理图

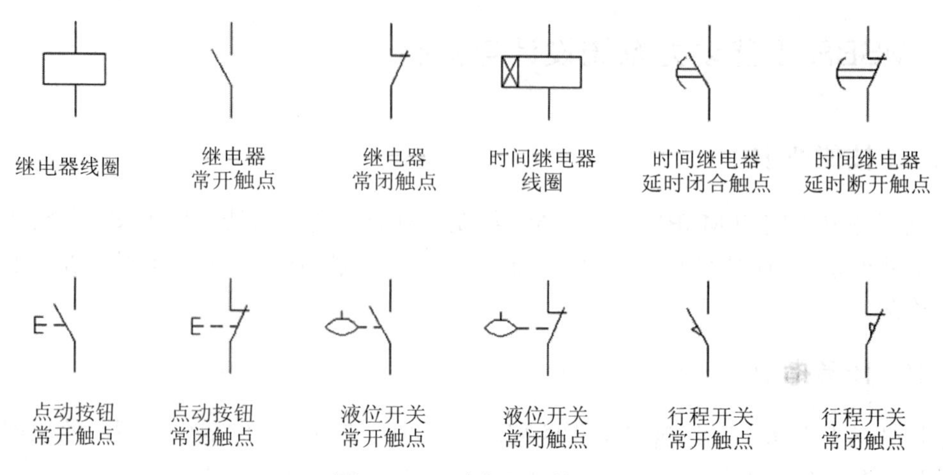

图 11.4-2 电气图形符号

②阅读现场提供的 MSBR 系统 PLC 程序，并依据此程序完善 PLC 端口定义表。

表 11.4-1 PLC 端口定义表

数字量输入定义		数字量输出定义	
PLC 输入点	定义、注释	PLC 输出点	定义、注释
	系统启动按钮 SB1		进水阀 YV1
	系统停止按钮 SB2		SBR1 进水阀 YV2
	系统复位按钮 SB3		SBR2 进水阀 YV3
	手自动切换按钮 SB4		SBR1 排气阀 YV4
	调节池上限 限位信号 1		SBR1 排水阀 YV5
	调节池下限 限位信号 2		SBR2 排气阀 YV6
	沉砂池上限 限位信号 3		SBR2 排水阀 YV7
	厌氧池下限 限位信号 4		药水搅拌机 MA1
	缺氧池上限 限位信号 5		调节池搅拌机 MA2
	缺氧池下限 限位信号 6		厌氧池搅拌机 MA3
	SBR1 上限 限位信号 7		缺氧池搅拌机 MA4
	SBR1 下限 限位信号 8		风机 1 MA5
	SBR2 上限 限位信号 9		风机 2 MA6
	SBR2 下限 限位信号 10		风机 3 MA7
1 M	直流电源输出 24 V		提升泵 MA8
2 M	直流电源输出 24 V		内回流泵 MA10
			加药泵 MA11
			外回流泵 MA9
		1 L	交流电源输出 L
		2 L	交流电源输出 L
		3 L	交流电源输出 L
		4 L	交流电源输出 L
		5 L	交流电源输出 L

模拟量输入定义		模拟量输出定义	
	在线式 DO 仪（一）+		调速模块 1 −
	在线式 DO 仪（一）−		调速模块 1 +
	在线式 DO 仪（二）+		调速模块 2 −
	在线式 DO 仪（二）−		调速模块 2 +
	在线式 DO 仪（三）+		
	在线式 DO 仪（三）−		
	在线式 DO 仪（四）+		
	在线式 DO 仪（四）−		
	在线式 pH 仪 +		
	在线式 pH 仪 −		

注：面板上控制对象部分 3 个“N”与交流电源输出“N”短接。

③根据已完成 PLC 端口定义表，完成电气控制柜的接线，要求导线颜色与插座颜色一致，并要求选取长度适中的导线进行连接。

注意当出现插座的颜色不同时，上下接线时以上边插座颜色为准，左右接线时以左边的颜色插座为准；长度适中：导线长度与两插座距离之差不超过 20 cm。

④根据在线 pH 仪的仪表与电极上的标签，完成 pH 电极接线。

⑤数据线（PLC 下载线、触摸屏下载线、PLC 与触摸屏的通信线）的连接。

⑥本任务中的所有线路连接确认完成无误后向裁判举手示意确认并签字，记录在表 11.4-2 中。

表 11.4-2　线路连接记录表

序号	项目	参赛选手签字	裁判签字
1	实验导线连接完成　□是　□否		
2	电极接线完成　□是　□否		
3	PLC 下载线连接完成　□是　□否		
4	触摸屏下载线连接完成　□是　□否		
5	通信线连接完成　□是　□否		

11.4.3　评价体系

（1）评分表

表 11.4-3　水处理平台动力系统线路设计与连接评分表（12 分）

序号	考核项目	知识点（技能点）	评分标准	分值	备注
1	控制原理图设计	控制原理图的设计连接	控制图设计与任务书指定系统一致得 3 分，共 4 空，错或漏 1 处扣 0.75 分，扣完为止	3	答案见图 11.4-3
2	PLC 端口定义表完善	补充完整 PLC 端口定义表	PLC 端口定义表填写正确，错或漏 1 处扣 0.1 分，共 3 分，扣完为止	3	答案见表 11.4-4

序号	考核项目	知识点（技能点）	评分标准	分值	备注
3	实验导线连接	导线连接	导线连接完成，导线连接要正确，错1处扣0.2分，扣完为止	2.5	
		导线颜色匹配	导线颜色与插座颜色连接要求一致，错1处扣0.1分，扣完为止	1	
4	pH仪接线	电极接线	电极接线正确，正确得1分，错1处，扣0.25分，扣完为止	1	答案见图2
5	数据线连接	PLC下载线连接	连接正确，正确得0.5分，错误不得分	0.5	
		触摸屏下载线连接	连接正确，正确得0.5分，错误不得分	0.5	
		PLC 与触摸屏的通信线连接	连接正确，正确得0.5分，错误不得分	0.5	
6	合计				

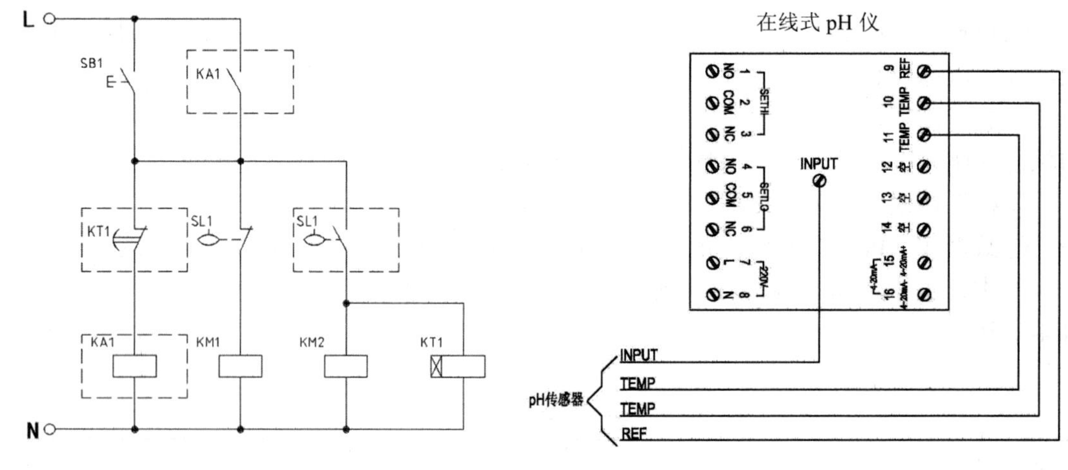

图 11.4-3　控制原理图答案　　　图 11.4-4　电极接线图

表 11.4-4　PLC 端口定义表（3分）

数字量输入定义		数字量输出定义	
PLC 输入点	定义、注释	PLC 输出点	定义、注释
I0.1	系统启动按钮 SB1	Q0.2	进水阀 YV1
I0.2	系统停止按钮 SB2	Q0.3	SBR1 进水阀 YV2
I0.3	系统复位按钮 SB3	Q0.6	SBR2 进水阀 YV3
I0.0	手自动切换按钮 SB4	Q2.1	SBR1 排气阀 YV4
I0.7	调节池上限 限位信号 1	Q2.7	SBR1 排水阀 YV5
I1.0	调节池下限 限位信号 2	Q2.6	SBR2 排气阀 YV6
I1.3	沉砂池上限 限位信号 3	Q2.5	SBR2 排水阀 YV7
I0.6	厌氧池下限 限位信号 4	Q0.1	药水搅拌机 MA1
I0.4	缺氧池上限 限位信号 5	Q0.4	调节池搅拌机 MA2
I0.5	缺氧池下限 限位信号 6	Q0.7	厌氧池搅拌机 MA3

数字量输入定义		数字量输出定义	
I1.2	SBR1 上限 限位信号 7	Q2.0	缺氧池搅拌机 MA4
I1.1	SBR1 下限 限位信号 8	Q2.3	风机 1 MA5
I1.5	SBR2 上限 限位信号 9	Q2.4	风机 2 MA6
I1.4	SBR2 下限 限位信号 10	Q2.2	风机 3 MA7
1 M	直流电源输出 24 V	Q0.0	提升泵 MA8
2 M	直流电源输出 24 V	Q1.1	内回流泵 MA10
		Q1.0	加药泵 MA11
		Q0.5	外回流泵 MA9
		1 L	交流电源输出 L
		2 L	交流电源输出 L
		3 L	交流电源输出 L
		4 L	交流电源输出 L
		5 L	交流电源输出 L
模拟量输入定义		模拟量输出定义	
A+	在线式 DO 仪（一）+	M1	调速模块 1 −
A−	在线式 DO 仪（一）−	V1	调速模块 1 +
C+	在线式 DO 仪（二）+	M0	调速模块 2 −
C−	在线式 DO 仪（二）−	V0	调速模块 2 +
B+	在线式 DO 仪（三）+		
B−	在线式 DO 仪（三）−		
D+	在线式 DO 仪（四）+		
D−	在线式 DO 仪（四）−		
E+	在线式 pH 仪 +		
E−	在线式 pH 仪 −		

注：面板上控制对象部分 3 个“N”与交流电源输出“N”短接。

12 水处理系统调试运行

12.1 A/O 工艺系统调试运行

12.1.1 技能要求

根据任务书给定的 A/O 工艺系统，经现场裁判确认同意后进行通电运行，进行单机调试、故障检修和整机联动，使之能够正常完成工艺流程，并将在线监测数据记入表格。

12.1.2 任务指引

根据现场竞赛设备和任务书要求，利用提供的电脑与工具，完成系统电源检测、通水调试、运行参数调节、过程数据记录等，系统运行完成以系统自动停机为终点。

1．系统电源检测

系统电源检测，并填入表 12.1-1。

表 12.1-1 系统电源检测记录表

项目	实测数据	参赛选手签字	裁判确认签字
熔断芯检测			
交流 220 V 检测			
直流 24 V 检测			

①本设备专用熔断芯的型号为 RT14-20（10A）。用万用表检测其性能，保证控制柜正常工作。

②用万用表完成电源输入检测。

用万用表完成交流电源 220 V 和直流电源 24 V 的检测，确保电源正常接入（注意操作前举手示意裁判，由裁判监督完成，并签字）。

2．程序修改与工程下载

①在提供的 A/O 系统 PLC 控制程序中，根据网络 11、网络 12 的注释完成程序的编写，完成后保存并将程序下载到 PLC 中。

注意：如参赛选手无法完成，举手示意裁判放弃该任务并在程序放弃操作记录表 12.1-2 中签字，由裁判确认后，由裁判长提供完整程序。

表 12.1-2 程序放弃操作记录表

序号	本任务此题	签字
1	放弃	选手签字：
2	裁判签字：	

②打开提供的触摸屏工程，下载到控制柜的触摸屏上。

3．系统通水调试检测

系统通水调试检测结果填入表 12.1-3。

①控制柜面板导线连接应正确。

②对象上相应器件运行情况应正常。

③管件、器件连接处应无漏水、不渗水。

④找出四处隐藏故障点，排除故障，完成调试，并填写系统维护日常记录单及放弃记录表 12.1-4。

注意：如参赛选手无法完成，可举手示意裁判放弃该任务并在表 12.1-4 中签字，但需要计时 10 min 后，由裁判确认后，由裁判长指定技术人员排故。

表 12.1-3 系统调试操作记录表

序号	项目	参赛选手签字	裁判签字
1	PLC 程序下载完成 □是 □否		
2	触摸屏工程下载完成 □是 □否		
3	浮球液位开关测试完成 □是 □否		
4	器件通电、水泵试水完成 □是 □否		
5	水泵进出口管道试漏完成 □是 □否		
6	系统调试完成 □是 □否		

表 12.1-4 系统维护日常记录单及放弃记录表

<table>
<tr><td rowspan="2">序号</td><td>日期</td><td></td><td>维修人员</td><td></td><td colspan="4">放弃记录 是□ 否□</td></tr>
<tr><td>故障点位置</td><td colspan="2">故障现象</td><td>解决方案</td><td>开始时间</td><td>结束时间</td><td>选手签字</td><td>裁判签字</td></tr>
<tr><td>1</td><td></td><td colspan="2"></td><td></td><td></td><td></td><td></td><td></td></tr>
<tr><td>2</td><td></td><td colspan="2"></td><td></td><td></td><td></td><td></td><td></td></tr>
<tr><td>3</td><td></td><td colspan="2"></td><td></td><td></td><td></td><td></td><td></td></tr>
<tr><td>4</td><td></td><td colspan="2"></td><td></td><td></td><td></td><td></td><td></td></tr>
</table>

4．系统运行

系统运行及数据记录表 12.1-5。

①记录自动开启时间。

②系统运行中，将提升泵出水流量调为 3.5 L/min 左右，内回流泵出水流量调为 1 L/min 左右，外回流泵出水流量调为 1 L/min 左右、好氧池曝气流量调为 5.5 L/min。

③测试缺氧池中溶解氧 DO 值并记录。

④测试好氧池中溶解氧 DO 值并记录。

⑤记录运行完成时间。

表 12.1-5　A/O 系统运行数据记录表

项目	测量/设置参数	裁判确认
自动开启时间		
自动停止时间		
提升泵出水流量		
内回流泵出水流量		
外回流泵出水流量		
好氧池曝气流量		
缺氧池 DO 值		
好氧池 DO 值		

5．填空题

完成任务调试后，请完整补充以下内容：

①A/O 系统自动运行时，能触发运行中的提升泵停机的因素有：____________、____________。

②A/O 系统自动运行中，当调节池中的水位超过浮球液位开关的下限位时，________启动运行，达到浮球液位开关上限位时，格栅池________关闭。

③对于市政污水处理厂，SVI 超过______时，就预示着有可能或已经发生污泥膨胀。

④假设在 A/O 系统自动运行中，好氧池中除曝气盘以外的地方冒气泡，则表明__________，当风机停机时会造成____________。

⑤A/O 法脱氮工艺流程的________反应器在前，______、________二项反应的综合反应器在后。

12.1.3　评价体系

（1）评分表

表 12.1-6　污水处理设备的调试运行评分表（18 分）

序号	考核项目	知识点（技能点）	评分标准	分值	备注
1	电源检测	保险丝与电源电压检测	本任务评分内容点，按表 12.1-7 评分。同时，若所装熔断芯不为 10A，则扣 0.1 分	0.5	

序号	考核项目	知识点（技能点）	评分标准	分值	备注
2	程序修改与工程下载	PLC 程序编写	网络 11 的程序编写正确，得 3 分。放弃或漏编不得分，部分编写得 1 分	3	答案见图 12.1-4
			网络 12 的程序编写正确，得 3 分。放弃或漏编不得分，部分编写得 1 分	3	答案见图 12.1-2
		PLC 程序下载及保存	完成 PLC 程序下载与保存得 0.25 分，未完成不得分	0.25	
		触摸屏工程下载	完成触摸屏工程下载得 0.25 分，未完成不得分	0.25	
3	系统通水调试检测	手动调试	完成手动调试过程且器件正常得 1 分，未完成不得分	1	
		故障排除	排除故障并填写系统维护日常记录单。本任务评分内容点，按表 12.1-8 评分	4	答案顺序不分先后
4	系统运行及数据记录	管道密封性	管路系统不渗不漏，1 处渗漏水扣 0.2 分，扣完为止	2	
		系统运行及数据记录	系统自动运行及数据记录。本任务评分内容点，按表 12.1-9 评分	3.5	
5	常识填空	常识填空	正确补完题目，每项 0.05 分	0.5	
6	合计				

（2）参考答案

表 12.1-7 系统电源检测记录表（0.5 分）

项目	实测数据	参赛选手签字	裁判确认签字	分值	得分
熔断芯检测				0.1	
交流 220 V 检测				0.2	
直流 24 V 检测				0.2	

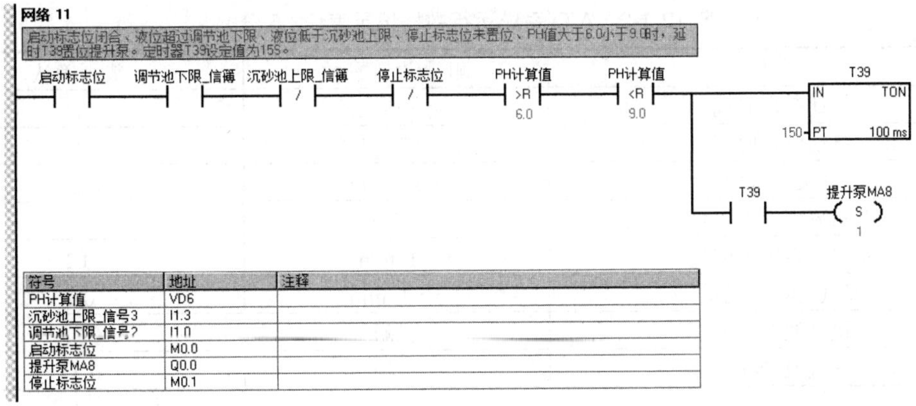

符号	地址	注释
PH计算值	VD6	
沉砂池上限_信号3	I1.3	
调节池下限_信号2	I1.0	
启动标志位	M0.0	
提升泵MA8	Q0.0	
停止标志位	M0.1	

图 12.1-1 网络 11 答案

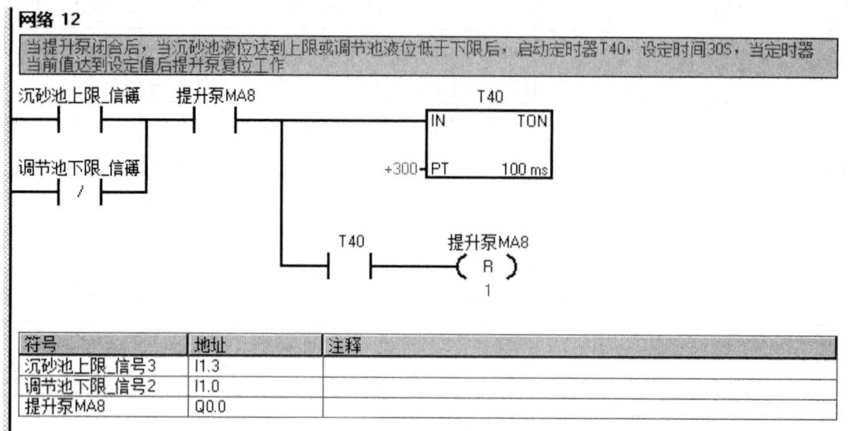

图 12.1-2　网络 12 答案

表 12.1-8　系统维护日常记录单（4 分）

<table>
<tr><td rowspan="2">序号</td><td>日期</td><td>比赛当天日期：年/月/日（0.2 分）</td><td>维修人员</td><td>工位号（0.2 分）</td><td colspan="4">放弃记录　是□　否□</td></tr>
<tr><td>故障点位置</td><td colspan="2">故障现象</td><td>解决方案</td><td>开始时间</td><td>结束时间</td><td>选手签字</td><td>裁判签字</td></tr>
<tr><td>1</td><td>计量泵（0.3）</td><td colspan="2">内部堵住，不出水（0.3）</td><td>去掉堵物（0.3）</td><td></td><td></td><td></td><td></td></tr>
<tr><td>2</td><td>卧式止回阀（0.3）</td><td colspan="2">内部堵住，不出水（0.3）</td><td>去掉堵物（0.3）</td><td></td><td></td><td></td><td></td></tr>
<tr><td>3</td><td>进水电磁阀前的长柄球阀处的接头（0.3）</td><td colspan="2">接头内部堵住，不出水（0.3）</td><td>去掉堵物（0.3）</td><td></td><td></td><td></td><td></td></tr>
<tr><td>4</td><td>复合管气路管道（0.3）</td><td colspan="2">内部堵住，不出气（0.3）</td><td>更换管道（0.3）</td><td></td><td></td><td></td><td></td></tr>
</table>

表 12.1-9　A/O 系统运行数据记录表（3.5 分）

项目	测量/设置参数	裁判确认
自动开启时间	实际开启时间	1
自动停止时间	实际停止时间	1
提升泵出水流量	3.5 L/min	0.2
内回流泵出水流量	1 L/min	0.2
外回流泵出水流量	1 L/min	0.2
好氧池曝气流量	5.5 L/min	0.2
缺氧池 DO 值	实测	0.35
好氧池 DO 值	实测	0.35

填空题参考答案。

完成任务调试后，请完整补充以下内容（每空 0.05 分，共 0.5 分）：

①A/O 系统自动运行时，能触发运行中的提升泵停机的因素有：调节池浮球开关下限、平流式沉砂池浮球开关上限。

②A/O 系统自动运行中，当调节池中的水位超过浮球液位开关的下限位时，提升泵启动运行，达到浮球液位开关上限位时，格栅池 进水电磁阀 关闭。

③对于市政污水处理厂，SVI 超过 150 ml/g 时，就预示着有可能或已经发生污泥膨胀。

④假设在 A/O 系统自动运行中，好氧池中除曝气盘以外的地方冒气泡，则表明 管路有漏气 ，当风机停机时会造成 水倒流进入风机 。

⑤A/O 法脱氮工艺流程的 反硝化 反应器在前，BOD_5 去除 、硝化 二项反应的综合反应器在后。

12.2 A²/O 工艺系统调试运行

12.2.1 技能要求

根据任务书给定的 A²/O 工艺系统，经现场裁判确认同意后进行通电运行，进行单机调试、故障检修和整机联动，使之能够正常完成工艺流程，并将在线监测数据记入表格。

12.2.2 任务指引

参赛选手根据现场竞赛设备和任务书要求，利用提供的电脑与工具，完成系统电源检测、通水调试、运行参数调节、过程数据记录等，系统运行完成以系统自动停机为终点。

1．系统电源检测

系统电源检测，并填入表 12.2-1。

①本设备专用熔断芯的型号为 RT14-20（10A）。用万用表检测其性能，保证控制柜正常工作。

②用万用表完成电源输入检测。

用万用表完成交流电源 220 V 和直流电源 24 V 的检测，确保电源正常接入（注意：操作前举手示意裁判，由裁判监督完成，并签字）。

表 12.2-1 系统电源检测记录表

项目	实测数据	参赛选手签字	裁判确认签字
熔断芯检测			
交流 220 V 检测			
直流 24 V 检测			

2．程序修改与工程下载

①在提供的 A²/O 系统 PLC 控制程序中，根据网络 11、网络 12 的注释完成程序的编

写，完成后保存并将程序下载到 PLC 中。

注意：如参赛选手无法完成，举手示意裁判放弃该任务并在程序放弃操作记录表 12.2-2 中签字，由裁判确认后，由裁判长提供完整程序。

表 12.2-2　程序放弃操作记录表

<table>
<tr><th>序号</th><th>本任务此题</th><th>签字</th></tr>
<tr><td>1</td><td>放弃</td><td>选手签字：</td></tr>
<tr><td>2</td><td colspan="2">裁判签字：</td></tr>
</table>

②打开提供的触摸屏工程，下载到控制柜的触摸屏上。

3．系统通水调试检测

系统通水调试检测操作填入表 12.2-3。

①控制柜面板导线连接应正确。

②设备上相应器件运行情况应正常。

③管件、器件连接处应无漏水、不渗水。

表 12.2-3　系统调试操作记录表

序号	项目	参赛选手签字	裁判签字
1	PLC 程序下载完成　□是　□否		
2	触摸屏工程下载完成　□是　□否		
3	浮球液位开关测试完成　□是　□否		
4	器件通电、水泵试水完成　□是　□否		
5	水泵进出口管道试漏完成　□是　□否		
6	系统调试完成　□是　□否		

④找出四处隐藏故障点，排除故障，完成调试，并填入表 12.2-4。

注意：如参赛选手无法完成，可举手示意裁判放弃该任务并在表 12.2-4 中签字，但需要计时 10 min 后，由裁判确认后，由裁判长指定技术人员排故。

表 12.2-4　系统维护日常记录单及放弃记录表

<table>
<tr><td rowspan="2">序号</td><td>日期</td><td></td><td>维修人员</td><td></td><td colspan="4">放弃记录　是□　否□</td></tr>
<tr><td>故障点位置</td><td colspan="2">故障现象</td><td>解决方案</td><td>开始时间</td><td>结束时间</td><td>选手签字</td><td>裁判签字</td></tr>
<tr><td>1</td><td></td><td colspan="2"></td><td></td><td></td><td></td><td></td><td></td></tr>
<tr><td>2</td><td></td><td colspan="2"></td><td></td><td></td><td></td><td></td><td></td></tr>
<tr><td>3</td><td></td><td colspan="2"></td><td></td><td></td><td></td><td></td><td></td></tr>
<tr><td>4</td><td></td><td colspan="2"></td><td></td><td></td><td></td><td></td><td></td></tr>
</table>

4．系统运行

系统运行及数据填入记录表 12.2-5。

①记录自动开启时间。

②系统运行中，将提升泵进出水流量调为 3.5 L/min 左右，内回流泵出水流量调为 1 L/min 左右，外回流泵出水流量调为 1 L/min 左右，好氧池曝气流量调为 5.5 L/min。厌氧池搅拌机为顺时针转动（从上往下看），缺氧池为逆时针转动（从上往下看）。

③测试厌氧池中溶解氧 DO 值并记录。

④测试好氧池中溶解氧 DO 值并记录。

⑤记录运行完成时间。

表 12.2-5 A^2/O 系统运行数据记录表

项目	测量/设置参数	裁判确认
自动开启时间		
自动停止时间		
提升泵出水流量		
内回流泵出水流量		
外回流泵出水流量		
好氧池曝气流量		
厌氧池 DO 值		
好氧池 DO 值		

5．填空题

完成任务调试后，请完整补充以下内容：

①A^2/O 系统自动运行时，能触发运行中的提升泵停机的因素有：________________、________________。

②由于某种因素的改变，活性污泥质量变轻、膨大、沉降性能恶化，SVI 值不断升高，不能在二沉池内进行正常的泥水分离，二沉池的污泥面不断上升，最终导致污泥流失的现象称为________________，它通常是由________________导致的。

③假设在 A^2/O 系统自动运行中，好氧池中除曝气盘以外的地方冒气泡，则表明______________，当风机停机时会造成______________。

④A^2/O 或称 A-A-O 工艺，即_______ —______—______工艺，是目前应用较为广泛的一种能够同步_______ 污水处理工艺。

12.2.3 评价体系

（1）评分表

表 12.2-6 污水处理设备的调试运行评分表（18 分）

序号	考核项目	知识点（技能点）	评分标准	分值	备注
1	电源检测	保险丝与电源电压检测	本任务评分内容点，按表 12.2-7 评分。同时，若所装熔断芯不为 10A，则扣 0.1 分	0.5	

序号	考核项目	知识点（技能点）	评分标准	分值	备注
2	程序修改与工程下载	PLC 程序编写	网络 11 的程序编写正确，得 3 分。放弃或漏编不得分，部分编写得 1 分	3	答案见图 12.2-1
			网络 12 的程序编写正确，得 3 分。放弃或漏编不得分，部分编写得 1 分	3	答案见图 12.2-2
2	程序修改与工程下载	PLC 程序下载及保存	完成 PLC 程序下载与保存得 0.25 分，未完成不得分	0.25	
		触摸屏工程下载	完成触摸屏工程下载得 0.25 分，未完成不得分	0.25	
3	系统通水调试检测	手动调试	完成手动调试过程且器件正常得 1 分，未完成不得分	1	
		故障排除	排除故障并填写系统维护日常记录单。本任务评分内容点，按表 12.2-8 评分	4	答案顺序不分先后
4	系统运行及数据记录	管道密封性	管路系统不渗不漏，1 处渗漏水扣 0.2 分，扣完为止	2	
		系统运行及数据记录	系统自动运行及数据记录。本任务评分内容点，按表 12.2-9 评分	3.5	
5	常识填空	常识填空	正确补完题目，每项 0.05 分	0.5	
6	合计				

表 12.2-7　系统电源检测记录表（0.5 分）

项目	实测数据	参赛选手签字	裁判确认签字	分值	得分
熔断芯检测				0.1	
交流 220 V 检测				0.2	
直流 24 V 检测				0.2	

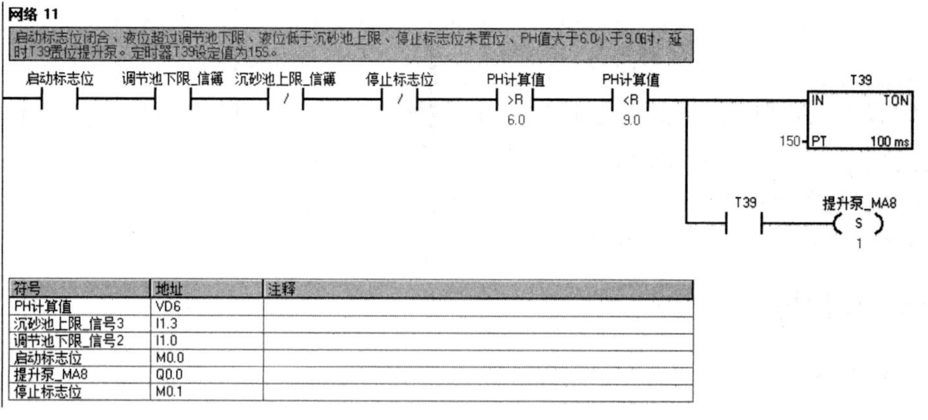

图 12.2-1　网络 11 答案

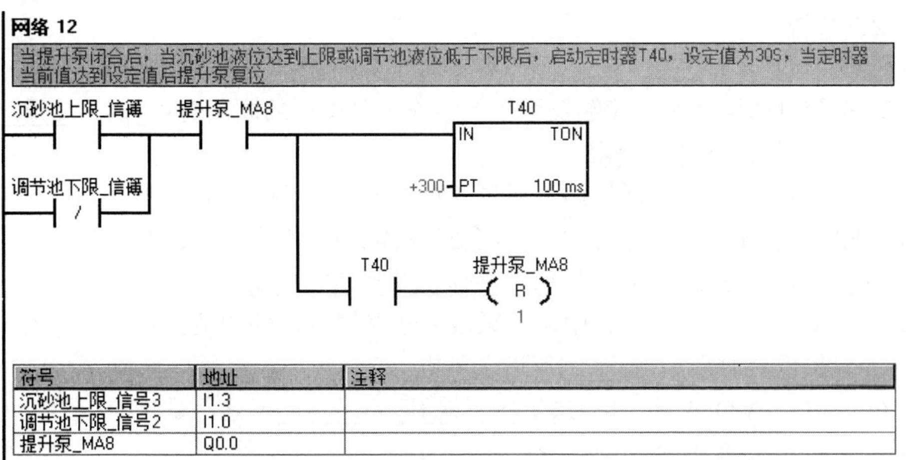

图 12.2-2 网络 12 答案

表 12.2-8 系统维护日常记录单（4 分）

序号	日期	比赛当大日期：年/月/日（0.2 分）	维修人员	工位号（0.2 分）	放弃记录 是□ 否□			
	故障点位置	故障现象		解决方案	开始时间	结束时间	选手签字	裁判签字
1	计量泵（0.3 分）	内部堵住，不出水（0.3 分）		去掉堵物（0.3 分）				
2	卧式止回阀（0.3 分）	内部堵住，不出水（0.3 分）		去掉堵物（0.3 分）				
3	进水电磁阀前的长柄球阀处的接头（0.3 分）	接头内部堵住，不出水（0.3 分）		去掉堵物（0.3 分）				
4	复合管气路管道（0.3 分）	内部堵住，不出气（0.3 分）		更换管道（0.3 分）				

表 12.2-9 A^2/O 系统运行数据记录表（3.5 分）

项目	测量/设置参数	裁判确认	分值	得分
自动开启时间	实际开启时间		1	
自动停止时间	实际停止时间		1	
提升泵出水流量	3.5 L/min		0.25	
内回流泵出水流量	1 L/min		0.25	
外回流泵出水流量	1 L/min		0.25	
好氧池曝气流量	5.5 L/min		0.25	
厌氧池 DO 值	实测值		0.25	
好氧池 DO 值	实测值		0.25	

填空题参考答案。

完成任务调试后，请完整补充以下内容（每空 0.05 分，共 0.5 分）：

①A^2/O 系统自动运行时，能触发运行中的提升泵停机的因素有：调节池浮球开关下限、平流式沉砂池浮球开关上限。

②由于某种因素的改变，活性污泥质量变轻、膨大、沉降性能恶化，SVI 值不断升高，不能在二沉池内进行正常的泥水分离，二沉池的污泥面不断上升，最终导致污泥流失的现象称为污泥膨胀，它通常是由活性污泥絮体中丝状菌过度繁殖导致的。

③假设在 A^2/O 系统自动运行中，好氧池中除曝气盘以外的地方冒气泡，则表明管路有漏气，当风机停机时会造成水倒流进入风机。

④A^2/O 或称 A-A-O 工艺，即厌氧—缺氧—好氧工艺，是目前应用较为广泛的一种能够同步脱氮除磷污水处理工艺。

12.3 SBR 工艺系统调试运行

12.3.1 技能要求

根据任务书给定的 SBR 工艺系统，经现场裁判确认同意后进行通电运行，进行单机调试、故障检修和整机联动，使之能够正常完成工艺流程，并将在线监测数据记入表格。

12.3.2 任务指引

参赛选手根据现场竞赛设备和任务书要求，利用提供的电脑与工具，完成 SBR 系统电源检测、通水调试、运行参数调节、过程数据记录等，系统运行完成以系统自动停机为终点。

1．系统电源检测

系统电源检测，并填入记录表 12.3-1。

①本设备专用熔断芯的型号为 RT14-20（10A）。用万用表检测其性能，保证控制柜正常工作。

②用万用表完成电源输入检测。

用万用表完成交流电源 220 V 和直流电源 24 V 的检测，确保电源正常接入（注意：操作前举手示意裁判，由裁判监督完成，并签字）。

表 12.3-1　系统电源检测记录表

项目	实测数据	参赛选手签字	裁判确认签字
熔断芯检测			
交流 220 V 检测			
直流 24 V 检测			

2．程序修改与工程下载

①在提供的 SBR 系统 PLC 控制程序中，根据网络 10、网络 11 的注释完成程序的编写，完成后保存并将程序下载到 PLC 中。

注意：如参赛选手无法完成，举手示意裁判放弃该任务并在程序放弃操作记录表 12.3-2 中签字，由裁判确认后，由裁判长提供完整程序。

表 12.3-2　程序放弃操作记录表

序号	本任务此题	签字
1	放弃	选手签字：
2	裁判签字：	

②打开提供的触摸屏工程，下载到控制柜的触摸屏上。

3．系统通水调试检测

系统通水调试结果填入检测表 12.3-3。

①控制柜面板导线连接应正确。

②设备上相应器件运行情况应正常。

③管件、器件连接处应无漏水、不渗水。

④找出四处隐藏故障点，排除故障，完成调试，并填写系统维护日常记录单及放弃记录表 12.3-4。

注意：如参赛选手无法完成，可举手示意裁判放弃该任务并在表 12.3-4 中签字，但需要计时 10 min 后，由裁判确认后，由裁判长指定技术人员排故。

表 12.3-3　系统调试操作记录表

序号	项目	参赛选手签字	裁判签字
1	PLC 程序下载完成　□是　□否		
2	触摸屏工程下载完成　□是　□否		
3	浮球液位开关测试完成　□是　□否		
4	器件通电、水泵试水完成　□是　□否		
5	水泵进出口管道试漏完成　□是　□否		
6	系统调试完成　□是　□否		

表 12.3-4　系统维护日常记录单及放弃记录表

<table>
<tr><td rowspan="2">序号</td><td>日期</td><td></td><td>维修人员</td><td></td><td colspan="4">放弃记录　是□　否□</td></tr>
<tr><td>故障点位置</td><td colspan="2">故障现象</td><td>解决方案</td><td>开始时间</td><td>结束时间</td><td>选手签字</td><td>裁判签字</td></tr>
<tr><td>1</td><td></td><td colspan="2"></td><td></td><td></td><td></td><td></td><td></td></tr>
<tr><td>2</td><td></td><td colspan="2"></td><td></td><td></td><td></td><td></td><td></td></tr>
<tr><td>3</td><td></td><td colspan="2"></td><td></td><td></td><td></td><td></td><td></td></tr>
<tr><td>4</td><td></td><td colspan="2"></td><td></td><td></td><td></td><td></td><td></td></tr>
</table>

4．系统运行

系统运行结果填入数据记录表 12.3-5。

①记录自动开启时间。

②系统运行中，将提升泵出水流量调为 3.5 L/min 左右，SBR1 池曝气流量调为 4.5 L/min，SBR2 池曝气流量调为 5.5 L/min。

③测试 SBR1 池中 DO 值并记录。

④测试 SBR2 池中 DO 值并记录。

⑤记录运行完成时间。

表 12.3-5 SBR 系统运行数据记录表

项目	测量/设置参数	裁判确认
自动开启时间		
自动停止时间		
提升泵出水流量		
SBR1 池曝气流量		
SBR2 池曝气流量		
SBR1 池 DO 值		
SBR2 池 DO 值		

5．填空题

完成任务调试后，请完整补充以下内容：

①SBR 系统自动运行时，能触发运行中的提升泵停机的因素有：________________、______________。

②SBR 系统自动运行中，当调节池中的水位超过浮球液位开关的下限位时，________启动运行，达到浮球液位开关上限位时，格栅池____________关闭。

③活性微生物因为自身的特性而凝聚成相互紧密组织的菌胶团，因为某种原因被破坏成细小絮体的现象一般称为____________。

④假设在 SBR 系统自动运行中，SBR1 池或 SBR2 池中除曝气盘以外的地方冒气泡，则表明_______________，当风机停机时会造成______________。

⑤SBR 系统自动运行中，当 SBR1 池中的水位到达 SBR1 池中浮球液位开关的上限位时，SBR1 池__________关，SBR1 池_________和________开始运行。

12.3.3 评价体系

（1）评分表

表 12.3-6 污水处理设备的调试运行（18 分）

序号	考核项目	知识点（技能点）	评分标准	分值	备注
1	电源检测	保险丝与电源电压检测	本任务评分内容点，按表 12.3-7 评分。同时，若所装熔断芯不为 10A，则扣 0.1 分	0.5	

序号	考核项目	知识点（技能点）	评分标准	分值	备注
2	程序修改与工程下载	PLC 程序编写	网络 10 的程序编写正确，得 3 分。放弃或漏编不得分，部分编写得 1 分	3	答案见图 12.3-1
			网络 11 的程序编写正确，得 3 分。放弃或漏编不得分，部分编写得 1 分	3	答案见图 12.3-2
		PLC 程序下载及保存	完成 PLC 程序下载与保存得 0.25 分，未完成不得分	0.25	
		触摸屏工程下载	完成触摸屏工程下载得 0.25 分，未完成不得分	0.25	
3	系统通水调试检测	手动调试	完成手动调试过程且器件正常得 1 分，未完成不得分	1	
		故障排除	排除故障并填写系统维护日常记录单。本任务评分内容点，按表 12.3-8 评分	4	答案顺序不分先后
4	系统运行及数据记录	管道密封性	管路系统不渗不漏，1 处渗漏水扣 0.2 分，扣完为止	2	
		系统运行及数据记录	系统自动运行及数据记录。本任务评分内容点，按表 12.3-9 评分	3.5	
5	常识填空	常识填空	正确补完题目，每项 0.05 分	0.5	
6	合计				

表 12.3-7　系统电源检测记录表（0.5 分）

项目	实测数据	参赛选手签字	裁判确认签字	分值	得分
熔断芯检测				0.1	
交流 220 V 检测				0.2	
直流 24 V 检测				0.2	

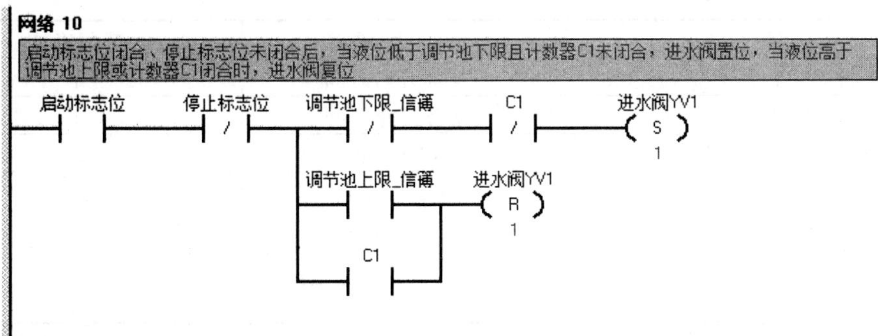

符号	地址	注释
调节池上限_信号1	I0.7	
调节池下限_信号2	I1.0	
进水阀YV1	Q0.2	
启动标志位	M0.0	
停止标志位	M0.1	

图 12.3-1　网络 10 答案

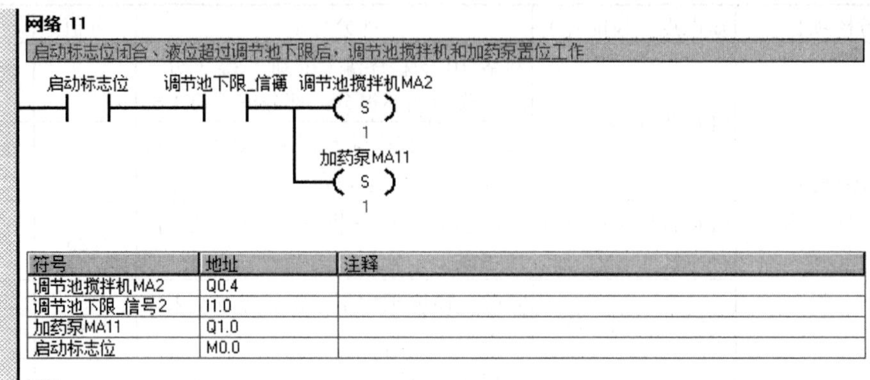

符号	地址	注释
调节池搅拌机MA2	Q0.4	
调节池下限_信号2	I1.0	
加药泵MA11	Q1.0	
启动标志位	M0.0	

图 12.3-2　网络 11 答案

表 12.3-8　系统维护日常记录单（4 分）

<table>
<tr><td rowspan="2">序号</td><td>日期</td><td>比赛当天日期：年/月/日（0.2 分）</td><td>维修人员</td><td>工位号（0.2 分）</td><td colspan="4">放弃记录　是□　否□</td></tr>
<tr><td>故障点位置</td><td colspan="2">故障现象</td><td>解决方案</td><td>开始时间</td><td>结束时间</td><td>选手签字</td><td>裁判签字</td></tr>
<tr><td>1</td><td>计量泵（0.3 分）</td><td colspan="2">内部堵住，不出水（0.3 分）</td><td>去掉堵物（0.3 分）</td><td></td><td></td><td></td><td></td></tr>
<tr><td>2</td><td>卧式止回阀（0.3 分）</td><td colspan="2">内部堵住，不出水（0.3 分）</td><td>去掉堵物（0.3 分）</td><td></td><td></td><td></td><td></td></tr>
<tr><td>3</td><td>进水电磁阀前的长柄球阀处的接头（0.3 分）</td><td colspan="2">接头内部堵住，不出水（0.3 分）</td><td>去掉堵物（0.3 分）</td><td></td><td></td><td></td><td></td></tr>
<tr><td>4</td><td>复合管气路管道（0.3 分）</td><td colspan="2">内部堵住，不出气（0.3 分）</td><td>更换管道（0.3 分）</td><td></td><td></td><td></td><td></td></tr>
</table>

表 12.3-9　SBR 系统运行数据记录表（3.5 分）

项目	测量/设置参数	裁判确认
自动开启时间	实际开启时间	1
自动停止时间	实际停止时间	1
提升泵出水流量	3.5 L/min	0.3
SBR1 池曝气流量	4.5 L/min	0.3
SBR2 池曝气流量	5.5 L/min	0.3
SBR1 池 DO 值	实测	0.3
SBR2 池 DO 值	实测	0.3

填空题参考答案。

完成任务调试后，请完整补充以下内容（每空 0.05 分，共 0.5 分）：

①SBR 系统自动运行时，能触发运行中的提升泵停机的因素有：调节池浮球开关下限、平流式沉砂池浮球开关上限。

②SBR 系统自动运行中，当调节池中的水位超过浮球液位开关的下限位时，提升泵启动运行，达到浮球液位开关上限位时，格栅池进水电磁阀关闭。

③活性微生物因为自身的特性而凝聚成相互紧密组织的菌胶团，因为某种原因被破坏成细小絮体的现象一般称为污泥解体。

④假设在 SBR 系统自动运行中，SBR1 池或 SBR2 池中除曝气盘以外的地方冒气泡，则表明管路有漏气，当风机停机时会造成水倒流进入风机。

⑤SBR 系统自动运行中，当 SBR1 池中的水位到达 SBR1 池中浮球液位开关的上限位时，SBR1 池进水电磁阀关，SBR1 池风机和搅拌电机开始运行。

12.4 MSBR 工艺系统调试运行

12.4.1 技能要求

根据任务书给定的 MSBR 工艺系统，经现场裁判确认同意后进行通电运行，进行单机调试、故障检修和整机联动，使之能够正常完成工艺流程，并将在线监测数据记入表格。

12.4.2 任务指引

考生根据现场竞赛设备和任务书要求，利用提供的电脑与工具，完成系统电源检测、通水调试、运行参数调节、过程数据记录等，系统运行完成以系统自动停机为终点。

1. 系统电源检测

系统电源检测记录填入表 12.4-1。

①本设备专用熔断芯的型号为 RT14-20（10A）。用万用表检测其性能，保证控制柜正常工作。

②用万用表完成电源输入检测。

用万用表完成交流电源 220 V 和直流电源 24 V 的检测，确保电源正常接入（注意：操作前举手示意裁判，由裁判监督完成，并签字）。

表 12.4-1 系统电源检测记录表

项目	实测数据	参赛选手签工位号	裁判签字
熔断芯检测			
交流 220 V 检测			
直流 24 V 检测			

2. 程序修改与工程下载

①在提供的 MSBR 系统 PLC 控制程序中，根据网络 10、网络 11 的注释完成程序的编写，完成后保存并将程序下载到 PLC 中。

注意：如参赛选手无法完成，举手示意裁判放弃该任务并在程序放弃操作记录表 12.4-2 中签字，由裁判确认后，由裁判长提供完整程序。

②打开提供的触摸屏工程，下载到控制柜的触摸屏上。

表 12.4-2　程序放弃操作记录表

序号	本任务此题	签工位号
1	放弃	选手签工位号：
2	裁判签字：	

3．系统通水调试

系统通水调试操作记录填入表 12.4-3。

①控制柜面板导线连接应正确。

②设备上相应器件运行情况应正常。

③管件、器件连接处应无漏水、不渗水。

④找出四处隐藏故障点，排除故障，完成调试，并填写系统维护日常记录单及放弃记录表 12.4-4。

注意：如参赛选手无法完成，可举手示意裁判放弃该任务并在表 12.4-4 中签字，但需要计时 10 min 后，由裁判确认后，由裁判长指定技术人员排故。

表 12.4-3　系统调试操作记录表

序号	项目	参赛选手签工位号	裁判签字
1	PLC 程序下载完成　□是　□否		
2	触摸屏工程下载完成　□是　□否		
3	浮球液位开关测试完成　□是　□否		
4	器件通电、水泵试水完成　□是　□否		
5	水泵进出口管道试漏完成　□是　□否		
6	系统调试完成　□是　□否		

表 12.4-4　系统维护日常记录单及放弃记录表

<table>
<tr><td rowspan="2">序号</td><td>日期</td><td></td><td>维修人员</td><td></td><td colspan="4">放弃记录　是□　否□</td></tr>
<tr><td>故障点位置</td><td colspan="2">故障现象</td><td>解决方案</td><td>开始时间</td><td>结束时间</td><td>选手签工位号</td><td>裁判签字</td></tr>
<tr><td>1</td><td></td><td colspan="2"></td><td></td><td></td><td></td><td></td><td></td></tr>
<tr><td>2</td><td></td><td colspan="2"></td><td></td><td></td><td></td><td></td><td></td></tr>
<tr><td>3</td><td></td><td colspan="2"></td><td></td><td></td><td></td><td></td><td></td></tr>
<tr><td>4</td><td></td><td colspan="2"></td><td></td><td></td><td></td><td></td><td></td></tr>
</table>

4．系统运行及数据记录。

系统运行及数据需要填入记录表 12.4-5 中。

①记录自动开启时间

②系统运行中，将提升泵出水流量调为 3.5 L/min 左右，内回流泵出水流量调为 1.5 L/min 左右，好氧池曝气流量调为 5.5 L/min，SBR1 池曝气流量调为 4.5 L/min，SBR2 池曝气流量调为 5.5 L/min。

③测试好氧池中溶解氧 DO 值并记录。

④测试 SBR2 池中溶解氧 DO 值并记录。

⑤记录运行完成时间。

表 12.4-5 MSBR 系统运行数据记录表

项目	测量/设置参数	裁判确认
自动开启时间		
自动停止时间		
提升泵出水流量		
内回流泵出水流量		
好氧池曝气流量		
SBR1 池曝气流量		
SBR2 池曝气流量		
好氧池 DO 值		
SBR2 池 DO 值		

5．填空题

完成任务调试后，请完整补充以下内容：

①MSBR 系统自动运行中，当 SBR1 池中的水位到达 SBR1 池中浮球液位开关的上限位时，SBR1 池_________关闭，SBR1 池_____________和__________开始运行。

②MSBR 系统自动运行中，当 SBR1 池搅拌机得电后，只发出“嗡嗡”声，但不转动，检查搅拌机为正常，那么最有可能的原因是_____________。

③污泥膨胀通常是由________________________________导致的。

④MSBR 系统实质是由_______工艺与_______系统串联而成，具有_____________功能，且具有__________、_________的功能。

12.4.3 评价体系

（1）评分表

表 12.4-6 污水处理设备的调试运行评分表（18 分）

序号	考核项目	知识点（技能点）	评分标准	分值	备注
1	电源检测	保险丝与电源电压检测	本任务评分内容点，按表 12.4-7 评分。同时，若所装熔断芯不为 10A，则扣 0.1 分	0.5	

序号	考核项目	知识点（技能点）	评分标准	分值	备注
2	程序修改与工程下载	PLC 程序编写	网络 10 的程序编写正确，得 3 分。放弃或漏编不得分，部分编写得 1 分	3	答案见图 12.4-1
			网络 11 的程序编写正确，得 3 分。放弃或漏编不得分，部分编写得 1 分	3	答案见图 12.4-2
		PLC 程序下载及保存	完成 PLC 程序下载与保存得 0.25 分，未完成不得分	0.25	
		触摸屏工程下载	完成触摸屏工程下载得 0.25 分，未完成不得分	0.25	
3	系统通水调试检测	手动调试	完成手动调试过程且器件正常得 1 分，未完成不得分	1	
		故障排除	排除故障并填写系统维护日常记录单。本任务评分内容点，按表 12.4-8 评分	4	答案顺序不分先后
4	系统运行及数据记录	管道密封性	管路系统不渗不漏，1 处渗漏水扣 0.2 分，扣完为止	2	
		系统运行及数据记录	系统自动运行及数据记录。本任务评分内容点，按表 12.4-9 评分	3.5	
5	常识填空	常识填空	正确补完题目，每项 0.05 分	0.5	
6	合计				

（2）参考答案

表 12.4-7　系统电源检测记录表（0.5 分）

项目	实测数据	参赛选手签字	裁判确认签字	分值	得分
熔断芯检测	╲			0.1	
交流 220 V 检测				0.2	
直流 24 V 检测				0.2	

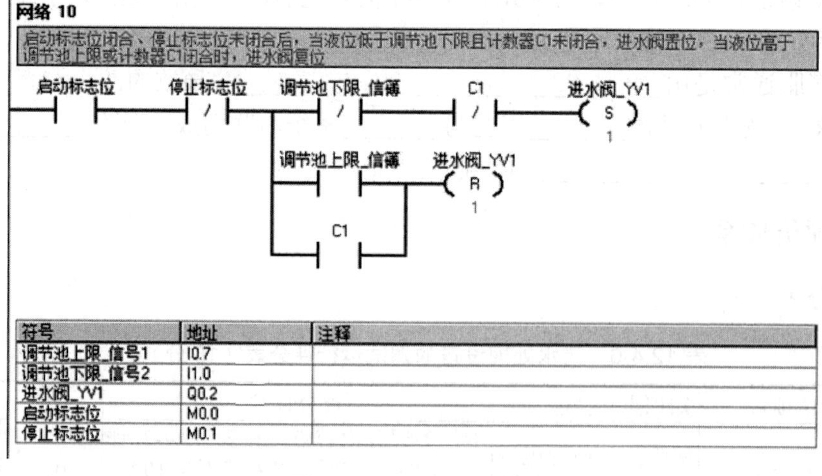

符号	地址	注释
调节池上限_信号1	I0.7	
调节池下限_信号2	I1.0	
进水阀_YV1	Q0.2	
启动标志位	M0.0	
停止标志位	M0.1	

图 12.4-1　网络 10 答案

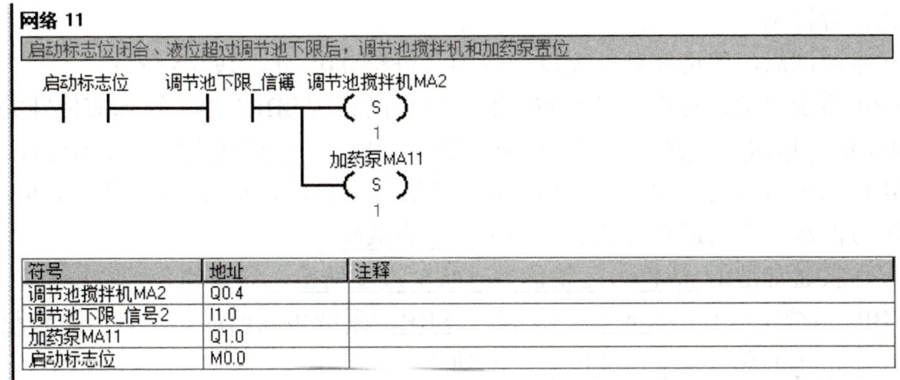

符号	地址	注释
调节池搅拌机MA2	Q0.4	
调节池下限_信号2	I1.0	
加药泵MA11	Q1.0	
启动标志位	M0.0	

图 12.4-2　网络 11 答案

表 12.4-8　系统维护日常记录单（4 分）

<table>
<tr><td rowspan="2">序号</td><td>日期</td><td>比赛当天日期：年/月/日（0.2 分）</td><td>维修人员</td><td>工位号（0.2 分）</td><td colspan="4">放弃记录　　是□　否□</td></tr>
<tr><td>故障点位置</td><td colspan="2">故障现象</td><td>解决方案</td><td>开始时间</td><td>结束时间</td><td>选手签字</td><td>裁判签字</td></tr>
<tr><td>1</td><td>计量泵（0.3 分）</td><td colspan="2">内部堵住，不出水（0.3 分）</td><td>去掉堵物（0.3 分）</td><td></td><td></td><td></td><td></td></tr>
<tr><td>2</td><td>卧式止回阀（0.3 分）</td><td colspan="2">内部堵住，不出水（0.3 分）</td><td>去掉堵物（0.3 分）</td><td></td><td></td><td></td><td></td></tr>
<tr><td>3</td><td>进水电磁阀前的长柄球阀处的接头（0.3 分）</td><td colspan="2">接头内部堵住，不出水（0.3 分）</td><td>去掉堵物（0.3 分）</td><td></td><td></td><td></td><td></td></tr>
<tr><td>4</td><td>复合管气路管道（0.3 分）</td><td colspan="2">内部堵住，不出气 0.3 分）</td><td>更换管道（0.3 分）</td><td></td><td></td><td></td><td></td></tr>
</table>

表 12.4-9　MSBR 系统运行数据记录表（3.5 分）

项目	测量/设置参数	裁判确认	分值	得分
自动开启时间	实际开启时间		1	
自动停止时间	实际停止时间		1	
提升泵出水流量	3.5 L/min		0.2	
内回流泵出水流量	1.5 L/min		0.2	
好氧池曝气流量	5.5 L/min		0.2	
SBR1 池曝气流量	4.5 L/min		0.2	
SBR2 池曝气流量	5.5 L/min		0.2	
好氧池 DO 值	实测值		0.25	
SBR2 池 DO 值	实测值		0.25	

填空题参考答案。

完成任务调试后，请请完整补充以下内容（每空 0.05 分，共 0.5 分）：

①MSBR 系统自动运行中，当 SBR1 池中的水位到达 SBR1 池中浮球液位开关的上限位时，SBR1 池__进水电磁阀__关闭，SBR1 池__风机__和__搅拌电机__开始运行。

②MSBR 系统自动运行中，当 SBR1 池搅拌机得电后，只发出“嗡嗡”声，但不转动，检查搅拌机为正常，那么最有可能的原因是__电容故障__。

③污泥膨胀通常是由__活性污泥絮体中丝状菌过度繁殖__导致的。

④MSBR 系统实质是由__A^2/O__工艺与__SBR__系统串联而成，具有__除磷脱氮__功能，且具有__连续进水__、__连续出水__的功能。

13 综合污染因子监测与综合素质评价

13.1 综合污染因子监测

13.1.1 案例 1

1．技能要求

①根据任务书要求及给定的试剂，能够正确使用在线监测仪器仪表，完成指定的环保监测仪器（DO 仪、pH 仪等）标定校准与参数设定工作，以及对相关单元进行监测并记录相应的数据，以达到预定功能要求。

②根据任务书要求及给定的检测仪器，完成对设备平台环境空气质量 $PM_{2.5}$ 的检测并记录相应的数据。

③根据任务书要求及给定的检测仪器，完成对设备平台风机噪声的检测并记录相应的数据。

④根据任务书要求及给定的检测仪器，完成对污泥及其渗滤液的 pH 和电导率的检测并记录相应的数据。

2．任务指引

根据任务书要求，利用提供的在线仪表，完成通电预热、仪表标定、定点安装等任务，并记录在表 13.1-1 中。

表 13.1-1 在线监测仪表标定记录表

仪表名称	预热开始时间	裁判签字	预热结束时间	裁判签字	零点标定值	裁判签字	斜率标定值	裁判签字
在线式 DO 仪（二）								
在线式 DO 仪（四）								
在线式 pH 仪								

（1）在线式 DO 仪的标定

①配制无氧水，取足量的 Na_2SO_3 加入蒸馏水中配制成饱和溶液，默认水中的溶解氧含量为 0 mg/L。

②将标定仪器通电预热 30 min，预热前和结束后，举手示意裁判，记录开始和结束时间并签字。

③零点标定，待测量值稳定后，经裁判允许并签字后方可进行零点标定值的保存。

④斜率标定，待测量值稳定后，经裁判允许并签字后方可进行零点标定值的保存。

（2）在线 pH 仪的标定

①标准缓冲液 pH 6.86 和 pH 4.00 的配制，将相应 pH 缓冲剂粉末定容到 250 mL 容量瓶中，配制标准溶液。

②将标定仪器通电预热 30 min，预热前和结束后，举手示意裁判，记录开始和结束时间并签字。

③零点标定（pH 6.86），将 pH 仪传感器探头放在标准缓冲液中，待屏幕显示有 ZERO 和 6.86，说明仪器零点校正完成。

④斜率标定（pH 4.00），将 pH 仪传感器探头放在标准缓冲液中，待屏幕显示有 SLOPE 和 4.00，说明仪器斜率校正完成。

（3）参数设置

按照表 13.1-2 设置 DO、pH 仪参数。

表 13.1-2　仪表参数设置

名称	高报警（High）	低报警（Low）	滞后（Delay）	裁判签字
在线式 DO 仪（二）	3.5 mg/L	2 mg/L	0.01 mg/L	
在线式 DO 仪（四）	4 mg/L	2 mg/L	0.1 mg/L	
在线式 pH 仪	9	6	0.1	

（4）环境空气质量监测

利用提供的 $PM_{2.5}$ 监测仪，测得工位现场环境空气质量参数：$PM_{2.5}$__________、温度________、湿度________。

（5）现场噪声监测

利用提供的声级计，测得风机房环境噪声声级为（采用 slow 档检测）______________。

（6）固体渗滤液监测

注意应在自动运行停止后检测。

以砂滤柱底部出水为固体渗滤液，利用提供的仪表，测得滤液的 pH 和电导率分别为____________、____________。

3．评价体系

（1）评分表

表 13.1-3　污水处理厂水、气、声、渣污染因子的监测评分表（10 分）

序号	考核项目	知识点（技能点）	评分标准	分值	得分
1	在线监测仪表的标定	缓冲试剂配制	定容操作规范性，规范得 0.2 分，合格得 0.1 分，不合格得 0 分	0.2	
			粘贴标签纸，以示区分，做了得 0.1 分，反之得 0 分	0.1	
			溶质全部投加，无残留得 0.1 分，反之得 0.05 分	0.1	

序号	考核项目	知识点（技能点）	评分标准	分值	得分
1	在线监测仪表的标定	无氧水配制	溶解操作规范性，规范得 0.1 分，合格得 0.05 分，不合格得 0 分	0.1	
			药剂适量使用，无浪费得 0.1 分，反之得 0.05 分	0.1	
		仪器预热时间	仪器预热时间为结束时间减去开始时间。共 3 组，每组 0.4 分。不足 30 min 扣 0.2 分，没有预热扣 0.4 分	1.5	答案见表 13.1-4
		零点和斜率标定	传感器与仪表之间标定零点和斜率，未标定扣 2.4 分，标定不正确，1 处扣 0.4 分，扣完为止	2.4	
2	仪表参数设定	仪表参数设定	参数设定正确，错误一处扣 0.3 分，扣完为止	2.5	配分表见表 13.1-5
3	污染因子的监测	$PM_{2.5}$ 监测	检测数据与单位均正确，每一处，得 0.5 分，单位错误得 0.4 分，错误，则不得分	1.5	
		噪声监测	检测数据与单位均正确，每一处，得 0.5 分，单位错误得 0.4 分，错误，则不得分	0.5	
		渗滤液监测	检测数据与单位均正确，每一处，得 0.5 分，单位错误得 0.4 分，错误，则不得分	1	
4	合计				

（2）参考答案

表 13.1-4　在线监测仪表标定记录表（3.9 分）

仪表名称	预热开始时间	裁判签字	预热结束时间	裁判签字	零点标定值	裁判签字	斜率标定值	裁判签字
在线式 DO 仪（二）	实际时间		实际时间		0～0.5		实际值	
分值	（预热时间满 30 min 及以上）			0.5	0.4		0.4	
在线式 DO 仪（四）	实际时间		实际时间		0～0.5		实际值	
分值	（预热时间满 30 min 及以上）			0.5	0.4		0.4	
在线式 pH 仪	实际时间		实际时间		6.80～6.95		3.95～4.05	
分值	（预热时间满 30 min 及以上）			0.5	0.4		0.4	

表 13.1-5　仪表参数设置（2.5 分）

名称	高报警（High）	低报警（Low）	滞后（Delay）	分值	得分
在线式 DO 仪（二）	3.5 mg/L	2 mg/L	0.1 mg/L	2.5	
在线式 DO 仪（四）	4 mg/L	2 mg/L	0.1 mg/L		
在线式 pH 仪	9	6	0.1		

①污水处理厂环境空气质量监测。

利用提供的 $PM_{2.5}$ 监测仪，测得工位现场环境空气质量参数：$PM_{2.5}$ 实测值 μg/m³ 、温度 实测值℃ 、湿度 实测值%RH 。

②污水处理厂现场噪声监测。

利用提供的声级计，测得风机房环境噪声声级为 实测值 dB 。

③污水处理厂固体渗滤液监测。

以砂滤柱底部出水为固体渗滤液，利用提供的仪表，测得滤液的 pH 和电导率分别为 实测值 、 实测值 μS/ cm。

13.1.2 案例 2

1．技能要求

①根据任务书要求及给定的试剂，能够正确使用在线监测仪器仪表，完成指定的环保监测仪器（DO 仪、pH 仪等）标定校准与参数设定工作，以及对相关单元进行监测并记录相应的数据，以达到预定功能要求。

②根据任务书要求及给定的检测仪器，完成对设备环境空气质量 $PM_{2.5}$ 的检测并记录相应的数据。

③根据任务书要求及给定的检测仪器，完成对设备平台风机噪声的检测并记录相应的数据。

④根据任务书要求及给定的检测仪器，完成对污泥及其渗滤液的 pH 和电导率的检测并记录相应的数据。

2．任务指引

根据任务书要求，利用提供的在线仪表，完成通电预热、仪表标定、定点安装等任务，并记录在表 13.1-6 中。

（1）在线式 DO 仪的标定

①配制无氧水，取足量的 Na_2SO_3 加入蒸馏水中配制成饱和溶液，默认水中的溶解氧含量为 0 mg/L。

②将标定仪器通电预热 30 min，预热前和结束后，举手示意裁判，记录开始和结束时间并签字。

③零点标定，待测量值稳定后，经裁判允许并签字后方可进行零点标定值的保存。

④斜率标定，待测量值稳定后，经裁判允许并签字后方可进行零点标定值的保存。

（2）在线 pH 仪的标定

①标准缓冲液 pH 6.86 和 pH 4.00 的配制，将相应 pH 缓冲剂粉末定容到 250 mL 容量瓶中，配制标准溶液。

②将标定仪器通电预热 30 min，预热前和结束后，举手示意裁判，记录开始时间和结束时间并签字。

③零点标定（pH 6.86），将 pH 仪传感器探头放在标准缓冲液中，待屏幕显示有 ZERO 和 6.86，说明仪器零点校正完成。

④斜率标定（pH 4.00），将 pH 仪传感器探头放在标准缓冲液中，待屏幕显示有 SLOPE

和 4.00，说明仪器斜率校正完成。

表 13.1-6 在线监测仪表标定记录表

仪表名称	预热开始时间	裁判签字	预热结束时间	裁判签字	零点标定值	裁判签字	斜率标定值	裁判签字
在线式 DO 仪（一）								
在线式 DO 仪（二）								
在线式 DO 仪（三）								
在线式 pH 仪								

（3）参数设置

按照表 13.1-7 设置 DO、pH 仪表参数。

表 13.1-7 仪表参数设置

名称	高报警（High）	低报警（Low）	滞后（Delay）	裁判签字
在线式 DO 仪（一）	4 mg/L	2 mg/L	0.1 mg/L	
在线式 DO 仪（三）	3.5 mg/L	0.5 mg/L	0.1 mg/L	
在线式 pH 仪	9	6	0.1	

（4）环境空气质量监测

利用提供的 $PM_{2.5}$ 监测仪，测得工位现场环境空气质量参数：$PM_{2.5}$__________、温度________、湿度________。

（5）现场噪声监测

利用提供的声级计，测得风机房环境噪声声级为（采用 slow 挡检测）______________。

（6）固体渗滤液监测

注意应在自动运行停止后检测。

以砂滤柱底部出水为固体渗滤液，利用提供的仪表，测得滤液的 pH 和电导率分别为_____________、_____________。

3．评价体系

（1）评分表

表 13.1-8 污水处理厂水、气、声、渣污染因子的监测评分表（10 分）

序号	考核项目	知识点（技能点）	评分标准	分值	得分
1	在线监测仪表的标定	缓冲试剂配制	定容操作规范性，规范得 0.2 分，合格得 0.1 分，不合格得 0 分	0.2	
			粘贴标签纸，以示区分，做了得 0.2 分，反之得 0 分	0.2	
			溶质全部投加，无残留得 0.1 分，反之得 0.05 分	0.1	

序号	考核项目	知识点（技能点）	评分标准	分值	得分
1	在线监测仪表的标定	无氧水配制	溶解操作规范性，规范得 0.2 分，合格得 0.1 分，不合格得 0 分	0.2	
			药剂适量使用，无浪费得 0.1 分，反之得 0.05 分	0.1	
		仪器预热时间	仪器预热时间为结束时间减去开始时间。共 4 组，每组 0.5 分。不足 30 min 扣 0.3 分，没有预热扣 0.5 分	2	答案见表 13.1-9
		零点和斜率标定	传感器与仪表之间标定零点和斜率，未标定扣 2.4 分，标定不正确，1 处扣 0.3 分，扣完为止	2.4	
2	仪表参数设定	仪表参数设定	参数设定正确，错误一处扣 0.2 分，扣完为止	1.8	配分表见表 13.1-10
3	污染因子的监测	$PM_{2.5}$ 监测	检测数据与单位均正确，每一处，得 0.5 分，单位错误得 0.4 分，错误，则不得分	1.5	
		噪声监测	检测数据与单位均正确，每一处，得 0.5 分，单位错误得 0.4 分，错误，则不得分	0.5	
		渗滤液监测	检测数据与单位均正确，每一处，得 0.5 分，单位错误得 0.4 分，错误，则不得分	1	
4	合计				

（2）参考答案

表 13.1-9 在线监测仪表标定记录表（4.4 分）

仪表名称	预热开始时间	裁判签字	预热结束时间	裁判签字	零点标定值	裁判签字	斜率标定值	裁判签字
在线式 DO 仪（一）	实际时间		实际时间		0～0.5		实际值	
分值	（预热时间满 30 min 及以上）			0.5	0.3		0.3	
在线式 DO 仪（二）	实际时间		实际时间		0～0.5		实际值	
分值	（预热时间满 30 min 及以上）			0.5	0.3		0.3	
在线式 DO 仪（三）	实际时间		实际时间		0～0.5		实际值	
分值	（预热时间满 30 min 及以上）			0.5	0.3		0.3	
在线式 pH 仪	实际时间		实际时间		6.80～6.95		9.12～9.25	
分值	（预热时间满 30 min 及以上）			0.5	0.3		0.3	

表 13.1-10 仪表参数设置（1.8 分）

名称	高报警（High）	低报警（Low）	滞后（Delay）	分值	得分
在线式 DO 仪（一）	4 mg/L	2 mg/L	0.1 mg/L	1.8	
在线式 DO 仪（三）	3.5 mg/L	0.5 mg/L	0.1 mg/L		
pH 仪	9	6	0.1		

①污水处理厂环境空气质量监测。

利用提供的 $PM_{2.5}$ 监测仪，测得工位现场环境空气质量参数：$PM_{2.5}$ 实测值 μg/m³ 、温度 实测值℃ 、湿度 实测值%RH 。

②污水处理厂现场噪声监测。

利用提供的声级计，测得风机房环境噪声声级为 实测值 dB 。

③污水处理厂固体渗滤液监测。

以砂滤柱底部出水为固体渗滤液，利用提供的仪表，测得滤液的 pH 和电导率分别为 实测值 、 实测值 μS/ cm。

13.1.3 案例 3

1．技能要求

①根据任务书要求及给定的试剂，能够正确使用在线监测仪器仪表，完成指定的环保监测仪器（DO 仪、pH 仪等）标定校准与参数设定工作，以及对相关单元进行监测并记录相应的数据，以达到预定功能要求。

②根据任务书要求及给定的检测仪器，完成对设备环境空气质量 $PM_{2.5}$ 的检测并记录相应的数据。

③根据任务书要求及给定的检测仪器，完成对设备平台风机噪声的检测并记录相应的数据。

④根据任务书要求及给定的检测仪器，完成对污泥及其渗滤液的 pH 和电导率的检测并记录相应的数据。

2．任务指引

根据任务书要求，利用提供的在线仪表，完成通电预热、仪表标定、定点安装等任务，并记录在表 13.1-11 中。

表 13.1-11 在线监测仪表标定记录表

仪表名称	预热开始时间	裁判签字	预热结束时间	裁判签字	零点标定值	裁判签字	斜率标定值	裁判签字
在线式 DO 仪（三）								
在线式 DO 仪（四）								
在线式 pH 仪								

（1）在线式 DO 仪的标定

①配制无氧水，取足量的 Na_2SO_3 加入蒸馏水中配制成饱和溶液，默认水中的溶解氧含量为 0 mg/L。

②将标定仪器通电预热 30 min，预热前和结束后，举手示意裁判，记录开始和结束时间并签字。

③零点标定，待测量值稳定后，经裁判允许并签字后方可进行零点标定值的保存。

④斜率标定，待测量值稳定后，经裁判允许并签字后方可进行零点标定值的保存。

（2）在线 pH 仪的标定

①标准缓冲液 pH 6.86 和 pH 4.00 的配制，将相应 pH 缓冲剂粉末定容到 250 mL 容量瓶中，配制标准溶液。

②将标定仪器通电预热 30 min，预热前和结束后，举手示意裁判，记录开始和结束时间并签字。

③零点标定（pH 6.86），将 pH 仪传感器探头放在标准缓冲液中，待屏幕显示有 ZERO 和 6.86，说明仪器零点校正完成。

④斜率标定（pH 4.00），将 pH 仪传感器探头放在标准缓冲液中，待屏幕显示有 SLOPE 和 4.00，说明仪器斜率校正完成。

（3）参数设置

按照表表 13.1-12 设置 DO、pH 仪表参数。

表 13.1-12　仪表参数设置

名称	高报警（High）	低报警（Low）	滞后（Delay）	裁判签字
在线式 DO 仪（三）	0.2 mg/L	0 mg/L	0.01 mg/L	
在线式 DO 仪（四）	4 mg/L	2 mg/L	0.1 mg/L	
在线式 pH 仪	10	5	0.1	

（4）环境空气质量监测

利用提供的 $PM_{2.5}$ 监测仪，测得工位现场环境空气质量参数：$PM_{2.5}$__________、温度________、湿度________。

（5）现场噪声监测

利用提供的声级计，测得风机房环境噪声声级为（采用 slow 档检测）______________。

（6）固体渗滤液监测

注意：自动运行停止后检测。

以砂滤柱底部出水为固体渗滤液，利用提供的仪表，测得滤液的 pH 和电导率分别为_____________、_____________。

3．评价体系

（1）评分表

表 13.1-13　污水处理厂水、气、声、渣污染因子的监测评分表（10 分）

序号	考核项目	知识点（技能点）	评分标准	分值	得分
1	在线监测仪表的标定	缓冲试剂配制	定容操作规范性，规范得 0.2 分，合格得 0.1 分，不合格得 0 分	0.2	
			粘贴标签纸，以示区分，做了得 0.1 分，反之得 0 分	0.1	
			溶质全部投加，无残留得 0.1 分，反之得 0.05 分	0.1	

序号	考核项目	知识点（技能点）	评分标准	分值	得分
1	在线监测仪表的标定	无氧水配制	溶解操作规范性，规范得 0.1 分，合格得 0.05 分，不合格得 0 分	0.1	
			药剂适量使用，无浪费得 0.1 分，反之得 0.05 分	0.1	
		仪器预热时间	仪器预热时间为结束时间减去开始时间。共 3 组，每组 0.5 分。不足 30 min 扣 0.3 分，没有预热扣 0.5 分	1.5	答案见表 13.1-14
		零点和斜率标定	传感器与仪表之间标定零点和斜率，未标定扣 2.4 分，标定不正确，1 处扣 0.4 分，扣完为止	2.4	
2	仪表参数设定	仪表参数设定	参数设定正确，错误一处扣 0.3 分，扣完为止	2.5	配分表见表 13.1-15
3	污染因子的监测	$PM_{2.5}$ 监测	检测数据与单位均正确，每一处，得 0.5 分，单位错误得 0.4 分，错误，则不得分	1.5	
		噪声监测	检测数据与单位均正确，每一处，得 0.5 分，单位错误得 0.4 分，错误，则不得分	0.5	
		渗滤液监测	检测数据与单位均正确，每一处，得 0.5 分，单位错误得 0.4 分，错误，则不得分	1	
4	合计				

（2）参考答案

表 13.1-14　在线监测仪表标定记录表（3.9）

仪表名称	预热开始时间	裁判签字	预热结束时间	裁判签字	零点标定值	裁判签字	斜率标定值	裁判签字
在线式 DO 仪（三）	实际时间		实际时间		0～0.5		实际值	
分值	（预热时间满 30 min 及以上） 0.5				0.4		0.4	
在线式 DO 仪（四）	实际时间		实际时间		0～0.5		实际值	
分值	（预热时间满 30 min 及以上） 0.5				0.4		0.4	
在线式 pH 仪	实际时间		实际时间		6.80～6.95		3.95～4.05	
分值	（预热时间满 30 min 及以上） 0.5				0.4		0.4	

表 13.1-15　仪表参数设置（2.5 分）

名称	高报警（High）	低报警（Low）	滞后（Delay）	分值	得分
在线式 DO 仪（三）	0.2 mg/L	0 mg/L	0.01 mg/L	2.5	
在线式 DO 仪（四）	4 mg/L	2 mg/L	0.1 mg/L		
在线式 pH 仪	10	5	0.1		

①污水处理厂环境空气质量监测。

利用提供的 $PM_{2.5}$ 监测仪，测得工位现场环境空气质量参数：$PM_{2.5}$ 实测值 μg/m^3 、温度 实测值℃ 、湿度 实测值%RH 。

②污水处理厂现场噪声监测。

利用提供的声级计，测得风机房环境噪声声级为 实测值 dB 。

③污水处理厂固体渗滤液监测。

以砂滤柱底部出水为固体渗滤液，利用提供的仪表，测得滤液的 pH 和电导率分别为 实测值 、 实测值 μS/ cm。

13.2 综合素质评价

13.2.1 技能要求

包括操作不当损坏工具，工作台面遗留工具、零件，操作结束工具未能整体摆放，不尊重考场裁判和工作人员，违反竞赛规则。

13.2.2 任务指引

（1）设备操作规范性

①按顺序开停机。

②按照安装—调试—运行的流程进行操作。

③电极线过孔连接。

④电极需经标定，方可投入使用。

（2）节能减耗，提高利用率

①用完万用表后需关闭。

②记号笔使用后及时盖帽。

③节约水、电，不浪费。

④节约耗材，不额外添加。

（3）工具、仪器、仪表的正确使用

①用 PVC 管子剪刀裁ϕ 16PU 管。

②用复合管割刀裁复合管。

③正确使用卷尺测量长度。

④正确操作万用表。

（4）现场安全、文明情况

①用水、用电安全，无满溢。

②合理穿戴劳保用品。

③合理摆放工具，避免安全隐患。

④整理、整洁现场，爱护环境。

（5）团队分工协作

①分工协作、团结进取。

②无喧哗吵闹现象。

13.2.3 评价体系

（1）综合素质

表 13.2-1 综合素质评分表（5 分）

序号	考核项目	知识点（技能点）	评分标准	分值	小计
1	综合素质	设备操作规范性	按顺序开停机	0.25	
			按照安装—调试—运行的流程进行操作	0.25	
			电极线过孔连接	0.25	
			电极需经标定，方可投入使用	0.25	
1	综合素质	节能减耗，提高利用率	用完万用表后需关闭	0.15	
			记号笔使用后及时盖帽	0.15	
			节约水、电，不浪费	良好 0.5 一般 0.25 差 0.1	
			节约耗材，不额外添加	0.2	
		工具、仪器、仪表的正确使用	用 PVC 管子剪刀裁ϕ16PU 管	0.25	
			用复合管割刀裁复合管	0.25	
			正确使用卷尺测量长度	0.25	
			正确操作万用表	0.25	
		现场安全、文明情况	用水、用电安全，无满溢	0.2	
			合理穿戴劳保用品	0.15	
			合理摆放工具，避免安全隐患	0.15	
			整理、整洁现场，爱护环境	良好 0.5 一般 0.25 差 0.1	
		团队分工协作	分工协作、团结进取	良好 0.5 一般 0.25 差 0.1	
			无喧哗吵闹现象	0.5	
2	合计				

（2）重大失误

表 13.2-2 重大失误扣分表

序号	考核项目	重大失误描述		扣分值	小计
1	正确操作	误判器件故障		2 分/次	
		带电操作	未断开电源，进行器件安装	5 分/次	
			未断开电源，进行管路连接		
			未断开电源，进行漏水、漏气修复		
			未断开电源，进行下载及通信线连接		
		选手误操作，导致设备中的水溢出		10 分/次	
		利用水桶直接注水		5 分/次	
2	合计				

14 应用软件与综合训练

14.1 S7-200 CPU224XP 系统

14.1.1 PLC

PLC（Programmable Logic Controller），即可编程序控制器。是一种专门为在工业环境下应用而设计的数字运算操作的电子装置。它采用可以编制程序的存储器，用来在其内部存储执行逻辑运算、顺序运算、计时、计数和算术运算等操作的指令，通过数字式或模拟式的输入和输出，控制各种类型的机械或生产过程。

1．PLC 的分类

①按产地，可分为日系、欧美、韩国、中国台湾、中国大陆等。

日系具有代表性的为三菱、欧姆龙、松下、光洋等。

欧美系列具有代表性的为西门子、A-B、通用电气、德州仪表等。

韩国和中国台湾系列具有代表性的为 LG、台达等。

中国大陆系列具有代表性的为合利时、浙江中控等。

②按点数，可分为大型机、中型机及小型机等。

大型机一般 I/O 点数＞2 048 点，具有多 CPU，16 位/32 位处理器，用户存储器容量 8～16 K，具有代表性的为西门子 S7-400 系列、通用公司的 GE-Ⅳ系列等。

中型机一般 I/O 点数为 256～2 048 点，单/双 CPU，用户存储器容量 2～8 K，具有代表性的为西门子 S7-300 系列、三菱 Q 系列等。

小型机一般 I/O 点数＜256 点，单 CPU，8 位或 16 位处理器，用户存储器容量 4K 字以下，具有代表性的为西门子 S7-200 系列、三菱 FX 系列等。

③按结构，可分为整体式和模块式。

整体式 PLC 是将电源、CPU、I/O 接口等部件都集中装在一个机箱内，具有结构紧凑、体积小、价格低的特点；小型 PLC 一般采用这种整体式结构。

模块式 PLC 由不同 I/O 点数的基本单元（又称主机）和扩展单元组成。

基本单元内有 CPU、I/O 接口、与 I/O 扩展单元相连的扩展口，以及与编程器或 EPROM 写入器相连的接口等；扩展单元内只有 I/O 和电源等，没有 CPU；基本单元和扩展单元之间一般用扁平电缆连接。

模块式 PLC 配置灵活，可根据需要选配不同规模的系统，装配方便，便于扩展和维修。大型、中型 PLC 一般采用模块式结构。

整体式 PLC 一般还可配备特殊功能单元，如模拟量单元、位置控制单元等，使其功能得以扩展。

还有一些 PLC 将整体式和模块式的特点结合起来，构成所谓叠装式 PLC。

④按功能，可分为低档、中档、高档三类。

低档 PLC 具有逻辑运算、定时、计数、移位以及自诊断、监控等基本功能，还可有少量模拟量输入/输出、算术运算、数据传送和比较、通信等功能，主要用于逻辑控制、顺序控制或少量模拟量控制的单机控制系统。

中档 PLC 除具有低挡 PLC 的功能外，还具有较强的模拟量输入/输出、算术运算、数据传送和比较、数制转换、远程 I/O、子程序、通信联网等功能，有些还可增设中断控制、PID 控制等功能，适用于复杂控制系统。

高档 PLC 除具有中挡 PLC 的功能外，还增加了带符号算术运算、矩阵运算、位逻辑运算、平方根运算及其他特殊功能函数的运算、制表及表格传送功能等，高挡 PLC 具有更强的通信联网功能，可用于大规模过程控制或构成分布式网络控制系统，实现工厂自动化。

2．PLC 的特点

（1）可靠性高，抗干扰能力强

高可靠性是电气控制设备的关键性能。PLC 由于采用现代大规模集成电路技术，采用严格的生产工艺制造，内部电路采取了先进的抗干扰技术，具有很高的可靠性。一些使用冗余 CPU 的 PLC 平均无故障工作时间则更长。

从 PLC 的机外电路来说，使用 PLC 构成控制系统，与同等规模的继电接触器系统相比，电气接线及开关接点已减少到数百甚至数千分之一，故障也就大大降低。

PLC 带有硬件故障自我检测功能，出现故障时可及时发出警报信息。

在应用软件中，还可以编入外围器件的故障自诊断程序，使系统中除 PLC 以外的电路及设备也获得故障自诊断保护。

（2）配套齐全，功能完善，适用性强

具有大、中、小各种规模的系列化产品，用于各种规模的工业控制场合。逻辑处理功能、数据运算能力，可用于各种数字控制领域。

近年来 PLC 的功能单元大量涌现，使 PLC 渗透到了位置控制、温度控制、CNC 等各种工业控制中。加上 PLC 通信能力的增强及人机界面技术的发展，使用 PLC 组成各种控制系统变得非常容易。

（3）易学易用

PLC 作为通用工业控制计算机，是面向工矿企业的工控设备。它接口容易，编程语言易于为工程技术人员所接受。梯形图语言的图形符号与表达方式和继电器电路图相当接近，只用 PLC 的少量开关量逻辑控制指令就可以方便地实现继电器电路的功能。为不熟悉电子电路、不懂计算机原理和汇编语言的人使用计算机从事工业控制打开了方便之门。

（4）系统的设计、建造工作量小，维护方便，容易改造

PLC 用存储逻辑代替接线逻辑，大大减少了控制设备外部的接线，使控制系统设计及建造的周期大为缩短，维护简单。使同一设备经过改变程序改变生产过程成为可能。适合多品种、小批量的生产场合。

（5）体积小，重量轻，能耗低

以超小型 PLC 为例，底部尺寸小于 100 mm，重量小于 150 g，功耗仅数瓦。由于体积小，很容易装入机械内部，是实现机电一体化的理想控制设备。

3．PLC 的应用领域

PLC 广泛应用于钢铁、石油、化工、电力、建材、机械制造、汽车、轻纺、交通运输、环保及文化娱乐等行业。

（1）开关量的逻辑控制

应用最基本、最广泛，它取代传统的继电器电路，实现逻辑控制、顺序控制，既可用于单台设备的控制，也可用于多机群控及自动化流水线。如注塑机、印刷机、订书机械、组合机床、磨床、包装生产线、电镀流水线等。

（2）模拟量控制

在工业生产过程当中，有许多连续变化的量，如温度、压力、流量、液位和速度等都是模拟量。为了使可编程序控制器处理模拟量，必须实现模拟量（Analog）和数字量（Digital）之间的 A/D 转换及 D/A 转换。PLC 厂家都有生产配套的 A/D 和 D/A 转换模块，使可编程序控制器用于模拟量控制。

（3）运动控制

PLC 可以用于圆周运动或直线运动的控制。从控制机构配置来说，早期直接用于开关量 I/O 模块连接位置传感器和执行机构，现在一般使用专用的运动控制模块。例如，可驱动步进电机或伺服电机的单轴或多轴位置控制模块。PLC 几乎都有运动控制功能，用于各种机械、机床、机器人、电梯等场合。

（4）过程控制

过程控制是指对温度、压力、流量等模拟量的闭环控制。作为工业控制计算机，PLC 能编制各种控制算法程序，完成闭环控制。PID 调节是一般闭环控制系统中用得较多的调节方法。PID 处理一般是运行专用的 PID 子程序。过程控制用于冶金、化工、热处理、锅炉控制等场合。

（5）数据处理

PLC 具有数学运算（含矩阵运算、函数运算、逻辑运算）、数据传送、数据转换、排序、查表、位操作等功能，可以完成数据的采集、分析及处理。这些数据可以与存储在存储器中的参考值比较，完成一定的控制操作，也可以利用通信功能传送到别的智能装置，或将它们打印制表。数据处理一般用于大型控制系统，如无人控制的柔性制造系统；也可用于过程控制系统，如造纸、冶金、食品工业中的一些大型控制系统。

（6）通信及联网

PLC 通信含 PLC 间的通信及 PLC 与其他智能设备间的通信。PLC 都具有通信接口，使得通信非常方便。

4．PLC 的结构

PLC 类型繁多，功能和指令系统不尽相同，但结构与工作原理则大同小异，通常由主机、输入/输出接口、电源、编程器、扩展器接口和外部设备接口等几个主要部分组成，如图 14.1-1 所示。

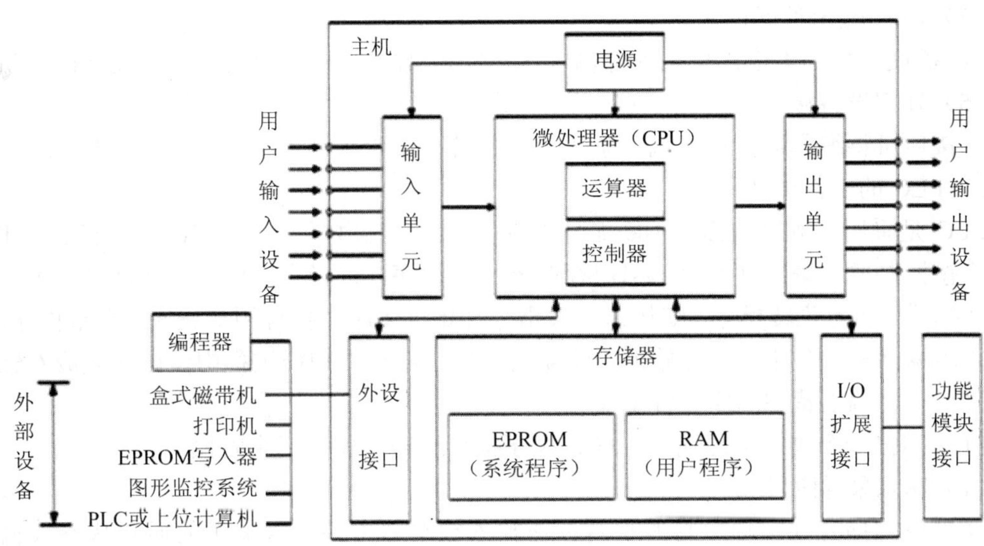

图 14.1-1 PLC 结构

（1）主机

包括中央处理器（CPU）、系统程序存储器、用户程序及数据存储器。

CPU 是 PLC 的核心，用以运行用户程序、监示输入/输出接口状态、作出逻辑判断和进行数据处理，即读取输入变量、完成用户指令规定的各种操作，将结果送到输出端，响应外部设备（如编程器、电脑、打印机等）的请求以及进行各种内部判断等。

PLC 的内部存储器有两类：一类是系统程序存储器，主要存放系统管理和监控程序以及对用户程序作编译处理的程序，系统程序已由厂家固定，用户不能更改；另一类是用户程序及数据存储器，主要存放用户编制的应用程序及各种暂存数据和中间结果。

（2）输入/输出（I/O）接口

输入/输出（I/O）接口是 PLC 与输入/输出（I/O）设备连接的部件。

输入接口接受输入设备（如按钮、传感器、触点、行程开关等）的控制信号。输出接口是将主机经处理后的结果通过功放电路去驱动输出设备（如接触器、电磁阀、指示灯等）。I/O 接口一般采用光电耦合电路，以便减少电磁干扰，提高可靠性。I/O 点数即输入/输出端子数，是 PLC 的一项主要技术指标，通常小型机有几十个点，中型机有几百个点，大型机超过千点。

（3）电源

指为 CPU、存储器、I/O 接口等内部电子电路工作所配置的直流开关稳压电源，通常也为输入设备提供直流电源。

（4）编程器

编程器是 PLC 的一种主要的外部设备，用于手持编程，用户可用以输入、检查、修改、调试程序或监示 PLC 的工作情况。除手持编程器外，还可通过适配器和专用电缆线将 PLC 与电脑连接，并利用专用的工具软件进行电脑编程和监示。

（5）输入/输出扩展单元

I/O 扩展接口用于连接扩充外部输入/输出端子数的扩展单元与基本单元（即主机）。

（6）外部设备接口

此接口可将编程器、打印机、条码扫描仪等外部设备与主机相连，完成相应操作。

5．PLC 的工作原理

PLC 是采用“顺序扫描，不断循环”的方式进行工作的。即在 PLC 运行时，CPU 根据用户按控制要求编制好并存于用户存储器中的程序，按指令步序号（或地址号）作周期性循环扫描，如无跳转指令，则从第一条指令开始逐条顺序执行用户程序，直至程序结束。然后重新返回第一条指令，开始下一轮新的扫描。在每次扫描过程中，还要完成对输入信号的采样和对输出状态的刷新等工作。

PLC 扫描一个周期必经输入采样、程序执行和输出刷新三个阶段。

（1）输入采样阶段

首先以扫描方式按顺序将所有暂存在输入锁存器中的输入端子的通断状态或输入数据读入，并将其写入各对应的输入状态寄存器中，即刷新输入。随即关闭输入端口，进入程序执行阶段。

（2）程序执行阶段

按用户程序指令存放的先后顺序扫描执行每条指令，执行的结果再写入输出状态寄存器中，输出状态寄存器中所有的内容随着程序的执行而改变。

（3）输出刷新阶段

当所有指令执行完毕，输出状态寄存器的通断状态在输出刷新阶段送至输出锁存器中，并通过一定的方式（继电器、晶体管或晶闸管）输出，驱动相应输出设备工作。

14.1.2 S7-200 系统结构

1．硬件组成

S7-200 CPU 将一个微处理器、一个集成电源和数字量 I/O 点集成在一个紧凑的封装中，从而形成了一个功能强大的微型 PLC，如图 14.1-2 所示。

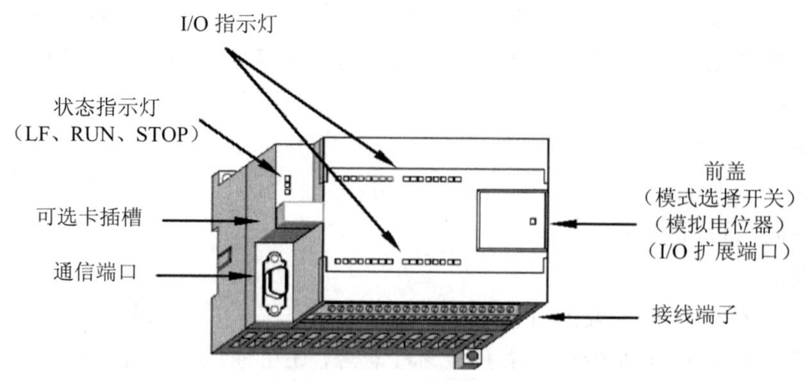

图 14.1-2 硬件组成结构

（1）CPU

负责执行程序和存储数据，以便对工业自动控制任务或过程进行控制。

（2）输入和输出时系统的控制点

输入部分从现场设备中（如传感器或开关）采集信号，输出部分则控制泵、电机、指示灯以及工业过程中的其他设备。

（3）电源

向 CPU 及所连接的任何模块提供电力支持。

（4）通信端口

用于连接 CPU 与上位机或其他工业设备。

（5）状态信号灯

显示 CPU 工作模式，本机 I/O 的当前状态，以及检查出的系统错误。

2. 指令系统

（1）标准触点指令

①LE 常开触点指令。

表示一个与输入母线相连的动合接点指令，即动合接点逻辑运算起始。

②LDN 常闭触点指令。

表示一个与输入母线相连的动断接点指令，即动断接点逻辑运算起始。

③A 与带开触点指令。

用于单个动合接点的串联。

④AX 与非常闭触点指令。

用于单个动断开接点的串联。

⑤O 或常开触点指令。

用于单个动合接点的并联。

⑥ON 或非常闭触点指令。

用于单个动断接点的并联。

LD、LDN、A、AN、O、ON 触点指令中变量的数据类型为布尔（Bool）型。LD、LDN 两条指令用于将接点接到母线上，A、AN、O、ON 指令均多次重复使用。但当需要对两个以上接点串联连接电路块的并联连接时，要用后述的 OLDB 指令。

⑦串联电路块的并联连接指令 OLD。

两个或两个以上的接点串联连接的电路叫串联电路块。串联电路块并联连接时，分支开始用 LD、LDN 指令，分支结束用 OLD 指令。OLD 指令与后述的 ALD 指令均为无目标元件指令，而两条无目标元件指令的步长都为一个程序步。OLD 有时也简称或块指令。

⑧并联电路的串联连接指令 ALD。

两个或两个以上接点并联电路称为并联电路块，分支电路并联电路块与前面电路串联连接时，使用 ALD 指令。分支的起点用 LD、LDN 指令，并联电路结束后，使用 ALD 指令与前面电路串联。ALD 指令也简称与块指令，ALD 也是无操作目标元件，是一个程序步指令。

（2）输出指令

①输出指令与线圈相对应，驱动线圈的触点电路接通时，线圈流过“能流”，输出类指令应放在梯形图的最右边，变量为 Bool 型。

②置位与复位指令 S、R。S 为置位指令，使动作保持；R 为复位指令，使操作保持复位。从指定的位置开始的 N 个点的映像寄存器都被置位或复位，N=1～255，如果被指定复位的是定时器位或计数器位，将清除定时器或计数器的当前值。

③跳变触点 EU，ED。正跳变触点检测到一次正跳变（触点的输入信号由 0 到 1）时，或负跳变触点检测到一次负跳变（触点的输入信号由 1 到 0）时，触点接通到一个扫描周期。正/负跳变的符号为 EU 和 ED，它们没有操作数，触点符号中间的“P”和“N”分别表示正跳变和负跳变。

④空操作指令 NOP。NOP 指令是一条无动作、无目标元件的 1 程序步指令。空操作指令使该步序为空操作。用 NOP 指令替代已写入指令，可以改变电路。在程序中加入 NOP 指令，在改动或追加程序时可以减少步序号的改变。

⑤程序结束指令 END。END 是一条无目标元件的 1 程序步指令。PLC 反复进行输入处理、程序运算、输出处理，若在程序最后写入 END 指令，则 END 以后的程序就不再执行，直接进行输出处理。在程序调试过程中，按段插入 END 指令，可以按顺序扩大对各程序段动作的检查。采用 END 指令将程序划分为若干段，在确认处于前面电路块的动作正确无误之后，依次删去 END 指令。要注意的是在执行 END 指令时，也刷新监视时钟。

3．可编程序控制器的编程语言

可编程序控制器一般备有多种编程语言，供用户使用。IEC1131-3—可编程序控制器编程语言包括：

①顺序功能图。

②梯形图。

③功能块图。

④指令表。

⑤结构文本。

梯形图是使用得最多的可编程序控制器图形编程语言。梯形图（图 14.1-3）与继电器控制系统的电路图很相似，具有直观易懂的优点，很容易被工厂熟悉继电器控制的电气人员掌握，特别适用于开关量逻辑控制。

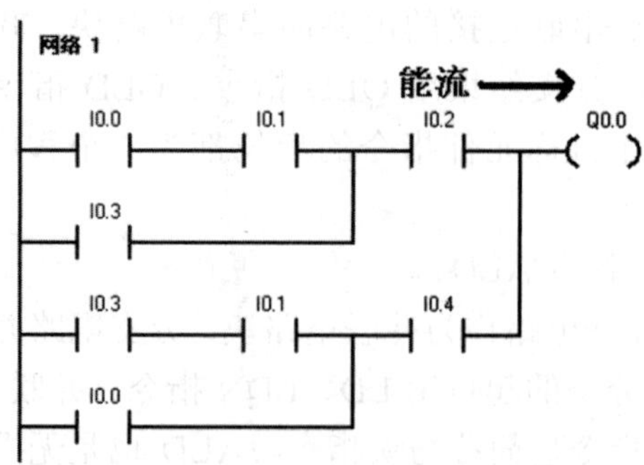

图 14.1-3　梯形图示例

可编程序控制器梯形图中的某些编程元件沿用了继电器这一名称，如输入继电器、输出继电器、内部辅助继电器等，但是它们不是真实的物理继电器（即硬件继电器），而是在软件中使用的编程元件。每一编程元件与可编程序控制器存储器中元件映像寄存器的一个存储单元相对应。

梯形图两侧的垂直公共线称为公共母线（BUS bar）。在分析梯形图的逻辑关系时，为了借用继电器电路的分析方法，可以想象左右两侧母线之间有一个左正右负的直流电源电压，当图中的触点接通时，有一个假想的“概念电流”或“能流”（Power flow）从左到右流动，这一方向与执行用户程序时的逻辑运算的顺序一致。

根据梯形图中各触点的状态和逻辑关系，求出与图中各线圈对应的编程元件的状态，称为梯形图的逻辑解算。逻辑解算是按梯形图中从上到下、从左到右的顺序进行的。

梯形图中的线圈和其他输出指令应放在最右边。

梯形图中各编程元件的常开触点和常闭触点均可以无限多次使用。

4．可编程序控制器的编程步骤

在建立一个 PLC 控制系统时，必须先把系统需要的输入、输出数量确定下来，然后按需要确定各种控制动作的顺序和各个控制装置彼此之间的相互关系。

确定控制上的相互关系之后，就可进行编程的第二步（配输入输出设备），在分配了 PLC 的输入输出点、内部辅助继电器、定时器、计数器之后，就可以设计 PLC 程序画出梯形图。

在画梯形图时要注意每个从左边母线开始的逻辑行必须终止于一个继电器线圈或定时器、计数器，这与实际的电路图不一样。

梯形图画好后，使用编程软件直接把梯形图输入计算机并下载到 PLC 进行模拟调试，修改、下载、再修改、再下载，直至符合控制要求。

所以，可编程序控制器的编程步骤是：

①确定被控系统必须完成的动作及完成这些动作的顺序。

②分配输入输出设备，即确定哪些外围设备是送信号到 PLC，哪些外围设备是接收来自 PLC 信号的。并将 PLC 的输入、输出口与之对应进行分配。

③设计 PLC 程序，画出梯形图。梯形图体现了按照正确的顺序所要求的全部功能及其相互关系。

④实现用计算机对 PLC 的梯形图直接编程。

⑤对程序进行调试（模拟和现场）。

⑥保存已完成的程序。

5．S7-200 的自动化通信网络

可编程序控制器与计算机可以直接相连或通过通信处理单元、通信转接器相连构成网络，以实现信息的交换，并可构成“集中管理、分散控制”的分布式控制系统，满足工厂自动化（FA）系统发展的需要。

各可编程序控制器或远程 I/O 模块按功能各自放置在生产现场进行分散控制，然后用网络连接起来，构成集中管理的分布式网络系统。

（1）S7-200 的通信方式与通信参数的设置

S7-200 的通信功能强，有多种通信方式可供用户选择。在运行 Windows 或 Windows NT 操作系统的个人计算机（PC）上安装了 STEP7-Micro/WIN V4.0 编程软件后，PC 可作为通信中的主单元。

①单主单元方式。

单主单元与一个或多个从单元相连，STEP7-Micro/WIN V4.0 每次和一个 S7-200 CPU 通信，但是它可以访问网络上的所有 CPU。

②多主单元方式。

通信网络中有多个主单元，一个或多个从单元。带 CP 通信卡的计算机是主单元，S7-200 CPU 可以是从单元或主单元。

（2）S7-200 通信的硬件选择

表 14.1-1 给出了可供用户选择的 STEP7-Micro/WIN V4.0 支持的通信硬件和波特率。除此之外，S7-200 还可以通过 EM277 PROFIBUS-DP 模块连接到 PROFIBUS-DP 现场总线网络，各通信卡提供一个与 PROFIBUS 网络相连的 RS-485 通信口。表 14.1-2 给出了 S7-200 与 PROFIBUS 通信模块 EM227 的性能。

表 14.1-1 STEP 7-Micro/WIN 32 支持的硬件配置

支持的硬件	类型	支持的波特率/Kbps	支持的协议
PC/PPI 电缆	到 PC 通信口的电缆连接器	9.6，19.2	PPI 协议
CP 5611	PCI 卡（版本 3 或更高）	9.6，19.2，187.5	

表 14.1-2 S7-200 与 PROFIBUS 通信模块 EM277 的性能

连 接 口	支持的波特率/Kbps	逻辑连接数	支持的协议
S7-200 CPU			
口 0	9.6K	每个模块 4 个	PPI、MPI 和 PROFIBUS 协议
口 1	9.6K，19.2K，187.5K		
EM277 PROFIBUS-DP 模块			
每个 CPU 最多 2 块	9.6K-12 M	每个模块 6 个	MPI 和 PROFIBUS 协议

①网络部件。

网络部件包括通信口和网络连接器。

S7-200 CPU 上的通信口是与 RS-485 兼容的 9 针 D 型连接器，符合欧洲标准 EN 50170。表 14.1-3 给出了通信口的引脚分配。

表 14.1-3 S7-200 CPU 通信口引脚分配

针	PROFIBUS 名称	端口 0/端口 1
1	屏蔽	逻辑地
2	24 V 返回	逻辑地
3	RS-485 信号 B	RS-485 信号 B

针	PROFIBUS 名称	端口 0/端口 1
4	发送申请	RTS（TTL）
5	5 V 返回	逻辑地
6	+5 V	+5 V，100 Ω串联电阻
7	+24 V	+24 V
8	RS-485 信号 A	RS-485 信号 A
9	不用	10 位协议选择
连接器外壳	屏蔽	屏蔽

利用西门子提供的两种网络连接器可以把多个设备很容易地连到网络中。两种连接器都有两组螺钉端子，可以连接网络的输入和输出。一种连接器仅提供连接到 CPU 的接口，而另一种连接器增加了一个编程接口。两种网络连接器还有网络偏置和终端偏置的选择开关，“OFF”位置时未接终端电阻。接在网络终端部的连接器上的开关应放在“ON”位置。

②使用 PC/PPI 电缆通信。

使用 PC/PPI 电缆可实现 S7-200CPU 与 RS-232 标准兼容的设备的通信。

当数据从 RS-232 传送到 RS-485 口时，PC/PPI 电缆是发送模式。当数据从 RS-485 传送到 RS-232 口时，PC/PPI 电缆是接收模式。检测到 RS-232 的发送线有字符时，电缆立即从接收模式切换到发送模式。RS-232 发送线处于闲置的时间超过电缆切换时间时，电缆又切换到接收模式。

③在编程软件中安装与删除通信接口。

在 STEP7-Micro/WIN V4.0 中选择菜单命令“检视→通信”或单击浏览栏中的通信图标，可进入设置通信的对话框。在对话框中双击 PC/PPI 电缆的图标，出现“设置 PG/PC 接口”（Set PG/PC Interface）对话框。按“Select”（选择）按钮，出现“安装/删除”窗口，可用它来安装或删除通信硬件。对话框的左侧是可供选择的通信硬件，右侧是已经安装好的通信硬件。

④通信硬件的安装。

从左边的选择列表框中选择要安装的硬件型号，窗口下部显示出对选择的硬件的描述。单击“Install”（安装）按钮，选择的硬件将出现在右边的“Installed”（已安装）列表框。安装完后按“Close”（关闭）按钮，回到“设置 PG/PC 接口”对话框。

⑤通信硬件的删除。

在“安装/删除”窗口中右边的已安装列表框中选择硬件，单击“Uninstall”（删除）按钮，选择的硬件被删除。

安装完硬件后，在已安装列表栏中选择它，单击“Resource”（资源）按钮，出现资源对话框，该框允许修改实际安装的硬件的系统设置值。如果该按钮呈灰色，说明不需修改参数。此时可能需要参考硬件手册，根据硬件设置决定对话框中列举的各个参数的设置值。为了正确建立通信，可能需要试几个不同的中断。

⑥计算机使用的通信接口参数的设置。

打开“设置 PG/PC 接口”对话框，“Micro/WIN”应出现在“Access Point of the Application”（应用的访问接点）列表框中。

PC/PPI 电缆只能选用 PPI 协议：选择好通信协议后，单击“设置 PG/PC 接口”对话框中的“属性（Properties）”按钮，然后在弹出的窗口中设置通信参数。

PC/PPI 电缆的 PPI 参数设置：如果使用 PC/PPI 电缆，在“设置 PG/PC 接口”对话框中单击“属性”按钮，就会出现 PC/PPI 电缆（PPI）的属性窗口。

进行通信时，STEP7-Micro/WIN V4.0 的默认设置为多主单元 PPI 协议。此协议允许 STEP7-Micro/WIN V4.0 与其他主单元（TD 200 或操作员面板）在网络中共为主单元。选中 PG/PC 接口中 PC/PPI 电缆属性对话框中的“多主单元网络”（Multiple Master Netword），即可启动此模块，未选择时为单主单元协议。

（3）S7-200 的网络通信协议

S7-200 支持多种通信协议，如点对点接口（PPI）、多点接口（MPI）、PROFIBUS、以太网通信和调制解调器通信。它们都是基于字符的异步通信协议，带有起始位、8 位数据、偶校验和 1 个停止位。通信帧由起始和结束字符、源和目的单元地址、帧长度和数据完整性校验和组成。只要波特率相同，几个协议可以在网络中同时运行，不会相互影响。

协议支持一个网络上的 127 个地址（0～126），网络上最多可有 32 个主单元，网络上各设备的地址不能重复。运行 STEP7-Micro/WIN V4.0 的计算机的默认地址为 0，操作员面板的默认地址为 1，可编程序控制器的默认地址为 2。

14.1.3 S7-200 CPU224XP 系统

1．CPU224XP PLC 硬件

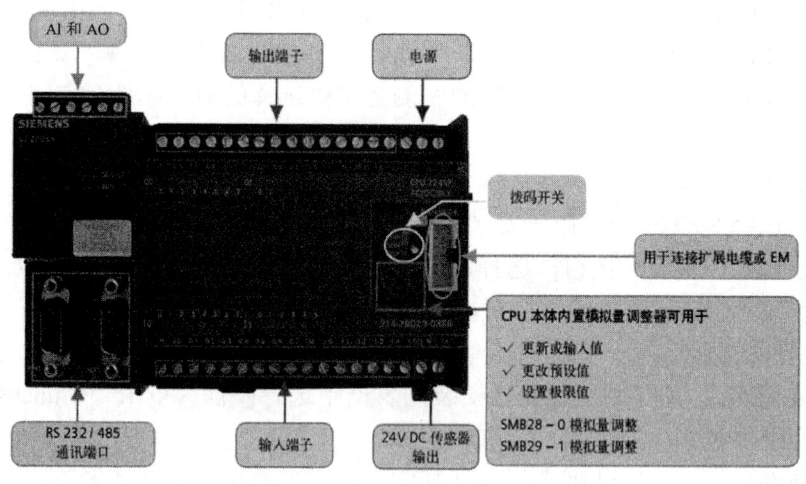

图 14.1-4　CPU224XP PLC 硬件

2．CPU224XP PLC 主要技术参数

表 14.1-4 CPU224XP PLC 主要技术参数

特性	参数
程序存储器： 带运行模式下编辑 不带运行模式下编辑	 12 288 字节 16 384 字节
数据存储器	10 240 字节
掉电保护时间	100 小时
本机 I/O 数字量模拟量	14 输入/10 输出，2 输入/1 输出
扩展模块数量	7 个模块 1
高速计数器单相两相	4 路 30 kHz，2 路 200 kHz，3 路 20 kHz，1 路 100 kHz
脉冲输出（DC）	2 路 100 kHz
模拟电位器	2
实时时钟	内置
通信口	2 RS485
浮点数运算	是
数字 I/O 映像大小	256（128 输入/128 输出）
布尔型执行速度	0.22 ms/指令

3．CPU224XP PLC 外部接线图

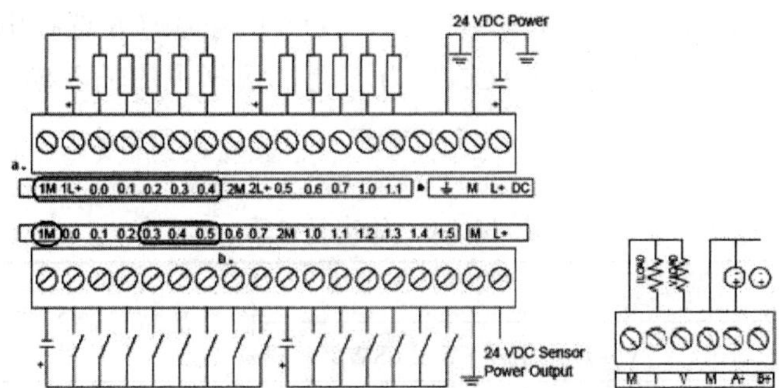

图 14.1-5 CPU224XP PLC 外部接线图

14.1.4 EM 231 模块

1．EM 231 模块主要技术参数

表 14.1-5 EM 231 模块主要技术参数

名称	参数	名称	参数
双极性，满量程	−32 000～+32 000	输入类型	差动电压，两个通道可供电流选择
单极性，满量程	0～32 000	输入范围	电压：通道 0～7 0～+10 V，0～+5 V 以及+/−2.5 电流：通道 6 和 7 0～20 mA

名称	参数	名称	参数
DC 输入阻抗	>2 MΩ电压输入 250 Ω电流输入	输入分辨率	
输入滤波衰减	−3 dB，3.1 kHz	模拟到数字转换时间	<250 μs
最大输入电压	10 V	模拟输入阶跃响应	1.5 ms － 95%
最大输入电流	32 mA	共模抑制	40 dB，DC － 60 Hz
精度： 双极性 单极性	1 位，加 1 符号位 2 位	共模电压	信号电压加上共模电压必须为≤±12 V
隔离 （现场与逻辑）	无	24 V DC 电压范围	24 V DC 电压范围 20.4～28.8 V DC（等级 2，有限电源，或来自 PLC 的传感器电源）

2．配置 EM 231

表 14.1-6 中显示了如何使用组态 DIP 开关来组态 EM 231 模块。所有输入设置为相同的模拟量输入量程。在该表中，“ON”是闭合，“OFF”是断开。只在电源接通时读取开关设置。表 14.1-6 组态开关表用于为 EM 231 模拟量输入和 4/8 输入（括号中为 8 输入）选择模拟量输入范围。当采用 8 输入模块以及开关 3、4 和 5 选择模拟量输入范围时，使用开关 1 和 2 来选择电流输入模式。开关 1 打开（ON）为通道 6 选择电流输入模式；关闭（OFF）选择电压模式。开关 2 打开（ON）为通道 7 选择电流输入模式；关闭（OFF）选择电压模式。

表 14.1-6　组态开关表

单极性			满量程输入	分辨率
SW1（SW3）	SW2（SW4）	SW3（SW5）		
ON	OFF	ON	0～10 V	2.5 mV
	ON	OFF	0～5 V 0～20 mA	1.25 mV 5 μA
双极性			满量程输入	分辨率
SW1（SW3）	SW2（SW4）	SW3（SW5）		
OFF	OFF	ON	±5 V	2.5 mV
	ON	OFF	±2.5 V	1.25 mV

3．模块外部接线图

EM 231 模拟量输入，8 输入
（6ES7 231-OHF 22-OXAO）

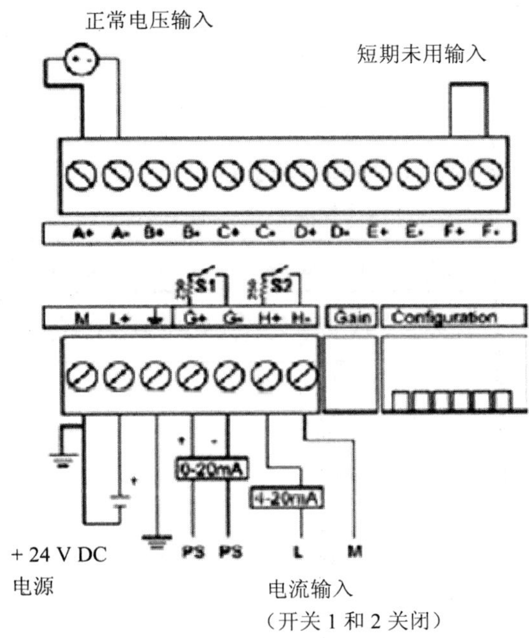

图 14.1-6　EM 231 模块外部接线图

14.1.5　EM 232 模块

1．EM 232 模块主要技术参数

表 14.1-7　EM 232 模块主要技术参数

名称	参数	名称	参数
隔离（现场与逻辑）	无	建立时间： ①电压输出 ②电流输出	100 μs 2 ms
信号范围： ①电压输出 ②电流输出	±10 V 0～20 mA	最大驱动： ①电压输出 ②电流输出	5 000 Ω 最小 500 Ω 最大
分辨率，满量程： ①电压 ②电流	11 位 11 位	24 V DC 电压范围	20.4～28.8 V DC （等级 2，开关电源，或来自 PLC 的传感器电源）
数据字格式： ①电压 ②电流	−32 000～+32 000 0～+32 000	典型地	满量程的±0.5% 满量程的±0.5%
精度（最坏情况，0～55℃）： ①电压输出 ②电流输出	满量程的±2% 满量程的±2%		

2．模块外部接线图

EM 232 模拟量输出，4 输出
（6ES7 232-OHD 22-OXAO）

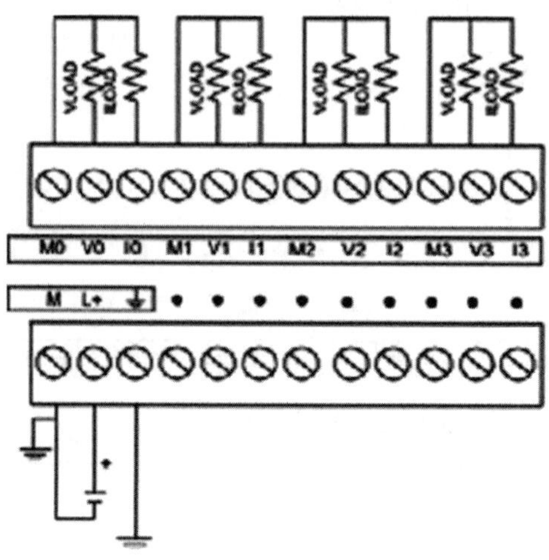

图 14.1-7 EM 232 模块外部接线图

14.1.6 模拟量输入输出模块的应用

1．模拟量扩展模块的寻址

每个模拟量扩展模块，按扩展模块的先后顺序进行排序，其中，模拟量根据输入、输出不同分别排序。模拟量的数据格式为一个字长，所以地址必须从偶数字节开始。例如：AIW0，AIW2，AIW4…、AQW0，AQW2…。每个模拟量扩展模块至少占两个通道，即使第一个模块只有一个输出 AQW0，第二个模块模拟量输出地址也应从 AQW4 开始寻址，以此类推。

图 14.1-8 演示了 CPU 224 后面依次排列一个 4 输入/4 输出数字量模块，一个 8 输入数字量模块，一个 4 模拟输入/1 模拟输出模块，一个 8 输出数字量模块，一个 4 模拟输入/1 模拟输出模块的寻址情况，其中，灰色通道不能使用。

CPU 224	4输入／4输出	8输入	4模拟输入 1模拟输出	8输出	4模拟输入 1模拟输出
	模块0	模块1	模块2	模块3	模块4
I0.0 Q0.0 I0.1 Q0.1 I0.2 Q0.2 I0.3 Q0.3 I0.4 Q0.4 I0.5 Q0.5 I0.6 Q0.6 I0.7 Q0.7 I1.0 Q1.0 I1.1 Q1.1 I1.2 *Q1.2* I1.3 *Q1.3* I1.4 *Q1.4* I1.5 *Q1.5* *I1.6* *Q1.6* *I1.7* *Q1.7*	I2.0 Q2.0 I2.1 Q2.1 I2.2 Q2.2 I2.3 Q2.3 *I2.4* *Q2.4* *I2.5* *Q2.5* *I2.6* *Q2.6* *I2.7* *Q2.7*	I3.0 I3.1 I3.2 I3.3 I3.4 I3.5 I3.6 I3.7	AIW0 AQW0 AIW2 *AQW2* AIW4 AIW6	Q3.0 Q3.1 Q3.2 Q3.3 Q3.4 Q3.5 Q3.6 Q3.7	AIW8 AQW4 AIW10 *AQW6* AIW12 AIW14
局部I/O	扩展I/O				

图 14.1-8 CPU 224 模拟量扩展模块的寻址

2．模拟量值和 A/D 转换值的转换

假设模拟量的标准电信号是 A_0～A_m（如 4～20 mA），A/D 转换后数值为 D_0～D_m（如 6 400～32 000），设模拟量的标准电信号是 A，A/D 转换后的相应数值为 D，由于是线性关系，函数关系 $A=f(D)$ 可以表示为数学方程：

$$A=(D-D_0)\times(A_m-A_0)/(D_m-D_0)+A_0$$

根据该方程式，可以方便地根据 D 值计算出 A 值。将该方程式逆变换，得出函数关系 $D=f(A)$ 可以表示为数学方程：

$$D=(A-A_0)\times(D_m-D_0)/(A_m-A_0)+D_0$$

具体举一个实例，以 S7-200 和 4～20 mA 为例，经 A/D 转换后，我们得到的数值是 6 400～32 000，即 $A_0=4$，$A_m=20$，$D_0=6\,400$，$D_m=32\,000$，代入公式，得出：

$$A=(D-6\,400)\times(20-4)/(32\,000-6\,400)+4$$

假设该模拟量与 AIW0 对应，则当 AIW0 的值为 12 800 时，相应的模拟电信号是 6 400×16/25 600＋4＝8 mA。

又如，某温度传感器，−10～60℃与 4～20 mA 相对应，以 T 表示温度值，AIW0 为 PLC 模拟量采样值，则根据上式直接代入得出：

$$T=70\times(\text{AIW0}-6\,400)/25\,600-10$$

可以用 T 直接显示温度值。

模拟量值和 A/D 转换值的转换理解起来比较困难，该段多读几遍，结合所举例子，就会理解。为了让您方便地理解，我们再举一个例子：

某压力变送器，当压力达到满量程 5 MPa 时，压力变送器的输出电流是 20 mA，AIW0 的数值是 32 000。可见，每毫安对应的 A/D 值为 32 000/20，测得当压力为 0.1 MPa 时，压力变送器的电流应为 4 mA，A/D 值为（32 000/20）×4＝6 400。由此得出，AIW0 的数值转换为实际压力值（VW0，单位为 kPa）的计算公式为：

$$\text{VW0}=(\text{AIW0}-6\,400)(5\,000-100)/(32\,000-6\,400)+100$$

3．编程实例

您可以组建一个小的实例系统演示模拟量编程。本实例的 CPU 是 CPU 222，仅带一个模拟量扩展模块 EM 235，该模块的第一个通道连接一块带 4～20 mA 变送输出的温度显示仪表，该仪表的量程设置为 0～100℃，即 0℃时输出 4 mA，100℃时输出 20 mA。温度显示仪表的铂电阻输入端接入一个 220 Ω可调电位器，简单编程如下：

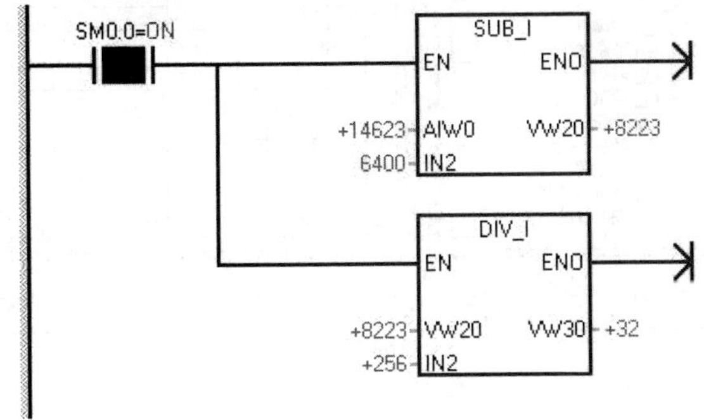

图 14.1-9 编程案例

温度显示值=（AIW0−6 400）/256，编译并运行程序，观察程序状态，VW30 即为显示的温度值，对照仪表显示值是否一致。

14.2 STEP7 MicroWIN

14.2.1 软件安装

①双击在光盘中找到文件夹“STEP7 WINV4SP3”中的 SETUP.EXE 执行文件。

②点击此文件，进行软件的安装。

③在弹出的语言选择对话框中选择：“英语”，然后点击“下一步”。

④选择安装路径，并点击“下一步”。

⑤等待软件安装，完成后点击“完成”，并重启计算机。

14.2.2 软件使用

①双击桌面上的快捷方式图标，打开编程软件。

②选择工具菜单“Tools”选项下的“Options”

③在弹出的对话框选中“Options”选“General”，在“Language”中选择“Chinese”。最后点击“OK”，退出程序后重新启动。

④重新打开编程软件，此时为汉化界面，如图 14.2-1 所示。

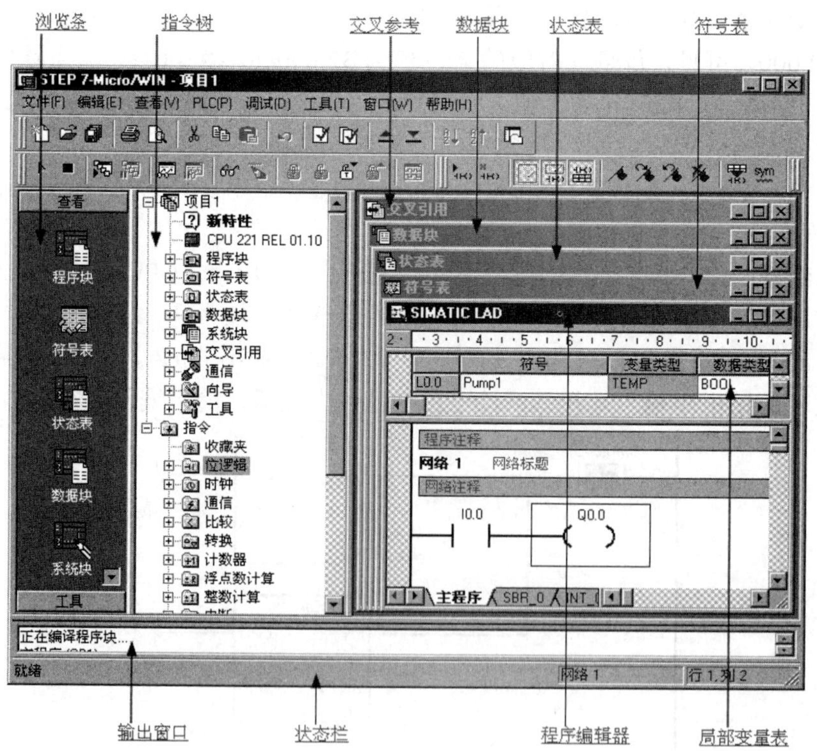

图 14.2-1 汉化界面

14.2.3 创建工程

（1）点击“新建项目”按钮。

（2）选择文件（File）→新建（New）菜单命令。

（3）按 Ctrl+N 快捷键组合。在菜单“文件”下单击“新建”，开始新建一个程序。

（4）在程序编辑器中输入指令。

①从指令树拖放。

a. 选择指令。

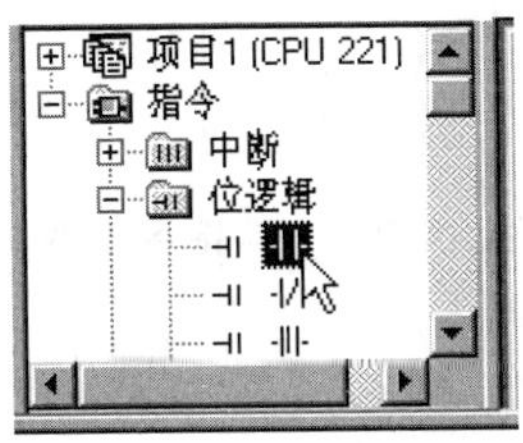

图 14.2-2　点击选择指令

b. 将指令拖曳至所需的位置。

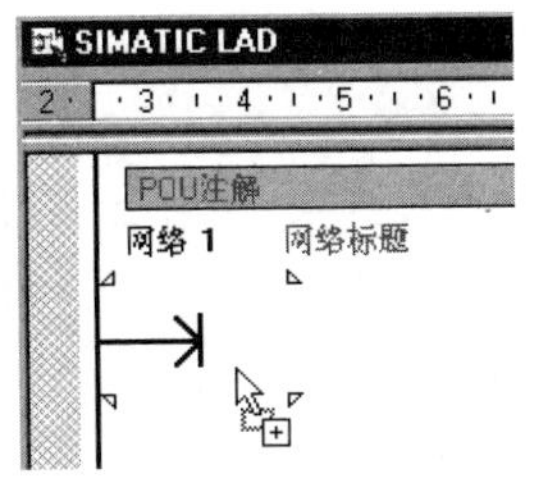

图 14.2-3　拖曳指令至所需位置

c. 松开鼠标按钮，将指令放置在所需的位置。

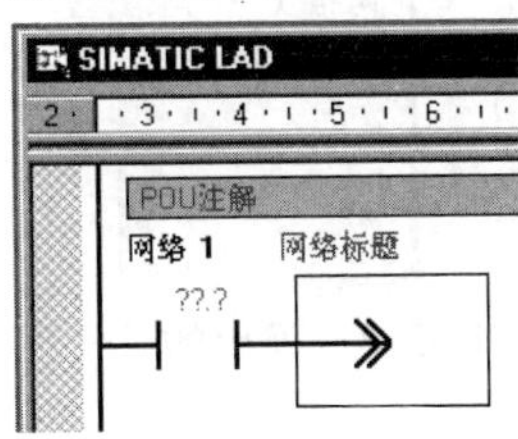

图 14.2-4　松开鼠标后指令就位

d. 或双击该指令，将指令放置在所需的位置。

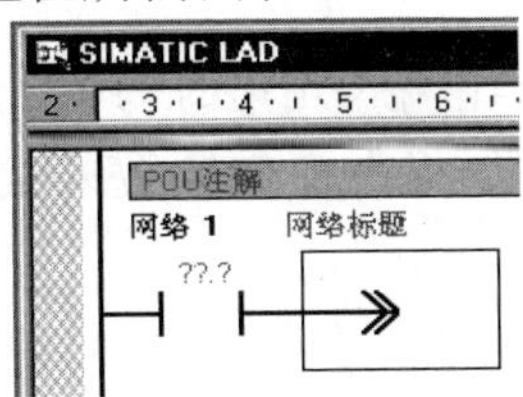

图 14.2-5　双击指令放置

注意光标会自动阻止您将指令放置在非法位置（如放置在网络标题或另一条指令的参数上）。

②从指令树双击。

a. 使用工具条按钮或功能键。

b. 在程序编辑器窗口中将光标放在所需的位置。一个选择方框在位置周围出现。

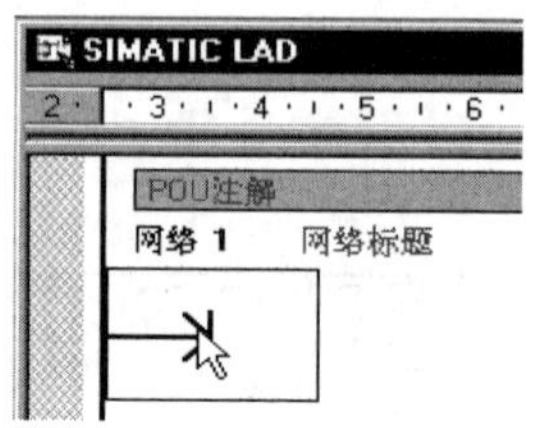

图 14.2-6　从指令树双击

c. 或者点击适当的工具条按钮，或使用适当的功能键（F4=触点、F6=线圈、F9=方框）插入一个类属指令。

图 14.2-7　点击适当的工具条按钮

d. 出现一个下拉列表。滚动或键入开头的几个字母，浏览至所需的指令。双击所需的指令或使用 ENTER 键插入该指令。[如果此时您不选择具体的指令类型，则可返回网络，点击类属指令的助记符区域（该区域包含？？？，而不是助记符)，或者选择该指令并按 ENTER 键，将列表调回。]

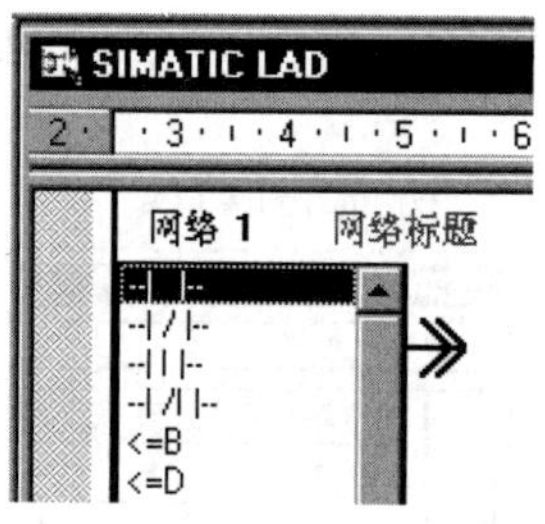

图 14.2-8　弹出的下拉列表

③输入地址。

a. 当您在 LAD 中输入一条指令时，参数开始用问号表示，例如（？？.？）或（？？？？）。

问号表示参数未赋值。您可以在输入元素时为该元素的参数指定一个常数或绝对值、符号或变量地址或者以后再赋值。如果有任何参数未赋值，程序将不能正确编译。

b.指定地址

欲指定一个常数数值（如 100）或一个绝对地址（如 I0.1），只需在指令地址区域中键入所需的数值（用鼠标或 ENTER 键选择键入的地址区域）。

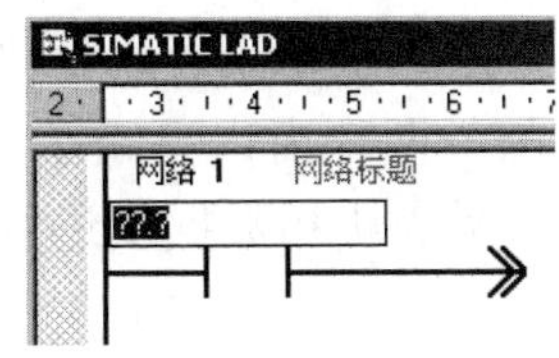

图 14.2-9 输入地址

④错误指示。

a. 红色文字显示非法语法。

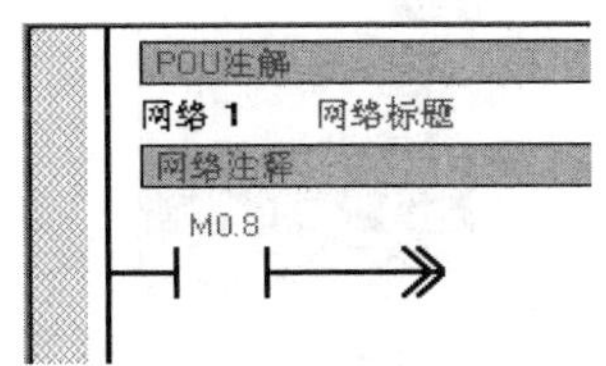

图 14.2-10 红色文字显示非法语法

注意当您用有效数值替换非法地址值或符号时，字体自动更改为默认字体颜色（黑色，除非您已定制窗口）。

b. 一条红色波浪线位于数值下方，表示该数值或是超出范围或是不适用于此类指令。

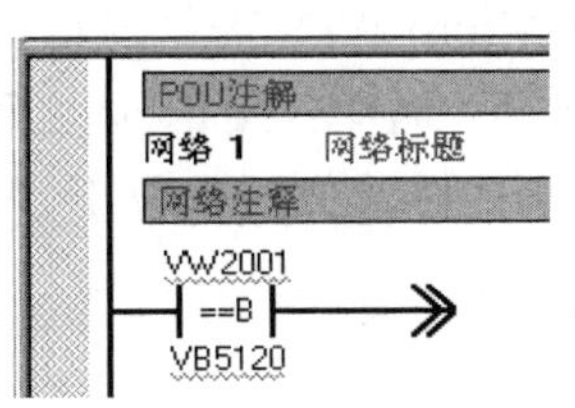

图 14.2-11 红色波浪线表示超出范围

c. 一条绿色波浪线位于数值下方，表示正在使用的变量或符号尚未定义。STEP 7-Micro/WIN 允许您在定义变量和符号之前写入程序。您可随时将数值增加至局部变量表或符号表中。

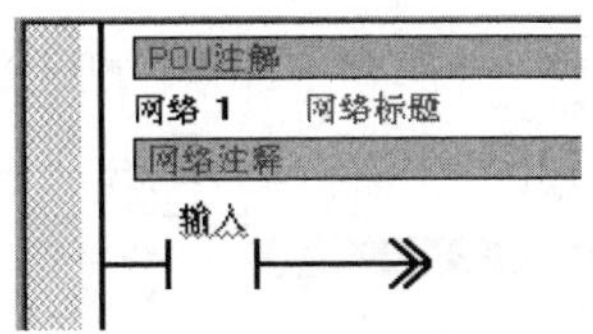

图 14.2-12 绿色波浪线表示正在使用的变量或符号尚未定义

⑤程序编译。

a. 用工具条按钮或 PLC 菜单进行编译。

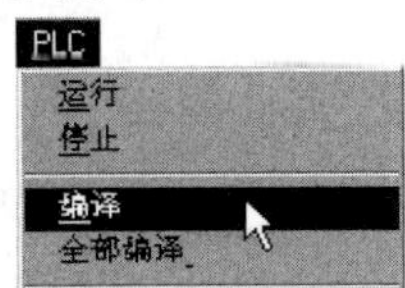

图 14.2-13 程序编译

b.“编译”允许您编译项目的单个元素。当您选择“编译”时，带有焦点的窗口（程序编辑器或数据块）是编译窗口；另外两个窗口不编译。

c.“全部编译”对程序编辑器、系统块和数据块进行编译。当您使用“全部编译”命令时，哪一个窗口是焦点无关紧要。

⑥程序保存。

a. 使用工具条上的“保存”按钮保存您的作业，或从“文件”菜单选择“保存”和“另存为”选项保存程序。

图 14.2-14 程序保存

b.“保存”允许您在作业中快速保存所有改动（初次保存一个项目时，会被提示核实或修改当前项目名称和目录的默认选项）。

c. “另存为”允许您修改当前项目的名称和/或目录位置。

d. 首次建立项目时，STEP 7-Micro/WIN 提供默认值名称“Project1.mwp”。可以接受或修改该名称；如果接受该名称，下一个项目的默认名称将自动递增为“Project2.mwp”。

e. STEP 7-Micro/WIN 项目的默认目录位置是位于“Microwin”目录中的称作“项目”的文件夹，可以不接受该默认位置。

14.2.4 通信设置

（1）使用 PC/PPI 连接，可以接受安装 STEP 7-Micro/WIN 时在“设置 PG/PC 接口”对话框中提供的默认通信协议。否则，从“设置 PG/PC 接口”对话框为个人计算机选择另一个通信协议，并核实参数（单元址、波特率等）。在 STEP 7-Micro/WIN 中，点击浏览条中的“通信”图标，或从菜单选择检视→组件→通信。

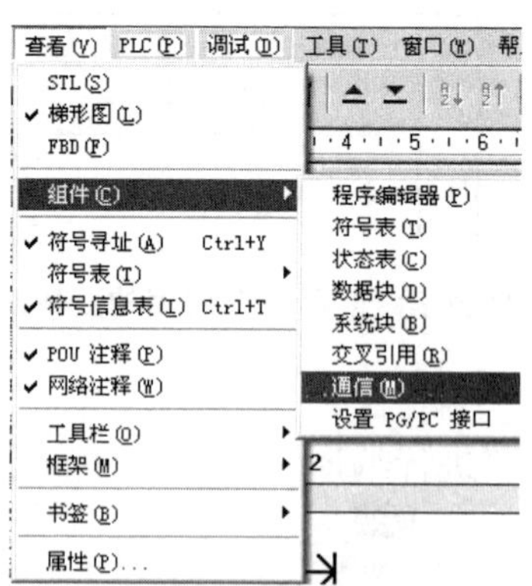

图 14.2-15 通信设置

（2）从“通信”对话框的右侧窗格，单击显示“双击刷新”的蓝色文字。

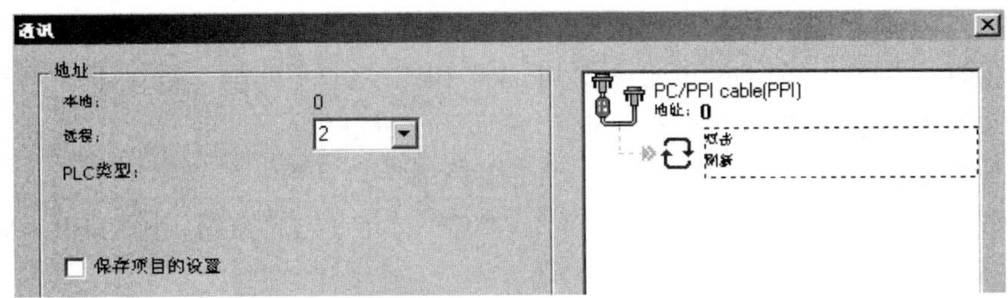

图 14.2-16 “通信”对话框

如果成功地在网络上的个人计算机与设备之间建立了通信，会显示一个设备列表（及其模型类型和单元址）。

（3）STEP 7-Micro/WIN 在同一时间仅与一个 PLC 通信。会在 PLC 周围显示一个红色方框，说明该 PLC 目前正在与 STEP 7-Micro/WIN 通信。您可以双击另一个 PLC，更改为与该 PLC 通信。

图 14.2-17 模型类型和单元址

（4）程序下载

a. 从个人计算机将程序块、数据块或系统块下载至 PLC 时，下载的块内容覆盖目前在 PLC 中的块内容（如果 PLC 中有）。在开始下载之前，核实希望覆盖 PLC 中的块。

b. 下载至 PLC 之前，必须核实 PLC 位于“停止”模式。检查 PLC 上的模式指示灯。如果 PLC 未设为“停止”模式，点击工具条中的“停止”按钮，或选择 PLC→停止。

c. 点击工具条中的“下载”按钮，或选择文件→下载。出现“下载”对话框。

根据默认值，在初次发出下载命令时，“程序代码块”“数据块”和“CPU 配置”（系统块）复选框被选择。如果不需要下载某一特定的块，清除该复选框。

d. 点击“确定”开始下载程序。

e. 如果下载成功，一个确认框会显示“下载成功”。

f. 如果 STEP 7-Micro/WIN 中用的 PLC 类型的数值与实际使用的 PLC 不匹配，会显示以下警告信息："为项目所选的 PLC 类型与远程 PLC 类型不匹配。继续下载吗？"

g. 欲纠正 PLC 类型选项，选择"否"，终止下载程序。

h. 从菜单条选择 PLC→类型，调出"PLC 类型"对话框。

i. 可以从下拉列表方框选择纠正类型，或单击"读取 PLC"按钮，由 STEP 7-Micro/WIN 自动读取正确的数值。

j. 点击"确定"，确认 PLC 类型，并清除对话框。

k. 点击工具条中的"下载"按钮，重新开始下载程序，或从菜单条选择文件→下载。

l. 一旦下载成功，在 PLC 中运行程序之前，您必须将 PLC 从 STOP（停止）模式转换回 RUN（运行）模式。点击工具条中的"运行"按钮，或选择 PLC→运行，转换回 RUN（运行）模式。

（5）调试和监控

①当成功地在运行 STEP 7-Micro/WIN 的编程设备和 PLC 之间建立通信并向 PLC 下载程序后，就可以利用"调试"工具栏的诊断功能。可点击"工具栏"按钮或从"调试"菜单列表选择项目，选择调试工具。

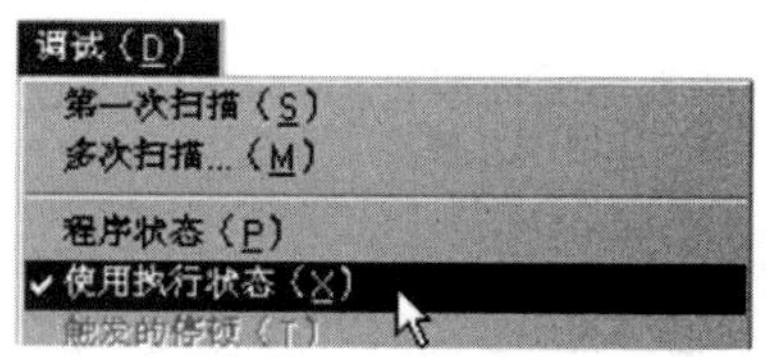

图 14.2-18 "调试"菜单

②在程序编辑器窗口中采集状态信息的不同方法。

a.点击"切换程序状态监控"按钮，或选择菜单命令调试（Debug）→程序状态（Program Status），在程序编辑器窗口中显示 PLC 数据状态。状态数据采集按以前选择的模式开始。

b. LAD 和 FBD 程序有两种不同的程序状态数据采集模式。选择调试（Debug）→使用执行状态（Use Execution Status）菜单命令会在打开和关闭之间切换状态模式选择标记。必须在程序状态监控操作开始之前选择状态模式。

③STL 程序中程序状态监控。

a. 打开 STL 中的状态监控时，程序编辑器窗口被分为一个代码区（左侧）和一个状态区（右侧）。可以根据希望监控的数值类型定制状态区。

在 STL 状态监控中共有三个可用的数据类别：

操作数，每条指令最多可监控三个操作数；

逻辑堆栈，最多可监控四个来自逻辑堆栈的最新数值；

指令状态位，最多可监控 12 个状态位。

b. 工具（Tools）→选项（Options）对话框的 STL 状态标记允许选择或取消选择任何此类数值类别。如果选择一个项目，该项目不会在"状态"显示中出现。

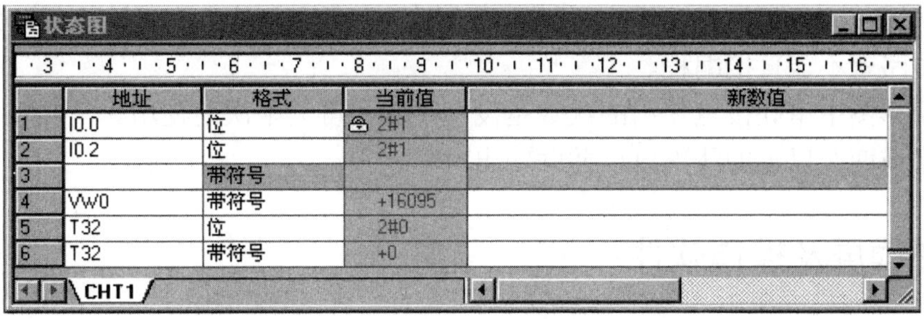

状态图

	地址	格式	当前值	新数值
1	I0.0	位	2#1	
2	I0.2	位	2#1	
3		带符号		
4	VW0	带符号	+16095	
5	T32	位	2#0	
6	T32	带符号	+0	

CHT1

图 14.2-19 状态图

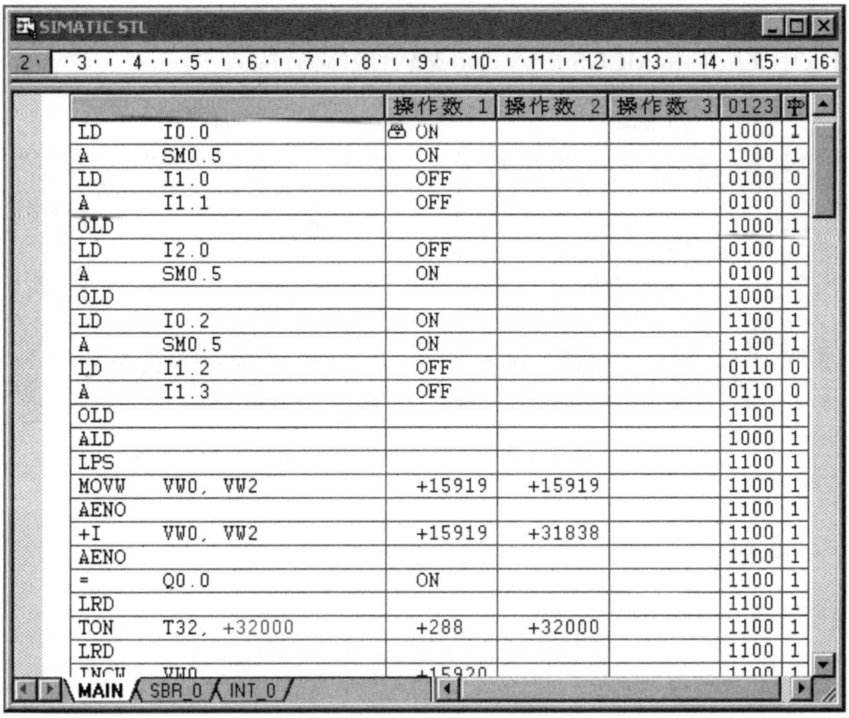

SIMATIC STL

	操作数 1	操作数 2	操作数 3	0123	中
LD I0.0	ON			1000	1
A SM0.5	ON			1000	1
LD I1.0	OFF			0100	0
A I1.1	OFF			0100	0
OLD				1000	1
LD I2.0	OFF			0100	0
A SM0.5	ON			0100	1
OLD				1000	1
LD I0.2	ON			1100	1
A SM0.5	ON			1100	1
LD I1.2	OFF			0110	0
A I1.3	OFF			0110	0
OLD				1100	1
ALD				1000	1
LPS				1100	1
MOVW VW0, VW2	+15919	+15919		1100	1
AENO				1100	1
+I VW0, VW2	+15919	+31838		1100	1
AENO				1100	1
= Q0.0	ON			1100	1
LRD				1100	1
TON T32, +32000	+288	+32000		1100	1
LRD				1100	1
INCW VW0	+15920			1100	1

MAIN SBR_0 INT_0

图 14.2-20 STL 状态

14.2.5 编程规则

①外部输入/输出继电器、内部继电器、定时器、计数器等器件的接点可多次重复使用，无须用复杂的程序结构来减少接点的使用次数。

②梯形图每一行都是从左母线开始，线圈接在右边。接点不能放在线圈的右边，在继电器控制的原理图中，热继电器的接点可以加在线圈的右边，而 PLC 的梯形图是不允许的。

③线圈不能直接与左母线相连。如果需要，可以通过一个没有使用的内部继电器的常闭接点或者特殊内部继电器的常开接点来连接。

④同一编号的线圈在一个程序中使用两次称为双线圈输出。双线圈输出容易引起误操作，应尽量避免线圈重复使用。

⑤梯形图程序必须符合顺序执行的原则，即从左到右，从上到下地执行，如不符合顺序执行的电路就不能直接编程。

⑥在梯形图中串联接点使用的次数是没有限制，可无限次地使用。

⑦两个或两个以上的线圈可以并联输出。

14.3 触摸屏及操作软件

TPC1062KS，是一套以嵌入式低功耗 CPU 为核心（主频 400 MHz）的高性能嵌入式一体化触摸屏。该产品设计采用了 10.2 英寸高亮度 TFT 液晶显示屏（分辨率 800×480），四线电阻式触摸屏（分辨率 1 024×1 024），同时还预装了微软嵌入式实时多任务操作系统 WinCE.NET（中文版）和 MCGS 嵌入式组态软件（运行版）。

正视图　　　　背视图

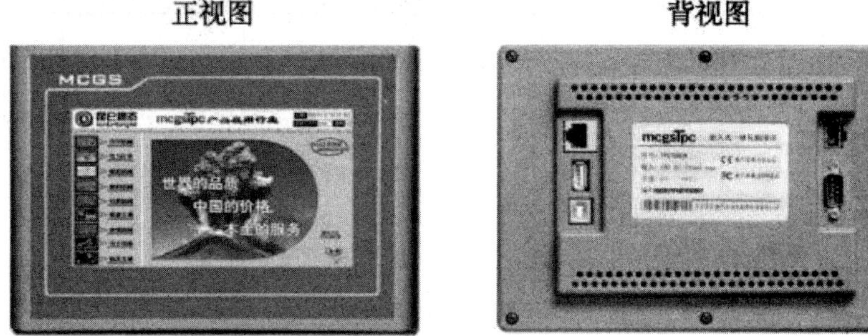

图 14.3-1　TPC1062KS 触摸屏

14.3.1 外部接口

（1）接口说明

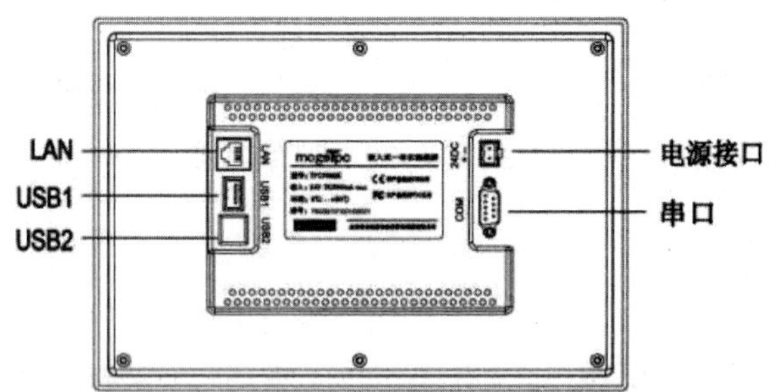

项　目	TPC7062KS	TPC7062K	TPC1062KS	TPC1062K
LAN（RJ45）	无	有	无	有
串口（DB9）	1×RS232，1×RS485			
USB1	主口，兼容USB1.1标准			
USB2	从口，用于下载工程			
电源接口	24V DC ±20%			

图 14.3-2　外部接口及接口说明

（2）串口引脚说明

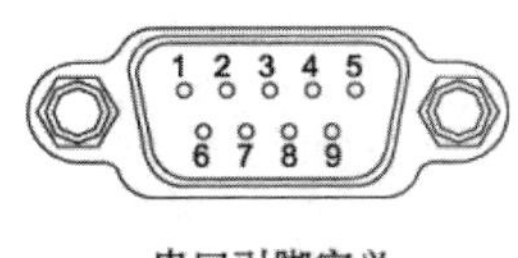

串口引脚定义

接口	PIN	引脚定义
COM1	2	RS232 RXD
	3	RS232 TXD
	5	GND
COM2	7	RS485 +
	8	RS485 −

图 14.3-3　串口引脚说明

14.3.2　通信电缆

（1）与西门子 S7-200 PLC 连接

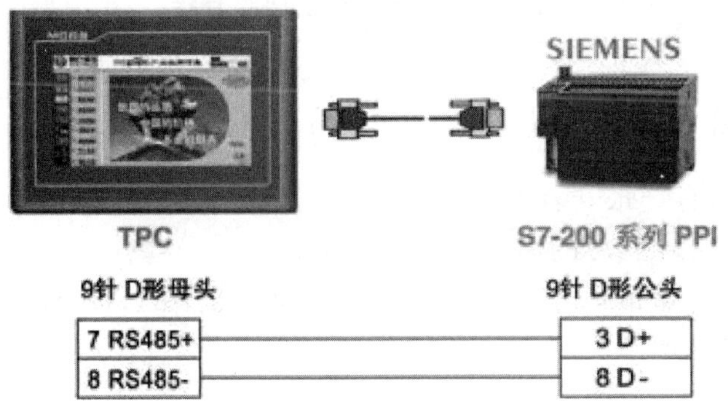

图 14.3-4　与西门子 S7-200 PLC 连接

（2）与西门子 S7-300 PLC 连接

使用西门子 PC/MPI 电缆连接触摸屏 COM1 口和 PLC MPI 口即可。

（3）与三菱 PLC 连接

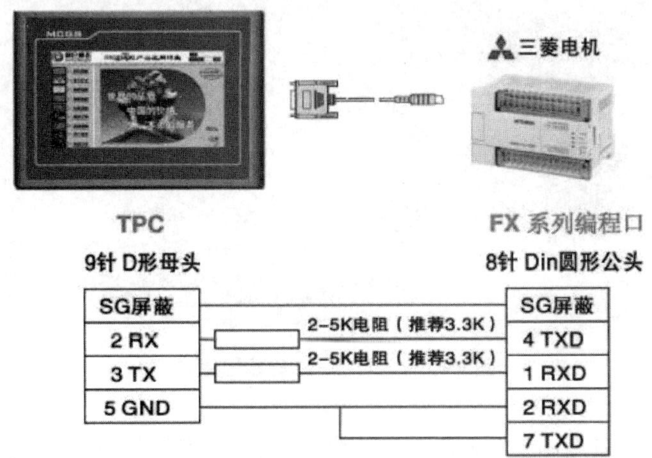

图 14.3-5　与三菱 PLC 连接

（4）与欧姆龙 PLC 连接

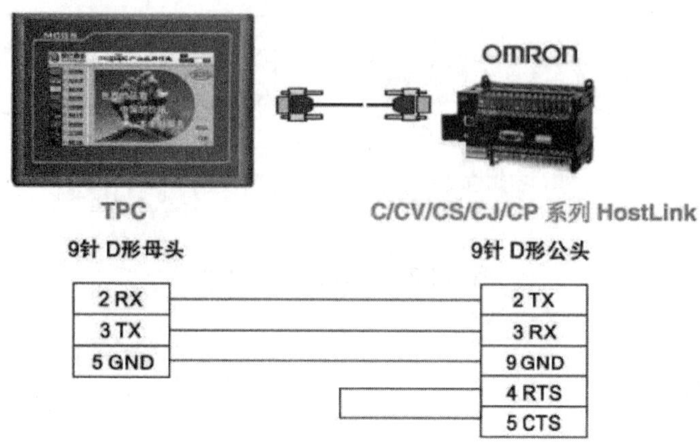

图 14.3-6 与欧姆龙 PLC 连接

14.3.3 软件安装

MCGS 嵌入版只有一张安装光盘，具体安装步骤如下。

①启动 Windows，在相应的驱动器中插入光盘。

②插入光盘后，从 Windows 的光驱驱动器运行光盘中的 Autorun.exe 文件，MCGS 安装程序窗口如图 14.3-7 所示。

图 14.3-7 MCGS 安装程序窗口

在安装程序窗口中点击 “安装组态软件”，弹出安装程序窗口。点击 “下一步”，启动安装程序。

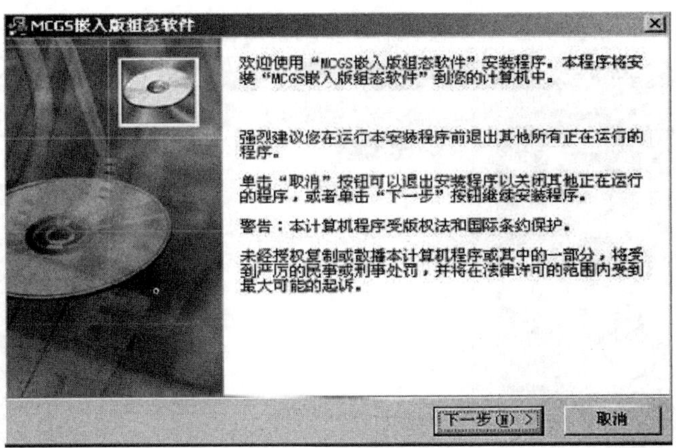

图 14.3-8　启动安装程序

按提示步骤操作，随后，安装程序将提示指定安装目录，用户不指定时，系统缺省安装到 D：/MCGSE 目录下，建议使用缺省目录，如图 14.3-9 所示，系统安装大约需要几分钟。

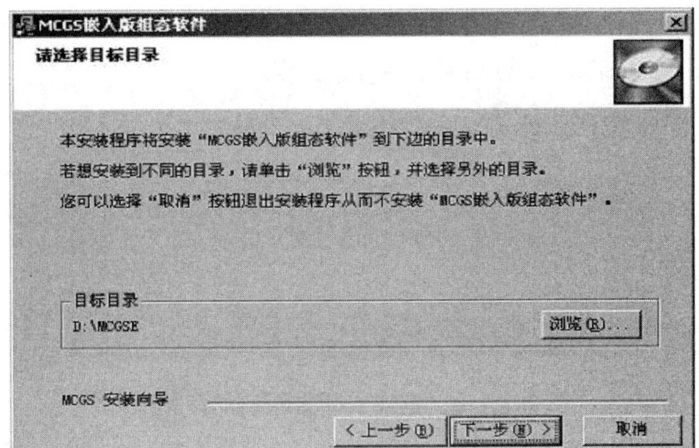

图 14.3-9　指定安装目录

③MCGS 嵌入版主程序安装完成后，继续安装设备驱动，选择“是”。

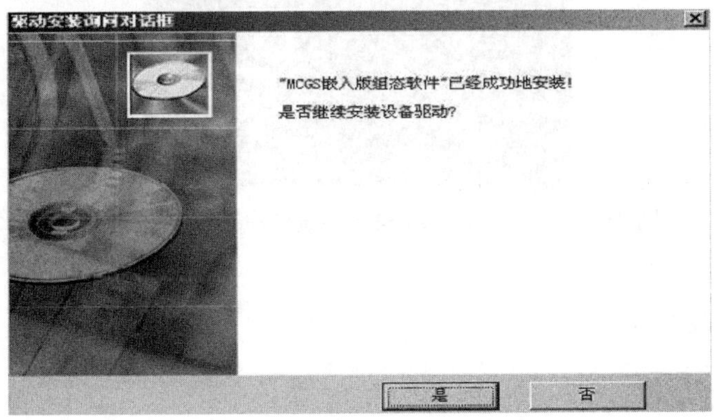

图 14.3-10　继续安装设备驱动

④点击“下一步”，进入驱动安装程序，选择所有驱动，点击“下一步”进行安装。

图 14.3-11 选择所有驱动

⑤选择好后，按提示操作，MCGS 驱动程序安装过程大约需要几分钟。

⑥安装过程完成后，系统将弹出对话框提示安装完成，选择立即重新启动计算机或稍后重新启动计算机，重新启动计算机后，完成安装。

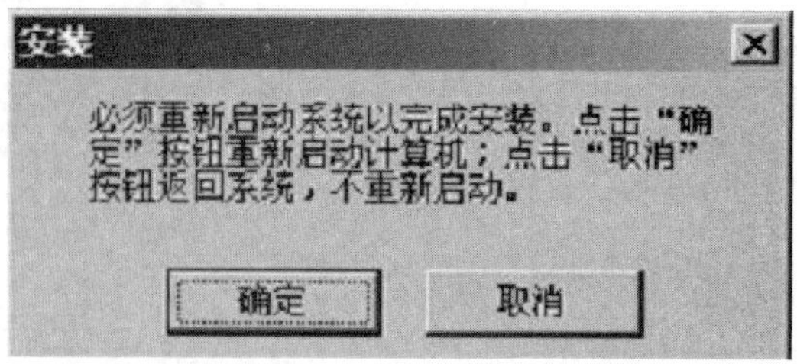

图 14.3-12 选择立即重新启动计算机

⑦安装完成后，Windows 操作系统的桌面上添加了如图 14.3-13 所示的两个快捷方式图标，分别用于启动 MCGS 嵌入式组态环境和模拟运行环境。

图 14.3-13 Windows 操作系统的桌面快捷方式图标

14.3.4 工程下载

（1）连接 TPC7062K 和 PC 机

将普通的 USB 线，一端为扁平接口，插到电脑的 USB 口，另一端为微型接口，插到

TPC 端的 USB2 口。

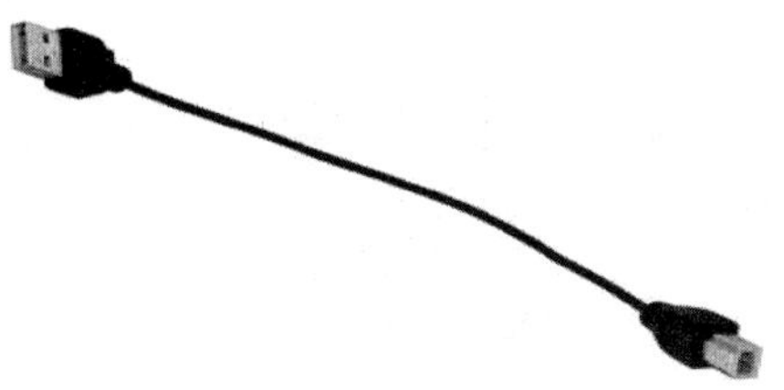

图 14.3-14　USB 连接线

（2）工程下载

点击工具条中的下载“ ”按钮，进行下载配置。选择“连机运行”，连接方式选择“USB 通信”，然后点击“通信测试”按钮，通信测试正常后，点击“工程下载”。

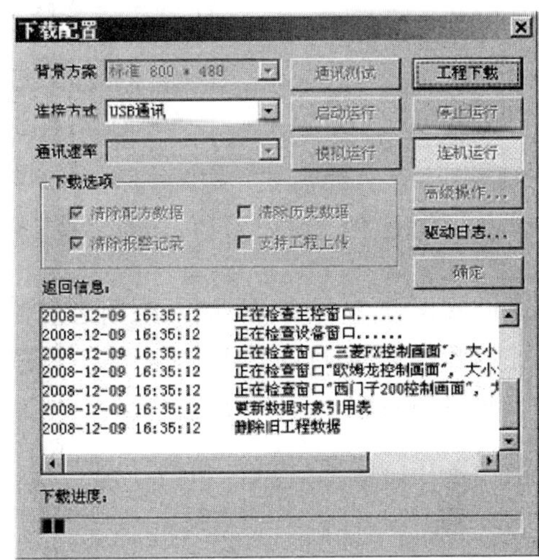

图 14.3-15　下载配置

14.3.5　工程建立

鼠标双击 Windows 操作系统的桌面上的组态环境快捷方式“ ”，可打开嵌入版组态软件，然后按如下步骤建立通信工程：

①单击文件菜单中“新建工程”选项，弹出“新建工程设置”对话框，TPC 类型选择为“TPC1062K”，点击“确定”。

②选择文件菜单中的“工程另存为”菜单项，弹出文件保存窗口。

③在文件名一栏内输入“TPC 通信控制工程”，点击“保存”按钮，工程创建完毕。

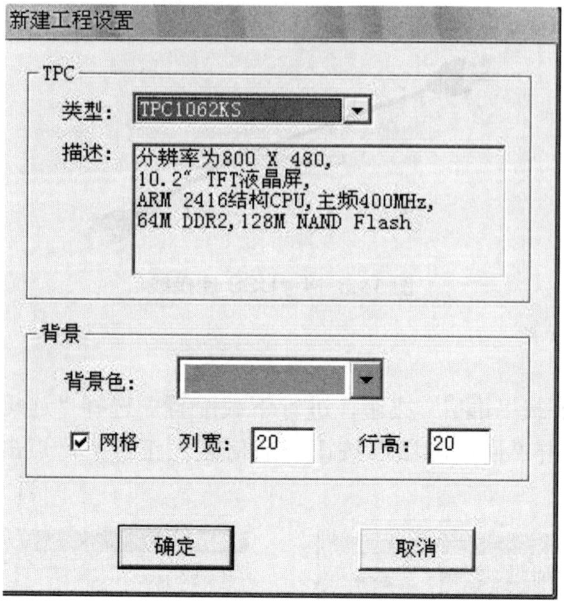

新建工程设置

TPC

类型：TPC1062KS

描述：分辨率为800 X 480，
10.2" TFT液晶屏，
ARM 2416结构CPU，主频400MHz，
64M DDR2，128M NAND Flash

背景

背景色：

☑ 网格　列宽：20　行高：20

确定　取消

图 14.3-16　新建工程设置

14.3.6　工程组态

通过实例介绍 MCGS 嵌入版组态软件中建立同西门子 S7-200 通信的步骤，实际操作地址是西门子 M11.0、M11.1、M11.2、M11.3。

（1）设备组态

①在工作台中激活设备窗口，鼠标双击“设备窗口”进入设备组态画面，点击工具条中的“ 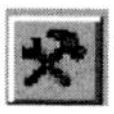　”打开“设备工具箱”，如图 14.3-17 所示。

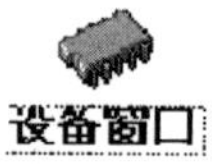

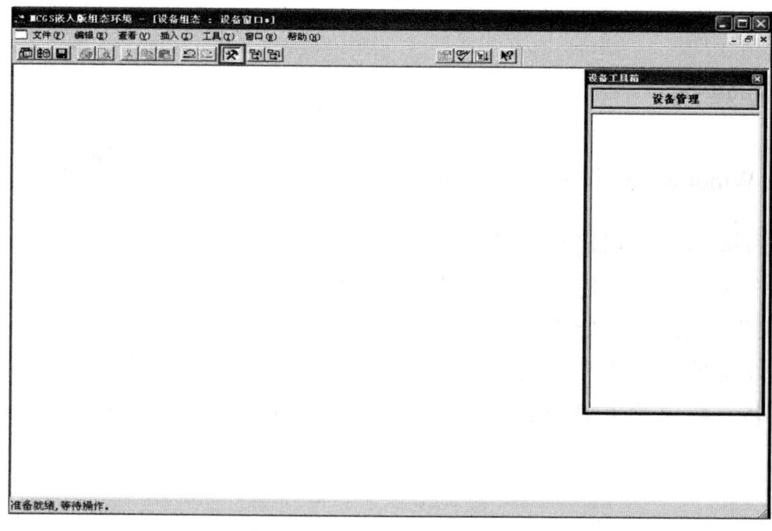

图 14.3-17　设备组态画面

②在设备工具箱中，鼠标按顺序先后双击“通用串口父设备”和“西门子_S7200PPI”添加至组态画面窗口，如图 14.3-18 所示。

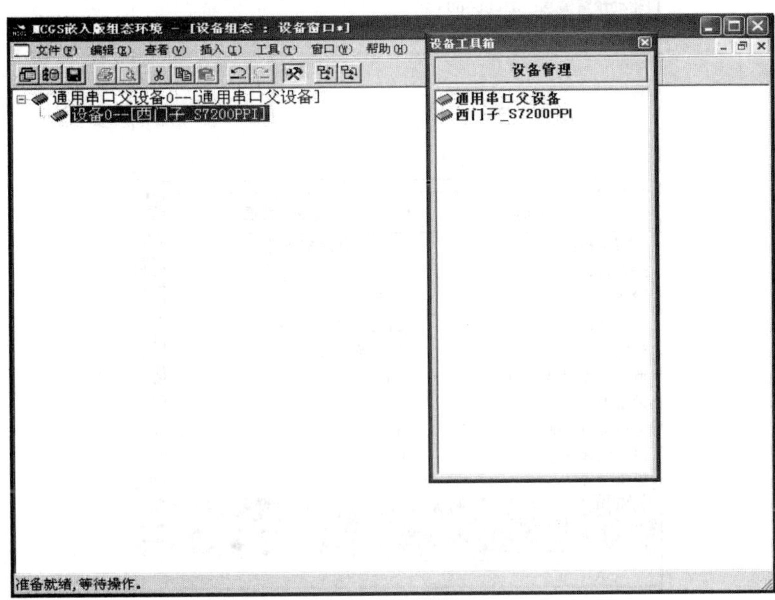

图 14.3-18 设备管理

③设置通信参数，如图 14.3-19、图 14.3-20 所示。

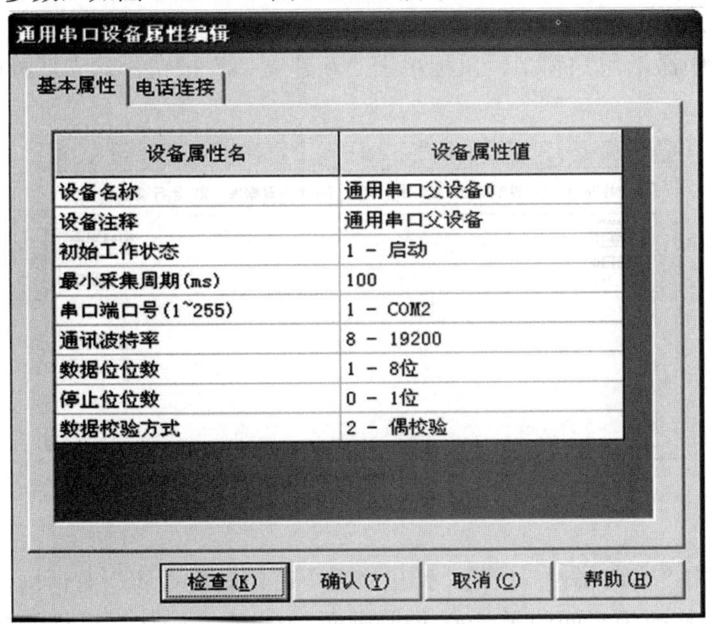

设备属性名	设备属性值
设备名称	通用串口父设备0
设备注释	通用串口父设备
初始工作状态	1 - 启动
最小采集周期(ms)	100
串口端口号(1~255)	1 - COM2
通讯波特率	8 - 19200
数据位位数	1 - 8位
停止位位数	0 - 1位
数据校验方式	2 - 偶校验

图 14.3-19 设置通信参数设置

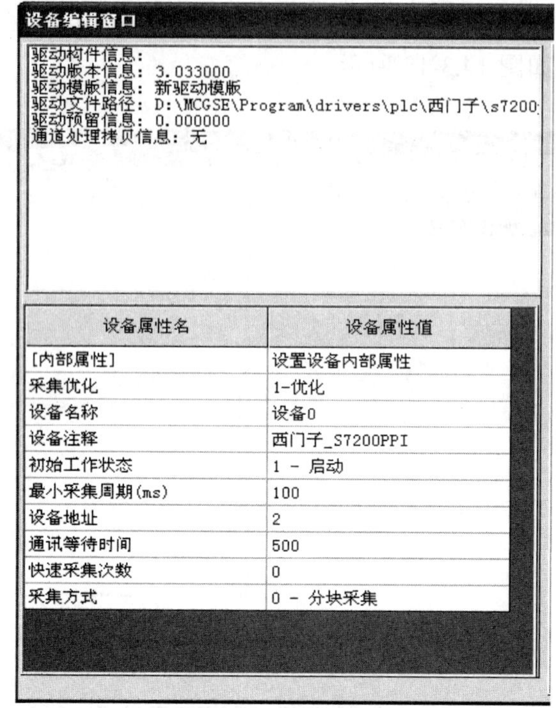

图 14.3-20　设备编辑窗口

所有操作完成后关闭设备窗口，返回工作台。

（2）窗口组态

①在工作台中激活用户窗口，鼠标单击“新建窗口”按钮，建立新画面“窗口 0”，如图 14.3-21 所示。

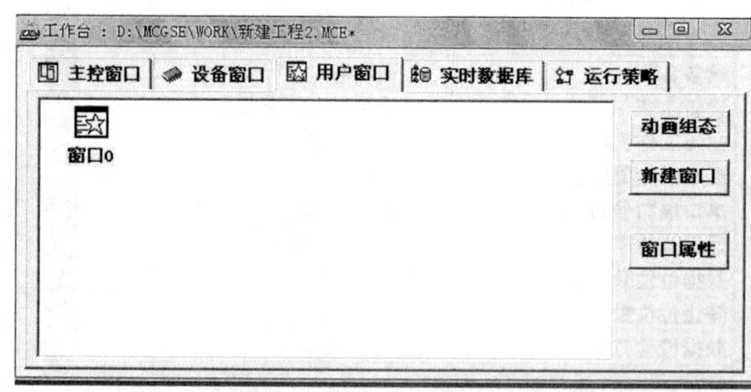

图 14.3-21　新建窗口

②接下来单击“窗口属性”按钮，弹出“用户窗口属性设置”对话框，在基本属性页，将“窗口名 称”修改为“西门子 200 控制画面”，点击“确认”进行保存，如图 14.3-22 所示。

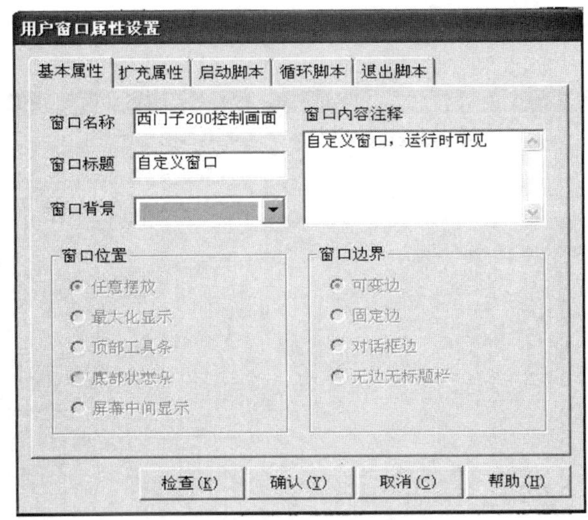

图 14.3-22 窗口属性设置

③在用户窗口双击“西门子200控制画面”进入“西门子 200 控制画面”，点击“ ”打开“工具箱”。

④建立基本元件。

a. 按钮：从工具箱中单击“标准按钮”构件，在窗口编辑位置按住鼠标左键拖放出一定大小后，松开鼠标左键，这样一个按钮构件就绘制在窗口中。如图 14.3-23 所示。

接下来双击该按钮打开“标准按钮构件属性设置”对话框，在基本属性页中将“文本”修改为 M11.0，点击“确认”按钮保存。

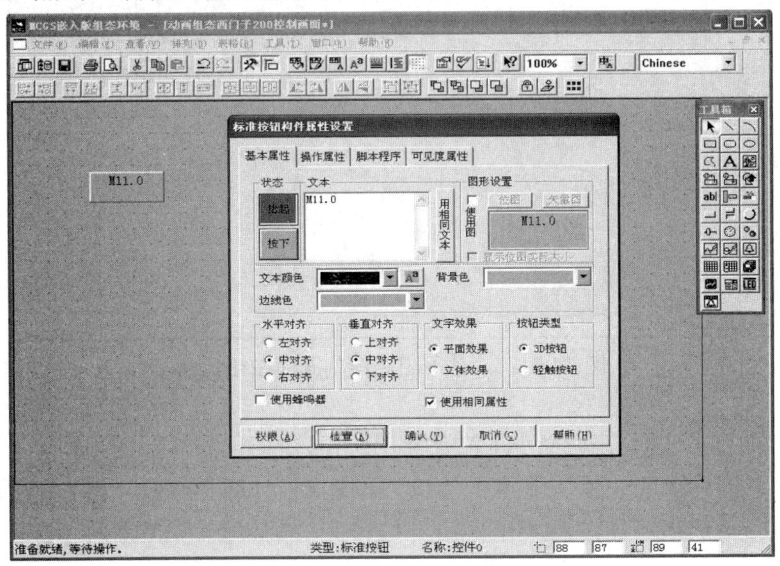

图 14.3-23 标准按钮构件属性设置

按照同样的操作分别绘制另外三个按钮，文本修改为 M11.1、M11.2 和 M11.3，完成后如图 14.3-24 所示。

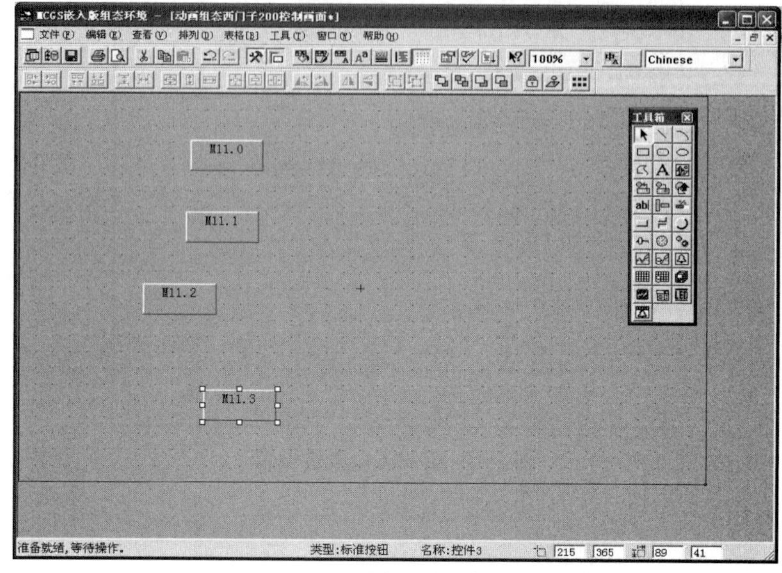

图 14.3-24 动画组态控制画面按钮设计

按住键盘的 Ctrl 键，然后单击鼠标左键，同时选中四个按钮，使用工具栏中的等高宽、左（右）对齐和纵向等间距对四个按钮进行排列对齐，如图 14.3-25 所示。

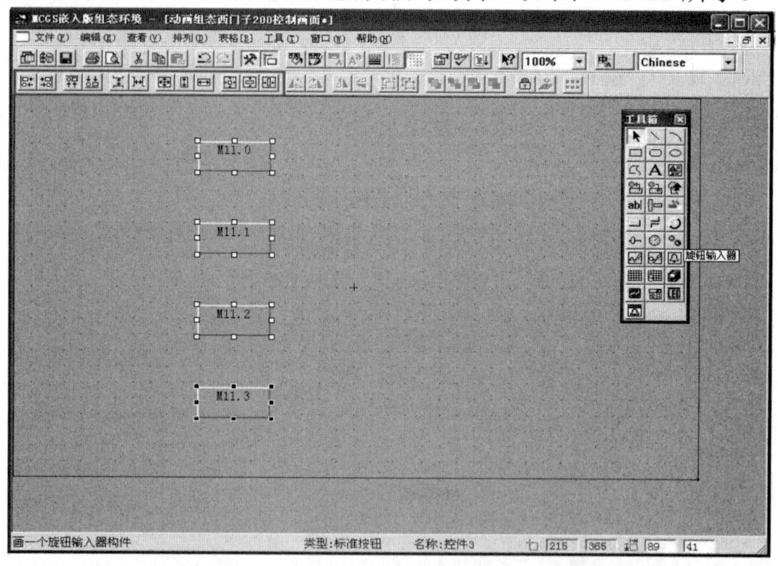

图 14.3-25 动画组态控制画面按钮优化

b. 指示灯：单击工具箱中的“插入元件”按钮，打开“对象元件库管理”对话框，选中图形对象库指示灯中的一款，点击“确认”添加到窗口画面中。并调整到合适大小，同样的方法再添加三个指示灯，摆放在窗口中按钮旁边的位置，如图 14.3-26 所示。

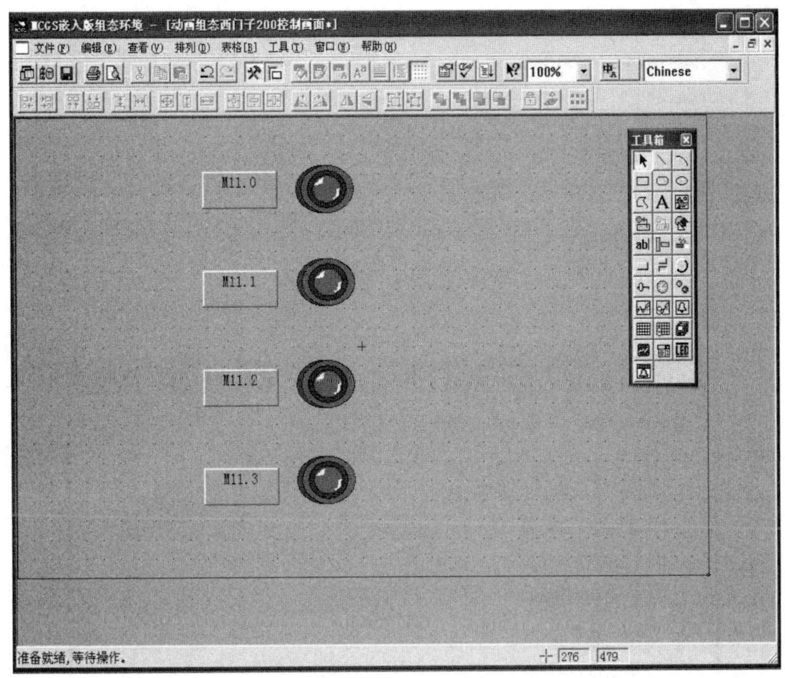

图 14.3-26 动画组态控制画面按钮指示灯设计

⑤建立数据链接。

a. 按钮：双击“M11.0”按钮，弹出“标准按钮构件属性设置”对话框，如图 14.3-27 所示，在操作属性页，默认“抬起功能”按钮为按下状态，勾选“数据对象值操作”，选择“清 0”，点击“[?]”弹出“变量选择”对话框，选择“根据采集信息生成”，通道类型选择“M 寄存器”，通道地址为“11”，数据类型选择“通道第 00 位”，读写类型选择“读写”，设置完成后点击确认。即在“M11.0”按钮抬起时，对西门子 200 的 M11.0 地址“清 0”。

同样的方法，点击“按下功能”按钮，进行设置，勾选“数据对象值操作”→“置 1”→“设备 0_读写 M011_0”，如图 14.3-29。

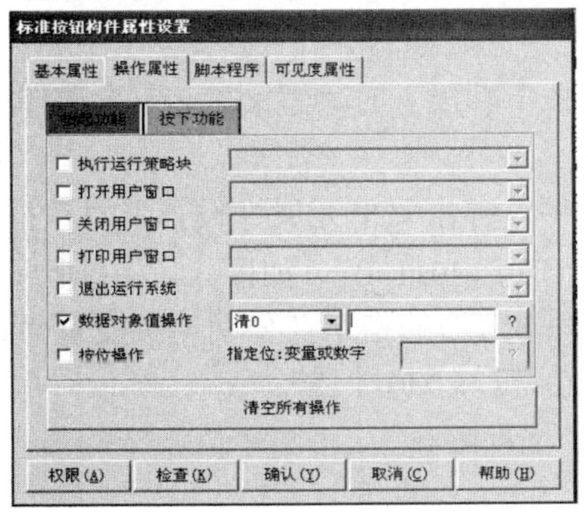

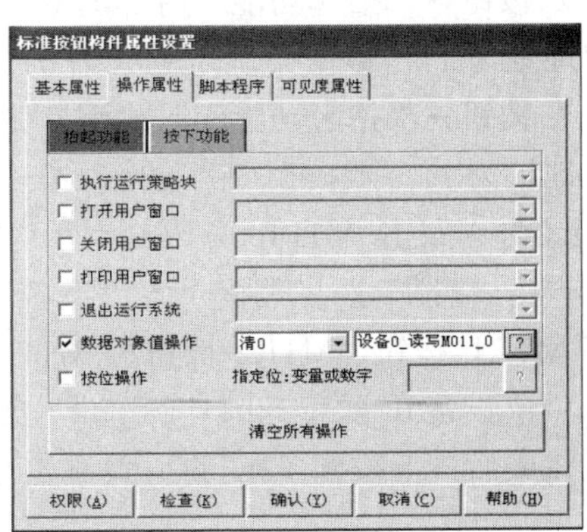

图 14.3-27 标准按钮构件属性设置

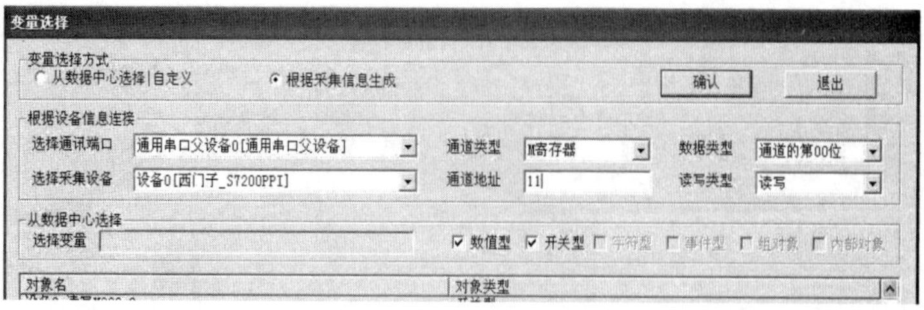

图 14.3-28　变量选择

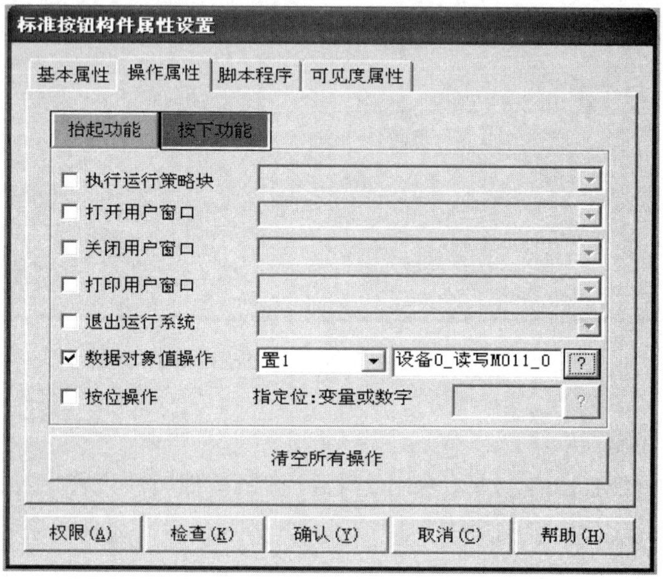

图 14.3-29　标准按钮构件属性“按下功能”

用同样的方法，分别对 M11.1、M11.2 和 M11.3 的按钮进行设置。

M11.1 按钮→“抬起功能”时“清 0”；“按下功能”时“置 1”→变量选择→M 寄存器，通道地址为 11，数据类型为通道第 01 位。

M11.2 按钮→“抬起功能”时“清 0”；“按下功能”时“置 1”→变量选择→M 寄存器，通道地址为 11，数据类型为通道第 02 位。

M11.3 按钮→“抬起功能”时“清 0”；“按下功能”时“置 1”→变量选择→M 寄存器，通道地址为 11，数据类型为通道第 03 位。

b. 指示灯：双击 M11.0 旁边的指示灯构件，弹出“单元属性设置”对话框，在数据对象页，点击“?”选择数据对象“设备 0_读写 M011_0”，如图 14.3-30 所示。同样的方法，将 M11.1 按钮、M11.2 按钮和 M11.3 按钮旁边的指示灯分别连接变量“设备 0_读写 M011_1”“设备 0_读写 M011_2”和“设备 0_读写 M011_3”。

组态完成后，下载到 TPC 的步骤请参考“工程下载”。

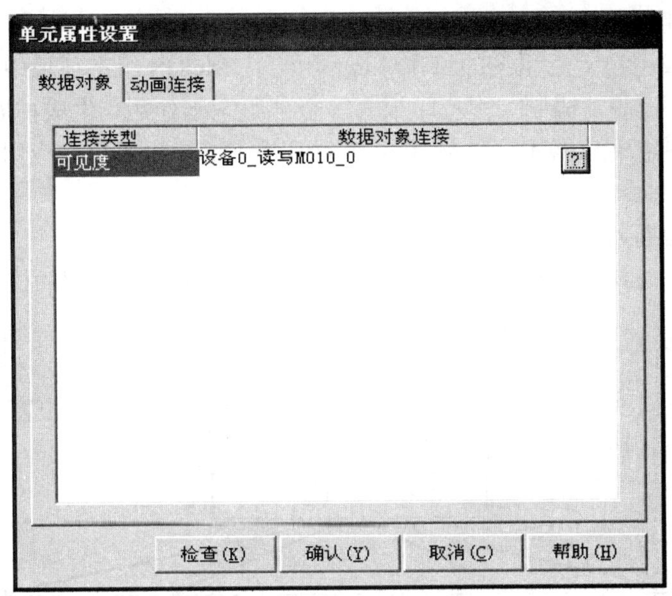

图 14.3-30 单元属性设置

14.4 MCGS 工控组态软件

计算机技术和网络技术为工业自动化提供了发展空间。运用 MCGS 工控组态软件，可以方便快捷地组建优质高效的监控系统，采用远程监控及诊断、双机热备等先进技术，使系统更加安全可靠。

MCGS 工控组态软件是一套 32 位工控组态软件，可稳定运行于 Windows95/98/NT 操作系统，集动画显示、流程控制、数据采集、设备控制与输出、网络数据传输、双机热备、工程报表、数据与曲线等诸多强大功能于一身，并支持国内外众多数据采集与输出设备。

14.4.1 组态环境与运行环境

按使用环境，MCGS 组态软件由“MCGS 组态环境”和“MCGS 运行环境”2 个系统组成。两部分互相独立，又紧密相关，如图 14.4-1。

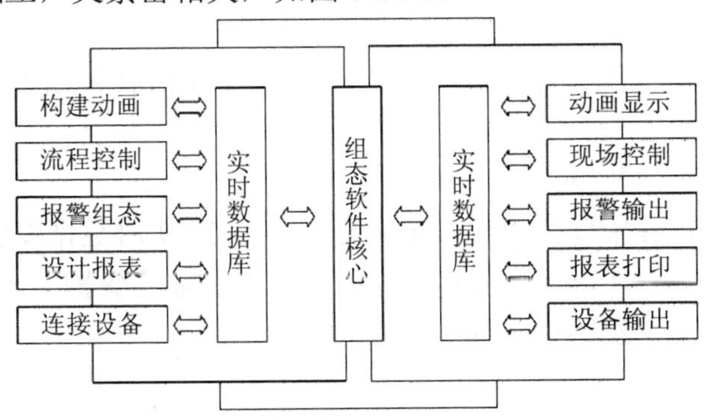

图 14.4-1 组态环境

（1）MCGS 组态环境

该环境是生成用户应用系统的工作环境，用户在 MCGS 组态环境中完成动画设计、设备连接、编写控制流程、编制工程打印报表等全部组态工作后，生成扩展名为.mcg 的工程文件，又称为组态结果数据库，与 MCGS 运行环境一起，构成用户应用系统，统称为“工程”。

（2）MCGS 运行环境

该环境是用户应用系统的运行环境，在运行环境中完成对工程的控制工作。

14.4.2 组成要素

按组成要素，MCGS 工控组态软件由主控窗口、设备窗口、用户窗口、实时数据库和运行策略 5 个部分构成，如图 14.4-2 所示。

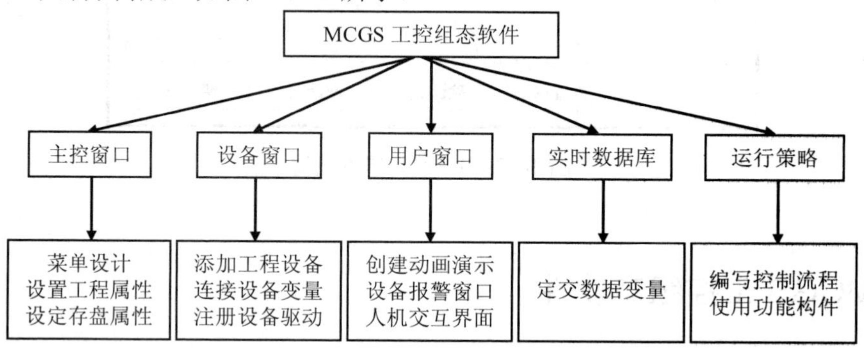

图 14.4-2 MCGS 工控组态软件组成要素

（1）主控窗口

主控窗口是工程的主窗口或主框架。在主控窗口中可以放置一个设备窗口和多个用户窗口，负责调度和管理这些窗口的打开或关闭。主要的组态操作包括：定义工程的名称，编制工程菜单，设计封面图形，确定自动启动的窗口，设定动画刷新周期，指定数据库存盘文件名称及存盘时间等。

（2）设备窗口

设备窗口是连接和驱动外部设备的工作环境。在本窗口内配置数据采集与控制输出设备，注册设备驱动程序，定义连接与驱动设备用的数据变量。

（3）用户窗口

用户窗口用于设置工程中人机交互的界面。例如，生成各种动画显示画面、报警输出、数据与曲线图表等。

（4）实时数据库

实时数据库是工程各个部分的数据交换与处理中心。实时数据库将 MCGS 工程的各个部分连接成有机的整体。在本窗口内定义不同类型和名称的变量，作为数据采集、处理、输出控制、动画连接及设备驱动的对象。

（5）运行策略

运行策略用于完成工程运行流程的控制。包括编写控制程序（if…then 脚本程序），选用各种功能构件，如数据提取、历史曲线、定时器、配方操作、多媒体输出等。

14.4.3 MCGS工控组态软件组态过程

（1）工程项目系统分析

分析工程项目的系统构成、技术要求和工艺流程，弄清系统的控制流程和测控对象的特征，明确监控要求和动画显示方式，分析工程中的设备采集及输出通道与软件中实时数据库变量的对应关系，分清哪些变量是要求与设备连接的，哪些变量是软件内部用来传递数据及动画显示的。

（2）工程立项搭建框架

MCGS称为建立新工程，包括以下内容。

①定义工程名称、封面窗口名称和启动窗口（封面窗口退出后接着显示的窗口）名称。

②指定存盘数据库文件的名称以及存盘数据库。

③设定动画刷新的周期。

经过以上操作，即在MCGS工控组态环境中，建立了由5个部分组成的工程结构框架。封面窗口和启动窗口也可等到建立了用户窗口后，再行建立。

（3）设计菜单基本体系

为了对系统运行的状态及工作流程进行有效的调度和控制，通常要在主控窗口内编制菜单。编制菜单分两步进行。

①搭建菜单的框架。

②对各级菜单命令进行功能组态。

在组态过程中，可根据实际需要，随时对菜单的内容进行增加或删除，不断完善工程的菜单。

（4）制作动画显示画面

动画制作分为静态图形设计和动态属性设置两个过程。

①静态图形设计。

类似于“画画”，用户通过MCGS工控组态软件中提供的基本图形元素及动画构件库，在用户窗口内“组合”成各种复杂的画面。

②动态属性设置。

设置图形的动画属性，与实时数据库中定义的变量建立相关性的连接关系，作为动画图形的驱动源。

（5）编写控制流程程序

在运行策略窗口内，从策略构件箱中，选择所需功能策略构件，构成各种功能模块（称为策略块），由这些模块实现各种人机交互操作。

MCGS为用户提供了编程用的功能构件（“脚本程序”功能构件），使用简单的编程语言，编写工程控制程序。

（6）完善菜单按钮功能

包括对菜单命令、监控器件、操作按钮的功能组态；实现历史数据、实时数据、各种曲线、数据报表、报警信息输出等功能；建立工程安全机制等。

（7）编写程序调试工程

利用调试程序产生的模拟数据，检查动画显示和控制流程是否正确。

（8）连接设备驱动程序

选定与设备相匹配的设备构件，连接设备通道，确定数据变量的数据处理方式，完成设备属性的设置。此项操作在设备窗口内进行。

（9）工程完工综合测试

最后测试工程各部分的工作情况，完成整个工程的组态工作，实施工程交接。

注意 MCGS6.2 上位机软件组态工程制作方法基本与 MCGS7.2 软件组态工程制作方法一致。

14.5 在线式 pH 仪操作

14.5.1 技术参数

1．特殊功能设定

注意：以下特殊功能设定提供特殊场所使用。

①按住“ENTER”键不放，接通电源，等屏幕出现 F2 再放开按键可改变校正缓冲溶液成 6.86/4.01/9.18 或 7.00/4.00/10.01 标准液组（重复操作一次可恢复原状）。

②按住“↑”键不放，接通电源，等屏幕出现 F3 再放开按键，可改变 4～20 mA 输出成 20～4 mA 输出（重复操作一次可恢复原状）。

③按住“↓”键不放，接通电源，等屏幕出现 F4 再放开按键，可改变成锑电极专用模式（重复操作一次可恢复原状）。

④pH 锑电极：可抗氢氟酸电极，可用于高温条件，半导体场合常用的 pH 电极。

⑤按住“MENU”键，接通电源等屏幕显示 F1，再放开按键，按键锁（重复操作一次可恢复原状）。为避免无关人员乱操作，特设此功能。

2．用户须知

①使用时请遵守本说明书的操作规程及注意事项。

②在使用过程中若发现仪器工作异常或损坏，请联系经销商或上海博取仪器有限公司联系，切勿自行修理。

③为保证测量精确，仪器须经常配合电极进行校正；若电极购买时间已过一年，请注意及时更换。

④初次校正工作之前请将仪器通电预热 30 min。

⑤仪器使用满一年后须送计量部门或销售方检定，检定合格后方可再用。

3．仪表特性

①pHG-2091 系列微电脑工业控制仪表是用于测试溶液 pH 的精密仪表，采用 LCD（液晶）显示、高性能 CPU 芯片、高精度 AD 转换技术和 SMT 贴片技术，完成多参数测量、温度补偿、量程转换，仪表精度高、重复性好、功能全、性能稳定、操作简便，是工业企业测试和控制 pH 领域的理想仪表。

②电流输出和报警继电器采用光电耦合隔离技术，抗干扰性能强，实现远传。

③报警信号隔离输出，报警上限、下限可任意设定，报警滞后撤销。

④pHG-2091 系列仪表可配各种类型 pH 电极。

4．技术参数

（1）pH 测量范围：0～14.00

（2）pH 分辨率：0.01

（3）pH 精确度：±0.05，±0.3℃

（4）pH 稳定性：≤0.05/24 h

（5）校正时可调范围：零电位±pH 1.45，斜率 80%～100%

（6）pH 标准液：6.86/4.01/9.18，7.00/4.00/10.01

（7）控制范围：pH 0～14.00

（8）自动温度补偿：0～100℃（pH）

（9）手动温度补偿：0～80℃（pH）

（10）信号输出：4～20 mA 的隔离保护输出，可双电流输出

（11）通信接口：RS485 选配

（12）控制接口：ON/OFF 继电器输出接点

（13）继电器承受负载：最大交流 240 V 电流 5A，最大交流 115 V 电流 10A

（14）继电器迟滞量：可自由调整

（15）电流输出负载：允许最大负载为 750 Ω

（16）讯号输入阻抗：≥10^{12}Ω

（17）绝缘电阻：≥20 MΩ

（18）工作电压：220 V±22 V，50 Hz±0.5 Hz

（19）仪表尺寸：96 mm（长）×96 mm（宽）×115 mm（深）

（20）开孔尺寸：91 mm×91 mm

（21）重量：0.6 kg

（22）仪器的工作条件：

①环境温度：0～60℃；

②空气相对湿度：≤90%；

③除地球磁场外周围无强磁场干扰。

14.5.2 安装校正

1．面板开孔

仪表可安装在远离现场的监控室，也可与测量池一起安装在现场。所需的连线从二次表后面接线柱引出。

仪表柜或安装面板上开出一个矩形切口，见图 14.5-1。

安装时应注意：

①仪表与测量池的距离越近越好。一般不要超过 20 m，最好将二次表固定在最佳视平线上，表面要保持清洁、干燥、避免水滴直溅。

②电极与仪表的连接电缆不要与电源线近距离平行敷设，以免对信号产生不良的影响。

2．固定支架安装

将仪器后部从开口正面插入，将两根锁紧条装上并锁紧，见图 14.5-2。

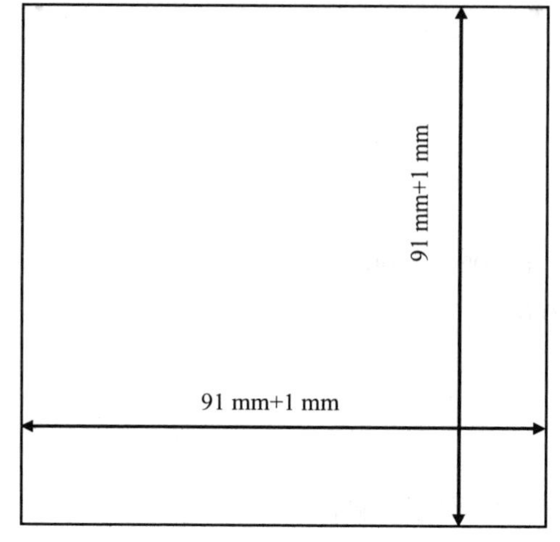

图 14.5.1　面板开孔尺寸

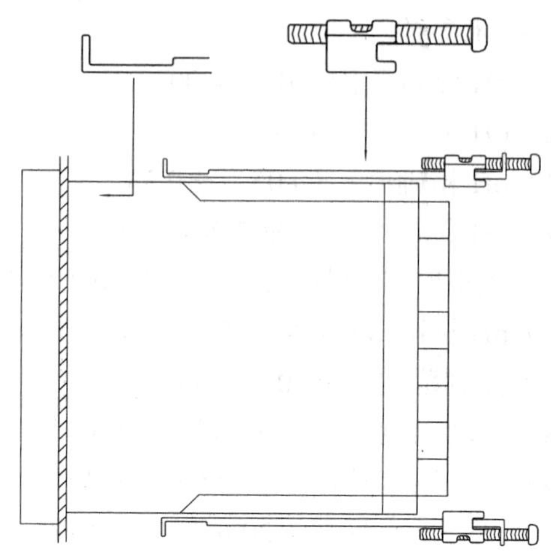

图 14.5-2　固定支架安装

3．前面板说明

（1）Hi：高点报警指示灯

（2）Lo：低点报警指示灯

（3）↑键：增加数值

（4）↓键：减少数值

（5）MENU 键：菜单选择

（6）ENTER 键：确定操作

（7）FUN 键：pH 数值显示与 MV 数值显示转换键

4．仪器接线

仪器接线如图 14.5-4 所示。

图 14.5-3　前面板

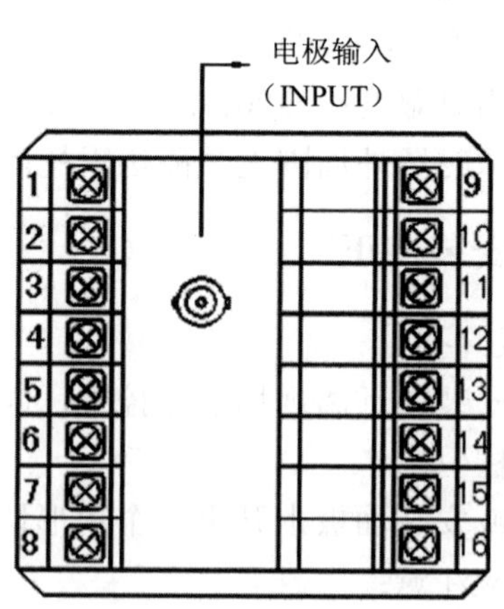

图 14.5-4　仪器接线图

（1）NO：高点继电器常开端

（2）COM：高点继电器公共端

（3）NC：高点继电器常闭端

（4）NO：低点继电器常开端

（5）COM：低点继电器公共端

（6）NC：低点继电器常闭端

（7）220 V

（8）0 V

（9）Ref.：参比电极负极

（10）TEMP：温度补偿

（11）TEMP：温度补偿

（12）空

（13）空

（14）空

（15）4～20 mA +

（16）4～20 mA –

中间端子为 INPUT（电极输入端）。

5．仪器校正

在确保电源、电极以及其他接线端子正确接线后，方可进行校正程序（标准液的保存时间为 1 周）。

①接通仪器电源。将出现初始屏幕，随即进入正常显示。

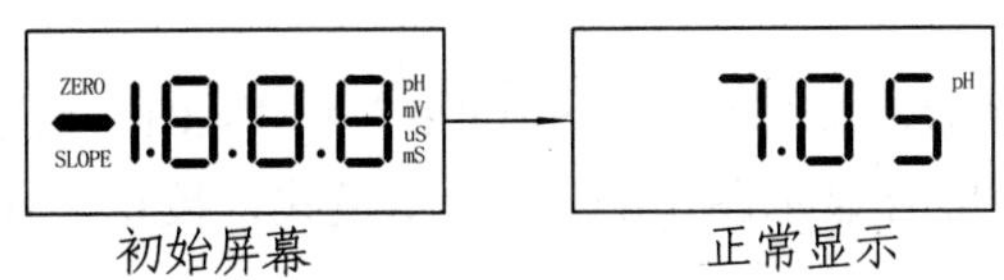

图 14.5-5 初始屏幕与正常显示屏幕

②将电极用蒸馏水清洗干净并用滤纸吸干，然后将电极插入 pH 6.86 标准缓冲液中，轻轻搅拌几下，等仪器显示数值稳定（图 14.5-6 数值仅供参考）。

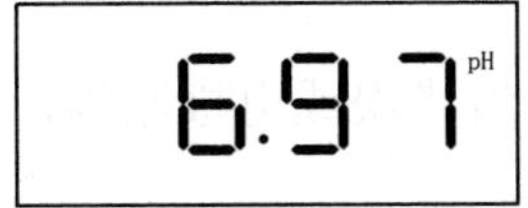

图 14.5-6 仪器显示数值稳定

③按“MENU”键使屏幕左上角出现“ZERO”指示，屏幕出现“buF”和“6.86”交替闪烁，表示机器等待零点校正。

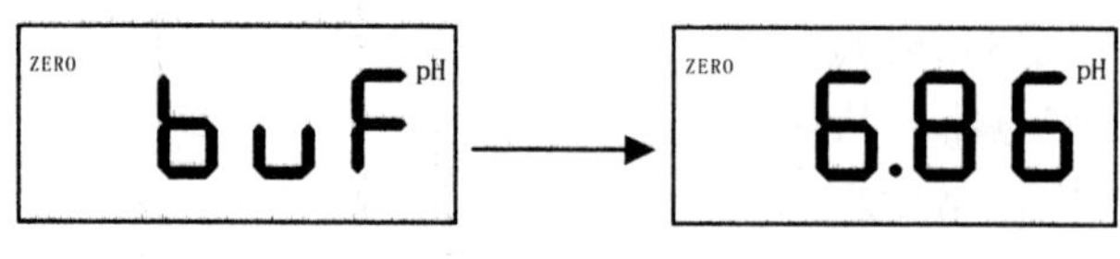

图 14.5-7　交替闪烁

④按“ENTER”键之后，屏幕显示有“ZERO”和“6.86”，说明仪器零点校正已完成。

⑤将电极从 pH 6.86 标准缓冲液中取出，清洗干净并用滤纸吸干，然后将电极插入 pH 4.01（或 pH 9.18）标准缓冲液中，轻轻搅拌几下，等仪器显示数值稳定（图中数值仅供参考）。

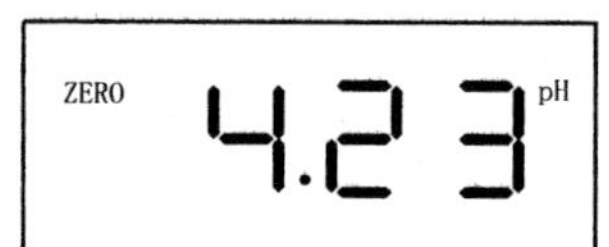

图 14.5-8　仪器显示数值稳定

⑥按“MENU”键使屏幕左下角出现“SLOPE”指示，屏幕出现“buF”和“4.01”交替闪烁，表示机器等待斜率校正。

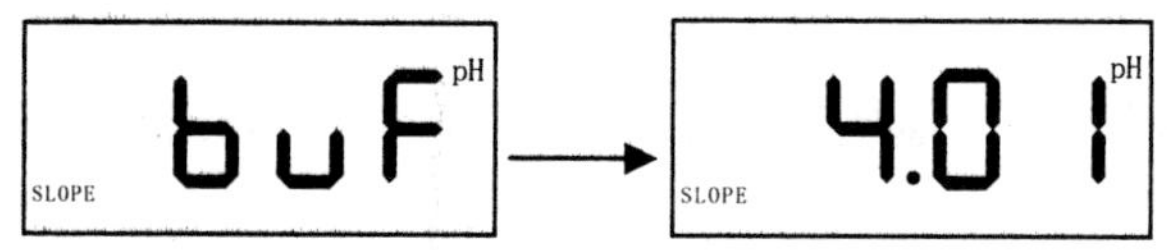

图 14.5-9　斜率校正

⑦按“ENTER”键之后，屏幕显示“SLOPE”和“4.01”，说明仪器斜率校正已完成。

⑧按“MENU”键使屏幕显示图 14.5-10 所示模式，校正工作完成。

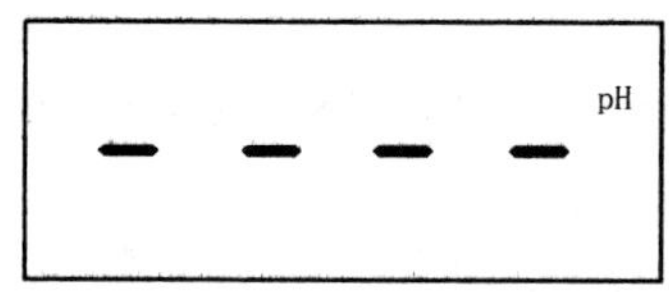

图 14.5-10　按“MENU”键屏幕显示

在校正工作中，可能由于标准液错误或电极原因，使仪器测量值超出零点或斜率认可范围，则仪器将无法进行校正工作。

6．继电器迟滞量调节

为避免继电器不停跳动或控制溶液 pH 幅宽，本仪器特设此功能，具体操作如下：

按“MENU”键使屏幕出现“—d—”和“—0.10—”数值交替闪烁，表示机器等待继电器迟滞量调节。

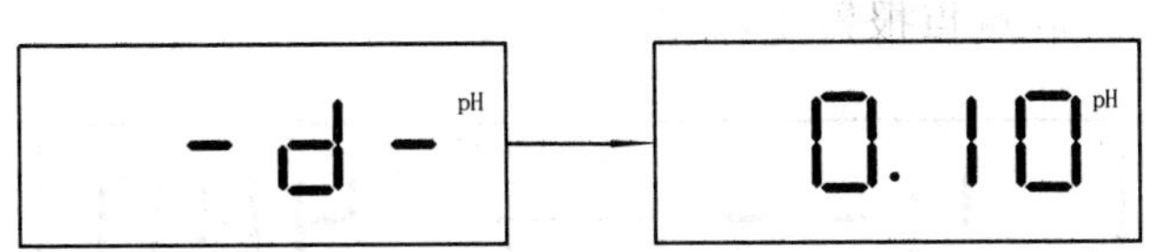

图 14.5-11 继电器迟滞量调节

此时按“↑”或“↓”键来调节继电器迟滞量（调节范围为 0～14，客户可根据需要在此范围调节，仪器出厂时初始值为 0.10），调节好之后按“ENTER”键，显示如图 14.5-12 所示模式。

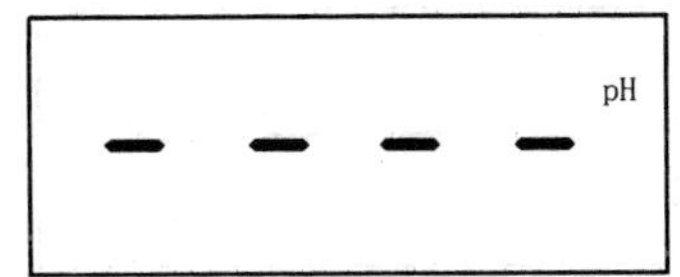

图 14.5-12 按“ENTER”键后屏幕显示

仪器即记忆该数值，调节工作完成。

14.5.3 操作使用

1．设定控制程序

（1）高报警点设定

①按“MENU”键使屏幕出现“H— —”与“10.00”交替闪烁，此时高报警指示灯也会闪烁，机器已进入高点报警设定状态。

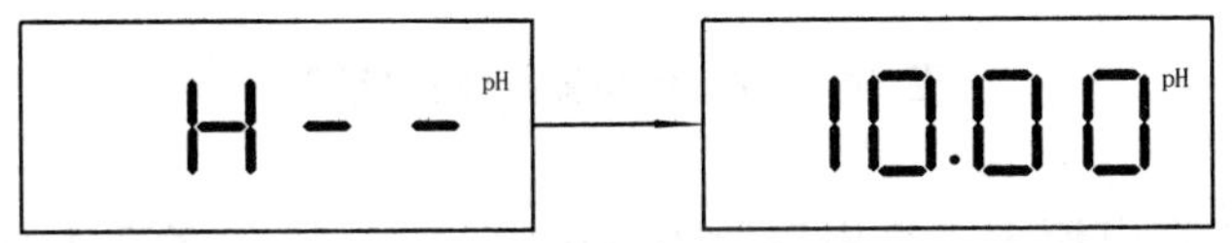

图 14.5-13 高报警点设定

②按“↑”或“↓”来确定高点控制数值。

③按 ENTER 键后屏幕如图 14.5-14 所示，完成高点设定并进入控制模式。

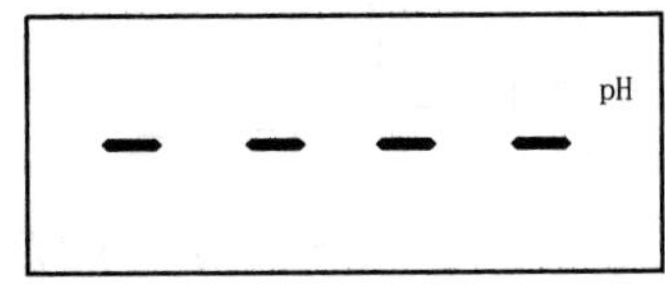

图 14.5-14 按“ENTER”键后屏幕显示

（2）低报警设定

①按“MENU”键使 LCD 显示“L— —”与“4.00” 交替闪烁，此时低点报警指示

灯也会闪烁，机器进入低点报警设定状态。

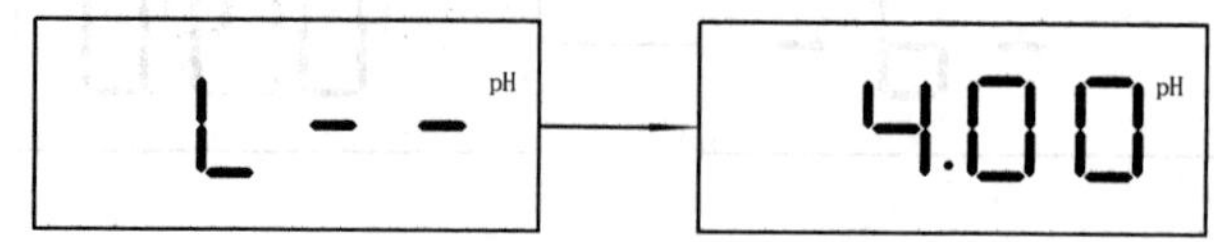

图 14.5-15　低报警设定

②按“↑”或“↓”键来确定低点控制数值。

③按“ENTER”键后屏幕如图 14.5-16 所示，完成低点设定并进入控制模式。

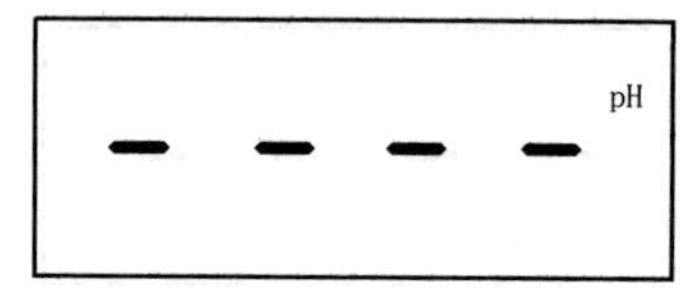

图 14.5-16　按“ENTER”键后屏幕显示图

2．继电器控制说明

①如控制负载额定电流小于继电器所承受电流时，可按图 14.5-17 进行连接（电源 1 不可超过 220 V）。

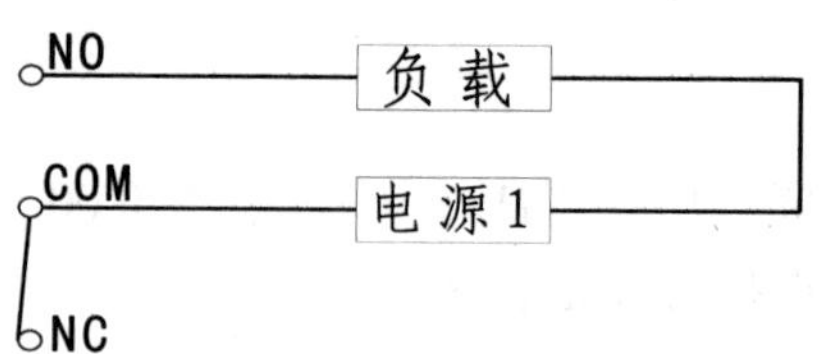

图 14.5-17　继电器控制连接图

②如控制负载额定电流大于继电器所承受电流时，需加接交流接触器，可按图 14.5-18 进行连接。

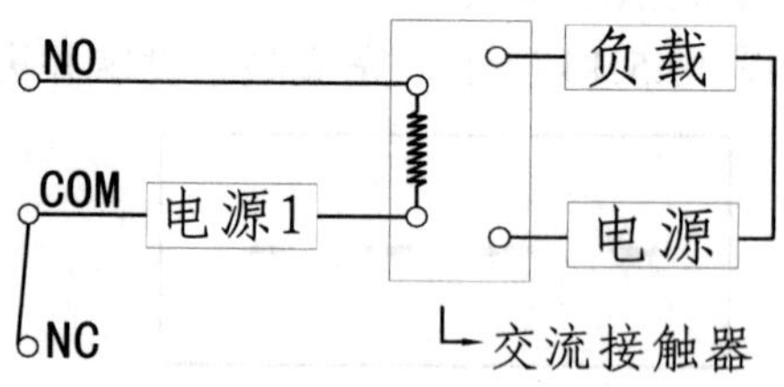

图 14.5-18　加接交流接触器连接图

3．信号输出

输出电流：4～20 mA；

输出负载小于 750 Ω。

电流误差：±0.04 mA；

$$输出电流\ I=D\times（16/14）+4.00$$

式中：I—— 输出电流值，4 mA≤I≤20 mA；

D—— 仪器显示 pH，pH 0.00 ≤D≤pH 14.00。

4．温度补偿

pHG-2091 不接温度探棒时，默认为 25℃。若需温度补偿时，在 10 与 11 端接上 10 K 温度探棒即可。

5．出错显示

当测量值超出测量范围时屏幕会显示“E.rr”。

6．pH 标准缓冲液

pH 标准缓冲液如表 14.5-1 所示，仪器实际读值与标准有时会有±1 个字的误差。

表 14.5-1 pH 标准缓冲液

TEMP/℃	pH 4.00 缓冲液	pH 4.01 缓冲液	pH 6.86 缓冲液	pH 7.00 缓冲液	pH 9.18 缓冲液	pH 10.01 缓冲液
0	4.00	4.00	6.98	7.12	9.46	10.32
5	4.00	4.00	6.95	7.09	9.39	10.25
10	4.00	4.00	6.92	7.06	9.33	10.18
15	4.00	4.00	6.90	7.04	9.28	10.12
20	4.00	4.00	6.88	7.02	9.23	10.06
25	4.00	4.01	6.86	7.00	9.18	10.01
30	4.01	4.02	6.85	6.99	9.14	9.97
35	4.02	4.02	6.84	6.98	9.17	9.93
40	4.03	4.04	6.84	6.97	9.07	9.89
45	4.04	4.05	6.83	6.97	9.04	9.86
50	4.06	4.06	6.83	6.97	9.02	9.83

14.6 在线式 DO 仪操作

14.6.1 技术参数

1．用户须知

①仪器适用于专业性较强的行业，操作人员必须具备相关专业知识及操作能力。使用时请遵守本说明书的操作规程及注意事项。

②为使测量更精确，仪器须经常配合电极进行标定；若电极购买时间已近一年或电极存在质量问题，请注意更换。

③执行标定工作之前请将仪器通电预热 60 min。

2．仪表特性

THAIDO-2 型在线式溶解氧测定仪是一款在线智能溶解氧检测仪器，整机采用进口元器件和优质溶氧膜头，运用极谱分析技术和表贴技术，确保仪器长期工作稳定可靠。具有菜单式操作、485 通信（选配）等功能。可广泛应用于化工化肥、冶金、环保水处理工程、制药、生化、食品、养殖和自来水等溶液中溶解氧值的连续监测。

①大屏幕点阵液晶显示、菜单操作。

②多参数同时显示：溶氧值、温度、输出电流、报警点等同时显示，直观易读，并有量程超限提示。

③屏幕显示报警状态并能同时伴有开关 ON/OFF 信号输出。

④自动温度补偿功能：自动 0～60℃。

⑤通信功能（选配）：具有 RS-485 通信接口（MODBUS 协议部分兼容）。

⑥4～20 mA 电流输出对应的 DO 值可以任意设定。

⑦迟滞量任意设定功能，避免开关继电器频繁动作。

⑧看门狗功能：确保仪表不会死机。

⑨核心器件均来自国外著名品牌。

⑩可恢复出厂设置。掉电保护大于 10 年。

3．技术参数

①测量范围：0～20.00 mg/L；0～60℃；

②分辨率：0.01 mg/L；0.1℃；

③精度：±1.5%FS；±0.5℃；

④自动温度补偿：0～60℃；

⑤控制接口：两组 ON/OFF 继电器接点，分为高点、低点报警信号光电隔离输出；

⑥信号隔离输出：光电耦合器隔离保护 4～20 mA 信号输出；

⑦继电器：继电器滞后量任意设定，继电器负载 10A 220 VAC；

⑧工作条件：环境温度为 0～60℃，相对湿度≤90%R.H.；

⑨输出负载：负载＜750 Ω（0～10 mA），负载＜500 Ω（4～20 mA）；

⑩工作电压：交流电压 220 V±20 V、频率 50 Hz±2 Hz；

⑪尺寸：96 mm×96 mm×115 mm；

⑫开孔尺寸：91 mm×91 mm。

14.6.2 安装校正

1．主机安装

①在仪表柜或安装面板上开出一个矩形切口。

②将仪表插入仪表柜，并紧固锁紧条。

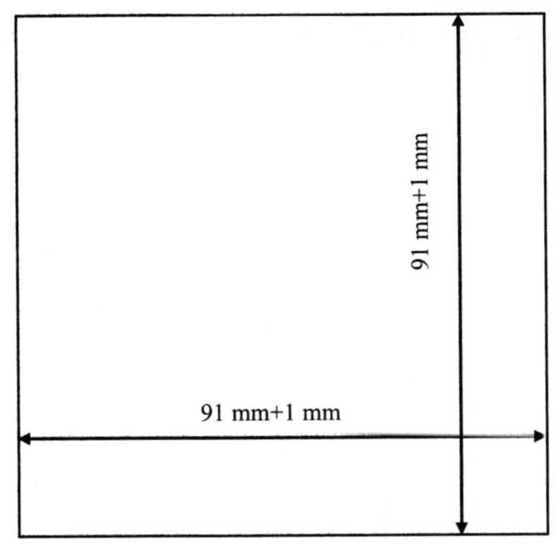

图 14.6-1 主机安装开孔

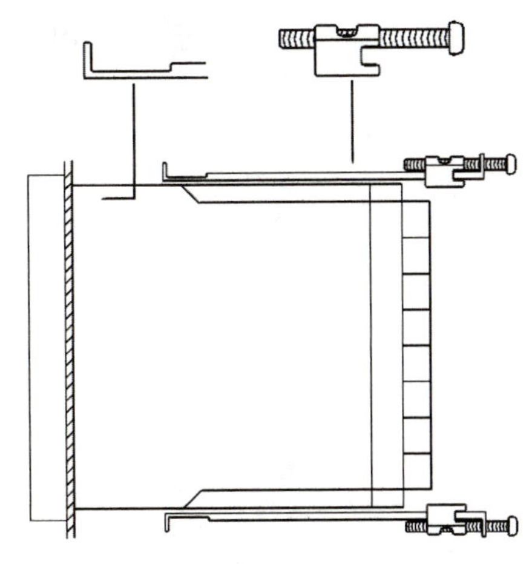

图 14.6-2 仪表安装

2．电极安装

请不要把电极直接投入水中，应使用电极安装支架或流通杯。安装前请务必使用生料带（3/4 螺纹处）做好防水封闭工作，避免水进入 DO 电极中，造成 DO 电极电缆线短路。

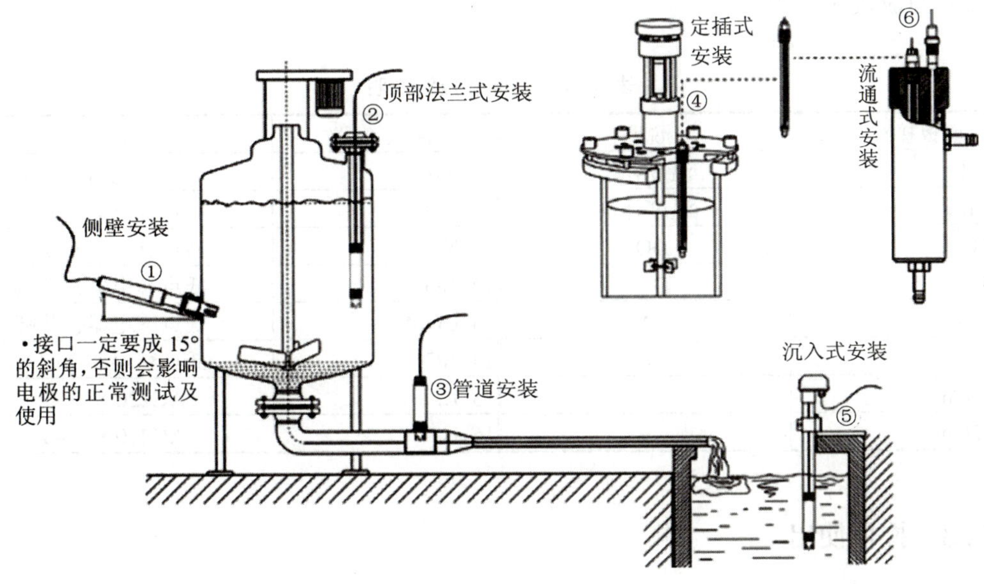

图 14.6-3 电极安装

3．面板接线

（1）仪表面板

仪表面板如图 14.6-4 所示。

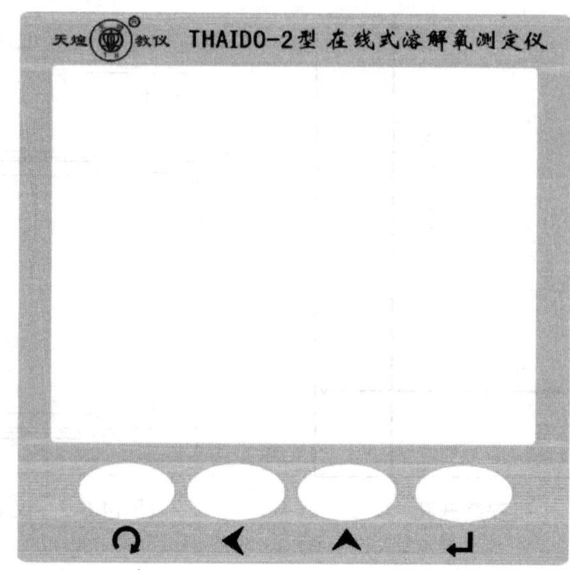

"↺"-功能菜单键；"<"-循环移位键；"^"-数值增加键；"↵"-确认键。

图 14.6-4 仪表面板

（2）面板接线说明

表 14.6-1 面板接线说明

面板接线	说明	面板接线	说明
1. TEMP：	温度补偿	9. NO：	高点继电器常开端
2. TEMP：	温度补偿	10. COM：	高点继电器公共端
3. INPUT：	DO+	11. NC：	高点继电器常闭端
4. REF：	DO−	12. NO：	低点继电器常开端
5. RS-485：	A	13. COM：	低点继电器公共端
6. RS-485：	B	14. NC：	低点继电器常闭端
7. 4～20 mA：	−	15. L：	AC220 V 火线
8. 4～20 mA：	+	16. N：	AC220 V 零线

14.6.3 操作使用

1．主运行菜单

DO 值为主显示，温度值、电流值及高低报警设置值为副显示。正上方为当前测量值，25.0℃为当前温度值，14.55 mA 为当前溶氧变送输出值，H：20.00 为高点报警值，L：00.00 为低点报警值。

8.26 mg/L
25.0℃　　14.55 mA
H：20.00　L：00.00

图 14.6-5 主运行菜单

仪器通常处于主运行菜单。当用户零点/斜率标定时 5 min 内无操作，或者用户设置其他参数时 15 s 内无操作，亦返回到该菜单。

2．零点标定

①在主运行菜单下，按“↻”键，进入零点标定菜单，如图 14.6-6 所示（注：出厂时已标定零点，校正时一般直接标定斜率即可）。

Zero Demarcat
DO = 0.00 mg/L
Standard DO：
0.00 mg/L

图 14.6-6 零点标定菜单

②将溶氧电极用蒸馏水冲洗干净，放入无氧水溶液中，稍置片刻后按“↵”键，“＝”开始闪烁，代表零点标定正进行中，等 DO 后的数字显示稳定，按“<”+“↵”键缓存零点标定值。同时仪器返回零点标定菜单。如果确认保存缓存标定值，则按“<”+“↻”键确认保存并返回主运行菜单。

3．斜率标定

①在零点标定菜单下，按“↻”键，进入斜率标定菜单，如图 14.6-7 所示（如仪器测量不准，需要进行斜率标定）。

Slope Demarcat
DO = 8.26 mg/L
Standard DO：
8.26 mg/L

图 14.6-7 斜率标定菜单

②将溶氧电极用蒸馏水冲洗干净，静置在空气中，稍置片刻后按“↵”键，“＝”开始闪烁，代表斜率标定正进行中，等 DO 后的数字显示稳定，按“<”+ “↵“键缓存斜率标定值。同时仪器返回斜率标定菜单。如果确认保存缓存标定值，则按“<”+“↻”键确认保存并返回主运行菜单。

4．报警设定

①在斜率标定菜单下，按“↻”键，进入报警设定菜单，如图 14.6-8 所示。

Alarm Setup
High： 20.00 mg/L
Low： 00.00 mg/L
Delay：00.00 mg/L

图 14.6-8 报警设定菜单

②按“↵”键，进入相应的参数设定，分别为高报警值（High）、低报警值（Low）和迟滞报警值（Delay），通过按“<”、“^”键将各参数修改为需要的值，按“↵”键确认当前参数修改值。当迟滞报警值 Delay 确认后，仪器返回报警设定菜单。如果确认保

存缓存设定值，则按“〈”+“∩”键确认保存并返回主运行菜单。

③高点继电器：将在实际测量值高于高报警设置值（High 值）时动作，实际测量值再下降到低于高报警值（High 值）减去迟滞报警值（Delay 值）时释放。

④低点继电器：将在实际测量值低于低报警设置值（Low 值）时动作，实际测量值再上升到高于低报警值（Low 值）加上迟滞报警值（Delay 值）时释放。

⑤用户可以根据实际情况设置高报警值（High）、低报警值（Low）和迟滞报警值（Delay），以避免继电器不停跳动，有益于延长继电器或交流接触器的使用寿命。

5．电流环设定

①在报警设定菜单下，按“∩”键，进入电流环设定菜单，如图 14.6-9 所示。

4～20 mA　Setup 4 mA -----00 mg/L 20 mA -----20 mg/L

图 14.6-9　电流环设定菜单

②按“↵”键，进入相应的参数设定，分别为 4 mA 电流值和 20 mA 电流值，通过按“〈”、“∧”键将各参数修改为需要的值，按“↵”键确认当前参数修改值。当 20 mA 电流值确认后，仪器返回电流环设定菜单。如果确认保存缓存设定值，则按“〈”+“∩”键确认保存并返回主运行菜单。

$$\text{输出电流（mA）：} I = 16 \times (C-A) / (B-A) + 4$$

式中：I —— 输出电流值，4 mA≤I≤20 mA

C —— 仪表当前测量 DO 值，0.00≤C≤20 mg/L；

A —— 设置中 4 mA 对应的数值；

B —— 设置中 20 mA 对应的数值。

6．输入修正及出厂标定

①在电流环设定菜单下，按“∩”键，进入输入修正及出厂标定菜单，如图 14.6-10 所示。

Offset Value 0.00 mg/L Load Default

图 14.6-10　输入修正及出厂标定菜单

②按“↵”键，进入输入修正设定状态，通过按“〈”、“∧”键将各参数修改为需要的值，按“↵”键确认当前参数修改值，进入重载出厂标定值状态，如图 14.6-11 所示。

Offset Value 0.00 mg/L −>Load Default

图 14.6-11　重载出厂标定值状态

③该菜单可以恢复出厂设置，当无法确定设置是否正确时，可以通过恢复出厂设置功能，来恢复出厂时的数据。按“<”+“↵”键恢复出厂设置后，并返回输入修正及出厂标定菜单；按“↵”键仅返回输入修正及出厂标定菜单，按“↻”键直接进入下一菜单，但均不恢复出厂设置。如果确认保存缓存设定值，则按“<”+“↻”键确认保存并返回主运行菜单。

7．地址及波特率设定（选配）

①在输入修正及出厂标定菜单下，按“↻”键，进入地址及波特率设定菜单，如图14.6-12所示。

```
RS485    Address
   01
BaudRate Select
   9 600
```

图 14.6-12　地址及波特率设定菜单

②按“↵”键，进入相应的参数设定，分别为通信地址 Address 和波特率选择 BaudRate Select，通过按“<”“^”键将各参数修改为需要的值，按“↵”键确认当前参数修改值。当波特率选择确认后，仪器返回地址及波特率设定菜单。如果确认保存缓存设定值，则按“<”+“↻”键确认保存并返回主运行菜单。

8．背光及对比度（暂不支持）

①在地址及波特率设定菜单下，按“↻”键，进入背光及对比度设定菜单，如图 14.6-13 所示。

```
BackLight   SW
   05
Contrast   Set
           On
```

图 14.6-13　背光及对比度设定菜单

②按“↵”键，进入相应的参数设定，分别为背光开关 BackLightSW 和对比度设定，通过按“<”“^”键将各参数修改为需要的值，按“↵”键确认当前参数修改值。当对比度设定确认后，仪器返回地址及波特率设定菜单。如果确认保存缓存设定值，则按“<”+“↻”键确认保存并返回主运行菜单。

9．试剂配制

除非另有说明，本标准所用试剂均使用符合国家标准的分析纯化学试剂，实验用水为新制备的去离子水或蒸馏水。

①无水亚硫酸钠（Na_2SO_3）或七水合亚硫酸钠（$Na_2SO_3 \cdot 7\ H_2O$）。

②二价钴盐，如六水合氯化钴（Ⅱ）（$CoCl_2 \cdot 6\ H_2O$）。

③用 5%的无水亚硫酸钠（Na_2SO_3）加入 250 mL 的蒸馏水中配制成饱和溶液，即可视为无氧水（加入微量的二价钴盐作催化剂），默认此时水中的氧气含量为 0 mg/L。

10．维护保养及注意事项

①为了确保仪器精度，请避免在强磁电场中使用。

②仪器应安放在干燥通风的地方，并保持清洁，久置不用时请按原包装保存。

③测试遗留的废液请按实验室废水相关规定收集处理，请勿直接倾倒。

④如出故障，请与销售方联系，以便得到快而有效的售后服务。

14.6.4 DO传感器

1．工作原理

溶解氧探头是一个用选择性薄膜封闭的小室，室内有两个金属电极并充有电解质。氧和一定数量的其他气体及亲液物质可透过这层薄膜，但水和可溶性物质的离子几乎不能透过这层膜。将探头浸入水中进行溶解氧的测定时，由于外加电压在两个电极间产生电位差，使金属离子在阳极进入溶液，同时氧气通过薄膜扩散在阴极获得电子被还原，产生的电流与穿过薄膜和电解质层的氧的传递速度成正比，即在一定的温度下该电流与水中氧的分压（或浓度）成正比，测量出该电流值即得出当前温度下的溶解氧浓度。

2．适用范围

仪器配备的溶解氧传感器具有较高的稳定性和可靠性，可在恶劣环境中使用，维护量也较小，适用于城市污水处理、工业废水处理、水产养殖和环境监测等领域的溶解氧连续测定。相关技术指标见表14.6-2。

表14.6-2 溶解氧传感器相关技术指标

外形尺寸数据	测量原理	覆膜式电流式传感器（极谱式电极）	
	透气膜厚	50 μm	
	电极壳材料	UPVC或不锈钢	
	温度补偿电阻	PT1000	
	传感器寿命	大于2年	
	电缆线长	10 m（双屏蔽）	
传感器性能	检测下限	0.01 mg/L（20℃）	
	测量上限	20 mg/L	
	响应时间	3 min（90%，20℃）	
	极化时间	1 h	
	最低流速	2.5 cm/s	
	漂移	小于2%/月	
	测量误差	小于±0.1 mg/L	
	输出电流	20～25 nA/0.1 mg/L	注：最大电流3.5 μA
	极化电压	0.7 V	
	零氧	小于0.1 mg/L（5 min）	
	校准间隔时间	大于60天	
使用温度	被测水质	0～80℃	

3．溶解氧电极的作用

①将电极置于垂直位置，拧下电极保护套，见图 14.6-14。

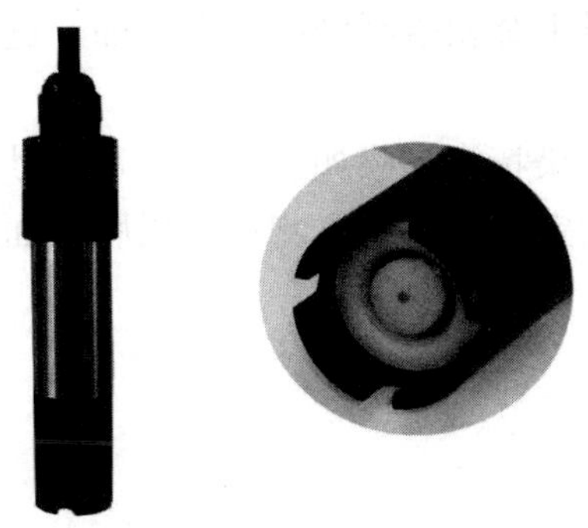

图 14.6-14 电极外形

②拧下电极膜头部件。

③用蒸馏水冲洗电极内芯并用棉纸擦干电极。使用一段时间后，如发现电极内芯银环发黑，可用 1 000 目以上的细砂纸擦亮。

④将电解液倒入新的膜头部件中（约 2/3 体积），小心地将膜头部件旋入电极内芯，旋进时采用“进二退一”的方法逐步使薄膜逐渐贴紧黄金电极表面。拧电极膜头部件时请注意：应该慢慢地旋紧，避免膜头部件内多余的电解液无法及时排出而使金电极表面的膜鼓起甚至把膜撑破；也可能影响传感器响应时间及零氧值。

⑤每次换膜或换电解液后，电极需重新极化和校准。

⑥电极极化：电极连接到仪器上后，连续通电 2 h 以上，即为极化，电极极化后才能进行标定。

4．溶解氧电极的接线

具体接线见表 14.6-3。

表 14.6-3 溶解氧电极接线表

序号	颜色		连接点
1	红色线	温度	接仪表温度补偿 TEMP
2	黄色线	温度	接仪表温度补偿 TEMP
3	细黑线	电极阳极	接仪表负极 DO−
4	白色内芯线	电极阴极	接仪表正极 DO+
5	粗黑线	外屏蔽	接仪表接地 GND

5．电极维护

仪器测量值的正确与否，和测量电极有极大的关系，因此，在整个测量系统中，测量电极的维护是个重点。

①如发现整个测量系统响应时间长、膜破裂、无氧介质中电流增大等，就需要进行更换膜、更换电解液的维护工作。更换膜、更换电解液的维护工作每 6 个月进行一次。每次

换膜或换电解液后，电极需重新极化和校准。

②金阴极的处理。氧电极使用一段时间后，金阴极表面如出现少量褐色，需取下膜架，蒸馏水清洗擦干后用 005 号以上金相砂纸轻磨黄金表面，进行抛光处理。抛光后，用蒸馏水冲洗干净安装膜架。

③电极膜表面清洗：抗污染特氟隆膜如被沾污，可用纱布蘸少量稀洗涤剂轻轻擦洗，或安装喷水流清洗装置，自动定时对溶解氧测量电极膜表面进行清洗。

15 综合训练任务书

15.1 任务书 1

任务	一	二	三	四	五	六	综合素质	总分
得分								
裁判								
复核								
裁判长								
监督								

选手须知：

一、任务完成总分为 100 分，任务完成总时间为 4 h。

二、参赛队应在规定时间内完成任务书规定内容。其中任务一必须在 30～60 min 内完成交卷。比赛时间到，比赛结束，选手应立即停止操作，根据裁判要求离开比赛场地，不得延误。

三、竞赛试题包含文字及附图、附表。如出现缺页、字迹不清等，立即向裁判提出更换。

四、在计算机上完成的各种图形文件、系统生成的运行记录或程序文件必须存储到指定的磁盘目录及文件夹下。

五、选手提交的赛卷用工位号标识，不得写上姓名或与身份有关的信息，否则成绩无效，涉及参赛选手签字确认的填写工位号。

六、工作任务不分先后顺序，由选手自由分配按时完成。但安装、调试未完成，不得进行通水运行。

七、部分水箱注入调试用水，可用以水泵调试和管道试漏。

八、浮球液位开关调试时，可以用手上下拨动浮球进行调试。

九、比赛中如出现下列情况另行扣分：

（一）选手认定器件有故障可提出更换，器件经测定完好属误判时每次扣 2 分，器件确实损坏每更换一次补时 5 min。

（二）比赛现场由于选手操作不当，导致设备中的水溢出，则每次扣 10 分。

（三）不得利用水桶直接注水，违者每次扣 5 分。

（四）严禁带电操作，安装管道、器件、下载及通信线，维修漏水，违者每次扣 5 分。

（五）设备中器件自带“O”型密封圈的部件禁止缠绕生料带。

十、所有找裁判确认签字的项目，只有一次机会。

十一、比赛过程中由于人为原因造成器件损坏，器件不予更换。

1. 任务一：污水处理系统工艺设计

根据任务书要求和提供的资料完成竞赛平台和相关专业知识点的了解和掌握，包括污水处理系统工艺设计、系统控制程序设计的编写等。

（1）CAD 辅助设计。

本任务在考试盘中，任务完成后保存文件至考试盘。

（2）控制程序设计。

①打开 MSBR 系统 PLC 控制程序（U 盘：/考试程序），在主程序中找到“SBR2 池控制”程序段，利用计算机截图功能及画图软件，将其截图并保存为图片“JPEG”格式，图片命名为“场次-工位号-题号”（如 A-01-01）保存到 U 盘中。

②修改 A^2/O 系统 PLC 控制程序的参数：a. 将程序中提升泵开启的 pH 限定条件改为大于等于 5.0 且小于 8.0；b. 当调节池液位超过下限，调节池搅拌机和加药泵延时启动时间改为 45 s。将该网络（或包含）截图并保存为图片“JPEG”格式，图片命名为“场次-工位号-题号-图片号”（如 B-01-02-1）保存到 U 盘中。

③根据表 15.1-1，在 STEP 7-MicroWIN V4.0 中按控制要求完成程序设计，并将完成的程序保存为 PDF 文档并打印。程序及 PDF 文档保存为“场次-工位-题号”（如 A-01-03），并保存到 U 盘中。

表 15.1-1

输入		输出	
地址	符号	地址	符号
I0.0	按钮 SB1	Q0.0	厌氧池搅拌机
I0.1	按钮 SB2	Q0.1	缺氧池搅拌机

控制要求：

a. 按下按钮“SB1”，延时 15 s 后缺氧池搅拌机开始工作。

b. 缺氧池搅拌机工作 20 s 后，厌氧池搅拌机开始工作。

c. 按下按钮“SB2”，缺氧池搅拌机和厌氧池搅拌均能停止工作。

2. 任务二：水样配制与测定

参赛选手根据现场竞赛设备和任务书要求，利用给定的池体、设备、仪器和药剂，进行原水检测、数据计算、药品称量、药剂配制、曝气处理、数据保存、结果分析等实践运用（计算精确到 0.01）。

（1）根据给定的原始数据，测量 SBR1 池中水样的深度（误差不超过±2 mm）和水样的 DO 值，计算出 SBR1 池中水样的体积，记入水样原始数据记录表（表 15.1-2）中，并举手示意裁判确认签字。

表 15.1-2　水样原始数据记录表

序号	项目		数值	
1	SBR1 池内部底面尺寸/mm		长：350.00	宽：380.00
2	水样深度/mm			
3	水样体积/L			
4	水样 DO 值			
5	确认签字	参赛者：	裁判员：	

（2）测量加药池中自来水的深度（误差不超过±2 mm），并称取 45.00 g 的无水亚硫酸钠，配制成一定浓度的无氧水，记入相关数据于表 15.1-3 中，并举手示意裁判，签名确认检测值。

表 15.1-3　投药数据记录表

序号	项目		数值	
1	加药池内部底面尺寸/mm		长：240.00	宽：212.00
2	加药池自来水深度/mm			
3	实际称取质量/g			
4	自来水体积/L			
5	确认签字	参赛者：	裁判员：	

（3）使用加药泵将药剂以 125 mL/min 的流量添加于 SBR1 池中，通过调节搅拌强度，控制去氧效果。用 DO 仪（四）在线监测，先将水样脱氧至 0.50 mg/L 以下，再利用风机将水样 DO 值提升到 2.50～3.00 mg/L。并将相关数据记入表 15.1-4 中，举手示意裁判，签名确认终点值。

表 15.1-4　实验数据记录表

序号	项目		数值
1	加药泵运行频率/（r/min）		
2	水样脱氧终点值/（mg/L）		
3	水样终点值/（mg/L）		
4	确认签字	参赛者：	裁判员：

3. 任务三：污水处理工艺设备部件与管道连接

（1）参赛选手根据现场竞赛设备和任务书要求，选择相应的管件、管材和器件，根据图 15.1-1 和任务书附录完成 A/O 系统相应的管路连接和系统器件安装，并完成填写任务书附录中考核内容，所有器件管道安装连接完成确认无误后举手请裁判确认签字，并记录在表 15.1-5 中（注意：加引号的内容为接头名称，与平台后面的接头标签对应）。

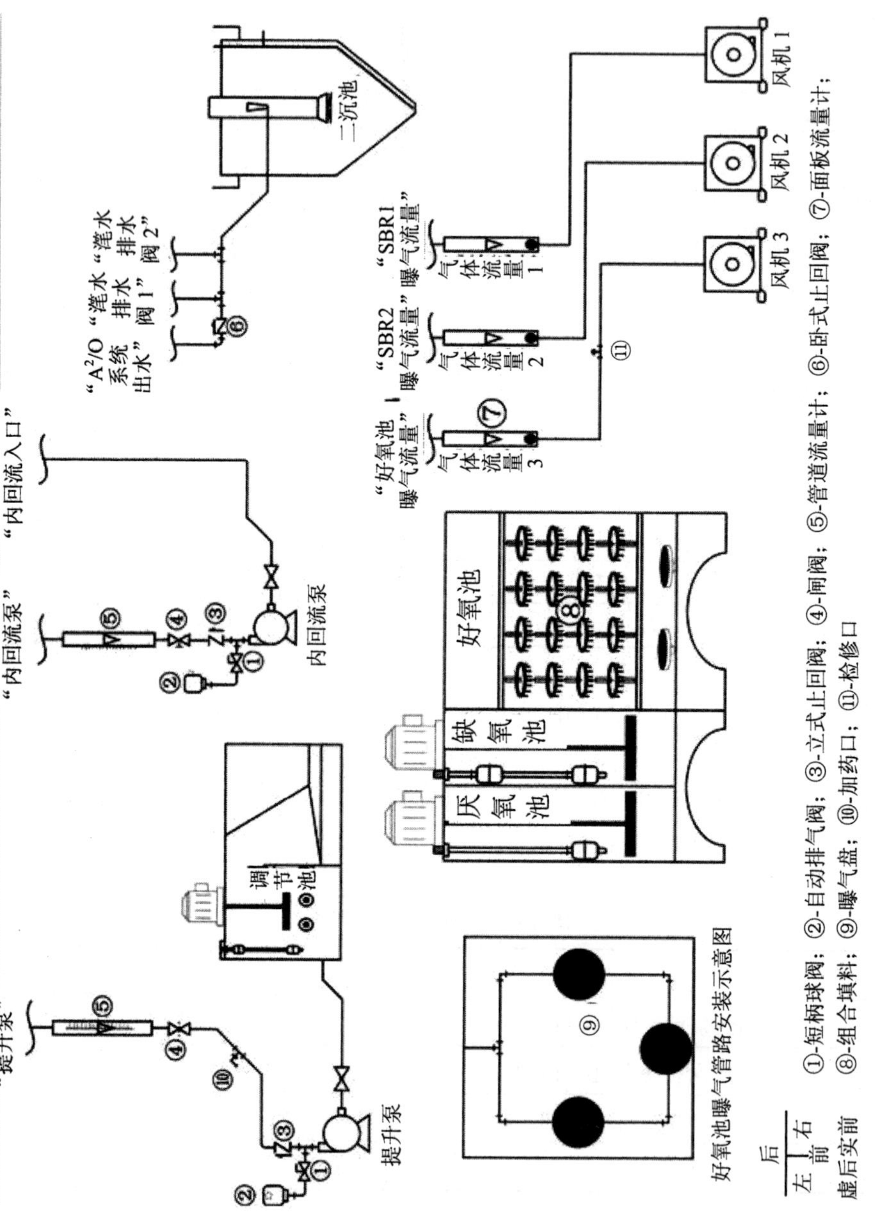

图 15.1-1

具体要求：

①此任务操作时，不得通水通电。

②不锈钢复合管管路连接正确，要横平竖直，曝气管路（硬管）两两之间间距均匀相等。

③阀门、流量计、器件安装要与图中一致，要求安装牢固且不倾斜。同时，加药口用 ϕ6 堵头堵住，检修口用 4 分塑料堵头堵住。

④PU 气管管路连接正确，材料最省。

⑤PU 气管管路水流禁止短流。

⑥“外回流泵”出口接至接头 24。

⑦管道、器件连接处密封不漏水、不渗水，不漏气。

（2）根据赛场提供的组合型填料原料、细管和白绳子，利用工具完成好氧池填料安装，要求每串填料悬挂 4 片，共 48 片，间距要相等，绳子要拉直，且各条填料上下位置均衡。

（3）要求将在线式 DO 仪（一）、在线式 DO 仪（二）对应的 DO 传感器依次安装在接头 23、26 处（见附录）。

表 15.1-5　安装连接完成确认表

序号	项目	参赛选手签字	裁判签字
1	器件、管道安装完成　□是　□否		
2	填料安装完成　□是　□否		
3	电极安装完成　□是　□否		

4. 任务四：水处理平台动力系统线路设计与连接

根据任务书要求，利用现场提供的程序、导线及工具等，完成电气系统的原理图（图 15.1-2）、定义表（表 15.1-6）的补充和电气线路连接。

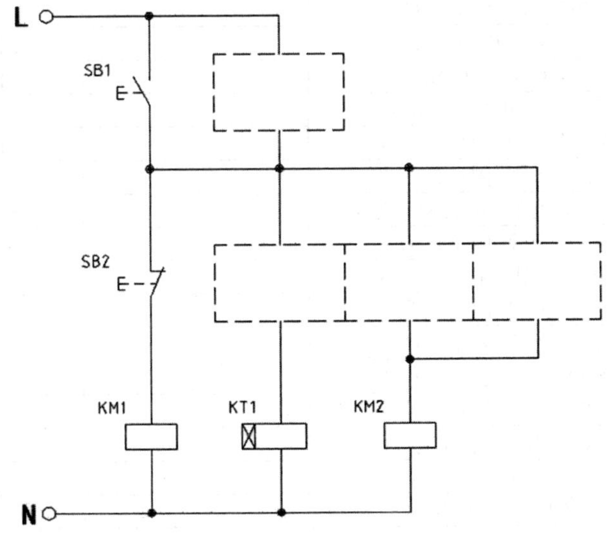

图 15.1-2　电气系统原理图

注意每一个虚线框内只能绘制一个电气符号（包括图形符号和文字符号）。

（1）根据控制要求在原理图虚线框内补全电气符号。参考电气图形符号如图 15.1-3 所示。

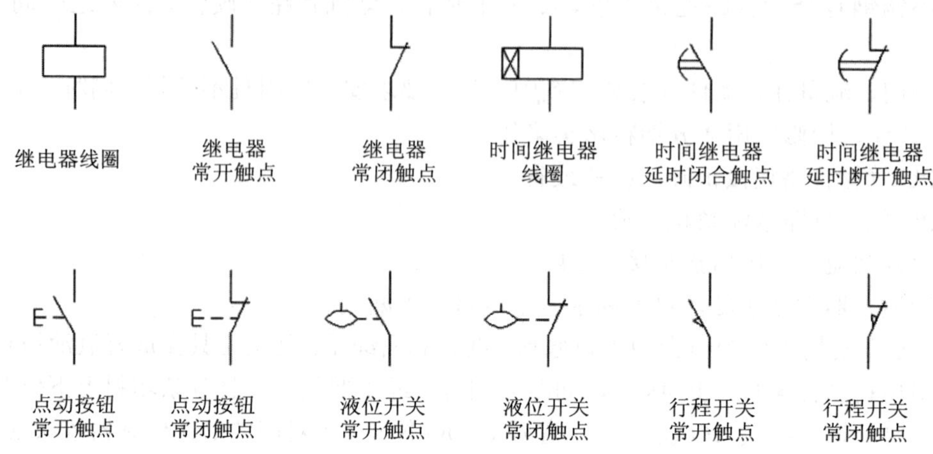

图 15.1-3　电气图形符号

控制要求：按下启动按钮“SB1”后，药水搅拌机 KM1 工作，延时 KT1 时间继电器设定的时间后，加药泵 KM2 工作。按下停止按钮“SB2”后，药水搅拌机 KM1 和加药泵 KM2 停止工作。

（2）阅读现场提供的 A/O 系统 PLC 程序，并依据此程序完善 PLC 端口定义表（表 15.1-6）。

表 15.1-6　PLC 端口定义表

数字量输入定义		数字量输出定义	
PLC 输入点	定义、注释	PLC 输出点	定义、注释
	系统启动按钮 SB1		进水阀 YV1
	系统停止按钮 SB2		SBR1 进水阀 YV2
	系统复位按钮 SB3		SBR2 进水阀 YV3
	手自动切换按钮 SB4		SBR1 排气阀 YV4
	调节池上限 限位信号 1		SBR1 排水阀 YV5
	调节池下限 限位信号 2		SBR2 排气阀 YV6
	沉砂池上限 限位信号 3		SBR2 排水阀 YV7
	厌氧池下限 限位信号 4		药水搅拌机 MA1
	缺氧池上限 限位信号 5		调节池搅拌机 MA2
	缺氧池下限 限位信号 6		厌氧池搅拌机 MA3
	SBR1 上限 限位信号 7		缺氧池搅拌机 MA4
	SBR1 下限 限位信号 8		风机 1 MA5
	SBR2 上限 限位信号 9		风机 2 MA6
	SBR2 下限 限位信号 10		风机 3 MA7
1 M	直流电源输出 24 V		提升泵 MA8
2 M	直流电源输出 24 V		内回流泵 MA10
			加药泵 MA11
			外回流泵 MA9

数字量输入定义		数字量输出定义	
		1 L	交流电源输出 L
		2 L	交流电源输出 L
		3 L	交流电源输出 L
		4 L	交流电源输出 L
		5 L	交流电源输出 L
模拟量输入定义		模拟量输出定义	
	在线式 DO 仪（一）+		调速模块 1 −
	在线式 DO 仪（一）−		调速模块 1 +
	在线式 DO 仪（二）+		调速模块 2 −
	在线式 DO 仪（二）−		调速模块 2 +
	在线式 DO 仪（三）+		
	在线式 DO 仪（三）−		
	在线式 DO 仪（四）+		
	在线式 DO 仪（四）−		
	在线式 pH 仪 +		
	在线式 pH 仪 −		

注：面板上控制对象部分 3 个“N”与交流电源输出“N”短接。

（3）根据已完成 PLC 端口定义表，完成电气控制柜的接线，要求导线颜色与插座颜色要求一致，并要求选取长度适中的导线进行连接。

注意当出现插座的颜色不同时，上下接线时以上边插座颜色为准，左右接线时以左边的颜色插座为准；长度适中，导线长度与两插座距离之差不超过 20 cm。

（4）根据在线式 pH 仪的仪表与电极上的标签，完成 pH 电极接线。

（5）数据线（PLC 下载线、触摸屏下载线、PLC 与触摸屏的通信线）的连接。

（6）任务四中的所有线路连接确认完成无误后向裁判举手示意确认并签字，记录在表 15.1-7 中。

表 15.1-7　线路连接记录表

序号	项目	参赛选手签字	裁判签字
1	实验导线连接完成　□是　□否		
2	电极接线完成　□是　□否		
3	PLC 下载线连接完成　□是　□否		
4	触摸屏下载线连接完成　□是　□否		
5	通信线连接完成　□是　□否		

5. 任务五：污水处理设备调试运行

参赛选手根据现场竞赛设备和任务书要求，利用提供的电脑与工具，完成系统电源检测、通水调试、运行参数调节、过程数据记录等，系统运行完成以系统自动停机为终点。

具体要求如下：

（1）系统电源检测，并填入表 15.1-8。

①本设备专用熔断芯的型号为 RT14-20（10A）。用万用表检测其性能，保证控制柜正常工作。

②用万用表完成电源输入检测。

用万用表完成交流电源 220 V 和直流电源 24 V 的检测，确保电源正常接入（注意操作前举手示意裁判，由裁判监督完成，并签字）。

表 15.1-8　系统电源检测记录表

项目	实测数据	参赛选手签字	裁判确认签字
熔断芯检测			
交流 220 V 检测			
直流 24 V 检测			

（2）程序修改与工程下载。

①在提供的 A/O 系统 PLC 控制程序中，根据网络 11、网络 12 的注释完成程序的编写，完成后保存并将程序下载到 PLC 中。

注意：如参赛选手无法完成，举手示意裁判放弃该任务并在程序放弃操作记录表（表 15.1-9）中签字，由裁判确认后，由裁判长提供完整程序。

表 15.1-9　程序放弃操作记录表

序号	任务五	签字
1	放弃	选手签字：
2	裁判签字：	

②打开提供的触摸屏工程，下载到控制柜的触摸屏上。

（3）系统通水调试检测表（表 15.1-10）。

①控制柜面板导线连接应正确。

②设备上相应器件运行情况应正常。

③管件、器件连接处应无漏水、不渗水。

表 15.1-10　系统调试操作记录表

序号	项目	参赛选手签字	裁判签字
1	PLC 程序下载完成　□是　□否		
2	触摸屏工程下载完成　□是　□否		
3	浮球液位开关测试完成　□是　□否		
4	器件通电、水泵试水完成　□是　□否		
5	水泵进出口管道试漏完成　□是　□否		
6	系统调试完成　□是　□否		

④找出四处隐藏故障点，排除故障，完成调试，并填写系统维护日常记录单及放弃记录表 15.1-11。

注意：如参赛选手无法完成，可举手示意裁判放弃该任务并在表 15.1-11 中签字，但需要计时 10 min 后，由裁判确认后，由裁判长指定技术人员排故。

表 15.1-11 系统维护日常记录单及放弃记录表

<table>
<tr><td rowspan="2">序号</td><td>日期</td><td></td><td>维修人员</td><td></td><td colspan="4">放弃记录 是□ 否□</td></tr>
<tr><td>故障点位置</td><td colspan="2">故障现象</td><td>解决方案</td><td>开始时间</td><td>结束时间</td><td>选手签字</td><td>裁判签字</td></tr>
<tr><td>1</td><td></td><td colspan="2"></td><td></td><td></td><td></td><td></td><td></td></tr>
<tr><td>2</td><td></td><td colspan="2"></td><td></td><td></td><td></td><td></td><td></td></tr>
<tr><td>3</td><td></td><td colspan="2"></td><td></td><td></td><td></td><td></td><td></td></tr>
<tr><td>4</td><td></td><td colspan="2"></td><td></td><td></td><td></td><td></td><td></td></tr>
</table>

（4）系统运行及数据记录（表 15.1-12）。

①记录自动开启时间。

②系统运行中，将提升泵出水流量调为 3.5 L/min 左右，内回流泵出水流量调为 1 L/min 左右，外回流泵出水流量调为 1 L/min 左右，好氧池曝气流量调为 4.5 L/min。

③测试缺氧池中溶解氧 DO 值并记录。

④测试好氧池中溶解氧 DO 值并记录。

⑤记录运行完成时间。

表 15.1-12 A/O 系统运行数据记录表

项目	测量/设置参数	裁判确认
自动开启时间		
自动停止时间		
提升泵出水流量		
内回流泵出水流量		
外回流泵出水流量		
好氧池曝气流量		
缺氧池 DO 值		
好氧池 DO 值		

（5）完成任务调试后，请完整补充以下内容。

①A/O 系统自动运行时，能触发运行中的提升泵停机的因素有：__________________、__________________。

②A/O 系统自动运行中，当调节池中的水位超过浮球液位开关的下限位时，________启动运行，达到浮球液位开关上限位时，格栅池___________关闭。

③二沉池表面出现黑色块状污泥，通常是 __________所致。

④假设在 A/O 系统自动运行中，好氧池中除曝气盘以外的地方冒气泡，则表明______________，当风机停机时会造成_____________。

⑤A/O 法脱氮工艺流程的_________反应器在前，_______、___________二项反应的综合反应器在后。

6．任务六：污水处理厂水、气、声、渣污染因子的监测

参赛选手根据任务书要求，利用提供的在线仪表，完成通电预热、仪表标定、定点安装等任务，并记录在表 15.1-13 中。

表 15.1-13　在线监测仪表标定记录表

仪表名称	预热开始时间	裁判签字	预热结束时间	裁判签字	零点标定值	裁判签字	斜率标定值	裁判签字
在线式 DO 仪（一）								
在线式 DO 仪（二）								
在线式 DO 仪（四）								
在线式 pH 仪								

（1）在线式 DO 仪的标定。

①配制无氧水，取足量的 Na_2SO_3 加入蒸馏水中配制成饱和溶液，默认水中的溶解氧含量为 0 mg/L。

②将标定仪器通电预热 30 min，预热前和结束后，举手示意裁判，记录开始时间和结束时间并签字。

③零点标定，待测量值稳定后，经裁判允许并签字后方可进行零点标定值的保存。

④斜率标定，待测量值稳定后，经裁判允许并签字后方可进行斜率标定值的保存。

（2）在线式 pH 仪的标定。

①pH 6.86 和 pH 9.18 的标准缓冲液的配制，将相应 pH 缓冲剂粉末定容到 250 mL 容量瓶中，配制标准溶液。

②将标定仪器通电预热 30 min，预热前和结束后，举手示意裁判，记录开始时间和结束时间并签字。

③零点标定(pH 6.86)，将 pH 仪传感器探头放在标准缓冲液中，待屏幕显示有“ZERO”和“6.86”，说明仪器零点校正完成。

④斜率标定(pH 9.18)，将 pH 仪传感器探头放在标准缓冲液中，待屏幕显示有“SLOPE”和“9.18”，说明仪器斜率校正完成。

（3）按照表 15.1-14 设置在线式 DO 仪、pH 仪参数。

表 15.1-14　仪表参数设置

名称	高报警（High）	低报警（Low）	滞后（Delay）	裁判签字
在线式 DO 仪（一）	0.5 mg/L	0.2 mg/L	0.01 mg/L	
在线式 DO 仪（二）	4 mg/L	2 mg/L	0.1 mg/L	
在线式 pH 仪	9	5	0.1	

（4）污水处理厂环境空气质量监测。

利用提供的 $PM_{2.5}$ 监测仪，测得工位现场环境空气质量参数：$PM_{2.5}$__________、温度________、湿度________。

（5）污水处理厂现场噪声监测。

利用提供的声级计，测得风机房环境噪声声级为(采用 slow 挡检测)______________。

（6）污水处理厂固体渗滤液监测（注：自动运行停止后检测）。

以砂滤柱底部出水为固体渗滤液，利用提供的仪表，测得滤液的 pH 和电导率分别为______________、___________。

附录　污水处理工艺流程设计任务

①根据下面提供的污水处理构筑物示意图，选择适当的接口，完成 A/O 污水处理工艺流程连接，注意水流短流现象

②各构筑物的进水口分别为接口编号 1、7、22、59、62（其中原水从接头编号 1 处进水），请合理选用出水口，并写出出水口接口编号

③按照工艺流程填写出所连接的接口编号的先后顺序（只需完成与 A/O 系统相关的，其他的无须完成，多写不得分）

构筑物三维图				
构筑物名称				
出水口接头编号				
构筑物三维图				左　后　前　右
构筑物名称				设备布置方向
出水口接头编号				

接头编号的先后顺序：___→___→___→___→___→___→___→___→___→___→___→___→___→___→___→___

混合液回流进出口编号：进口_____ 出口_____　　污泥回流进出口编号：进口_____ 出口_____

15.2 任务书 2

任务	一	二	三	四	五	六	综合素质	总分
得分								
裁判								
复核								
裁判长								
监督								

选手须知：

一、任务完成总分为 100 分，任务完成总时间为 4 h。

二、参赛队应在规定时间内完成任务书规定内容。其中任务一必须在 30～60 min 内完成交卷。比赛时间到，比赛结束，选手应立即停止操作，根据裁判要求离开比赛场地，不得延误。

三、竞赛试题包含文字及附图、附表。如出现缺页、字迹不清等，立即向裁判提出更换。

四、在计算机上完成的各种图形文件、系统生成的运行记录或程序文件必须存储到指定的磁盘目录及文件夹下。

五、选手提交的赛卷用工位号标识，不得写上姓名或与身份有关的信息，否则成绩无效，涉及参赛选手签字确认的填写工位号。

六、工作任务不分先后顺序，由选手自由分配按时完成。但安装、调试未完成，不得进行通水运行。

七、部分水箱注入调试用水，可用以水泵调试和管道试漏。

八、浮球液位开关调试时，可以用手上下拨动浮球进行调试。

九、比赛中如出现下列情况另行扣分：

（一）选手认定器件有故障可提出更换，器件经测定完好属误判时每次扣 2 分，器件确实损坏每更换一次补时 5 min。

（二）比赛现场由于选手操作不当，导致设备中的水溢出，则每次扣 10 分。

（三）不得利用水桶直接注水，违者每次扣 5 分。

（四）严禁带电操作，安装管道、器件、下载及通信线，维修漏水，违者每次扣 5 分。

（五）设备中器件自带“O”型密封圈的部件禁止缠绕生料带。

十、所有找裁判确认签字的项目，只有一次机会。

十一、比赛过程中由于人为原因造成器件损坏，器件不予更换。

1．任务一：污水处理系统工艺设计

根据任务书要求和提供的资料完成竞赛平台和相关专业知识点的了解和掌握，包括污水处理系统工艺设计、系统控制程序设计的编写等。

（1）CAD 辅助设计。

本任务在考试盘中，任务完成后保存文件至考试盘。

（2）控制程序设计。

①打开 A^2/O 系统 PLC 控制程序（U 盘：/考试程序），在主程序中找到“进水阀自动控制”程序段，利用计算机截图功能及画图软件，将其截图并保存为图片“JPEG”格式，图片命名为“场次-工位号-题号”（如 A-01-01）保存到 U 盘中。

②修改 SBR 系统 PLC 控制程序的参数：a. 假设 DO1 传感器的输出信号由 1～5 V 变为 0～5 V，试修改对应程序段的数值；b. 将程序中 SBR1 池的沉淀时间改为 55 s。将该网络（或包含）截图并保存为图片“JPEG”格式，图片命名为“场次-工位号-题号-图片号”（如 B-01-02-1）保存到 U 盘中。

③根据表 15.2-1，在 STEP 7-MicroWIN V4.0 中按控制要求完成程序设计，并将完成的程序保存为 PDF 文档并打印。程序及 PDF 文档保存为“场次-工位-题号”（如 A-01-03），并保存到 U 盘中。

表 15.2-1

输入		输出	
地址	符号	地址	符号
I0.0	按钮 SB1	Q0.0	厌氧池搅拌机
		Q0.1	缺氧池搅拌机

控制要求：

①第一次按下按钮“SB1”厌氧池搅拌机启动，

②第二次按下按钮“SB1”时，厌氧池搅拌机停止，5 s 后缺氧池搅拌机启动。

③第三次按下时，缺氧池搅拌机停止。

2. 任务二：水样配制与测定

参赛选手根据现场竞赛设备和任务书要求，利用给定的池体、设备、仪器和药剂，进行原水检测、数据计算、药品称量、药剂配制、曝气处理、数据保存、结果分析等实践运用（计算精确到 0.01）。

（1）根据给定的原始数据，测量 SBR2 池中水样的深度（误差不超过±2 mm）和水样的 DO 值，计算出 SBR2 池中水样的体积，记入水样原始数据记录表 15.2-2 中，并举手示意裁判确认签字。

表 15.2-2 水样原始数据记录表

序号	项目		数值	
1	SBR2 池内部底面尺寸/mm		长：350.00	宽：380.00
2	水样深度/mm			
3	水样体积/L			
4	水样 DO 值			
5	确认签字	参赛者：	裁判员：	

（2）测量加药池中自来水的深度（误差不超过±2 mm），并称取 45.00 g 的无水亚硫酸钠，配制成一定浓度的无氧水，记入相关数据于表 15.2-3 中，并举手示意裁判，签名确认检测值。

表 15.2-3　投药数据记录表

序号	项目		数值	
1	加药池内部底面尺寸/mm		长：240.00	宽：212.00
2	加药池自来水深度/mm			
3	实际称取质量/g			
4	自来水体积/L			
5	确认签字	参赛者：	裁判员：	

（3）使用加药泵将药剂以 125 mL/min 的流量添加于 SBR2 池中，通过调节搅拌强度，控制去氧效果。用 DO 仪（四）在线监测，先将水样脱氧至 0.50 mg/L 以下，再利用风机将水样 DO 值提升到 2.50～3.00 mg/L。并将相关数据记入表 15.2-4 中，举手示意裁判，签名确认终点值。

表 15.2-4　实验数据记录表

序号	项目		数值
1	加药泵运行频率/（r/min）		
2	水样脱氧终点值/（mg/L）		
3	水样终点值/（mg/L）		
4	确认签字	参赛者：	裁判员：

3. 任务三：污水处理工艺设备部件与管道连接

（1）参赛选手根据现场竞赛设备和任务书要求，选择相应的管件、管材和器件，根据图 15.2-1 和任务书附录完成 A^2/O 系统相应的管路连接和系统器件安装，并完成填写任务书附录中考核内容，所有器件管道安装连接完成确认无误后举手请裁判确认签字，并记录在表 15.2-5 中（注意：加引号的内容为接头名称，与平台后面的接头标签对应）。

具体要求：

①此任务操作时，不得通水通电。

②不锈钢复合管管路连接正确，要横平竖直。曝气管路（硬管）两两之间间距均匀相等。

③阀门、流量计、器件安装要与图中一致，要求安装牢固且不倾斜。同时，加药口用 Φ6 堵头堵住，检修口用 4 分塑料堵头堵住。

④PU 气管管路连接正确，材料最省。

⑤PU 气管管路水流禁止短流。

⑥管道、器件连接处密封不漏水、不渗水，不漏气。

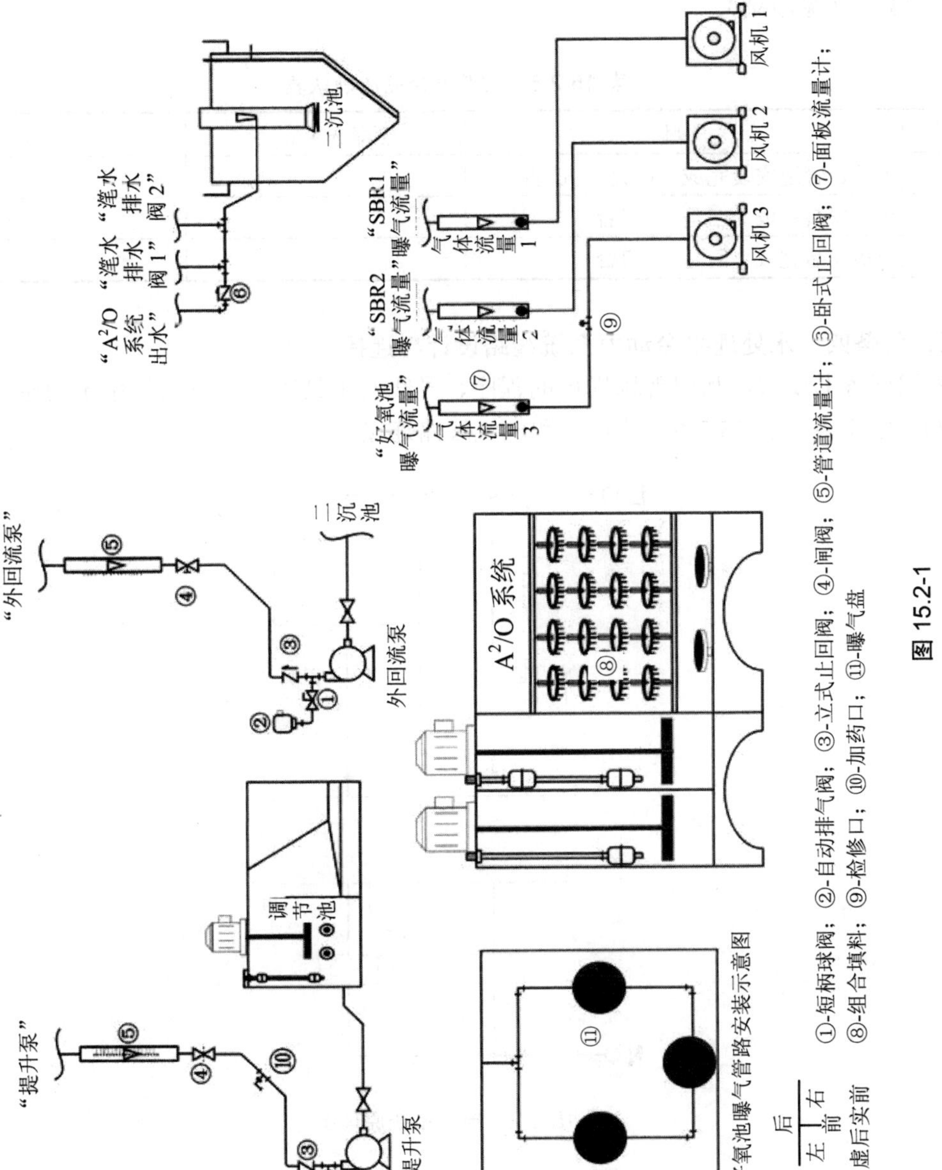

①-短柄球阀；②-自动排气阀；③-立式止回阀；④-闸阀；⑤-管道流量计；⑥-卧式止回阀；⑦-面板流量计；
⑧-组合填料；⑨-检修口；⑩-加药口；⑪-曝气盘

图 15.2-1

（2）根据赛场提供的组合型填料原料、细管和白绳子，利用工具完成好氧池中间一组填料安装，要求每串填料悬挂 4 片，共 48 片。间距要相等，绳子要拉直，且各条填料上下位置均衡。

（3）要求将在线式 DO 仪（二）、在线式 DO 仪（三）对应的 DO 传感器依次安装在接头 20、23 处（见附录）。

表 15.2-5　安装连接完成确认表

序号	项目	参赛选手签字	裁判签字
1	器件、管道安装完成　□是　□否		
2	填料安装完成　□是　□否		
3	电极安装完成　□是　□否		

4．任务四：水处理平台动力系统线路设计与连接

根据任务书要求，利用现场提供的程序、导线及工具等，完成电气系统的原理图（图 15.2-2）、定义表（表 15.2-6）的补充和电气线路连接。

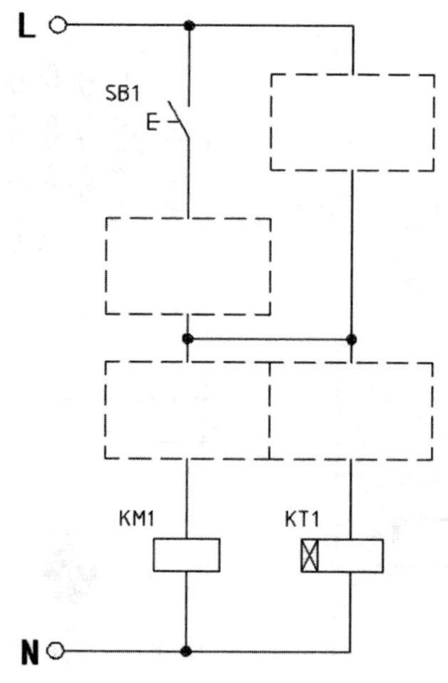

图 15.2-2　电气系统原理图

注意每一个虚线框内只能绘制一个电气符号（包括图形符号和文字符号）。

（1）根据控制要求在原理图虚线框内补全电气符号。参考电气图形符号如图 15.2-3 所示。

控制要求：当沉沙池液位低于上限 SL1 时，按下启动按钮“SB1”后，提升泵 KM1 工作。当沉沙池液位高于上限 SL1 且延时 KT1 时间继电器设定的时间后，提升泵 KM1 停止工作。

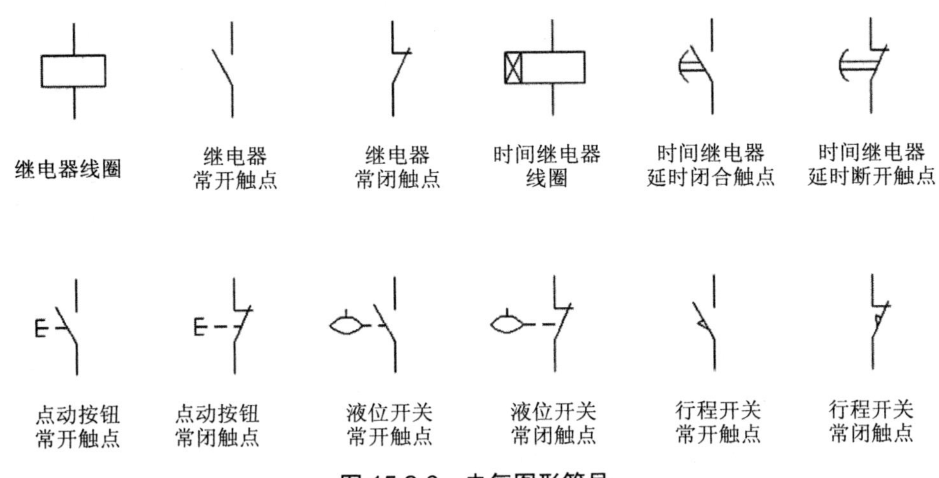

图 15.2-3 电气图形符号

（2）阅读现场提供的 A^2/O 系统 PLC 程序，并依据此程序完善 PLC 端口定义表（表 15.2-6）。

表 15.2-6 PLC 端口定义表

数字量输入定义		数字量输出定义	
PLC 输入点	定义、注释	PLC 输出点	定义、注释
	系统启动按钮 SB1		进水阀 YV1
	系统停止按钮 SB2		SBR1 进水阀 YV2
	系统复位按钮 SB3		SBR2 进水阀 YV3
	手自动切换按钮 SB4		SBR1 排气阀 YV4
	调节池上限 限位信号 1		SBR1 排水阀 YV5
	调节池下限 限位信号 2		SBR2 排气阀 YV6
	沉砂池上限 限位信号 3		SBR2 排水阀 YV7
	厌氧池下限 限位信号 4		药水搅拌机 MA1
	缺氧池上限 限位信号 5		调节池搅拌机 MA2
	缺氧池下限 限位信号 6		厌氧池搅拌机 MA3
	SBR1 上限 限位信号 7		缺氧池搅拌机 MA4
	SBR1 下限 限位信号 8		风机 1 MA5
	SBR2 上限 限位信号 9		风机 2 MA6
	SBR2 下限 限位信号 10		风机 3 MA7
1 M	直流电源输出 24 V		提升泵 MA8
2 M	直流电源输出 24 V		内回流泵 MA10
			加药泵 MA11
			外回流泵 MA9
		1 L	交流电源输出 L
		2 L	交流电源输出 L
		3 L	交流电源输出 L

数字量输入定义		数字量输出定义	
		4 L	交流电源输出 L
		5 L	交流电源输出 L
模拟量输入定义		模拟量输出定义	
	在线式 DO 仪（一）+		调速模块 1 −
	在线式 DO 仪（一）−		调速模块 1 +
	在线式 DO 仪（二）+		调速模块 2 −
	在线式 DO 仪（二）−		调速模块 2 +
	在线式 DO 仪（三）+		
	在线式 DO 仪（三）−		
	在线式 DO 仪（四）+		
	在线式 DO 仪（四）−		
	在线式 pH 仪 +		
	在线式 pH 仪 −		

注：面板上控制对象部分 3 个“N”与交流电源输出“N”短接。

（3）根据已完成 PLC 端口定义表，完成电气控制柜的接线，要求导线颜色与插座颜色要求一致，并要求选取长度适中的导线进行连接。

注意当出现插座的颜色不同时，上下接线时以上边插座颜色为准，左右接线时以左边的颜色插座为准；长度适中，导线长度与两插座距离之差不超过 20 cm。

（4）根据在线式 pH 仪的仪表与电极上的标签，完成 pH 电极接线。

（5）数据线（PLC 下载线、触摸屏下载线、PLC 与触摸屏的通信线）的连接。

（6）任务四中的所有线路连接确认完成无误后向裁判举手示意确认并签字，记录在表 15.2-7 中。

表 15.2-7　线路连接记录表

序号	项目	参赛选手签字	裁判签字
1	实验导线连接完成　□是　□否		
2	电极接线完成　□是　□否		
3	PLC 下载线连接完成　□是　□否		
4	触摸屏下载线连接完成　□是　□否		
5	通信线连接完成　□是　□否		

5. 任务五：污水处理设备调试运行

参赛选手根据现场竞赛设备和任务书要求，利用提供的电脑与工具，完成系统电源检测、通水调试、运行参数调节、过程数据记录等，系统运行完成以系统自动停机为终点。

具体要求如下：

（1）系统电源检测，并填入表 15.2-8。

①本设备专用熔断芯的型号为 RT14-20（10A）。用万用表检测其性能，保证控制柜正常工作。

②用万用表完成电源输入检测。

用万用表完成交流电源 220 V 和直流电源 24 V 的检测，确保电源正常接入（注意在操作前举手示意裁判，由裁判监督完成，并签字）。

表 15.2-8 系统电源检测记录表

项目	实测数据	参赛选手签字	裁判确认签字
熔断芯检测			
交流 220 V 检测			
直流 24 V 检测			

（2）程序修改与工程下载。

①在提供的 A^2/O 系统 PLC 控制程序中，根据网络 9、网络 12 的注释完成程序的编写，完成后保存并将程序下载到 PLC 中。

注意：如参赛选手无法完成，举手示意裁判放弃该任务并在程序放弃操作记录表 15.2-9 中签字，由裁判确认后，由裁判长提供完整程序。

表 15.2-9 程序放弃操作记录表

序号	任务五	签字
1	放弃	选手签字：
2	裁判签字：	

②打开提供的触摸屏工程，下载到控制柜的触摸屏上。

（3）系统通水调试检测（表 15.2-10）。

①控制柜面板导线连接应正确。

②设备上相应器件运行情况应正常。

③管件、器件连接处应无漏水、不渗水。

表 15.2-10 系统调试操作记录表

序号	项目	参赛选手签字	裁判签字
1	PLC 程序下载完成 □是 □否		
2	触摸屏工程下载完成 □是 □否		
3	浮球液位开关测试完成 □是 □否		
4	器件通电、水泵试水完成 □是 □否		
5	水泵进出口管道试漏完成 □是 □否		
6	系统调试完成 □是 □否		

④找出四处隐藏故障点，排除故障，完成调试，并填写系统维护日常记录单和放弃表 15.2-11。

注意：如参赛选手无法完成，可举手示意裁判放弃该任务并在表 15.2-11 中签字，但需要计时 10 min 后，由裁判确认后，由裁判长指定技术人员排故。

表 15.2-11　系统维护日常记录单及放弃记录表

<table>
<tr><td rowspan="2">序号</td><td>日期</td><td></td><td>维修人员</td><td></td><td colspan="4">放弃记录　是□　否□</td></tr>
<tr><td>故障点位置</td><td colspan="2">故障现象</td><td>解决方案</td><td>开始时间</td><td>结束时间</td><td>选手签字</td><td>裁判签字</td></tr>
<tr><td>1</td><td></td><td colspan="2"></td><td></td><td></td><td></td><td></td><td></td></tr>
<tr><td>2</td><td></td><td colspan="2"></td><td></td><td></td><td></td><td></td><td></td></tr>
<tr><td>3</td><td></td><td colspan="2"></td><td></td><td></td><td></td><td></td><td></td></tr>
<tr><td>4</td><td></td><td colspan="2"></td><td></td><td></td><td></td><td></td><td></td></tr>
</table>

（4）系统运行及数据记录表 15.2-12。

①记录自动开启时间。

②系统运行中，将提升泵出水流量调为 3.5 L/min 左右，内回流泵出水流量调为 1 L/min 左右，外回流泵出水流量调为 1 L/min 左右，好氧池曝气流量调为 4.5 L/min。

③测试厌氧池中溶解氧 DO 值并记录。

④测试缺氧池中溶解氧 DO 值并记录。

⑤记录运行完成时间。

表 15.2-12　A^2/O 系统运行数据记录表

项目	测量/设置参数	裁判确认
自动开启时间		
自动停止时间		
提升泵出水流量		
内回流泵出水流量		
外回流泵出水流量		
好氧池曝气流量		
厌氧池 DO 值		
缺氧池 DO 值		

（5）完成任务调试后，请完整补充以下内容。

①A^2/O 系统自动运行时，能触发运行中的提升泵停机的因素有：________________、________________。

②A^2/O 系统自动运行中，当调节池中的水位超过浮球液位开关的下限位时，__________启动运行，达到浮球液位开关上限位时，格栅池__________关闭。

③在 A^2/O 系统自动运行中，当缺氧池中的水位达到浮球下限位时，______________、__________和__________启动。

④假设在 A^2/O 系统自动运行中，好氧池中除曝气盘以外的地方冒气泡，则表明______________，当风机停机时会造成______________。

⑤曝气池进水中洗涤剂过多，则会产生____________。

6．任务六：污水处理厂水、气、声、渣污染因子的监测

参赛选手根据任务书要求，利用提供的在线仪表，完成通电预热、仪表标定、定点安装等任务，并记录在表 15.2-13 中。

表 15.2-13 在线监测仪表标定记录表

仪表名称	预热开始时间	裁判签字	预热结束时间	裁判签字	零点标定值	裁判签字	斜率标定值	裁判签字
在线式 DO 仪（二）								
在线式 DO 仪（三）								
在线式 DO 仪（四）								
在线式 pH 仪								

（1）在线式 DO 仪的标定。

①配制无氧水，取足量的 Na_2SO_3 加入蒸馏水中配制成饱和溶液，默认水中的溶解氧含量为 0 mg/L。

②将标定仪器通电预热 30 min，预热前和结束后，举手示意裁判，记录开始时间和结束时间并签字。

③零点标定，待测量值稳定后，经裁判允许并签字后方可进行零点标定值的保存。

④斜率标定，待测量值稳定后，经裁判允许并签字后方可进行斜率标定值的保存。

（2）在线式 pH 仪的标定。

①pH 6.86 和 pH 9.18 的标准缓冲液的配制，将相应 pH 缓冲剂粉末定容到 250 mL 容量瓶中，配制标准溶液。

②将标定仪器通电预热 30 min，预热前和结束后，举手示意裁判，记录开始时间和结束时间并签字。

③零点标定（pH 6.86），将 pH 仪传感器探头放在标准缓冲液中，待屏幕显示有“ZERO”和“6.86”，说明仪器零点校正完成。

④斜率标定（pH 9.18），将 pH 仪传感器探头放在标准缓冲液中，待屏幕显示有“SLOPE”和“9.18”，说明仪器斜率校正完成。

（3）按照表 15.2-14 设置在线式 DO 仪、pH 仪参数。

表 15.2-14 仪表参数设置

名称	高报警（High）	低报警（Low）	滞后（Delay）	裁判签字
在线式 DO 仪（二）	0.2 mg/L	0.01 mg/L	0.01 mg/L	
在线式 DO 仪（三）	0.5 mg/L	0.2 mg/L	0.01 mg/L	
在线式 pH 仪	9	6	0.1	

（4）污水处理厂环境空气质量监测。

利用提供的 $PM_{2.5}$ 监测仪，测得现场环境空气质量参数：$PM_{2.5}$__________、温度________、湿度________。

（5）污水处理厂现场噪声监测。

利用提供的声级计，测得风机房环境噪声声级为____________。

（6）污水处理厂固体渗滤液监测（注：自动运行停止后检测）。

以砂滤柱底部出水为固体渗滤液，利用提供的仪表，测得滤液的 pH 和电导率分别为____________、____________。

附录　污水处理工艺流程设计任务

①根据下面提供的污水处理构筑物示意图，选择适当的接口，完成 A^2/O 污水处理工艺流程连接，注意水流短流现象

②各构筑物的进水口分别为接口编号 1、7、21、59、62（其中原水从接头编号 1 处进水），请合理选用出水口，并写出出水口接口编号

③按照工艺流程填写出所连接的接口编号的先后顺序（只需完成与 A^2/O 系统相关的，其他的无须完成，多写不得分）

构筑物三维图	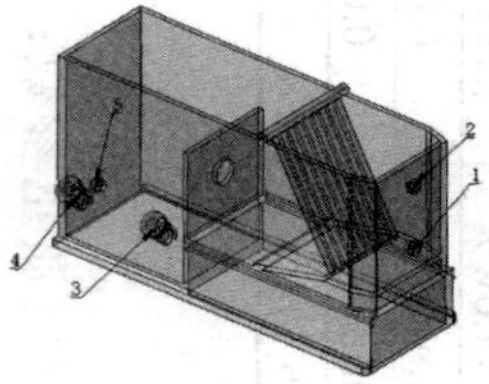 1, 2, 3, 4	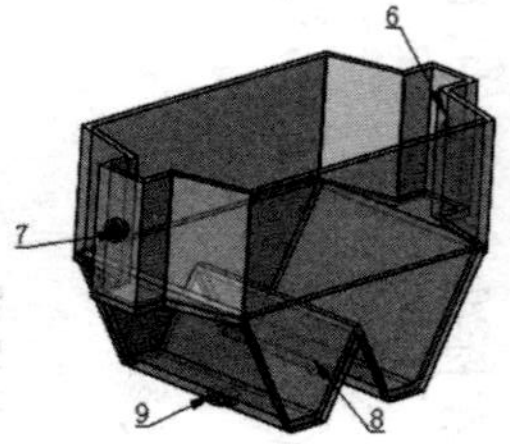 6, 7, 8, 9	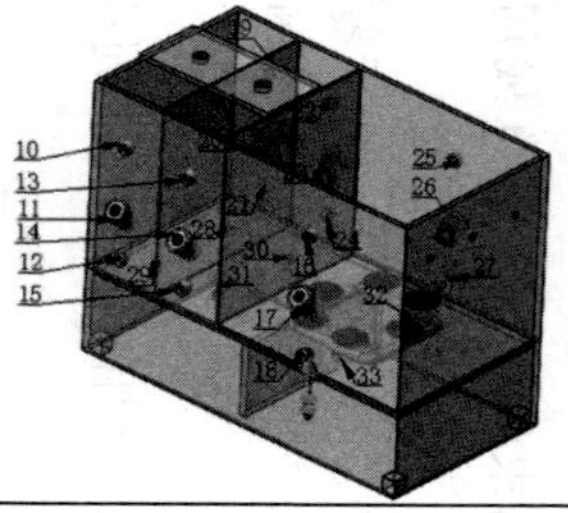 10, 11, 12, 13, 14, 15, 17, 18, 21, 22, 24, 25, 26, 28, 29, 30, 31, 32, 33	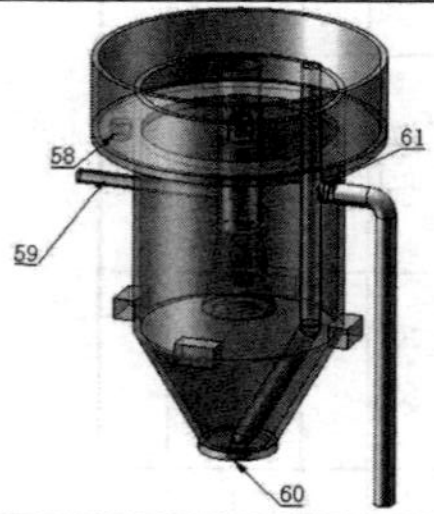 58, 59, 60, 61
构筑物名称				
出水口接头编号				
构筑物三维图	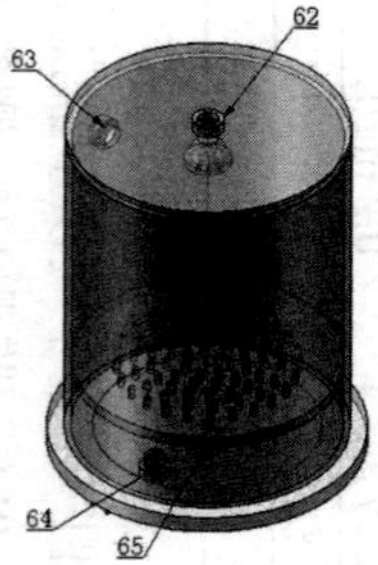 62, 63, 64, 65			左　后 前　右
构筑物名称				设备布置方向
出水口接头编号				

接头编号的先后顺序：__→__→__→__→__→__→__→__→__→__→__→__→__→__→__→__

硝化液回流进出口编号：进口_____ 出口_____　　　　污泥回流进出口编号：进口_____ 出口_____

15.3 任务书 3

任务	一	二	三	四	五	六	综合素质	总分
得分								
裁判								
复核								
裁判长								
监督								

选手须知：

一、任务完成总分为 100 分，任务完成总时间为 4 h。

二、参赛队应在规定时间内完成任务书规定内容。其中任务一必须在 30～60 min 内完成交卷。比赛时间到，比赛结束，选手应立即停止操作，根据裁判要求离开比赛场地，不得延误。

三、竞赛试题包含文字及附图、附表。如出现缺页、字迹不清等，立即向裁判提出更换。

四、在计算机上完成的各种图形文件、系统生成的运行记录或程序文件必须存储到指定的磁盘目录及文件夹下。

五、选手提交的赛卷用工位号标识，不得写上姓名或与身份有关的信息，否则成绩无效，涉及参赛选手签字确认的填写工位号。

六、工作任务不分先后顺序，由选手自由分配按时完成。但安装、调试未完成，不得进行通水运行。

七、部分水箱注入调试用水，可用以水泵调试和管道试漏。

八、浮球液位开关调试时，可以用手上下拨动浮球进行调试。

九、比赛中如出现下列情况另行扣分：

（一）选手认定器件有故障可提出更换，器件经测定完好属误判时每次扣 2 分，器件确实损坏每更换一次补时 5 min。

（二）比赛现场由于选手操作不当，导致设备中的水溢出，则每次扣 10 分。

（三）不得利用水桶直接注水，违者每次扣 5 分。

（四）严禁带电操作，安装管道、器件、下载及通信线，维修漏水，违者每次扣 5 分。

（五）设备中器件自带“O”型密封圈的部件禁止缠绕生料带。

十、所有找裁判确认签字的项目，只有一次机会。

十一、比赛过程中由于人为原因造成器件损坏，器件不予更换。

1．任务一：污水处理系统工艺设计

根据任务书要求和提供的资料完成竞赛平台和相关专业知识点的了解和掌握，包括污水处理系统工艺设计、系统控制程序设计的编写等。

（1）CAD 辅助设计。

本任务在考试盘中，任务完成后保存文件至考试盘。

（2）控制程序设计。

①打开 SBR 系统 PLC 控制程序（U 盘：/考试程序），在主程序中找到“反应及曝气时间转换”程序段，利用计算机截图功能及画图软件，将其截图并保存为图片“JPEG”格式，图片命名为“场次-工位号-题号”（如 A-01-01）保存到 U 盘中。

②修改 MSBR 系统 PLC 控制程序的参数：a. 在手动调试子程序中，将 SBR1 池的搅拌器的搅拌速度改为 140 r/min; b. 将程序中 SBR2 进水阀改为达到 SBR1 池液位上限延时 5 s 后打开。将该网络（或包含）截图并保存为图片“JPEG”格式，图片命名为“场次-工位号-题号-图片号”（如 B-01-02-1）保存到 U 盘中。

③根据表 15.3-1，在 STEP 7-MicroWIN V4.0 中按控制要求完成程序设计，并将完成的程序保存为 PDF 文档并打印。程序及 PDF 文档保存为“场次-工位-题号”（如 A-01-03），并保存到 U 盘中。

表 15.3-1

输入		输出	
地址	符号	地址	符号
I0.0	按钮 SB1	Q0.0	厌氧池搅拌机
I0.1	按钮 SB2	Q0.1	缺氧池搅拌机
		Q0.2	调节池搅拌机

控制要求：

a. 按下按钮“SB1”后，厌氧池搅拌机启动。

b. 10 s 后缺氧池搅拌机启动、厌氧池搅拌机停止。

c. 20 s 后调节池搅拌机启动、缺氧池搅拌机停止。

d. 30 s 后厌氧池搅拌机启动、调节池搅拌机停止。依次循环。

e. 当按下按钮“SB2”后，搅拌电机均停止。

2. 任务二：水样配制与测定

参赛选手根据现场竞赛设备和任务书要求，利用给定的水样、池体、设备、仪器和药剂，进行原水检测、数据计算、药品称量、药剂配制、中和处理、数据保存、结果分析等实践运用（计算精确到 0.01）。

（1）根据表格中给定的原始数据，测量厌氧池中水样的深度（误差不超过±2 mm）和水样的 pH，计算出厌氧池中水样的体积，记入水样原始数据记录表（表 15.3-2）中，并举手示意裁判确认签字。

表 15.3-2　水样原始数据记录表

序号	项目		数值	
1	厌氧池底面尺寸/mm		长：148.00	宽：380.00
2	水样深度/mm			
3	水样体积/L			
4	中和前水样 pH			
5	确认签字	参赛者：	裁判员：	

（2）测量加药池中自来水的深度（误差不超过±2 mm），计算自来水的体积和 NaOH 用量，根据计算结果，称取相应的药品（用烧杯称取），配制成 0.08 mol/L 的 NaOH 溶液，记入相关数据于表 15.3-3 中，并举手示意裁判确认签字。

表 15.3-3 投药数据记录表

序号	项目		数值	
1	加药池内部底面尺寸/mm		长：240.00	宽：212.00
2	加药池自来水深度/mm			
3	自来水体积/L			
4	NaOH 用量/g			
5	药剂 pH	理论值		
		实际值		
6	确认签字	参赛者：	裁判员：	

（3）使用加药泵以 150 mL/min 的流量将药剂注入厌氧池，并注意观察 pH 仪读数变化，使得水样的调节终点在 7.00～8.00。将相关数据记入表 15.3-4 中，举手示意裁判，签名确认加药终点。

表 15.3-4 中和反应实验数据记录表

序号	项目		数值
1	加药泵运行频率/（r/min）		
2	中和后加药池液位/mm		
3	加药量/L		
4	中和后水样 pH		
5	确认签字	参赛者：	裁判员：

3．任务三：污水处理工艺设备部件与管道连接

（1）参赛选手根据现场竞赛设备和任务书要求，选择相应的管件、管材和器件，根据图 15.3-1 和任务书附录完成 SBR 系统相应的管路连接和系统器件安装，并完成填写任务书附录中考核内容，所有器件管道安装连接完成确认无误后举手请裁判确认签字，并记录在表 15.3-5 中（注意：加引号的内容为接头名称，与平台后面的接头标签对应）。

具体要求：

①此任务操作时，不得通水通电。

②不锈钢复合管管路连接正确，要横平竖直。曝气管路（硬管）两两之间间距均匀相等。

③阀门、流量计、器件安装要与图中一致，要求安装牢固且不倾斜。同时，加药口用 ϕ6 堵头堵住，检修口用 4 分塑料堵头堵住。

④PU 气管管路连接正确，材料最省。

⑤PU 气管管路水流禁止短流。

⑥管道、器件连接处密封不漏水、不渗水，不漏气。

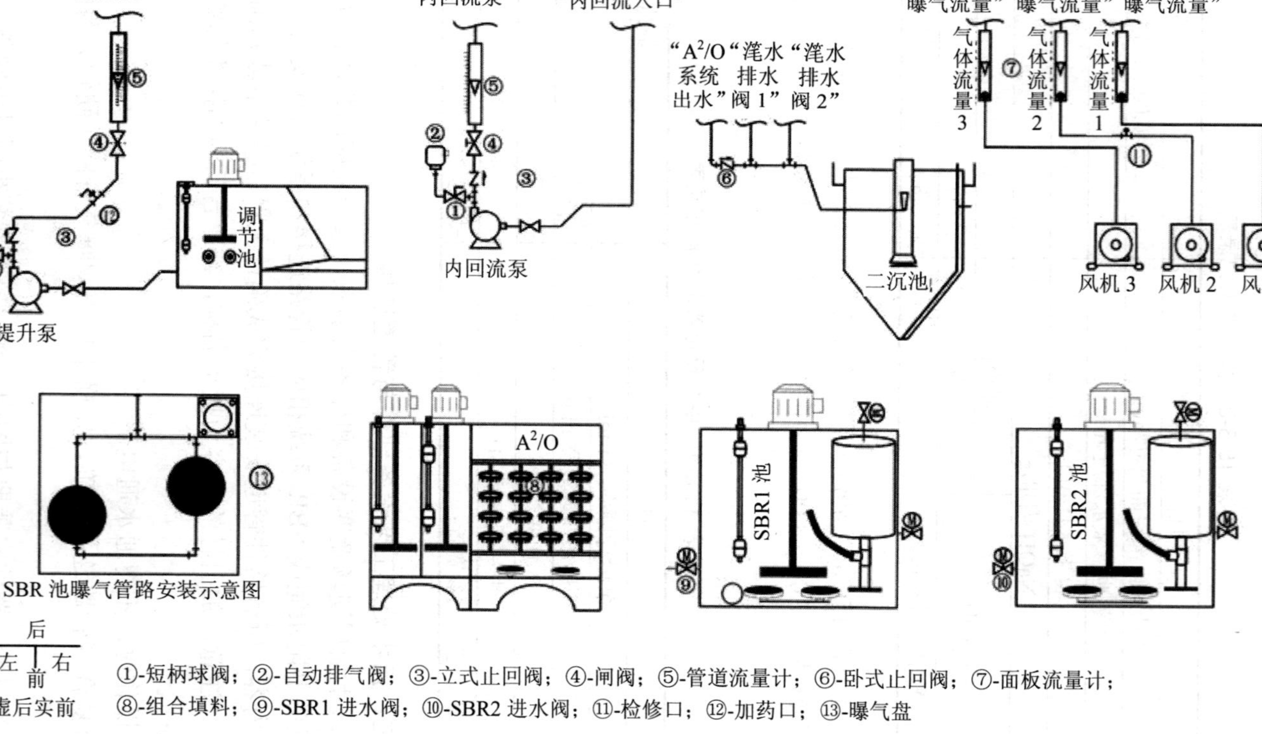

图 15.3-1

（2）根据赛场提供的组合型填料原料、细管和白绳子，利用工具完成好氧池填料安装，要求每串填料悬挂 4 片，共 48 片，间距要相等，绳子要拉直，且各条填料上下位置均衡。

（3）仪器安装，要求将在线式 DO 仪（一）、在线式 DO 仪（三）对应的 DO 传感器依次安装在接头 40、47 处（见附录）。

表 15.3-5 安装连接完成确认表

序号	项目	参赛选手签字	裁判签字
1	器件、管道安装完成 □是 □否		
2	填料安装完成 □是 □否		
3	电极安装完成 □是 □否		

4．任务四：水处理平台动力系统线路设计与连接

根据任务书要求，利用现场提供的程序、导线及工具等，完成电气系统的原理图（图 15.3-2）、定义表（表 15.3-6）的补充和电气线路连接。

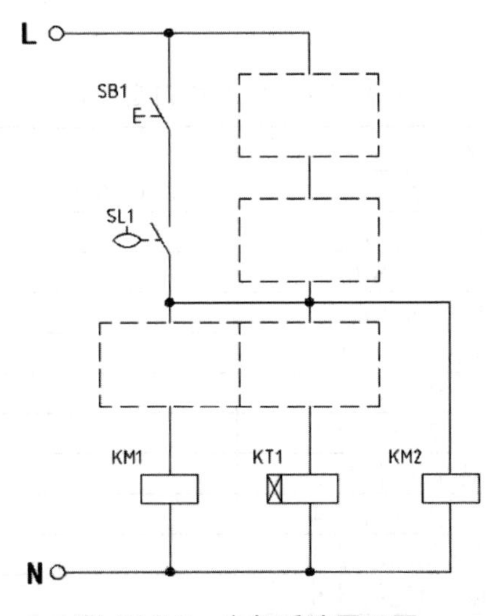

图 15.3-2 电气系统原理图

注意每一个虚线框内只能绘制一个电气符号（包括图形符号和文字符号）。

（1）根据控制要求在原理图虚线框内补全电气符号。参考电气图形符号如图 15.3-3 所示。

控制要求：当 SBR1 池液位达到上限 SL1 后，按下启动按钮“SB1”，排气阀 KM1 和排水阀 KM2 同时工作。延时 KT1 时间继电器设定的时间后，排气阀 KM1 停止工作。当 SBR1 池液位低于下限 SL2 后，排水阀 KM2 停止工作。

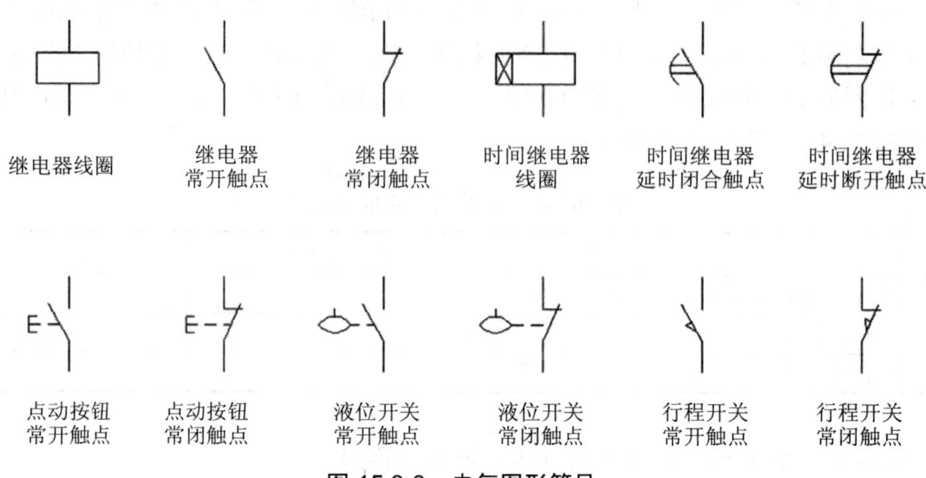

图 15.3-3　电气图形符号

（2）阅读现场提供的 SBR 系统 PLC 程序，并依据此程序完善 PLC 端口定义表（表 15.3-6）。

表 15.3-6　PLC 端口定义表

数字量输入定义		数字量输出定义	
PLC 输入点	定义、注释	PLC 输出点	定义、注释
	系统启动按钮 SB1		进水阀 YV1
	系统停止按钮 SB2		SBR1 进水阀 YV2
	系统复位按钮 SB3		SBR2 进水阀 YV3
	手自动切换按钮 SB4		SBR1 排气阀 YV4
	调节池上限 限位信号 1		SBR1 排水阀 YV5
	调节池下限 限位信号 2		SBR2 排气阀 YV6
	沉砂池上限 限位信号 3		SBR2 排水阀 YV7
	厌氧池下限 限位信号 4		药水搅拌机 MA1
	缺氧池上限 限位信号 5		调节池搅拌机 MA2
	缺氧池下限 限位信号 6		厌氧池搅拌机 MA3
	SBR1 上限 限位信号 7		缺氧池搅拌机 MA4
	SBR1 下限 限位信号 8		风机 1 MA5
	SBR2 上限 限位信号 9		风机 2 MA6
	SBR2 下限 限位信号 10		风机 3 MA7
1 M	直流电源输出 24 V		提升泵 MA8
2 M	直流电源输出 24 V		内回流泵 MA10
			加药泵 MA11
			外回流泵 MA9
		1 L	交流电源输出 L
		2 L	交流电源输出 L
		3 L	交流电源输出 L
		4 L	交流电源输出 L
		5 L	交流电源输出 L

模拟量输入定义		模拟量输出定义	
	在线式 DO 仪（一）+		调速模块 1 −
	在线式 DO 仪（一）−		调速模块 1 +
	在线式 DO 仪（二）+		调速模块 2 −
	在线式 DO 仪（二）−		调速模块 2 +
	在线式 DO 仪（三）+		
	在线式 DO 仪（三）−		
	在线式 DO 仪（四）+		
	在线式 DO 仪（四）−		
	在线式 pH 仪 +		
	在线式 pH 仪 −		

注：面板上控制对象部分 3 个“N”与交流电源输出“N”短接。

（3）根据已完成的 PLC 端口定义表，完成电气控制柜的接线，要求导线颜色与插座颜色要求一致，并要求选取长度适中的导线进行连接。

注意当出现插座的颜色不同时，上下接线时以上边插座颜色为准，左右接线时以左边的颜色插座为准；长度适中，导线长度与两插座距离之差不超过 20 cm。

（4）根据在线式 pH 仪的仪表与电极上的标签，完成 pH 电极接线。

（5）数据线（PLC 下载线、触摸屏下载线、PLC 与触摸屏的通信线）的连接。

（6）任务四中的所有线路连接确认完成无误后向裁判举手示意确认并签字，记录在表 15.3-7 中。

表 15.3-7 线路连接记录表

序号	项目	参赛选手签字	裁判签字
1	实验导线连接完成 □是 □否		
2	电极接线完成 □是 □否		
3	PLC 下载线连接完成 □是 □否		
4	触摸屏下载线连接完成 □是 □否		
5	通信线连接完成 □是 □否		

5. 任务五：污水处理设备调试运行

参赛选手根据现场竞赛设备和任务书要求，利用提供的电脑与工具，完成 SBR 系统电源检测、通水调试、运行参数调节、过程数据记录等，系统运行完成以系统自动停机为终点。

具体要求如下：

（1）系统电源检测，并填入表 15.3-8。

①本设备专用熔断芯的型号为 RT14-20（10A）。用万用表检测其性能，保证控制柜正常工作。

②用万用表完成电源输入检测。

用万用表完成交流电源 220 V 和直流电源 24 V 的检测，确保电源正常接入（注意在操作前举手示意裁判，由裁判监督完成，并签字）。

表 15.3-8 系统电源检测记录表

项目	实测数据	参赛选手签字	裁判确认签字
熔断芯检测			
交流 220 V 检测			
直流 24 V 检测			

（2）程序修改与工程下载。

①在提供的 SBR 系统 PLC 控制程序中，根据网络 10、网络 11 的注释完成程序的编写，完成后保存并将程序下载到 PLC 中。

注意：如参赛选手无法完成，举手示意裁判放弃该任务并在程序放弃操作记录表（表 15.3-9）中签字，由裁判确认后，由裁判长提供完整程序。

表 15.3-9 程序放弃操作记录表

序号	任务五	签字
1	放弃	选手签字：
2	裁判签字：	

②打开提供的触摸屏工程，下载到控制柜的触摸屏上。

（3）系统通水调试检测表 15.3-10。

①控制柜面板导线连接应正确。

②设备上相应器件运行情况应正常。

③管件、器件连接处应无漏水、不渗水。

表 15.3-10 系统调试操作记录表

序号	项目	参赛选手签字	裁判签字
1	PLC 程序下载完成 □是 □否		
2	触摸屏工程下载完成 □是 □否		
3	浮球液位开关测试完成 □是 □否		
4	器件通电、水泵试水完成 □是 □否		
5	水泵进出口管道试漏完成 □是 □否		
6	系统调试完成 □是 □否		

④找出四处隐藏故障点，排除故障，完成调试，并填写系统维护日常记录单及放弃记录表 15.3-11。

注意：如参赛选手无法完成，可举手示意裁判放弃该任务并在表 15.3-11 中签字，但需要计时 10 min 后，由裁判确认后，由裁判长指定技术人员排故。

表 15.3-11 系统维护日常记录单及放弃记录表

<table>
<tr><td rowspan="2">序号</td><td>日期</td><td></td><td>维修人员</td><td></td><td colspan="4">放弃记录 是□ 否□</td></tr>
<tr><td>故障点位置</td><td colspan="2">故障现象</td><td>解决方案</td><td>开始时间</td><td>结束时间</td><td>选手签字</td><td>裁判签字</td></tr>
<tr><td>1</td><td></td><td colspan="2"></td><td></td><td></td><td></td><td></td><td></td></tr>
<tr><td>2</td><td></td><td colspan="2"></td><td></td><td></td><td></td><td></td><td></td></tr>
<tr><td>3</td><td></td><td colspan="2"></td><td></td><td></td><td></td><td></td><td></td></tr>
<tr><td>4</td><td></td><td colspan="2"></td><td></td><td></td><td></td><td></td><td></td></tr>
</table>

（4）系统运行及数据记录（表 15.3-12）。

①记录自动开启时间。

②系统运行中，将提升泵出水流量调为 3.5 L/min 左右，SBR1 池曝气流量调为 4.5 L/min，SBR2 池曝气流量调为 5.5 L/min。

③测试 SBR1 池中 DO 值并记录。

④测试 SBR2 池中 DO 值并记录。

⑤记录运行完成时间。

表 15.3-12 SBR 系统运行数据记录表

项目	测量/设置参数	裁判确认
自动开启时间		
自动停止时间		
提升泵出水流量		
SBR1 池曝气流量		
SBR2 池曝气流量		
SBR1 池 DO 值		
SBR2 池 DO 值		

（5）完成任务调试后，请完整补充以下内容。

①SBR 系统自动运行时，能触发运行中的提升泵停机的因素有：__________________、__________________。

②SBR 系统自动运行中，当调节池中的水位超过浮球液位开关的下限位时，________启动运行，达到浮球液位开关上限位时，格栅池___________关闭。

③活性微生物因为自身的特性而凝聚成相互紧密组织的菌胶团，因为某种原因被破坏成细小絮体的现象一般称为____________。

④假设在 SBR 系统自动运行中，SBR1 或 SBR2 池中除曝气盘以外的地方冒气泡，则表明______________，当风机停机时会造成_____________。

⑤SBR 系统自动运行中，当 SBR1 池中的水位到达 SBR1 池中浮球液位开关的上限位时，SBR1 池_________关闭，SBR1 池________和_______开始运行。

6．任务六：污水处理厂水、气、声、渣污染因子的监测

参赛选手根据任务书要求，利用提供的在线仪表，完成通电预热、仪表标定、定点安装等任务，并记录在表 15.3-13 中。

（1）在线式 DO 仪的标定。

①配制无氧水，取足量的 Na_2SO_3 加入蒸馏水中配制成饱和溶液，默认水中的溶解氧含量为 0 mg/L。

②将标定仪器通电预热 30 min，预热前和结束后，举手示意裁判，记录开始和结束时间并签字。

③零点标定，待测量值稳定后，经裁判允许并签字后方可进行零点标定值的保存。

④斜率标定，待测量值稳定后，经裁判允许并签字后方可进行斜率标定值的保存。

（2）在线式 pH 仪的标定。

①pH 6.86 和 pH 4.00 的标准缓冲液的配制，将相应 pH 缓冲剂粉末定容到 250 mL 容量瓶中，配制标准溶液。

②将标定仪器通电预热 30 min，预热前和结束后，举手示意裁判，记录开始和结束时间并签字。

③零点标定（pH 6.86），将 pH 仪传感器探头放在标准缓冲液中，待屏幕显示有“ZERO”和“6.86”，说明仪器零点校正完成。

④斜率标定（pH 4.00），将 pH 仪传感器探头放在标准缓冲液中，待屏幕显示有“SLOPE”和“4.00”，说明仪器斜率校正完成。

表 15.3-13　在线监测仪表标定记录表

仪表名称	预热开始时间	裁判签字	预热结束时间	裁判签字	零点标定值	裁判签字	斜率标定值	裁判签字
在线式 DO 仪（一）								
在线式 DO 仪（三）								
在线式 pH 仪								

（3）按照表 15.3-14 设置在线式 DO 仪、pH 仪参数。

表 15.3-14　仪表参数设置

名称	高报警（High）	低报警（Low）	滞后（Delay）	裁判签字
在线式 DO 仪（一）	4 mg/L	2 mg/L	0.01 mg/L	
在线式 DO 仪（三）	4 mg/L	2 mg/L	0.1 mg/L	
在线式 pH 仪	9	6	0.1	

（4）污水处理厂环境空气质量监测。

利用提供的 $PM_{2.5}$ 监测仪，测得现场环境空气质量参数：$PM_{2.5}$____________、温度_________、湿度_________。

（5）污水处理厂现场噪声监测。

利用提供的声级计，测得泵房环境噪声声级为（采用 slow 挡检测）_______________。

（6）污水处理厂固体渗滤液监测（注：自动运行停止后检测）。

以砂滤柱底部出水为固体渗滤液，利用提供的仪表，测得滤液的 pH 和电导率分别为______________、_____________。

附录　污水处理工艺流程设计任务

①根据下面提供的污水处理构筑物示意图，选择适当的接口，完成 SBR 污水处理工艺流程连接，注意水流短流现象

②各构筑物的进水口分别为接口编号 1、7、41、53、59、62（其中原水从接头编号 1 处进水），请合理选用出水口，并写出出水口接口编号

③按照工艺流程填写出所连接的接口编号的先后顺序（当出现一个出水口进入两个进水口时，则要求将两个进水口编号填写在同一空格中，以此类推，注意，只需填写与本系统相关的内容，其他内容无须多写）

构筑物三维图	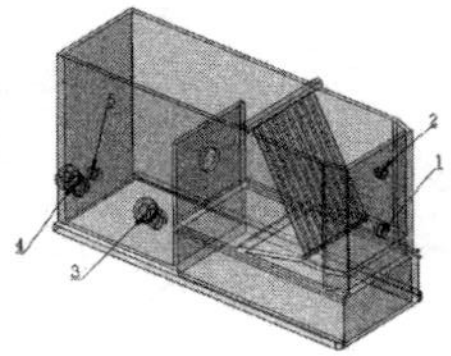	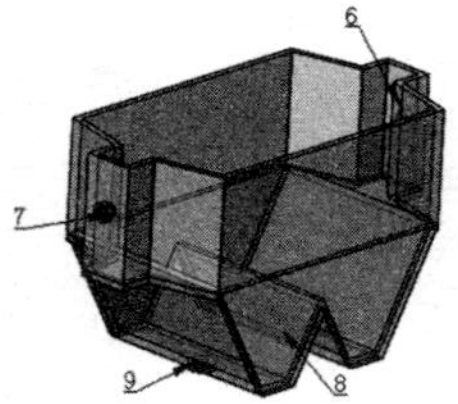	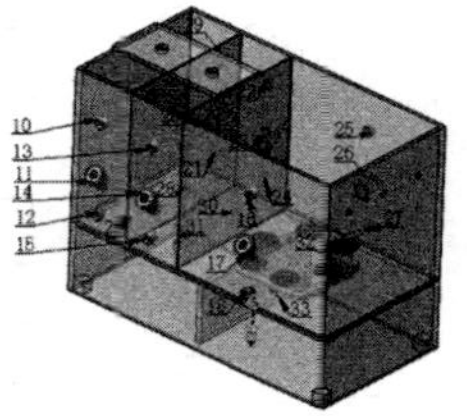	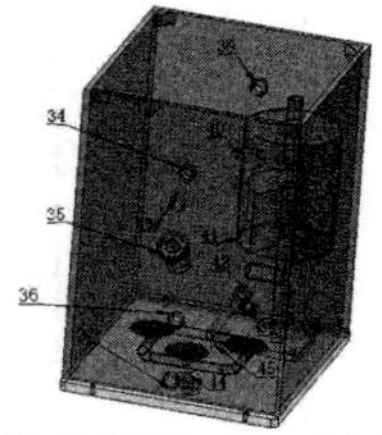
构筑物名称				
出水口接头编号				
构筑物三维图				左 后 前 右
构筑物名称				设备布置方向
出水口接头编号				

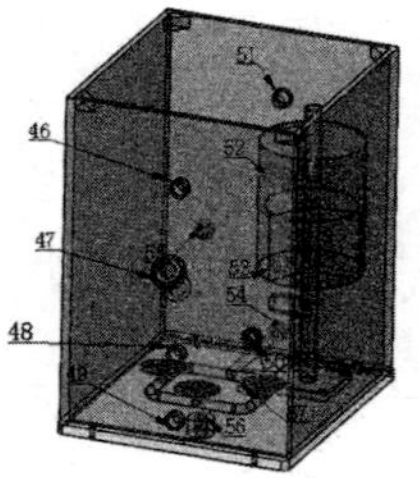

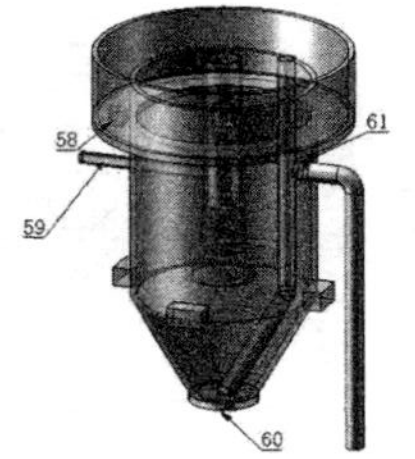

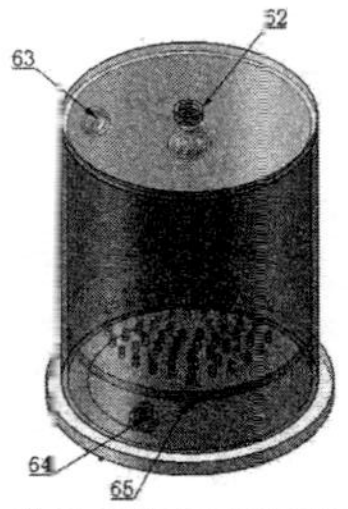

接头编号的先后顺序：___→___→___→___→___→___→___→___→___→___→___→___→___→___→___→___

15.4 任务书 4

任务	一	二	三	四	五	六	综合素质	总分
得分								
裁判								
复核								
裁判长								
监督								

选手须知：

一、任务完成总分为 100 分，任务完成总时间为 4 h。

二、参赛队应在规定时间内完成任务书规定内容。其中任务一必须在 30～60 min 内完成交卷。比赛时间到，比赛结束，选手应立即停止操作，根据裁判要求离开比赛场地，不得延误。

三、竞赛试题包含文字及附图、附表。如出现缺页、字迹不清等，立即向裁判提出更换。

四、在计算机上完成的各种图形文件、系统生成的运行记录或程序文件必须存储到指定的磁盘目录及文件夹下。

五、选手提交的赛卷用工位号标识，不得写上姓名或与身份有关的信息，否则成绩无效，涉及参赛选手签字确认的填写工位号。

六、工作任务不分先后顺序，由选手自由分配按时完成。但安装、调试未完成，不得进行通水运行。

七、部分水箱注入调试用水，可用以水泵调试和管道试漏。

八、浮球液位开关调试时，可以用手上下拨动浮球进行调试。

九、比赛中如出现下列情况另行扣分：

（一）选手认定器件有故障可提出更换，器件经测定完好属误判时每次扣 2 分，器件确实损坏每更换一次补时 5 min。

（二）比赛现场由于选手操作不当，导致设备中的水溢出，则每次扣 10 分。

（三）不得利用水桶直接注水，违者每次扣 5 分。

（四）严禁带电操作，安装管道、器件、下载及通信线，维修漏水，违者每次扣 5 分。

十、所有找裁判确认签字的项目，只有一次机会。

十一、比赛过程中由于人为原因造成器件损坏，这种情况器件不予更换。

1．任务一：污水处理系统工艺设计

根据任务书要求和提供的资料完成竞赛平台和相关专业知识点的了解和掌握，包括污水处理系统工艺设计、系统控制程序设计的编写等。

（1）CAD 辅助设计。

本任务在考试盘中，任务完成后保存文件至考试盘。

（2）控制程序设计。

①打开 MSBR 系统 PLC 控制程序（U 盘：/考试程序），在手动调试程序中找到“SBR1 与 SBR2 搅拌电机启动”程序段，利用计算机截图功能及画图软件，将其截图并保存为图片“JPEG”格式，图片命名为“场次-工位号-题号”（如 A-01-01）保存到 U 盘中。

②修改 SBR 系统 PLC 控制程序的参数：a. 假设 DO1 传感器的输出信号由 1～5 V 变为 0～5 V，试修改对应程序段的数值；b. 将程序中“SBR1 池排气阀”改为打开后延时 2 s 关闭。将该网络（或包含）截图并保存为图片“JPEG”格式，图片命名为“场次-工位号-题号-图片号”（如 B-01-02-1）保存到 U 盘中。

③根据表 15.4-1，在 STEP 7-MicroWIN V4.0 中按控制要求完成程序设计，并将完成的程序保存为 PDF 文档并打印。程序及 PDF 文档保存为“场次-工位-题号”（如 A-01-03），并保存到 U 盘中。

表 15.4-1

输入		输出	
地址	符号	地址	符号
I0.0	按钮 SB1	Q0.0	药水搅拌机
I0.1	按钮 SB2	Q0.1	调节池搅拌机
		Q0.2	厌氧池搅拌机

控制要求：

a. 按下按钮“SB1”后，药水搅拌机和调节池搅拌机工作。

b. 按下按钮“SB2”后，药水搅拌机停止，启动厌氧池搅拌机。

c. 厌氧池搅拌机启动后，延时 5 s 停止调节池搅拌机。再延时 3 s 后，停止厌氧池搅拌机。

2. 任务二：水样配制与测定

参赛选手根据现场竞赛设备和任务书要求，利用给定的水样、池体、设备、仪器和药剂，进行原水检测、数据计算、药品称量、药剂配制、中和处理、数据保存、结果分析等实践运用（计算精确到 0.01）。

（1）根据给定的原始数据，测量调节池中水样的深度（误差不超过±2 mm）和水样的 pH，计算出调节池中水样的体积，记入水样原始数据记录表 15.4-2 中，并举手示意裁判确认签字。

表 15.4-2 水样原始数据记录表

序号	项目		数值	
1	调节池内部底面尺寸/mm		长：280.00	宽：212.00
2	水样深度/mm			
3	水样体积/L			
4	中和前水样 pH			
5	确认签字	参赛者：	裁判员：	

（2）测量加药池中自来水的深度（误差不超过±2 mm），计算自来水的体积和 NaOH 用量，根据计算结果，称取相应的药品（用烧杯称取），配制成质量分数为 0.08 mol/L 的 NaOH 溶液，记入相关数据于表 15.4-3 中，并举手示意裁判确认签字。

表 15.4-3　投药数据记录表

<table>
<tr><th>序号</th><th colspan="3">项目</th><th colspan="2">数值</th></tr>
<tr><td>1</td><td colspan="3">加药池内部底面尺寸/mm</td><td>长：240.00</td><td>宽：212.00</td></tr>
<tr><td>2</td><td colspan="3">加药池自来水深度/mm</td><td colspan="2"></td></tr>
<tr><td>3</td><td colspan="3">自来水体积/L</td><td colspan="2"></td></tr>
<tr><td>4</td><td colspan="3">NaOH 用量/g</td><td colspan="2"></td></tr>
<tr><td rowspan="2">5</td><td colspan="2" rowspan="2">药剂 pH</td><td>理论值</td><td colspan="2"></td></tr>
<tr><td>实际值</td><td colspan="2"></td></tr>
<tr><td>6</td><td>确认签字</td><td colspan="2">参赛者：</td><td colspan="2">裁判员：</td></tr>
</table>

（3）使用加药泵以 150 mL/min 的流量将药剂注入调节池，开启搅拌机并注意观察 pH 仪读数变化，使得水样的调节终点在 7.00～8.00。将相关数据记入表 15.4-4 中，举手示意裁判，签名确认加药终点。

表 15.4-4　中和反应实验数据记录表

<table>
<tr><th>序号</th><th colspan="2">项目</th><th>数值</th></tr>
<tr><td>1</td><td colspan="2">加药泵运行频率/（r/min）</td><td></td></tr>
<tr><td>2</td><td colspan="2">中和后加药池液位/mm</td><td></td></tr>
<tr><td>3</td><td colspan="2">加药量/L</td><td></td></tr>
<tr><td>4</td><td colspan="2">中和后水样 pH</td><td></td></tr>
<tr><td>5</td><td>确认签字</td><td>参赛者：</td><td>裁判员：</td></tr>
</table>

注意：任务完成后，戴好乳胶手套去掉调节池与格栅间过水孔堵件，继续下一流程。

3．任务三：污水处理工艺设备部件与管道连接

（1）参赛选手根据现场竞赛设备和任务书要求，选择相应的管件、管材和器件，根据图 15.4-1 和任务书附录完成 MSBR 系统相应的管路连接和系统器件安装，并完成填写任务书附录中考核内容，所有器件管道安装连接完成确认无误后举手请裁判确认签字，并记录在表 15.4-5 中（注意：加引号的内容为接头名称，与平台后面的接头标签对应）。

具体要求：

①此任务操作时，不得通水通电。

②不锈钢复合管管路连接正确，要横平竖直。曝气管路（硬管）两两之间间距均匀相等。

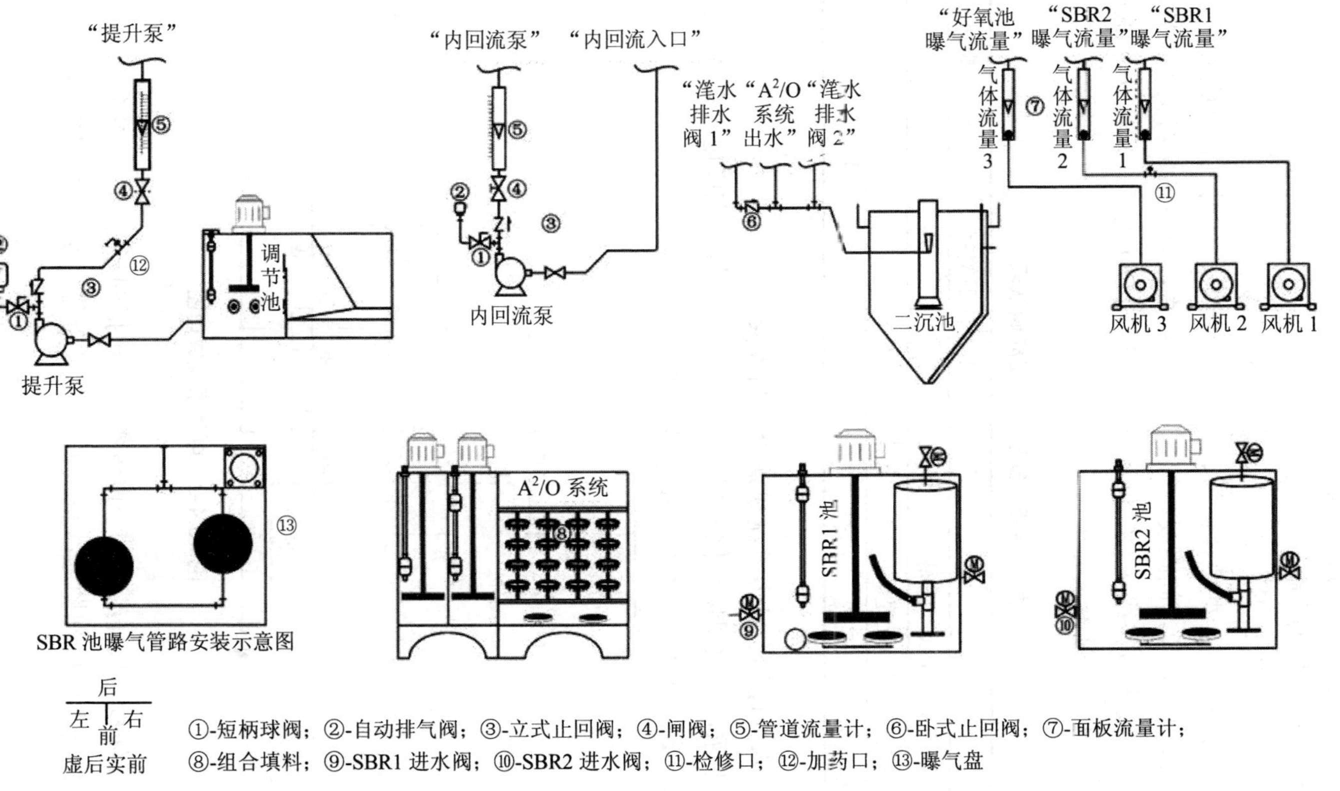

①-短柄球阀；②-自动排气阀；③-立式止回阀；④-闸阀；⑤-管道流量计；⑥-卧式止回阀；⑦-面板流量计；⑧-组合填料；⑨-SBR1进水阀；⑩-SBR2进水阀；⑪-检修口；⑫-加药口；⑬-曝气盘

图 15.4-1

③阀门、流量计、器件安装要与图中一致，要求安装牢固且不倾斜。同时，加药口用 Φ6 堵头堵住，检修口用 4 分塑料堵头堵住。

④PU 气管管路连接正确，材料最省。

⑤PU 气管管路水流禁止短流。

⑥管道、器件连接处密封不漏水、不渗水，不漏气。

（2）根据赛场提供的组合型填料原料、细管和白绳子，利用工具完成填料安装，要求每串填料悬挂 3 片，共 36 片，间距要相等，绳子要拉直，且各条填料上下位置均衡。

（3）仪器安装，要求将在线式 DO 仪（一）、在线式 DO 仪（三）对应的 DO 传感器依次安装在接头 11、14 处（见附录）。

表 15.4-5　安装连接完成确认表

序号	项目	参赛选手签字	裁判签字
1	器件、管道安装完成　□是　　□否		
2	填料安装完成　□是　　□否		
3	电极安装完成　□是　　□否		

4．任务四：水处理平台动力系统线路设计与连接

根据任务书要求，利用现场提供的程序、导线及工具等，完成电气系统的原理图（图 15.4-2）、定义表（表 15.4-6）的补充和电气线路连接。

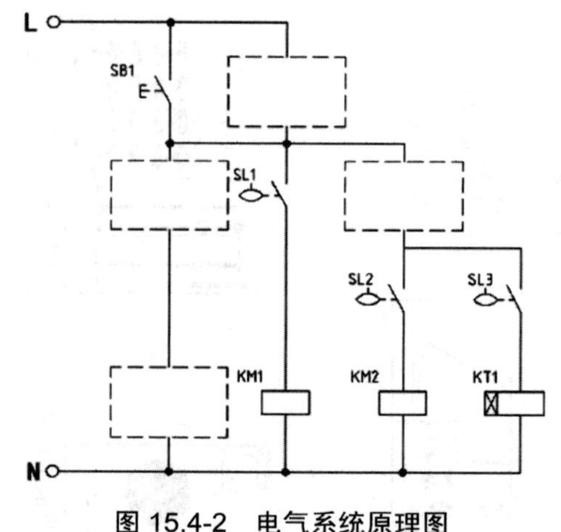

图 15.4-2　电气系统原理图

注意每一个虚线框内只能绘制一个电气符号（包括图形符号和文字符号）。

（1）根据控制要求在原理图虚线框内补全电气符号。参考电气图形符号如图 15.4-3 所示。

控制要求：按下启动按钮“SB1”后，当厌氧池液位达到上限 SL1 后，厌氧池搅拌机 KM1 工作。厌氧池搅拌机 KM1 工作后，当缺氧池液位达到下限 SL2 后，内回泵 KM2 工作。当缺氧池液位达到上限 SL3 后延时 KT1 时间继电器设定的时间，厌氧池搅拌机 KM1 和内回泵 KM2 停止工作。

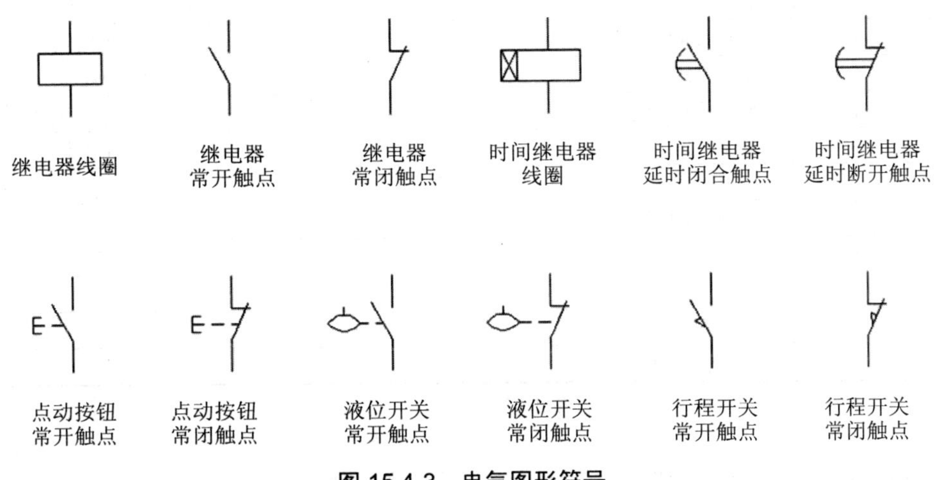

图 15.4-3 电气图形符号

（2）阅读现场提供的 MSBR 系统 PLC 程序，并依据此程序完善 PLC 端口定义表（表 15.4-6）。

表 15.4-6 PLC 端口定义表

数字量输入定义		数字量输出定义	
PLC 输入点	定义、注释	PLC 输出点	定义、注释
	系统启动按钮 SB1		进水阀 YV1
	系统停止按钮 SB2		SBR1 进水阀 YV2
	系统复位按钮 SB3		SBR2 进水阀 YV3
	手自动切换按钮 SB4		SBR1 排气阀 YV4
	调节池上限 限位信号 1		SBR1 排水阀 YV5
	调节池下限 限位信号 2		SBR2 排气阀 YV6
	沉砂池上限 限位信号 3		SBR2 排水阀 YV7
	厌氧池下限 限位信号 4		药水搅拌机 MA1
	缺氧池上限 限位信号 5		调节池搅拌机 MA2
	缺氧池下限 限位信号 6		厌氧池搅拌机 MA3
	SBR1 上限 限位信号 7		缺氧池搅拌机 MA4
	SBR1 下限 限位信号 8		风机 1 MA5
	SBR2 上限 限位信号 9		风机 2 MA6
	SBR2 下限 限位信号 10		风机 3 MA7
1 M	直流电源输出 24 V		提升泵 MA8
2 M	直流电源输出 24 V		内回流泵 MA10
			加药泵 MA11
			外回流泵 MA9
		1 L	交流电源输出 L
		2 L	交流电源输出 L
		3 L	交流电源输出 L
		4 L	交流电源输出 L
		5 L	交流电源输出 L

模拟量输入定义		模拟量输出定义	
	在线式 DO 仪（一）+		调速模块 1 −
	在线式 DO 仪（一）−		调速模块 1 +
	在线式 DO 仪（二）+		调速模块 2 −
	在线式 DO 仪（二）−		调速模块 2 +
	在线式 DO 仪（三）+		
	在线式 DO 仪（三）−		
	在线式 DO 仪（四）+		
	在线式 DO 仪（四）−		
	在线式 pH 仪 +		
	在线式 pH 仪 −		

注：面板上控制对象部分 3 个“N”与交流电源输出“N”短接。

（3）根据已完成的 PLC 端口定义表，完成电气控制柜的接线，要求导线颜色与插座颜色要求一致，并要求选取长度适中的导线进行连接。

注意当出现插座的颜色不同时，上下接线时以上边插座颜色为准，左右接线时以左边的颜色插座为准；长度适中，导线长度与两插座距离之差不超过 20 cm。

（4）根据在线式 pH 仪的仪表与电极上的标签，完成 pH 电极接线。

（5）数据线（PLC 下载线、触摸屏下载线、PLC 与触摸屏的通信线）的连接。

（6）任务四中的所有线路连接确认完成无误后向裁判举手示意确认并签字，记录在表 15.4-7 中。

表 15.4-7　线路连接记录表

序号	项目	参赛选手签字	裁判签字
1	实验导线连接完成　□是　　□否		
2	电极接线完成　□是　　□否		
3	PLC 下载线连接完成　□是　　□否		
4	触摸屏下载线连接完成　□是　　□否		
5	通信线连接完成　□是　　□否		

5．任务五：污水处理设备调试运行

参赛选手根据现场竞赛设备和任务书要求，利用提供的电脑与工具，完成系统通水调试、运行参数调节、过程数据记录等，系统运行系统运行完成以系统自动停机为终点。

具体要求如下：

（1）系统电源检测，并填入表 15.4-8。

①本设备专用熔断芯的型号为 RT14-20（10A）。用万用表检测其性能，保证控制柜正常工作。

②用万用表完成电源输入检测。

用万用表完成交流电源 220 V 和直流电源 24 V 的检测，确保电源正常接入（注意在操作前举手示意裁判，由裁判监督完成，并签字）。

表 15.4-8　系统电源检测记录表

项目	实测数据	参赛选手签字	裁判确认签字
熔断芯检测			
交流 220 V 检测			
直流 24 V 检测			

（2）程序修改与工程下载

①在提供的 MSBR 系统 PLC 控制程序中，根据网络 13、网络 17 的注释完成程序的编写，完成后保存并将程序下载到 PLC 中。

注意：如参赛选手无法完成，举手示意裁判放弃该任务并在程序放弃操作记录表 15.4-9 中签字，由裁判确认后，由裁判长提供完整程序。

表 15.4-9　程序放弃操作记录表

序号	任务五	签字
1	放弃	选手签字：
2	裁判签字：	

②打开提供的触摸屏工程，下载到控制柜的触摸屏上。

（2）系统通水调试检测表 15.4-10。

①控制柜面板导线连接应正确。

②设备上相应器件运行情况应正常。

③管件、器件连接处应无漏水、不渗水。

表 15.4-10　系统调试操作记录表

序号	项目	参赛选手签字	裁判签字
1	PLC 程序下载完成　□是　□否		
2	触摸屏工程下载完成　□是　□否		
3	浮球液位开关测试完成　□是　□否		
4	器件通电、水泵试水完成　□是　□否		
5	水泵进出口管道试漏完成　□是　□否		
6	系统调试完成　□是　□否		

④找出四处隐藏故障点，排除故障，完成调试，并填写系统维护日常记录单及放弃记录表 15.4-11。

注意：如参赛选手无法完成，可举手示意裁判放弃该任务并在表 15.4-11 中签字，但需要计时 10 min 后，由裁判确认后，由裁判长指定技术人员排故。

（4）系统运行及数据记录（表 15.4-12）

①记录自动开启时间。

②系统运行中，将提升泵出水流量调为 3.5 L/min 左右，内回流泵出水流量调为 1 L/min 左右，好氧池曝气流量调为 4.5 L/min，SBR1 池曝气流量调为 4.5 L/min，SBR2 池曝气流量调为 4.5 L/min。

③测试厌氧池中溶解氧 DO 值并记录。

④测试缺氧池中溶解氧 DO 值并记录。

⑤记录运行完成时间。

表 15.4-11　系统维护日常记录单及放弃记录表

<table>
<tr><td rowspan="2">序号</td><td>日期</td><td></td><td>维修人员</td><td></td><td colspan="4">放弃记录　是□　否□</td></tr>
<tr><td>故障点位置</td><td colspan="2">故障现象</td><td>解决方案</td><td>开始时间</td><td>结束时间</td><td>选手签字</td><td>裁判签字</td></tr>
<tr><td>1</td><td></td><td colspan="2"></td><td></td><td></td><td></td><td></td><td></td></tr>
<tr><td>2</td><td></td><td colspan="2"></td><td></td><td></td><td></td><td></td><td></td></tr>
<tr><td>3</td><td></td><td colspan="2"></td><td></td><td></td><td></td><td></td><td></td></tr>
<tr><td>4</td><td></td><td colspan="2"></td><td></td><td></td><td></td><td></td><td></td></tr>
</table>

表 15.4-12　MSBR 系统运行数据记录表

项目	测量/设置参数	裁判确认
自动开启时间		
自动停止时间		
提升泵出水流量		
内回流泵出水流量		
好氧池曝气流量		
SBR1 池曝气流量		
SBR2 池曝气流量		
厌氧池 DO 值		
缺氧池 DO 值		

（5）完成任务调试后，请完整补充以下内容。

①将所安装的计量泵的定时时间设为零，则表示__________。

②MSBR 系统自动运行时，能触发运行中的提升泵停机的因素有：________________、________________。

③MSBR 系统自动运行中，当 SBR1 池中的水位到达 SBR1 池中浮球液位开关的上限位时，SBR1 池________关闭，SBR1 池______和__________开始运行。

④MSBR 系统自动运行中，当 SBR1 池搅拌机得电后，只发出“嗡嗡”声，但不转动，检查搅拌机为正常，那么最有可能的原因是______________。

⑤曝气池污泥驯化培养时，营养物 BOD_5、N、P 的投加比例为____________。

⑥假设在 MSBR 系统自动运行中，SBR1 池中除曝气盘以外的地方冒气泡，则表明______________，当风机停机时会造成_____________。

6．任务六：污水处理厂水、气、声、渣污染因子的监测

参赛选手根据任务书要求，利用提供的在线仪表，完成通电预热、仪表标定、定点安装等任务，并记录在表 15.4-13 中。

（1）在线式 DO 仪的标定。

①配制无氧水，取足量的 Na_2SO_3 加入蒸馏水中配制成饱和溶液，默认水中的溶解氧含量为 0 mg/L。

②将标定仪器通电预热 30 min，预热前和结束后，举手示意裁判，记录开始和结束时间并签字。

③零点标定，待测量值稳定后，经裁判允许并签字后方可进行零点标定值的保存。

④斜率标定，待测量值稳定后，经裁判允许并签字后方可进行斜率标定值的保存。

（2）在线式 pH 仪的标定。

①pH 6.86 和 pH 4.00 的标准缓冲液的配制，将相应 pH 缓冲剂粉末定容到 250 mL 容量瓶中，配制标准溶液。

②将标定仪器通电预热 30 min，预热前和结束后，举手示意裁判，记录开始时间和结束时间并签字。

③零点标定（pH 6.86），将 pH 仪传感器探头放在标准缓冲液中，待屏幕显示有“ZERO”和“6.86”，说明仪器零点校正完成。

④斜率标定（pH 4.00），将 pH 仪传感器探头放在标准缓冲液中，待屏幕显示有“SLOPE”和“4.00”，说明仪器斜率校正完成。

表 15.4-13　在线监测仪表标定记录表

仪表名称	预热开始时间	裁判签字	预热结束时间	裁判签字	零点标定值	裁判签字	斜率标定值	裁判签字
在线式 DO 仪（一）								
在线式 DO 仪（三）								
在线式 pH 仪								

（3）按照表 15.4-14 设置在线式 DO 仪、pH 仪参数。

表 15.4-14　仪表参数设置

名称	高报警（High）	低报警（Low）	滞后（Delay）	裁判签字
在线式 DO 仪（一）	0.2 mg/L	0 mg/L	0.01 mg/L	
在线式 DO 仪（三）	0.5 mg/L	0.2 mg/L	0.01 mg/L	
在线式 pH 仪	9	6	0.1	

（4）污水处理厂环境空气质量监测。

利用提供的 $PM_{2.5}$ 监测仪，测得现场环境空气质量参数：$PM_{2.5}$__________、温度________、湿度________。

（5）污水处理厂现场噪声监测。

利用提供的声级计，测得风机房环境噪声声级为______________。

（6）污水处理厂固体渗滤液监测（注：自动运行停止后检测）。

以砂滤柱底部出水为固体渗滤液，利用提供的仪表，测得滤液的 pH 和电导率分别为____________、____________。

附录 污水处理工艺流程设计任务

①根据下面提供的污水处理构筑物示意图，选择适当的接口，完成 MSBR 污水处理工艺流程连接，注意水流短流现象

②各构筑物的进水口分别为接口编号 1、6、12、22、18、41、53、59、62（其中原水从接头编号 1 处进水），请合理选用出水口，并写出出水口接口编号

③按照工艺流程填写出所连接的接口编号的先后顺序（当出现一个出水口进入两个进水口时，则要求将两个进水口编号填写在同一空格中，以此类推）

构筑物三维图	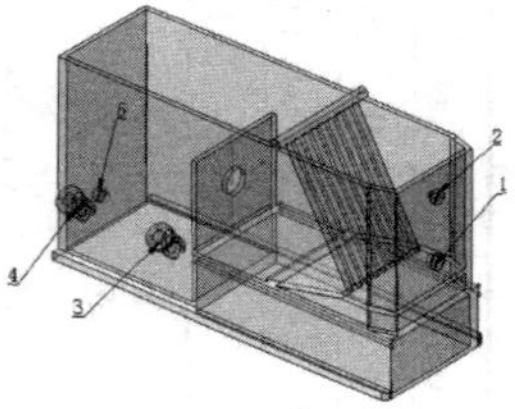	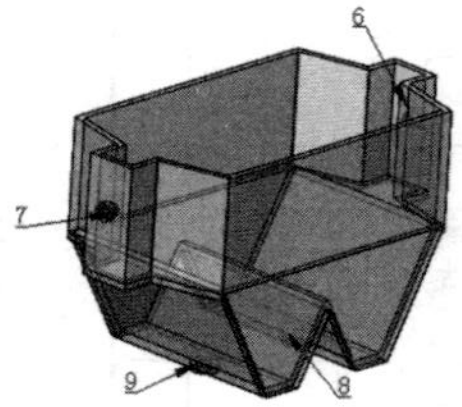	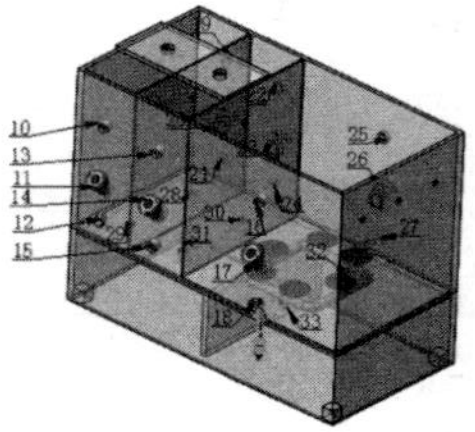	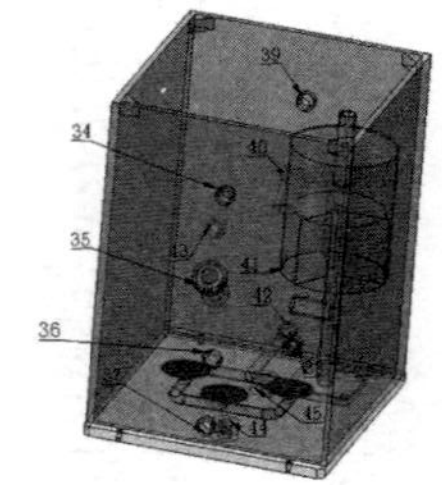
构筑物名称				
出水口接头编号				
构筑物三维图				左 后 前 右
构筑物名称				设备布置方向
出水口接头编号				

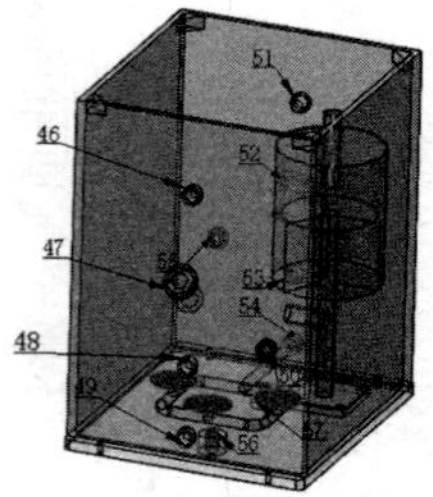

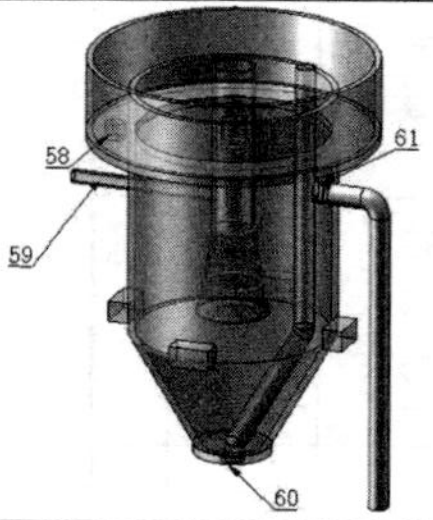

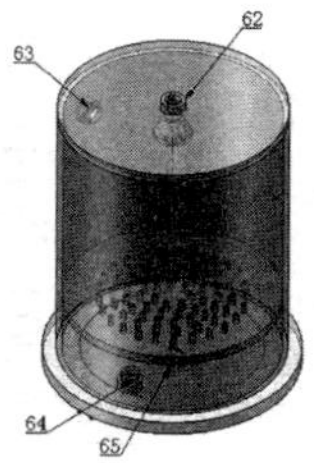

接头编号的先后顺序：__→__→__→__→__→__→__→__→__→__→__→__→__→__→__→__→__

内回流进出口编号：进口_____ 出口_____

16 综合训练评分表与参考答案

16.1 任务书 1 评分表

工位号：________________ 场次：______________ 总成绩：_______________

开始时间：______________ 交卷时间：__________ 操作用时：____________

裁判 1 签名：___________ 裁判 2 签名：_____________

1．任务一评分表与参考答案

任务一（2）控制程序设计（10 分）					
考核项目	重点检查内容	评分标准	配分	得分	备注
控制程序设计	第①题：程序识读（共 1 分）	1）图片包含该网络给 0.5 分； 2）图片格式及命名正确给 0.5 分	1		
	第②题：程序参数修改（共 3 分）	1）提升泵开启条件正确给 1 分； 2）搅拌机启动时间正确给 1 分； 3）图片 1 格式及命名正确给 0.5 分； 4）图片 2 格式及命名正确给 0.5 分	3		
	第③题：自动控制程序设计（共 6 分）	1）缺氧池搅拌机能启动给 2 分； 2）厌氧池搅拌机能启动给 2 分； 3）搅拌机能关闭给 2 分	6		

第①题答案：

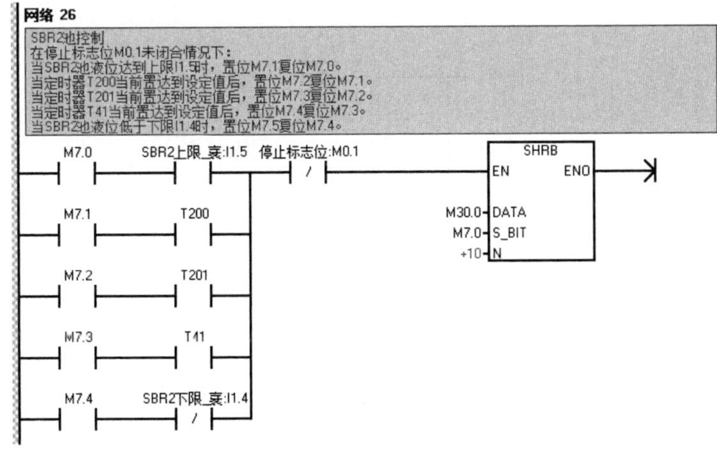

图 16.1-1 任务一（2）①参考答案

第②题答案：

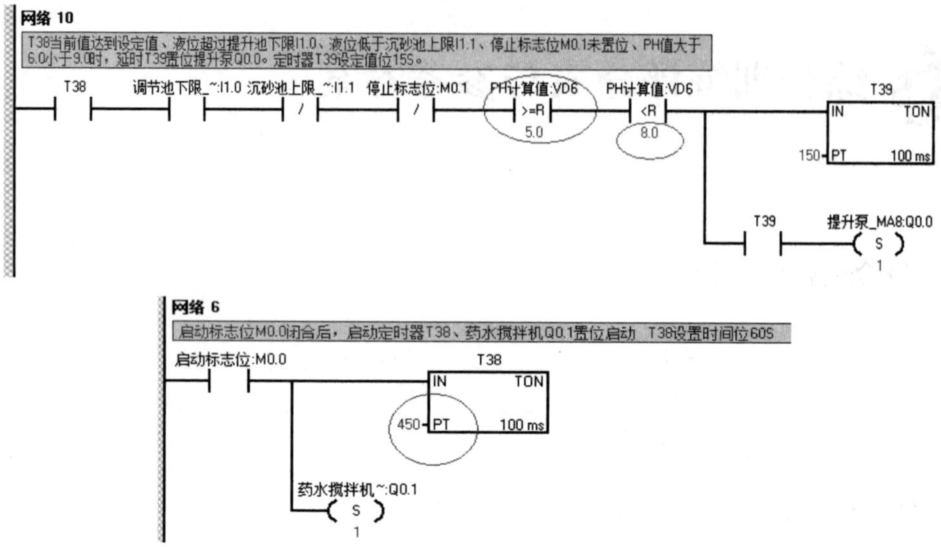

网络 10
T38当前值达到设定值、液位超过提升池下限I1.0、液位低于沉砂池上限I1.1、停止标志位M0.1未置位、PH值大于6.0小于9.0时，延时T39置位提升泵Q0.0。定时器T39设定值位15S。
T38
调节池下限_~:I1.0
沉砂池上限_~:I1.1
停止标志位:M0.1
PH计算值:VD6
>=R
5.0
PH计算值:VD6
<R
8.0
T39
IN
TON
150
PT
100 ms
T39
提升泵_MA8:Q0.0
S
1
网络 6
启动标志位M0.0闭合后，启动定时器T38、药水搅拌机Q0.1置位启动 T38设置时间位60S
启动标志位:M0.0
T38
IN
TON
450
PT
100 ms
药水搅拌机~:Q0.1
S
1

图 16.1-2　任务一（2）②参考答案

第③题答案：

Network 1
I0.0
M0.0
S
1
Network 2
M0.0
T37
IN
TON
150
PT
100 ms
T37
Q0.1
S
1
Network 3
Q0.1
T38
IN
TON
200
PT
100 ms
T38
Q0.0
S
1
Network 4
I0.1
Q0.0
R
2
M0.0
R
1

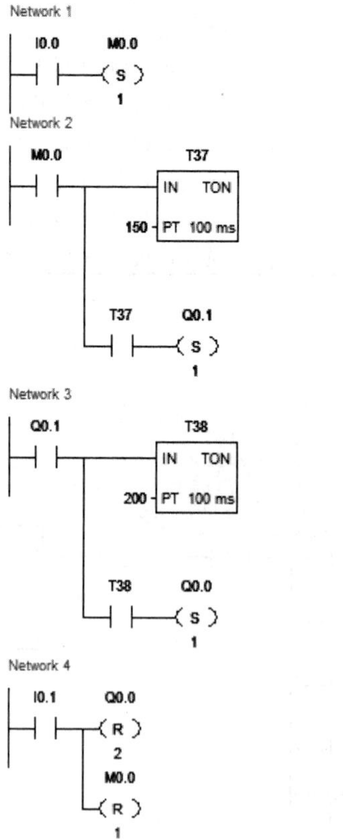

图 16.1-3　任务一（2）③参考答案

2. 任务二评分表与参考答案

任务二　水样配制与测定（15 分）					
序号	考核项目	知识点（技能点）	评分标准	分值	备注
1	水样的配制与测定	药剂称量	正确使用天平进行药剂称量。操作规范得 0.5 分，操作不当每处扣 0.1 分，扣完为止	0.5	
		药剂配制	正确进行药剂配制，共 1 分。化药未开启药水搅拌机扣 0.5 分；额外增加溶剂体积扣 0.5 分	1	
		药剂投加	正确进行药剂投加，共 1.5 分。未开启 SBR1 池搅拌机进行反应扣 0.5 分；未开启风机 2 进行曝气扣 0.5 分；未正确使用加药泵扣 0.5 分	1.5	
		在线监测	使用 DO 仪（四）进行在线监测，得 1 分。否则，得 0 分	1	
		仪表使用	正确悬挂电极，尾部不得浸没于液体中。浸没则扣 0.5 分。同时，若因此造成电极损坏，应另扣重大失误分	0.5	
		数据记录与转化	本任务评分内容点分布在以下 3 个表格中，按下表格评分	10.5	
2	合计				
3	说明：水样配制与测定前，选手应向裁判人员示意，裁判人员在场情况下完成本项任务，裁判不在场或未经裁判同意擅自操作，按 0 分计				

第（1）题答案：

表 16.1-1　水样原始数据记录表（4 分）

序号	项目	数值		分值	得分
1	SBR1 池内部底面尺寸/mm	长：350.00	宽：380.00		
2	水样深度/mm	300.00±2.00		1	
3	水样体积/L	39.63～40.17		2	
4	水样 DO 值	现场实测		1	

第（2）题答案：

表 16.1-2　投药数据记录表（3.5 分）

序号	项目	数值		分值	得分
1	加药池内部底面尺寸/mm	长：240.00	宽：212.00		
2	加药池自来水深度/mm	185.00		1.5	
3	实际称取质量/g	45.00±1.00		1	
4	自来水体积/L	9.31～9.51		1	

第（3）题答案：

表 16.1-3　实验数据记录表（3 分）

序号	项目	数值	分值	得分
1	加药泵运行频率/（r/min）	100	1	
2	水样脱氧终点值/（mg/L）	0.00～0.50	1	
3	水样终点值/（mg/L）	2.50～3.00	1	

3．任务三评分表

任务三　污水处理工艺设备部件与管道连接（20 分）					
序号	考核项目	知识点（技能点）	评分标准	分值	备注
1	器件安装与管道连接	提升泵管路液体流量计安装	正确安装液体流量计。流向正确得 0.1 分；标尺方向朝正后方，得 0.3 分，错误得 0.1 分	0.4	
		内回流泵管路液体流量计安装	正确安装液体流量计。流向正确得 0.1 分；标尺方向朝左方，得 0.5 分，错误得 0.1 分	0.6	
		提升泵管路闸阀安装	正确安装闸阀。闸阀手柄方向朝正后方，得 0.4 分，错误得 0.1 分	0.4	
		内回流泵管路闸阀安装	正确安装闸阀。闸阀手柄方向朝正左方，得 0.6 分，错误得 0.1 分	0.6	
		提升泵管路立式止回阀安装	正确安装止回阀。止回阀的指示方向朝左方，得 0.25 分，错误得 0.1 分	0.25	
		内回流泵管路立式止回阀安装	正确安装止回阀。止回阀的指示方向朝右方，得 0.25 分，错误得 0.05 分	0.25	
		提升泵管路短柄球阀安装	正确安装短柄球阀。短柄球阀的红色手柄朝向正上且向右方，共 1 处，得 0.5 分，错误得 0.1 分	0.5	
		内回流泵管路短柄球阀安装	正确安装短柄球阀。短柄球阀的红色手柄朝向正上且向右方，共 1 处，得 0.5 分，错误得 0.1 分	0.5	
		提升泵管路自动排气阀安装	正确安装自动排气阀。自动排气阀的气嘴朝向正后方，得 0.5 分，错误得 0.1 分	0.5	
		内回流泵管路自动排气阀安装	正确安装自动排气阀。自动排气阀的气嘴朝向正右方，得 0.5 分，错误得 0.1 分	0.5	
		气体流量计安装	正确安装气体流量计。流向正确且不倾斜得 0.3 分，错误得 0.1 分，标尺方向朝正前方，得 0.2 分，错误得 0 分	0.5	

序号	考核项目	知识点（技能点）	评分标准	分值	备注
1	器件安装与管道连接	好氧池曝气盘安装	正确安装曝气盘，总共3个，3个安装在管路的中间得0.8分，错误得0.2分，接口连接不漏气得0.8分，漏气得0.2分	1.6	
		复合管道连接	复合管道连接完成，管路连接正确，错或漏1处扣0.2分，共2分，扣完为止；复合管道连接走向要横平竖直且牢靠，发现1处不符合要求扣0.2分，共1分，扣完为止	3	
		提升泵管路加药口	正确安装加药口，并安装在不锈钢复合管的中间，并用Φ6堵头堵住得0.5分，错误或没有安装得0分	0.5	
		风机3管路检修口	正确安装检修口，安装在不锈钢复合管的中间，并用4分塑料堵头堵住得0.5分，错误或没有安装得0分	0.5	
		PU软管管路连接	PU软管管路连接完成，管路连接正确，接头禁止缠绕生料带，错或漏1处扣0.3分，扣完为止	2.5	
		PU软管连接顺畅	PU管连接顺畅不折弯，错1处扣0.2分，扣完为止	1	
		管道连接	附录每空0.05分，扣完为止	1.5	
2	填料安装	安装数量	填料安装数量为48片，共2分，少1片扣0.1分，扣完为止	2	
		安装间距	盘片间距要相等，共0.5分，错1处扣0.1分，扣完为止	0.5	
		安装牢固	绳子拉直且牢固，共0.5分，未拉直一处扣0.1分，扣完为止	0.5	
3	电极安装	氧电极安装	氧电极安装于正确接口，共0.4分，错或漏一处扣0.2分，扣完为止	0.4	
4	接头生料带缠绕考核		生料带露头、外露太多，一处扣0.02分	1	
5	合计				

4．任务四评分表与参考答案

任务四　水处理平台动力系统线路设计与连接（12分）					
序号	考核项目	知识点（技能点）	评分标准	分值	备注
1	控制原理图设计	控制原理图的设计连接	控制图设计与任务书指定系统一致得3分，共4空，错或漏1处扣0.75分，扣完为止	3	答案见图16.1-4
2	PLC端口定义表完善	补充完整PLC端口定义表	PLC端口定义表填写正确，错或漏1处扣0.1分，共3分，扣完为止	3	答案见表16.1-4

序号	考核项目	知识点（技能点）	评分标准	分值	备注
3	实验导线连接	导线连接	导线连接完成，导线连接要正确，错1处扣0.2分，扣完为止	2.5	
		导线颜色匹配	导线颜色与插座颜色连接要求一致，错1处扣0.1分，扣完为止	1	
4	pH仪接线	电极接线	电极接线正确，正确得1分，错1处，扣0.25分，扣完为止	1	答案见图16.1-5
5	数据线连接	PLC下载线连接	连接正确，正确得0.5分，错误不得分	0.5	
		触摸屏下载线连接	连接正确，正确得0.5分，错误不得分	0.5	
		PLC与触摸屏的通信线连接	连接正确，正确得0.5分，错误不得分	0.5	
6	合计				

第（1）题答案：

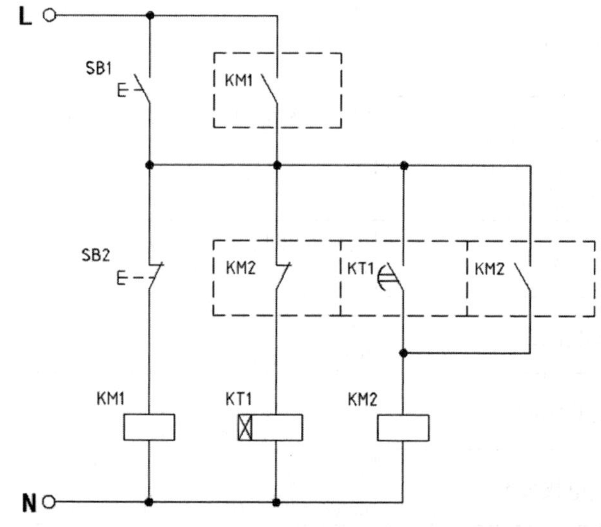

图 16.1-4　电气系统原理图

第（2）题答案：

表 16.1-4　PLC 端口定义表（3 分）

数字量输入定义		数字量输出定义	
PLC输入点	定义、注释	PLC输出点	定义、注释
I0.1	系统启动按钮 SB1	Q0.2	进水阀 YV1
I0.2	系统停止按钮 SB2	Q0.3	SBR1 进水阀 YV2
I0.3	系统复位按钮 SB3	Q0.6	SBR2 进水阀 YV3

数字量输入定义		数字量输出定义	
I0.0	手自动切换按钮 SB4	Q2.1	SBR1 排气阀 YV4
I0.7	调节池上限 限位信号 1	Q2.7	SBR1 排水阀 YV5
I1.0	调节池下限 限位信号 2	Q2.6	SBR2 排气阀 YV6
I1.3	沉砂池上限 限位信号 3	Q2.5	SBR2 排水阀 YV7
I0.6	厌氧池下限 限位信号 4	Q0.1	药水搅拌机 MA1
I0.4	缺氧池上限 限位信号 5	Q0.4	调节池搅拌机 MA2
I0.5	缺氧池下限 限位信号 6	Q0.7	厌氧池搅拌机 MA3
I1.2	SBR1 上限 限位信号 7	Q2.0	缺氧池搅拌机 MA4
I1.1	SBR1 下限 限位信号 8	Q2.3	风机 1 MA5
I1.5	SBR2 上限 限位信号 9	Q2.4	风机 2 MA6
I1.4	SBR2 下限 限位信号 10	Q2.2	风机 3 MA7
1 M	直流电源输出 24 V	Q0.0	提升泵 MA8
2 M	直流电源输出 24 V	Q1.1	内回流泵 MA10
		Q1.0	加药泵 MA11
		Q0.5	外回流泵 MA9
		1 L	交流电源输出 L
		2 L	交流电源输出 L
		3 L	交流电源输出 L
		4 L	交流电源输出 L
		5 L	交流电源输出 L

模拟量输入定义		模拟量输出定义	
A+	在线式 DO 仪（一）+	M1	调速模块 1 −
A-	在线式 DO 仪（一）−	V1	调速模块 1 +
C+	在线式 DO 仪（二）+	M0	调速模块 2 −
C-	在线式 DO 仪（二）−	V0	调速模块 2 +
B+	在线式 DO 仪（三）+		
B-	在线式 DO 仪（三）−		
D+	在线式 DO 仪（四）+		
D-	在线式 DO 仪（四）−		
E+	在线式 pH 仪 +		
E-	在线式 pH 仪 −		

注：面板上控制对象部分 3 个“N”与交流电源输出“N”短接。

第（4）题答案：

在线式 pH 仪

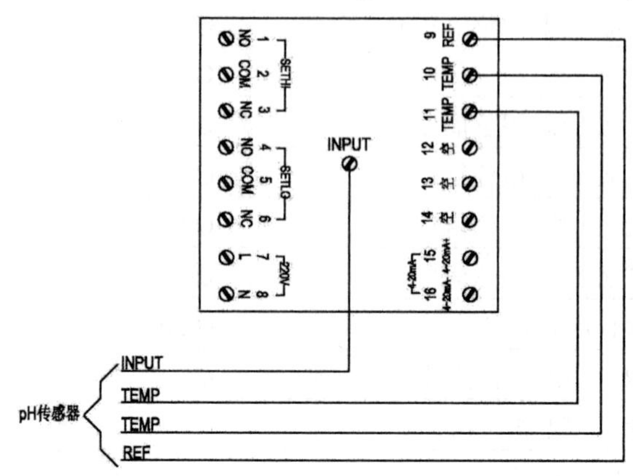

图 16.1-5　电极接线图

5．任务五评分表与参考答案

任务五　污水处理设备的调试运行（18 分）					
序号	考核项目	知识点（技能点）	评分标准	分值	备注
1	电源检测	保险丝与电源电压检测	本任务评分内容点，按表 16.1-5 评分。同时，若所装熔断芯不为 10A，则扣 0.1 分	0.5	
2	程序修改与工程下载	PLC 程序编写	网络 11 的程序编写正确，得 3 分。放弃或漏编不得分，部分编写得 1 分	3	答案见图 16.1-6
			网络 12 的程序编写正确，得 3 分。放弃或漏编不得分，部分编写得 1 分	3	答案见图 16.1-7
		PLC 程序下载及保存	完成 PLC 程序下载与保存得 0.25 分，未完成不得分	0.25	
		触摸屏工程下载	完成触摸屏工程下载得 0.25 分，未完成不得分	0.25	
3	系统通水调试检测	手动调试	完成手动调试过程且器件正常得 1 分，未完成不得分	1	
		故障排除	排除故障并填写系统维护日常记录单。本任务评分内容点，按表 16.1-6 评分	4	答案顺序不分先后
4	系统运行及数据记录	管道密封性	管路系统不渗不漏，1 处渗漏水扣 0.2 分，扣完为止	2	
		系统运行及数据记录	系统自动运行及数据记录。本任务评分内容点，按表 16.1-7 评分	3.5	
5	常识填空	常识填空	正确补完题目，每项 0.05 分	0.5	
6	合计				

第（1）题评分表：

表 16.1-5　系统电源检测记录表（0.5 分）

项目	实测数据	参赛选手签字	裁判确认签字	分值	得分
熔断芯检测				0.1	
交流 220 V 检测				0.2	
直流 24 V 检测				0.2	

第（2）题答案：

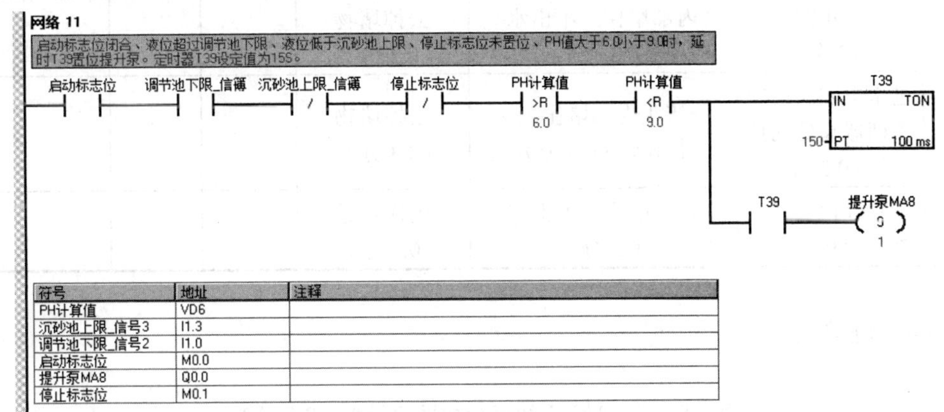

图 16.1-6　网络 11

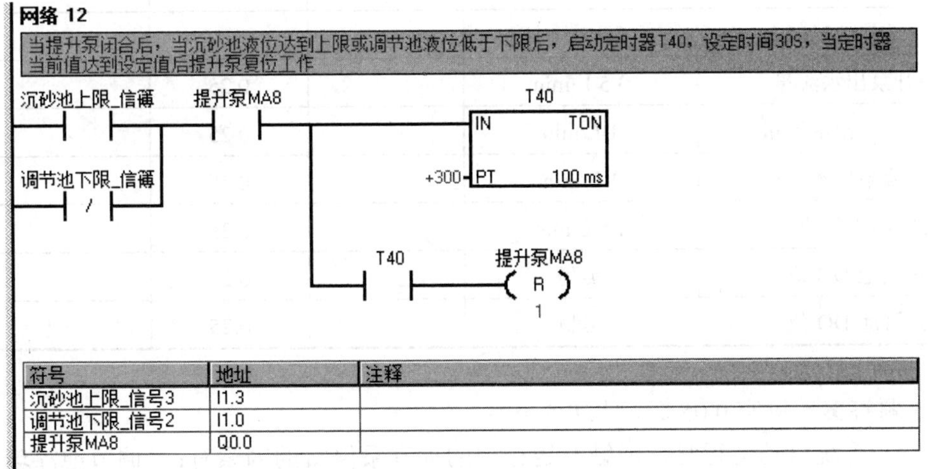

图 16.1 7　网络 12

第（3）题答案：

表 16.1-6 系统维护日常记录单（4 分）

<table>
<tr><td rowspan="2">序号</td><td>日期</td><td colspan="2">比赛当天日期：年/月/日（0.2 分）</td><td>维修人员</td><td>工位号（0.2 分）</td><td colspan="4">放弃记录　是□　否□</td></tr>
<tr><td>故障点位置</td><td colspan="3">故障现象</td><td>解决方案</td><td>开始时间</td><td>结束时间</td><td>选手签字</td><td>裁判签字</td></tr>
<tr><td>1</td><td>计量泵（0.3 分）</td><td colspan="3">内部堵住，不出水（0.3 分）</td><td>去掉堵物（0.3 分）</td><td></td><td></td><td></td><td></td></tr>
<tr><td>2</td><td>卧式止回阀（0.3 分）</td><td colspan="3">内部堵住，不出水（0.3 分）</td><td>去掉堵物（0.3 分）</td><td></td><td></td><td></td><td></td></tr>
<tr><td>3</td><td>进水电磁阀前的长柄球阀处的接头（0.3 分）</td><td colspan="3">接头内部堵住，不出水（0.3 分）</td><td>去掉堵物（0.3 分）</td><td></td><td></td><td></td><td></td></tr>
<tr><td>4</td><td>复合管气路管道（0.3 分）</td><td colspan="3">内部堵住，不出气（0.3 分）</td><td>更换管道（0.3 分）</td><td></td><td></td><td></td><td></td></tr>
</table>

第（4）题答案：

表 16.1-7 A/O 系统运行数据记录表（3.5 分）

项目	测量/设置参数	裁判确认	分值	得分
自动开启时间	实际开启时间		1	
自动停止时间	实际停止时间		1	
提升泵出水流量	3.5 L/min		0.25	
内回流泵出水流量	1 L/min		0.25	
外回流泵出水流量	1 L/min		0.25	
好氧池曝气流量	4.5 L/min		0.25	
缺氧池 DO 值	实测		0.25	
好氧池 DO 值	实测		0.25	

第 5 题答案（每空 0.05 分，共 0.5 分）：

①A/O 系统自动运行时，能触发运行中的提升泵停机的因素有：调节池浮球开关下限、平流式沉砂池浮球开关上限。

②A/O 系统自动运行中，当调节池中的水位超过浮球液位开关的下限位时，提升泵启动运行，达到浮球液位开关上限位时，格栅池进水电磁阀关闭。

③二沉池表面出现黑色块状污泥，通常是污泥腐化所致。

④假设在 A/O 系统自动运行中，好氧池中除曝气盘以外的地方冒气泡，则表明管路

有漏气，当风机停机时会造成 水倒流进入风机 。

⑤A/O 法脱氮工艺流程的 反硝化 反应器在前，BOD_5去除 、硝化 二项反应的综合反应器在后。

6. 任务六评分表及参考答案

任务六 污水处理厂水、气、声、渣污染因子的监测（10 分）

序号	考核项目	知识点（技能点）	评分标准	分值	得分
1	在线监测仪表的标定	缓冲试剂配制	定容操作规范性，规范得 0.2 分，合格得 0.1 分，不合格得 0 分	0.2	
			粘贴标签纸，以示区分，做了得 0.2 分，反之得 0 分	0.2	
			溶质全部投加，无残留得 0.1 分，反之得 0.05 分	0.1	
		无氧水配制	溶解操作规范性，规范得 0.2 分，合格得 0.1 分，不合格得 0 分	0.2	
			药剂适量使用，无浪费得 0.1 分，反之得 0.05 分	0.1	
		仪器预热时间	仪器预热时间为结束时间减去开始时间。共 4 组，每组 0.5 分。不足 30 min 扣 0.3 分，没有预热扣 0.5 分	2	答案见表 16.1-8
		零点和斜率标定	传感器与仪表之间标定零点和斜率，未标定扣 2.4 分，标定不正确，1 处扣 0.3 分，扣完为止	2.4	
2	仪表参数设定	仪表参数设定	参数设定正确，错误一处扣 0.2 分，扣完为止	1.8	配分表见表 16.1-9
3	污染因子的监测	$PM_{2.5}$监测	检测数据与单位均正确，每一处，得 0.5 分，单位错误得 0.4 分，错误，则不得分	1.5	
		噪声监测	检测数据与单位均正确，每一处，得 0.5 分，单位错误得 0.4 分，错误，则不得分	0.5	
		渗滤液监测	检测数据与单位均正确，每一处，得 0.5 分，单位错误得 0.4 分，错误，则不得分	1	
4	合计				

第（1）、（2）题评分表：

表 16.1-8　在线监测仪表标定记录表（4.4 分）

仪表名称	预热开始时间	裁判签字	预热结束时间	裁判签字	零点标定值	裁判签字	斜率标定值	裁判签字
在线式 DO 仪（一）	实际时间		实际时间		0～0.5		实际值	
分值	（预热时间满 30 min 及以上）			0.5	0.3		0.3	
在线式 DO 仪（二）	实际时间		实际时间		0～0.5		实际值	
分值	（预热时间满 30 min 及以上）			0.5	0.3		0.3	
在线式 DO 仪（四）	实际时间		实际时间		0～0.5		实际值	
分值	（预热时间满 30 min 及以上）			0.5	0.3		0.3	
在线式 pH 仪	实际时间		实际时间		6.80～6.95		9.12～9.25	
分值	（预热时间满 30 min 及以上）			0.5	0.3		0.3	

第（3）题评分表：

表 16.1-9　仪表参数设置（1.8 分）

名称	高报警（High）	低报警（Low）	滞后（Delay）	分值	得分
在线式 DO 仪（一）	0.5 mg/L	0.2 mg/L	0.01 mg/L	1.8	
在线式 DO 仪（二）	4 mg/L	2 mg/L	0.1 mg/L		
在线式 pH 仪	9	5	0.1		

第（4）题答案：

利用提供的 $PM_{2.5}$ 监测仪，测得工位现场环境空气质量参数：$PM_{2.5}$ 实测值 μg/m^3 、温度 实测值℃ 、湿度 实测值%RH 。

第（5）题答案：

利用提供的声级计，测得风机房环境噪声声级为 实测值 dB 。

第（6）题答案：

以砂滤柱底部出水为固体渗滤液，利用提供的仪表，测得滤液的 pH 和电导率分别为 实测值 、 实测值 μS/ cm 。

7. 综合素质与其他扣分项评分表

<table>
<tr><th colspan="6">综合素质（5分）</th></tr>
<tr><th>序号</th><th>考核项目</th><th>知识点（技能点</th><th>评分标准</th><th>分值</th><th>小计</th></tr>
<tr><td rowspan="18">1</td><td rowspan="18">综合素质</td><td rowspan="4">设备操作规范性</td><td>按顺序开停机</td><td>0.25</td><td rowspan="4"></td></tr>
<tr><td>按照安装—调试—运行的流程进行操作</td><td>0.25</td></tr>
<tr><td>电极线过孔连接</td><td>0.25</td></tr>
<tr><td>电极需经标定，方可投入使用</td><td>0.25</td></tr>
<tr><td rowspan="4">节能减耗，
提高利用率</td><td>用完万用表后需关闭</td><td>0.15</td><td rowspan="4"></td></tr>
<tr><td>记号笔使用后及时盖帽</td><td>0.15</td></tr>
<tr><td>节约水、电，不浪费</td><td>良好 0.5
一般 0.25
差 0.1</td></tr>
<tr><td>节约耗材，不额外添加</td><td>0.2</td></tr>
<tr><td rowspan="4">工具、仪器、
仪表的正确使用</td><td>用 PVC 管子剪刀裁ϕ16PU 管</td><td>0.25</td><td rowspan="4"></td></tr>
<tr><td>用复合管割刀裁复合管</td><td>0.25</td></tr>
<tr><td>正确使用卷尺测量长度</td><td>0.25</td></tr>
<tr><td>正确操作万用表</td><td>0.25</td></tr>
<tr><td rowspan="4">现场安全、
文明情况</td><td>用水、用电安全，无满溢</td><td>0.2</td><td rowspan="4"></td></tr>
<tr><td>合理穿戴劳保用品</td><td>0.15</td></tr>
<tr><td>合理摆放工具，避免安全隐患</td><td>0.15</td></tr>
<tr><td>整理、整洁现场，爱护环境</td><td>良好 0.5
一般 0.25
差 0.1</td></tr>
<tr><td rowspan="2">团队分工协作</td><td>分工协作、团结进取</td><td>良好 0.5
一般 0.25
差 0.1</td><td rowspan="2"></td></tr>
<tr><td>无喧哗吵闹现象</td><td>0.5</td></tr>
<tr><td>2</td><td colspan="4">合计</td><td></td></tr>
</table>

<table>
<tr><th colspan="6">其他扣分项（总分基础上直接扣除）</th></tr>
<tr><th>序号</th><th>考核项目</th><th colspan="2">重大失误描述</th><th>扣分值</th><th>小计</th></tr>
<tr><td rowspan="7">1</td><td rowspan="7">正确操作</td><td colspan="2">误判器件故障</td><td>2分/次</td><td></td></tr>
<tr><td rowspan="4">带电操作</td><td>未断开电源，进行器件安装</td><td rowspan="4">5分/次</td><td rowspan="4"></td></tr>
<tr><td>未断开电源，进行管路连接</td></tr>
<tr><td>未断开电源，进行漏水、漏气修复</td></tr>
<tr><td>未断开电源，进行下载及通信线连接</td></tr>
<tr><td colspan="2">选手误操作，导致设备中的水溢出</td><td>10分/次</td><td></td></tr>
<tr><td colspan="2">利用水桶直接注水</td><td>5分/次</td><td></td></tr>
<tr><td>2</td><td colspan="4">合计</td><td></td></tr>
</table>

8. 附录参考答案

附录　污水处理工艺流程设计任务参考答案（每空 0.05 分，共 1.5 分）

构筑物三维图	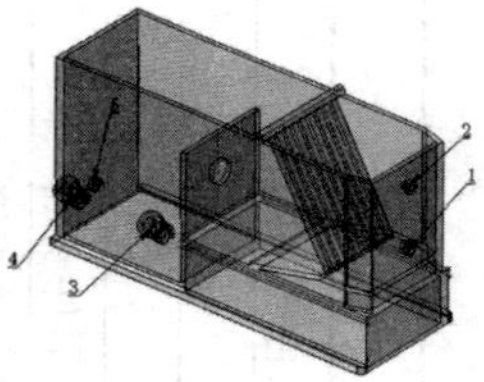	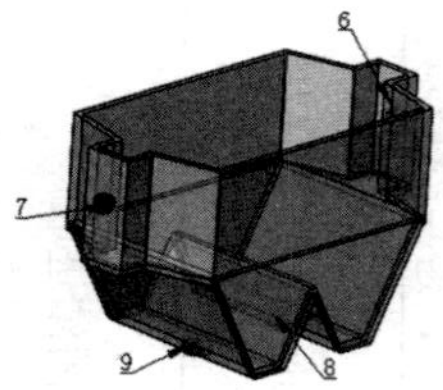	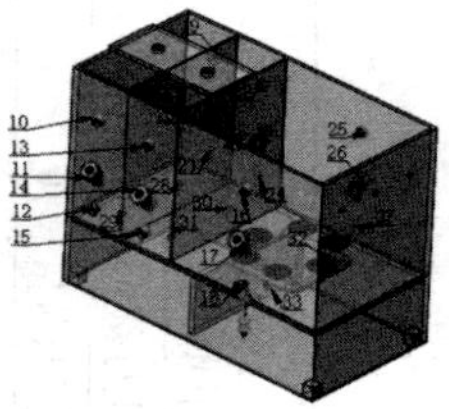	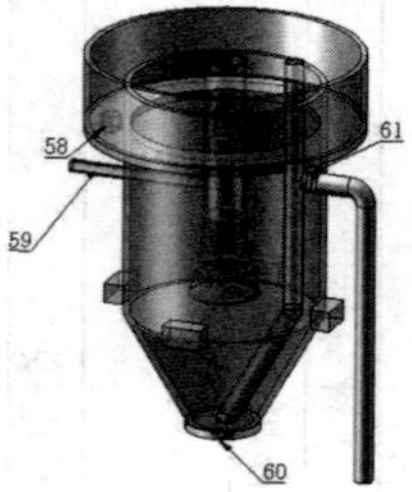
构筑物名称	格栅调节池	平流式沉砂池	A^2/O 生物反应器	竖流式二沉池
出水口接头编号	5	6	15、25	58
构筑物三维图				左 后 前 右
构筑物名称	砂滤柱			设备布置方向
出水口接头编号	65			

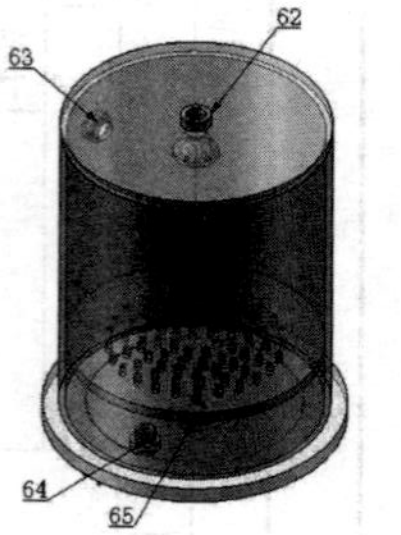

接头编号的先后顺序：__1__→__5__→__7__→__6__→__22__→__15__→__18__→__25__→__59__→__58__→__62__→__65__

混合液回流进出口编号：进口__32__；出口__30__ 污泥回流进出口编号：进口__60__；出口__24 或 13__

16.2 任务书 2 评分表

工位号：________________ 场次：______________ 总成绩：_______________

开始时间：______________ 交卷时间：__________ 操作用时：____________

裁判 1 签名：___________ 裁判 2 签名：______________

1．任务一评分表与参考答案

任务一（2）控制程序设计（10 分）					
考核项目	重点检查内容	评分标准	配分	得分	备注
控制程序设计	第①题：程序识读（共 1 分）	1）图片包含该网络给 0.5 分； 2）图片格式及命名正确给 0.5 分	1		
	第②题：程序参数修改（共 3 分）	1）DO1 传感器修改正确给 1 分； 2）沉淀时间正确给 1 分； 3）图片 1 格式及命名正确给 0.5 分； 4）图片 2 格式及命名正确给 0.5 分	3		
	第③题：自动控制程序设计（共 6 分）	1）厌氧池搅拌机能启动给 1 分；2）厌氧池搅拌机能关闭给 2 分；3）缺氧池搅拌机能启动给 2 分；4）搅拌机能关闭给 1 分	6		

第①题答案：

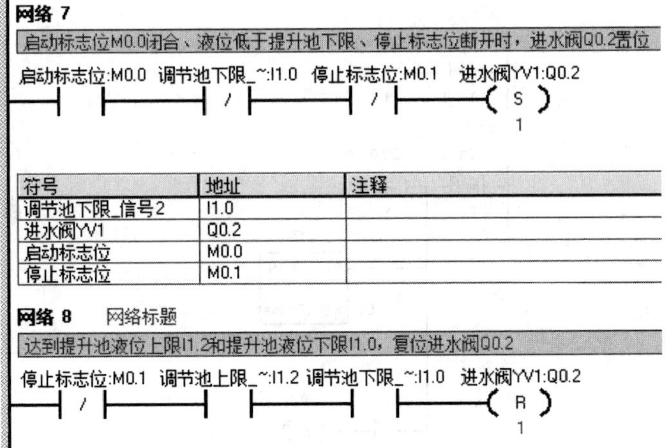

图 16.2-1 任务一（2）①参考答案

第②题答案：

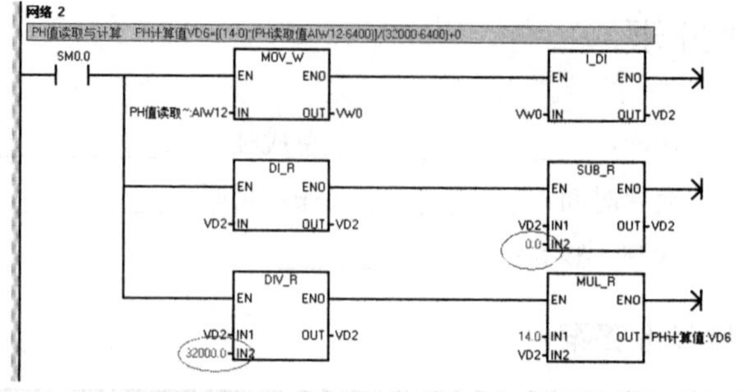

图 16.2-2　任务一（2）②参考答案

第③题答案：

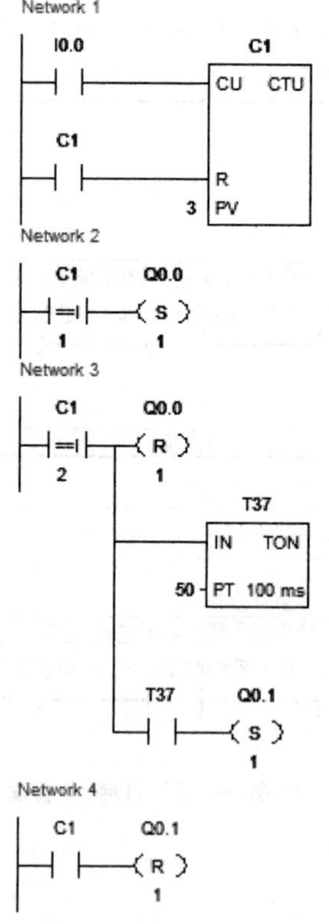

图 16.2-3　任务一（2）③参考答案

2. 任务二评分表与参考答案

<table>
<tr><th colspan="6">任务二　水样配制与测定（15 分）</th></tr>
<tr><th>序号</th><th>考核项目</th><th>知识点（技能点）</th><th>评分标准</th><th>分值</th><th>备注</th></tr>
<tr><td rowspan="6">1</td><td rowspan="6">水样的配制与测定</td><td>药剂称量</td><td>正确使用天平进行药剂称量。操作规范得 0.5 分，操作不当每处扣 0.1 分，扣完为止</td><td>0.5</td><td></td></tr>
<tr><td>药剂配制</td><td>正确进行药剂配制，共 1 分。化药未开启药水搅拌机扣 0.5 分；额外增加溶剂体积扣 0.5 分</td><td>1</td><td></td></tr>
<tr><td>药剂投加</td><td>正确进行药剂投加，共 1.5 分。未开启 SBR2 池搅拌机进行反应扣 0.5 分；未开启风机 1 进行曝气扣 0.5 分；未正确使用加药泵扣 0.5 分</td><td>1.5</td><td></td></tr>
<tr><td>仪表使用</td><td>正确悬挂电极，尾部不得浸没于液体中。浸没则扣 0.5 分。同时，若因此造成电极损坏，应另扣重大失误分</td><td>0.5</td><td></td></tr>
<tr><td>在线监测</td><td>使用 DO 仪（四）进行在线监测，得 1 分。否则，得 0 分</td><td>1</td><td></td></tr>
<tr><td>数据记录与转化</td><td>本任务评分内容点分布在以下 3 个表格中，按下表格评分</td><td>10.5</td><td></td></tr>
<tr><td>2</td><td colspan="4">合计</td><td></td></tr>
<tr><td>3</td><td colspan="5">说明：水样配制与测定前，选手应向裁判人员示意，裁判人员在场情况下完成本项任务，裁判不在场或未经裁判同意擅自操作，按 0 分计</td></tr>
</table>

第（1）题答案：

表 16.2-1　水样原始数据记录表（4 分）

<table>
<tr><th>序号</th><th>项目</th><th colspan="2">数值</th><th rowspan="2">分值</th><th rowspan="2">得分</th></tr>
<tr><td>1</td><td>SBR2 池内部底面尺寸/mm</td><td>长：350.00</td><td>宽：380.00</td></tr>
<tr><td>2</td><td>水样深度/mm</td><td colspan="2">300.00±2.00</td><td>1</td><td></td></tr>
<tr><td>3</td><td>水样体积/L</td><td colspan="2">39.63～40.17</td><td>2</td><td></td></tr>
<tr><td>4</td><td>水样 DO 值</td><td colspan="2">现场实测</td><td>1</td><td></td></tr>
</table>

第（2）题答案：

表 16.2-2　投药数据记录表（3.5 分）

<table>
<tr><th>序号</th><th>项目</th><th colspan="2">数值</th><th rowspan="2">分值</th><th rowspan="2">得分</th></tr>
<tr><td>1</td><td>加药池内部底面尺寸/mm</td><td>长：240.00</td><td>宽：212.00</td></tr>
<tr><td>2</td><td>加药池自来水深度/mm</td><td colspan="2">185.00±2.00</td><td>1.5</td><td></td></tr>
<tr><td>3</td><td>实际称取质量/g</td><td colspan="2">45.00±1.00</td><td>1</td><td></td></tr>
<tr><td>4</td><td>自来水体积/L</td><td colspan="2">9.31～9.51</td><td>1</td><td></td></tr>
</table>

第（3）题答案：

表 16.2-3　实验数据记录表（3 分）

序号	项目	数值	分值	得分
1	加药泵运行频率/（r/min）	100	1	
2	水样脱氧终点值/（mg/L）	0.00～0.50	1	
3	水样充氧终点值/（mg/L）	2.50～3.00	1	

3．任务三评分表

任务三　污水处理工艺设备部件与管道连接（20 分）					
序号	考核项目	知识点（技能点）	评分标准	分值	备注
1	器件安装与管道连接	提升泵管路液体流量计安装	正确安装液体流量计。流向正确得 0.1 分；标尺方向朝正后方，得 0.3 分，错误得 0.1 分	0.4	
		外回流泵管路液体流量计安装	正确安装液体流量计。流向正确得 0.1 分；标尺方向朝左方，得 0.5 分，错误得 0.1 分	0.6	
		提升泵管路闸阀安装	正确安装闸阀。闸阀手柄方向朝正后方，得 0.4 分，错误得 0.1 分	0.4	
		外回流泵管路闸阀安装	正确安装闸阀。闸阀手柄方向朝正左方，得 0.6 分，错误得 0.1 分	0.6	
		提升泵管路立式止回阀安装	正确安装止回阀。止回阀的指示方向朝左方，得 0.25 分，错误得 0.1 分	0.25	
		外回流泵管路立式止回阀安装	正确安装止回阀。止回阀的指示方向朝右方，得 0.25 分，错误得 0.05 分	0.25	
		提升泵管路短柄球阀安装	正确安装短柄球阀。短柄球阀的红色手柄朝向正上且向右方，共 1 处，得 0.5 分，错误得 0.1 分	0.5	
		外回流泵管路短柄球阀安装	正确安装短柄球阀。短柄球阀的红色手柄朝向正上且向右方，共 1 处，得 0.5 分，错误得 0.1 分	0.5	
		提升泵管路自动排气阀安装	正确安装自动排气阀。自动排气阀的气嘴朝向正后方，得 0.5 分，错误得 0.1 分	0.5	
		外回流泵管路自动排气阀安装	正确安装自动排气阀。自动排气阀的气嘴朝向正右方，得 0.5 分，错误得 0.1 分	0.5	
		气体流量计安装	正确安装气体流量计。流向正确且不倾斜得 0.3 分，错误得 0.1 分，标尺方向朝正前方，得 0.2 分，错误得 0 分	0.5	

序号	考核项目	知识点（技能点）	评分标准	分值	备注
1	器件安装与管道连接	好氧池曝气盘安装	正确安装曝气盘，总共3个，3个安装在管路的中间得0.5分，错误得0.2分，接口连接不漏气得0.5分，漏气得0.2分	1	
		复合管道连接	复合管道连接完成，管路连接正确，错或漏1处扣0.2分，共2分，扣完为止；复合管道连接走向要横平竖直且牢靠，发现1处不符合要求扣0.2分，共1分，扣完为止	3	
		提升泵管路加药口	正确安装加药口，并安装在不锈钢复合管的中间，并用Φ6堵头堵住得0.5分，错误或没有安装得0分	0.5	
		风机3管路检修口	正确安装检修口，安装在不锈钢复合管的中间，并用4分塑料堵头堵住得0.5分，错误或没有安装得0分	0.5	
		PU软管管路连接	PU 软管管路连接完成，管路连接正确，接头禁止缠绕生料带，错或漏1处扣0.3分，扣完为止	2.5	
		PU软管连接顺畅	PU管连接顺畅不折弯，错1处扣0.2分，扣完为止	1	
		管道连接	附录每空0.05分，扣完为止	1.5	
2	填料安装	安装数量	填料安装数量为48片，共2分，少1扣0.1分，扣完为止	2	
		安装间距	盘片间距要相等，共0.5分，错1处扣0.1分，扣完为止	0.5	
		安装牢固	绳子拉直且牢固，共0.5分，未拉直一处扣0.1分，扣完为止	0.5	
3	电极安装	氧电极安装	氧电极安装于正确接口，共1分，错或漏一处扣0.5分，扣完为止	1	
4	接头生料带缠绕考核		生料带露头、外露太多，一处扣0.02分	1	
5	合计				

4. 任务四评分表与参考答案

任务四　水处理平台动力系统线路设计与连接（12分）					
序号	考核项目	知识点（技能点）	评分标准	分值	备注
1	控制原理图设计	控制原理图的设计连接	控制图设计与任务书指定系统一致得3分，共4空，错或漏1处扣0.75分，扣完为止	3	答案见图16.2-4
2	PLC端口定义表完善	补充完整PLC端口定义表	PLC端口定义表填写正确，错或漏1处扣0.1分，共3分，扣完为止	3	答案见表16.2-4

序号	考核项目	知识点（技能点）	评分标准	分值	备注
3	实验导线连接	导线连接	导线连接完成，导线连接要正确，错1处扣0.2分，扣完为止	2.5	
		导线颜色匹配	导线颜色与插座颜色连接要求一致，错1处扣0.1分，扣完为止	1	
4	pH仪接线	电极接线	电极接线正确，正确得1分，错1处，扣0.25分，扣完为止	1	答案见图16.2-5
5	数据线连接	PLC下载线连接	连接正确，正确得0.5分，错误不得分	0.5	
		触摸屏下载线连接	连接正确，正确得0.5分，错误不得分	0.5	
		PLC与触摸屏的通信线连接	连接正确，正确得0.5分，错误不得分	0.5	
6	合计				

第（1）题答案：

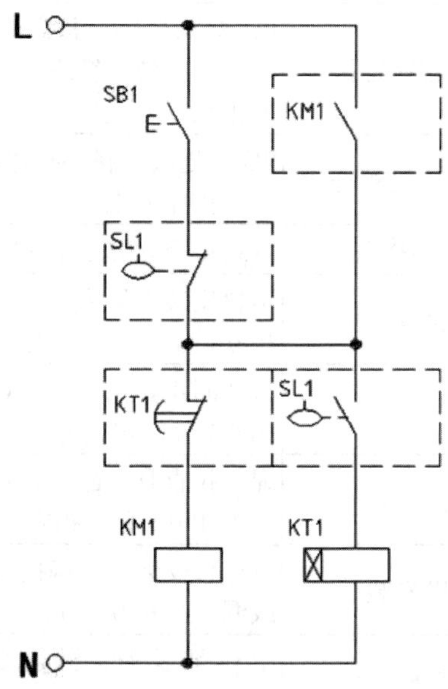

图16.2-4 电气系统原理图

第（2）题答案：

表16.2-4 PLC端口定义表（3分）

数字量输入定义		数字量输出定义	
PLC输入点	定义、注释	PLC输出点	定义、注释
I0.1	系统启动按钮 SB1	Q0.2	进水阀 YV1
I0.2	系统停止按钮 SB2	Q0.3	SBR1进水阀 YV2

数字量输入定义		数字量输出定义	
I0.3	系统复位按钮 SB3	Q0.6	SBR2 进水阀 YV3
I0.0	手自动切换按钮 SB4	Q2.1	SBR1 排气阀 YV4
I0.7	调节池上限 限位信号 1	Q2.7	SBR1 排水阀 YV5
I1.0	调节池下限 限位信号 2	Q2.6	SBR2 排气阀 YV6
I1.3	沉砂池上限 限位信号 3	Q2.5	SBR2 排水阀 YV7
I0.6	厌氧池下限 限位信号 4	Q0.1	药水搅拌机 MA1
I0.4	缺氧池上限 限位信号 5	Q0.4	调节池搅拌机 MA2
I0.5	缺氧池下限 限位信号 6	Q0.7	厌氧池搅拌机 MA3
I1.2	SBR1 上限 限位信号 7	Q2.0	缺氧池搅拌机 MA4
I1.1	SBR1 下限 限位信号 8	Q2.3	风机 1 MA5
I1.5	SBR2 上限 限位信号 9	Q2.4	风机 2 MA6
I1.4	SBR2 下限 限位信号 10	Q2.2	风机 3 MA7
1 M	直流电源输出 24 V	Q0.0	提升泵 MA8
2 M	直流电源输出 24 V	Q1.1	内回流泵 MA10
		Q1.0	加药泵 MA11
		Q0.5	外回流泵 MA9
		1 L	交流电源输出 L
		2 L	交流电源输出 L
		3 L	交流电源输出 L
		4 L	交流电源输出 L
		5 L	交流电源输出 L
模拟量输入定义		模拟量输出定义	
A+	在线式 DO 仪（一）+	M1	调速模块 1 −
A-	在线式 DO 仪（一）−	V1	调速模块 1 +
C+	在线式 DO 仪（二）+	M0	调速模块 2 −
C-	在线式 DO 仪（二）−	V0	调速模块 2 +
B+	在线式 DO 仪（三）+		
B-	在线式 DO 仪（三）−		
D+	在线式 DO 仪（四）+		
D-	在线式 DO 仪（四）−		
E+	在线式 pH 仪 +		
E-	在线式 pH 仪 −		

注：面板上控制对象部分 3 个“N”与交流电源输出“N”短接。

第（4）题答案：

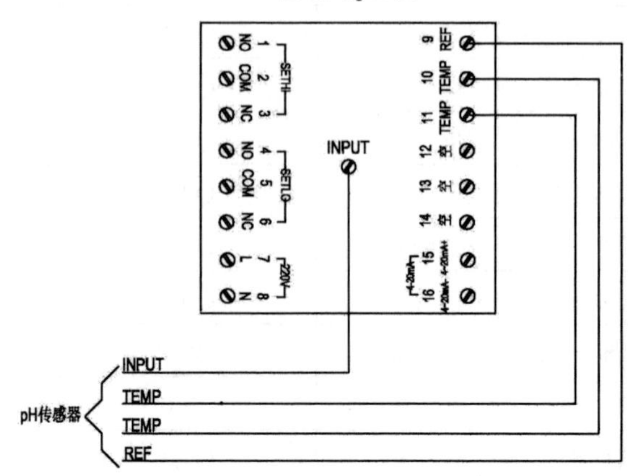

图 16.2-5　电极接线图

5. 任务五评分表与参考答案

任务五　污水处理设备的调试运行（18 分）					
序号	考核项目	知识点（技能点）	评分标准	分值	备注
1	电源检测	保险丝与电源电压检测	本任务评分内容点，按表 16.2-5 评分。同时，若所装熔断芯不为 10A，则扣 0.1 分	0.5	
2	程序修改与工程下载	PLC 程序编写	网络 9 的程序编写正确，得 3 分。放弃或漏编不得分，部分编写得 1 分	3	答案见图 16.2-6
			网络 12 的程序编写正确，得 3 分。放弃或漏编不得分，部分编写得 1 分	3	答案见图 16.2-7
		PLC 程序下载及保存	完成 PLC 程序下载与保存得 0.25 分，未完成不得分	0.25	
		触摸屏工程下载	完成触摸屏工程下载得 0.25 分，未完成不得分	0.25	
3	系统通水调试检测	手动调试	完成手动调试过程且器件正常得 1 分，未完成不得分	1	
		故障排除	排除故障并填写系统维护日常记录单。本任务评分内容点，按表 16.2-6 评分	4	答案顺序不分先后
4	系统运行及数据记录	管道密封性	管路系统不渗不漏，1 处渗漏水扣 0.2 分，扣完为止	2	
		系统运行及数据记录	系统自动运行及数据记录。本任务评分内容点，按表 16.2-7 评分	3.5	
5	常识填空	常识填空	正确补完题目，每项 0.05 分	0.5	
6	合计				

第（1）题评分表：

表 16.2-5 系统电源检测记录表（0.5 分）

项目	实测数据	参赛选手签字	裁判确认签字	分值	得分
熔断芯检测				0.1	
交流 220 V 检测				0.2	
直流 24 V 检测				0.2	

第（2）题答案：

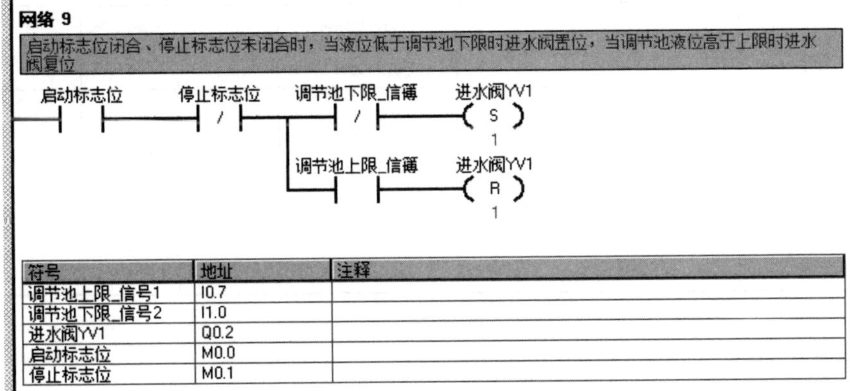

符号	地址	注释
调节池上限_信号1	I0.7	
调节池下限_信号2	I1.0	
进水阀YV1	Q0.2	
启动标志位	M0.0	
停止标志位	M0.1	

图 16.2-6 网络 9

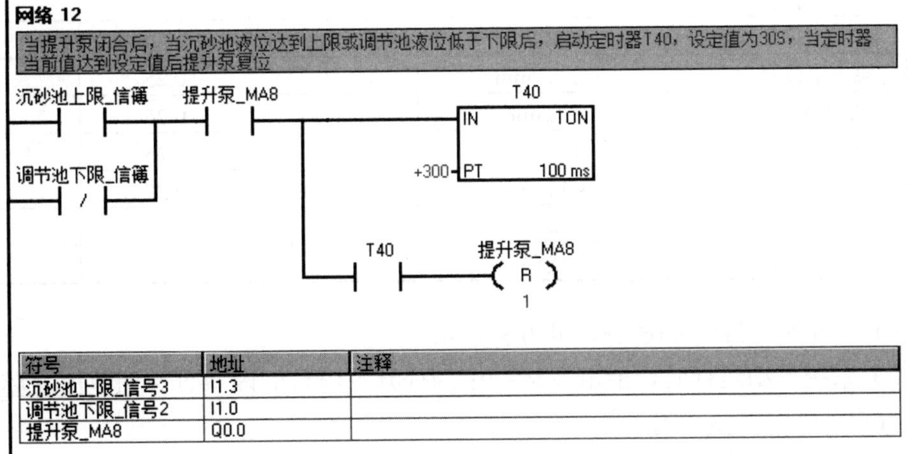

符号	地址	注释
沉砂池上限_信号3	I1.3	
调节池下限_信号2	I1.0	
提升泵_MA8	Q0.0	

图 16.2-7 网络 12

第（3）题答案：

表 16.2-6 系统维护日常记录单（4 分）

<table>
<tr><td rowspan="2">序号</td><td>日期</td><td>比赛当天日期：年/月/日（0.2 分）</td><td>维修人员</td><td>工位号（0.2 分）</td><td colspan="4">放弃记录 是□ 否□</td></tr>
<tr><td>故障点位置</td><td colspan="2">故障现象</td><td>解决方案</td><td>开始时间</td><td>结束时间</td><td>选手签字</td><td>裁判签字</td></tr>
<tr><td>1</td><td>计量泵（0.3 分）</td><td colspan="2">内部堵住，不出水（0.3 分）</td><td>去掉堵物（0.3 分）</td><td></td><td></td><td></td><td></td></tr>
<tr><td>2</td><td>卧式止回阀（0.3 分）</td><td colspan="2">内部堵住，不出水（0.3 分）</td><td>去掉堵物（0.3 分）</td><td></td><td></td><td></td><td></td></tr>
<tr><td>3</td><td>进水电磁阀前的长柄球阀处的接头（0.3 分）</td><td colspan="2">接头内部堵住，不出水（0.3 分）</td><td>去掉堵物（0.3 分）</td><td></td><td></td><td></td><td></td></tr>
<tr><td>4</td><td>复合管气路管道（0.3 分）</td><td colspan="2">内部堵住，不出气（0.3 分）</td><td>更换管道（0.3 分）</td><td></td><td></td><td></td><td></td></tr>
</table>

第（4）题答案：

表 16.2-7 A^2/O 系统运行数据记录表（3.5 分）

项目	测量/设置参数	裁判确认	分值	得分
自动开启时间	实际开启时间		1	
自动停止时间	实际停止时间		1	
提升泵出水流量	3.5 L/min		0.25	
内回流泵出水流量	1 L/min		0.25	
外回流泵出水流量	1 L/min		0.25	
好氧池曝气流量	4.5 L/min		0.25	
厌氧池 DO 值	实测		0.25	
缺氧池 DO 值	实测		0.25	

第（5）题答案（每空 0.05 分，共 0.5 分）：

①A^2/O 系统自动运行时，能触发运行中的提升泵停机的因素有：调节池浮球开关下限、平流式沉砂池浮球开关上限。

②A^2/O 系统自动运行中，当调节池中的水位超过浮球液位开关的下限位时，提升泵启动运行，达到浮球液位开关上限位时，格栅池进水电磁阀关闭。

③在 A^2/O 系统自动运行中，当缺氧池中的水位达到浮球下限位时，好氧池风机、搅拌机和内回流泵启动运行。

④假设在 A^2/O 系统自动运行中，好氧池中除曝气盘以外的地方冒气泡，则表明管路有漏气，当风机停机时会造成水倒流进入风机。

⑤曝气池进水中洗涤剂过多，则会产生大量泡沫。

6．任务六评分表与参考答案

任务六　污水处理厂水、气、声、渣污染因子的监测（10 分）					
序号	考核项目	知识点（技能点）	评分标准	分值	得分
1	在线监测仪表的标定	缓冲试剂配制	定容操作规范性，规范得 0.2 分，合格得 0.1 分，不合格得 0 分	0.2	
			粘贴标签纸，以示区分，做了得 0.2 分，反之得 0 分	0.2	
			溶质全部投加，无残留得 0.1 分，反之得 0.05 分	0.1	
		无氧水配制	溶解操作规范性，规范得 0.2 分，合格得 0.1 分，不合格得 0 分	0.2	
			药剂适量使用，无浪费得 0.1 分，反之得 0.05 分	0.1	
		仪器预热时间	仪器预热时间为结束时间减去开始时间。共 4 组，每组 0.5 分。不足 30 min 扣 0.3 分，没有预热扣 0.5 分	2	答案见表 16.2-8
		零点和斜率标定	传感器与仪表之间标定零点和斜率，未标定扣 2.4 分，标定不正确，1 处扣 0.3 分，扣完为止	2.4	
2	仪表参数设定	仪表参数设定	参数设定正确，错误一处扣 0.2 分，扣完为止	1.8	配分表见表 16.2-9
3	污染因子的监测	$PM_{2.5}$ 监测	检测数据与单位均正确，每一处，得 0.5 分，单位错误得 0.4 分，错误，则不得分	1.5	
		噪声监测	检测数据与单位均正确，每一处，得 0.5 分，单位错误得 0.4 分，错误，则不得分	0.5	
		渗滤液监测	检测数据与单位均正确，每一处，得 0.5 分，单位错误得 0.4 分，错误，则不得分	1	
4	合计				

第（1）、（2）题评分表：

表 16.2-8 在线监测仪表标定记录表（4.4 分）

仪表名称	预热开始时间	裁判签字	预热结束时间	裁判签字	零点标定值	裁判签字	斜率标定值	裁判签字
在线式 DO 仪（二）	实际时间		实际时间		0～0.5		实际值	
分值	（预热时间满 30 min 及以上） 0.5				0.3		0.3	
在线式 DO 仪（三）	实际时间		实际时间		0～0.5		实际值	
分值	（预热时间满 30 min 及以上） 0.5				0.3		0.3	
在线式 DO 仪（四）	实际时间		实际时间		0～0.5		实际值	
分值	（预热时间满 30 min 及以上） 0.5				0.3		0.3	
在线式 pH 仪	实际时间		实际时间		6.80～6.95		9.12～9.25	
分值	（预热时间满 30 min 及以上） 0.5				0.3		0.3	

第（3）题评分表：

表 16.2-9 仪表参数设置（1.8 分）

名称	高报警（High）	低报警（Low）	滞后（Delay）	分值	得分
在线式 DO 仪（二）	0.2 mg/L	0.01 mg/L	0.01 mg/L	1.8	
在线式 DO 仪（三）	0.5 mg/L	0.2 mg/L	0.01 mg/L		
在线式 pH 仪	9	6	0.1		

第（4）题答案：

利用提供的 $PM_{2.5}$ 监测仪，测得工位现场环境空气质量参数：$PM_{2.5}$ 实测值 μg/m^3 、温度 实测值℃ 、湿度 实测值%RH 。

第（5）题答案：

利用提供的声级计，测得风机房环境噪声声级为 实测值 dB 。

第（6）题答案：

以砂滤柱底部出水为固体渗滤液，利用提供的仪表，测得滤液的 pH 和电导率分别为 实测值 、 实测值 μS/ cm 。

7. 综合素质与其他扣分项评分表

综合素质（5分）					
序号	考核项目	知识点（技能点	评分标准	分值	小计
1	综合素质	设备操作规范性	按顺序开停机	0.25	
			按照安装—调试—运行的流程进行操作	0.25	
			电极线过孔连接	0.25	
			电极需经标定，方可投入使用	0.25	
		节能减耗，提高利用率	用完万用表后需关闭	0.15	
			记号笔使用后及时盖帽	0.15	
			节约水、电，不浪费	良好 0.5 一般 0.25 差 0.1	
			节约耗材，不额外添加	0.2	
		工具、仪器、仪表的正确使用	用 PVC 管子剪刀裁ϕ16PU 管	0.25	
			用复合管割刀裁复合管	0.25	
			正确使用卷尺测量长度	0.25	
			正确操作万用表	0.25	
		现场安全、文明情况	用水、用电安全，无满溢	0.2	
			合理穿戴劳保用品	0.15	
			合理摆放工具，避免安全隐患	0.15	
			整理、整洁现场，爱护环境	良好 0.5 一般 0.25 差 0.1	
		团队分工协作	分工协作、团结进取	良好 0.5 一般 0.25 差 0.1	
			无喧哗吵闹现象	0.5	
2	合计				

其他扣分项（总分基础上直接扣除）					
序号	考核项目	重大失误描述		扣分值	小计
1	正确操作	误判器件故障		2分/次	
		带电操作	未断开电源，进行器件安装	5分/次	
			未断开电源，进行管路连接		
			未断开电源，进行漏水、漏气修复		
			未断开电源，进行下载及通信线连接		
		选手误操作，导致设备中的水溢出		10分/次	
		利用水桶直接注水		5分/次	
2	合计				

8. 附录参考答案

附录 污水处理工艺流程设计任务参考答案（每空 0.05 分，共 1.5 分）

构筑物三维图				
构筑物名称	格栅调节池	平流式沉砂池	A^2/O 生物反应器	竖流式二沉池
出水口接头编号	5	6	10、24、16	58
构筑物三维图				左 后 前 右
构筑物名称	砂滤柱			设备布置方向
出水口接头编号	65			

接头编号的先后顺序：1 → 5 → 7 → 6 → 21 → 10 → 13 → 24 → 27 → 16 → 59 → 58 → 62 → 65

硝化液回流进出口编号：进口 32；出口 30 污泥回流进出口编号：进口 60；出口 28

16.3 任务书 3 评分表

工位号：＿＿＿＿＿＿＿＿ 场次：＿＿＿＿＿＿＿ 总成绩：＿＿＿＿＿＿＿＿

开始时间：＿＿＿＿＿＿＿ 交卷时间：＿＿＿＿＿ 操作用时：＿＿＿＿＿＿

裁判 1 签名：＿＿＿＿＿＿ 裁判 2 签名：＿＿＿＿＿＿＿

1．任务一评分表与参考答案

任务一（2）控制程序设计（10 分）					
考核项目	重点检查内容	评分标准	配分	得分	备注
控制程序设计	第①题：程序识读（共 1 分）	1）图片包含该网络给 0.5 分； 2）图片格式及命名正确给 0.5 分	1		
	第②题：程序参数修改（共 3 分）	1）搅拌机速度修改正确给 1 分； 2）进水阀打开延时正确给 1 分； 3）图片 1 格式及命名正确给 0.5 分； 4）图片 2 格式及命名正确给 0.5 分	3		
	第③题：自动控制程序设计（共 6 分）	1）厌氧池搅拌机能启动给 1 分； 2）缺氧池搅拌机能启给 1 分； 3）调节池搅拌机能启动给 1 分； 4）能够循环给 2 分； 5）搅拌机能停止给 1 分	6		

第①题答案：

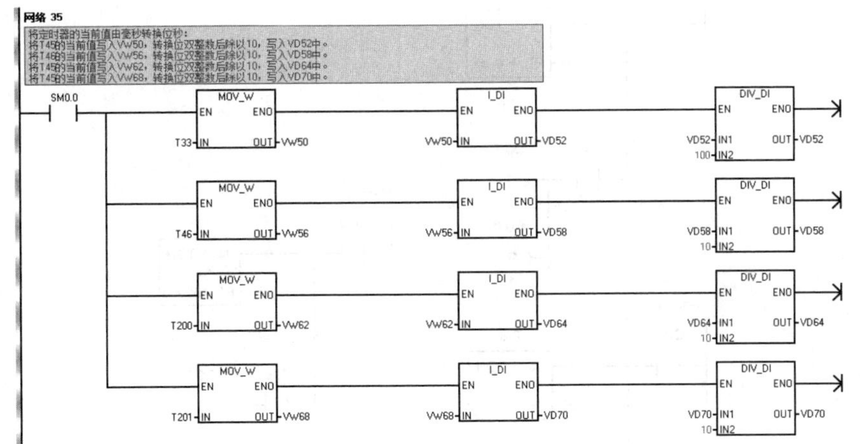

图 16.3-1 任务一（2）①参考答案

第②题答案：

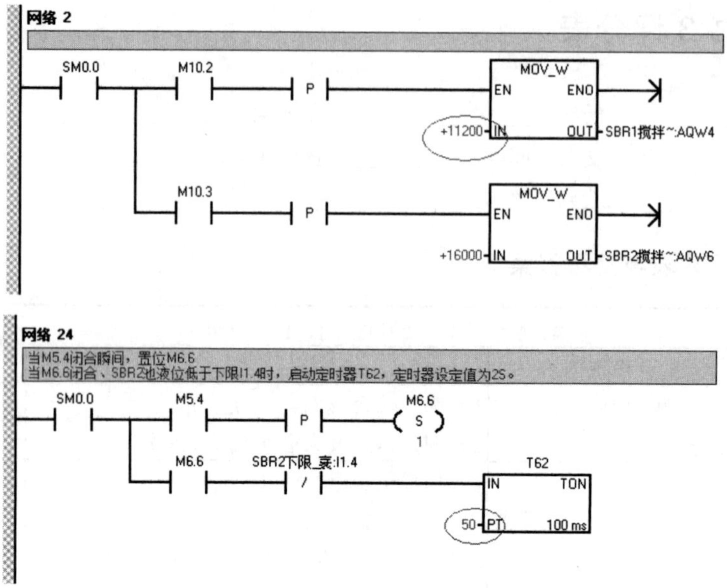

网络 2

SM0.0　M10.2　P　MOV_W　EN　ENO

+11200 - IN　OUT - SBR1搅拌~:AQW4

M10.3　P　MOV_W　EN　ENO

+16000 - IN　OUT - SBR2搅拌~:AQW6

网络 24

当M5.4闭合瞬间，置位M6.6
当M6.6闭合、SBR2也液位低于下限I1.4时，启动定时器T62，定时器设定值为2S。

SM0.0　M5.4　P　M6.6 (S) 1

M6.6　SBR2下限_泵:I1.4　/　T62　IN　TON

50 - PT　100 ms

图 16.3-2　任务一（2）②参考答案

第③题答案：

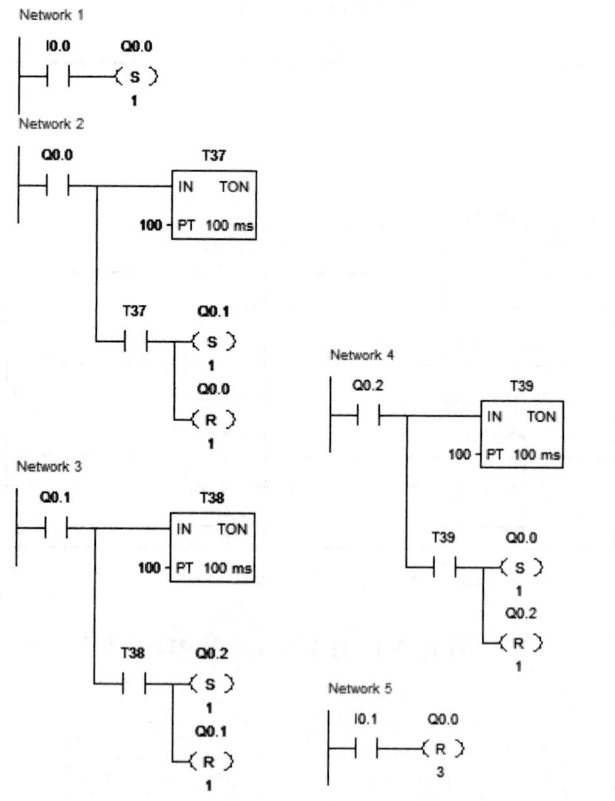

图 16.3-3　任务一（2）③参考答案

2. 任务二评分表与参考答案

<table>
<tr><th colspan="6">任务二　水样配制与测定（15 分）</th></tr>
<tr><th>序号</th><th>考核项目</th><th>知识点（技能点）</th><th>评分标准</th><th>分值</th><th>备注</th></tr>
<tr><td rowspan="5">1</td><td rowspan="5">水样的配制与测定</td><td>药剂称量</td><td>正确使用天平进行药剂称量。操作规范得 0.5 分，操作不当每处扣 0.1 分，扣完为止</td><td>0.5</td><td></td></tr>
<tr><td>药剂配制</td><td>正确进行药剂配制，共 1 分。化药未开启药水搅拌机扣 0.5 分；额外增加溶剂体积扣 0.5 分</td><td>1</td><td></td></tr>
<tr><td>药剂投加</td><td>正确进行药剂投加，共 1 分。未开启厌氧池搅拌机进行反应扣 0.5 分；未正确使用加药泵扣 0.5 分</td><td>1</td><td></td></tr>
<tr><td>仪表使用</td><td>正确悬挂电极，尾部不得浸没于液体中。浸没则扣 0.5 分。同时，若因此造成电极损坏，应另扣重大失误分</td><td>0.5</td><td></td></tr>
<tr><td>数据记录与转化</td><td>本任务评分内容点分布在以下 3 个表格中，按下表格评分</td><td>12</td><td></td></tr>
<tr><td>2</td><td colspan="3">合计</td><td></td><td></td></tr>
<tr><td>3</td><td colspan="5">说明：水样配制与测定前，选手应向裁判人员示意，裁判人员在场情况下完成本项任务，裁判不在场或未经裁判同意擅自操作，按 0 分计</td></tr>
</table>

第（1）题答案：

表 16.3-1　水样原始数据记录表（2.5 分）

<table>
<tr><th>序号</th><th>项目</th><th colspan="2">数值</th><th rowspan="2">分值</th><th rowspan="2">得分</th></tr>
<tr><td>1</td><td>厌氧池底面尺寸/mm</td><td>长：148.00</td><td>宽：380.00</td></tr>
<tr><td>2</td><td>水样深度/mm</td><td colspan="2">200.00±2.00</td><td>0.5</td><td></td></tr>
<tr><td>3</td><td>水样体积/L</td><td colspan="2">11.14～11.36</td><td>1</td><td></td></tr>
<tr><td>4</td><td>中和前水样 pH</td><td colspan="2">实测</td><td>1</td><td></td></tr>
</table>

第（2）题答案：

表 16.3-2　投药数据记录表（4.5 分）

<table>
<tr><th>序号</th><th colspan="2">项目</th><th colspan="2">数值</th><th rowspan="2">分值</th><th rowspan="2">得分</th></tr>
<tr><td>1</td><td colspan="2">加药池内部底面尺寸/mm</td><td>长：240.00</td><td>宽：212.00</td></tr>
<tr><td>2</td><td colspan="2">加药池自来水深度/mm</td><td colspan="2">185.00±2.00</td><td>0.5</td><td></td></tr>
<tr><td>3</td><td colspan="2">自来水体积/L</td><td colspan="2">9.31～9.51</td><td>1</td><td></td></tr>
<tr><td>4</td><td colspan="2">NaOH 用量/g</td><td colspan="2">29.80～30.45</td><td>1</td><td></td></tr>
<tr><td rowspan="2">5</td><td rowspan="2">药剂 pH</td><td>理论值</td><td colspan="2">12.90</td><td>1</td><td rowspan="2"></td></tr>
<tr><td>实际值</td><td colspan="2">实测</td><td>1</td></tr>
</table>

第（3）题答案：

表 16.3-3　中和反应实验数据记录表（5 分）

序号	项目	数值	分值	得分
1	加药泵运行频率/（r/min）	120	1	
2	中和后加药池液位/mm	实测	1	
3	加药量/L	实测	1	
4	中和后水样 pH	7.00～8.00	2	

3．任务三评分表

任务三　污水处理工艺设备部件与管道连接（20 分）					
序号	考核项目	知识点（技能点）	评分标准	分值	备注
1	器件安装与管道连接	提升泵管路液体流量计安装	正确安装液体流量计。流向正确得 0.1 分；标尺方向朝正后方得 0.3 分，错误得 0.1 分	0.4	
		内回流泵管路液体流量计安装	正确安装液体流量计。流向正确得 0.1 分，标尺方向朝左方，得 0.5 分，错误得 0.1 分	0.6	
		提升泵管路闸阀安装	正确安装闸阀。闸阀手柄方向朝正后方，得 0.4 分，错误得 0.1 分	0.4	
		内回流泵管路闸阀安装	正确安装闸阀。闸阀手柄方向朝正左方，得 0.6 分，错误得 0.1 分	0.6	
		提升泵管路立式止回阀安装	正确安装止回阀。止回阀的指示方向朝左方，得 0.25 分，错误得 0.1 分	0.25	
		内回流泵管路立式止回阀安装	正确安装止回阀。止回阀的指示方向朝右方，得 0.25 分，错误得 0.05 分	0.25	
		提升泵管路短柄球阀安装	正确安装短柄球阀。短柄球阀的红色手柄朝向正上且向右方，共 1 处，得 0.5 分，错误得 0.1 分	0.5	
		内回流泵管路短柄球阀安装	正确安装短柄球阀。短柄球阀的红色手柄朝向正上且向右方，共 1 处，得 0.5 分，错误得 0.1 分	0.5	
		提升泵管路自动排气阀安装	正确安装自动排气阀。自动排气阀的气嘴朝向正后方，得 0.5 分，错误得 0.1 分	0.5	
		内回流泵管路自动排气阀安装	正确安装自动排气阀。自动排气阀的气嘴朝向正右方，得 0.5 分，错误得 0.1 分	0.5	
		气体流量计安装	正确安装气体流量计。流向正确且不倾斜得 0.3 分，错误得 0.1 分，标尺方向朝正前方，得 0.2 分，错误得 0 分	0.5	

序号	考核项目	知识点（技能点）	评分标准	分值	备注
1	器件安装与管道连接	电磁阀安装	正确安装进水电磁阀。电磁阀流向指示方向正确且线圈朝正上方，共4处，错1处扣0.25分，扣完为止	1	
		SBR池曝气盘安装	正确安装曝气盘，总共2个，两个不在一条水平线上得0.5分，错误得0.2分，接口连接不漏气得0.5分，漏气得0.2分	1	
		复合管道连接	复合管道连接完成，管路连接正确，错或漏1处扣0.2分，共2分，扣完为止；复合管道连接走向要横平竖直且牢靠，发现1处不符合要求扣0.2分，共1分，扣完为止	3	
		提升泵管路加药口	正确安装加药口，并安装在不锈钢复合管的中间，并用Φ6堵头堵住得0.5分，错误或没有安装得0分	0.5	
		风机2管路检修口	正确安装检修口，安装在不锈钢复合管的中间，并用4分塑料堵头堵住得0.5分，错误或没有安装得0分	0.5	
		PU软管管路连接	PU软管管路连接完成，管路连接正确，接头禁止缠绕生料带，错或漏1处扣0.3分，扣完为止	2.5	
		PU软管连接顺畅	PU管连接顺畅不折弯，错1处扣0.2分，扣完为止	1	
		管道连接	附录每空0.05分，扣完为止	1.5	
2	填料安装	安装数量	填料安装数量为48片，共2分，少1片扣0.1分，扣完为止	2	
		安装间距	盘片间距要相等，共0.5分，错1处扣0.1分，扣完为止	0.5	
		安装牢固	绳子拉直且牢固，共0.5分，未拉直一处扣0.1分，扣完为止	0.5	
3	电极安装	氧电极安装	氧电极安装于正确接口，共0.4分，错或漏一处扣0.2分，扣完为止	0.4	
4	接头生料带缠绕考核		生料带露头、外露太多，一处扣0.02分	0.6	
5	合计				

4. 任务四评分表与参考答案

任务四　水处理平台动力系统线路设计与连接（12 分）					
序号	考核项目	知识点（技能点）	评分标准	分值	备注
1	控制原理图设计	控制原理图的设计连接	控制图设计与任务书指定系统一致得 3 分，共 4 空，错或漏 1 处扣 0.75 分，扣完为止	3	答案见图 16.3-4
2	PLC 端口定义表完善	补充完整 PLC 端口定义表	PLC 端口定义表填写正确，错或漏 1 处扣 0.1 分，共 3 分，扣完为止	3	答案见表 16.3-4
3	实验导线连接	导线连接	导线连接完成，导线连接要正确，错 1 处扣 0.2 分，扣完为止	2.5	
		导线颜色匹配	导线颜色与插座颜色连接要求一致，错 1 处扣 0.1 分，扣完为止	1	
4	pH 仪接线	电极接线	电极接线正确，正确得 1 分，错 1 处，扣 0.25 分，扣完为止	1	答案见图 16.3-5
5	数据线连接	PLC 下载线连接	连接正确，正确得 0.5 分，错误不得分	0.5	
		触摸屏下载线连接	连接正确，正确得 0.5 分，错误不得分	0.5	
		PLC 与触摸屏的通信线连接	连接正确，正确得 0.5 分，错误不得分	0.5	
6	合计				

第（1）题答案：

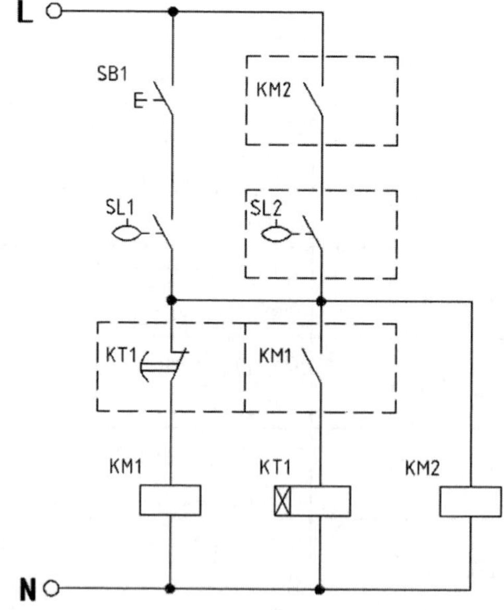

图 16.3-4　电气系统原理图

第（2）题答案：

表 16.3-4　PLC 端口定义表（3 分）

数字量输入定义		数字量输出定义	
PLC 输入点	定义、注释	PLC 输出点	定义、注释
I0.1	系统启动按钮 SB1	Q0.2	进水阀 YV1
I0.2	系统停止按钮 SB2	Q0.3	SBR1 进水阀 YV2
I0.3	系统复位按钮 SB3	Q0.6	SBR2 进水阀 YV3
I0.0	手自动切换按钮 SB4	Q2.1	SBR1 排气阀 YV4
I0.7	调节池上限 限位信号 1	Q2.7	SBR1 排水阀 YV5
I1.0	调节池下限 限位信号 2	Q2.6	SBR2 排气阀 YV6
I1.3	沉砂池上限 限位信号 3	Q2.5	SBR2 排水阀 YV7
I0.6	厌氧池下限 限位信号 4	Q0.1	药水搅拌机 MA1
I0.4	缺氧池上限 限位信号 5	Q0.4	调节池搅拌机 MA2
I0.5	缺氧池下限 限位信号 6	Q0.7	厌氧池搅拌机 MA3
I1.2	SBR1 上限 限位信号 7	Q2.0	缺氧池搅拌机 MA4
I1.1	SBR1 下限 限位信号 8	Q2.3	风机 1 MA5
I1.5	SBR2 上限 限位信号 9	Q2.4	风机 2 MA6
I1.4	SBR2 下限 限位信号 10	Q2.2	风机 3 MA7
1 M	直流电源输出 24 V	Q0.0	提升泵 MA8
2 M	直流电源输出 24 V	Q1.1	内回流泵 MA10
		Q1.0	加药泵 MA11
		Q0.5	外回流泵 MA9
		1 L	交流电源输出 L
		2 L	交流电源输出 L
		3 L	交流电源输出 L
		4 L	交流电源输出 L
		5 L	交流电源输出 L
模拟量输入定义		模拟量输出定义	
A+	在线式 DO 仪（一）+	M1	调速模块 1 −
A-	在线式 DO 仪（一）−	V1	调速模块 1 +
C+	在线式 DO 仪（二）+	M0	调速模块 2 −
C-	在线式 DO 仪（二）−	V0	调速模块 2 +
B+	在线式 DO 仪（三）+		
B-	在线式 DO 仪（三）−		
D+	在线式 DO 仪（四）+		
D-	在线式 DO 仪（四）−		
E+	在线式 pH 仪 +		
E-	在线式 pH 仪 −		

注：面板上控制对象部分 3 个“N”与交流电源输出“N”短接。

第（4）题答案：

在线式 pH 仪

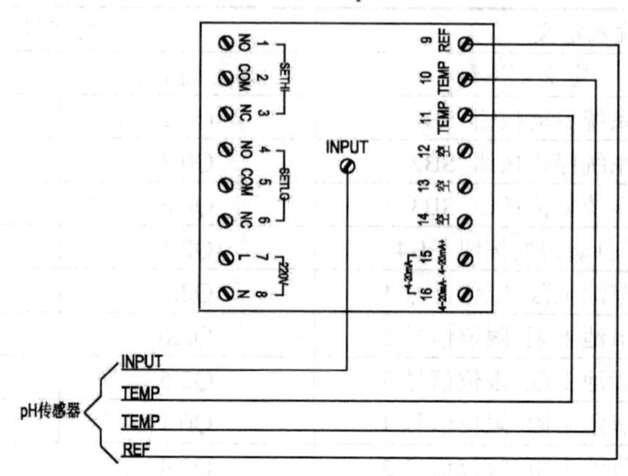

图 16.3-5　电极接线图

5．任务五评分表与参考答案

任务五　污水处理设备的调试运行（18 分）					
序号	考核项目	知识点（技能点）	评分标准	分值	备注
1	电源检测	保险丝与电源电压检测	本任务评分内容点，按表 16.3-5 评分。同时，若所装熔断芯不为 10A，则扣 0.1 分	0.5	
2	程序修改与工程下载	PLC 程序编写	网络 10 的程序编写正确，得 3 分。放弃或漏编不得分，部分编写得 1 分	3	答案见图 16.3-6
			网络 11 的程序编写正确，得 3 分。放弃或漏编不得分，部分编写得 1 分	3	答案见图 16.3-7
		PLC 程序下载及保存	完成 PLC 程序下载与保存得 0.25 分，未完成不得分	0.25	
		触摸屏工程下载	完成触摸屏工程下载得 0.25 分，未完成不得分	0.25	
3	系统通水调试检测	手动调试	完成手动调试过程且器件正常得 1 分，未完成不得分	1	
		故障排除	排除故障并填写系统维护日常记录单。本任务评分内容点，按表 16.3-6 评分	4	答案顺序不分先后
4	系统运行及数据记录	管道密封性	管路系统不渗不漏，1 处渗漏水扣 0.2 分，扣完为止	2	
		系统运行及数据记录	系统自动运行及数据记录。本任务评分内容点，按表 16.3-7 评分	3.5	
5	常识填空	常识填空	正确补完题目，每项 0.05 分	0.5	
6	合计				

第（1）题评分表：

表 16.3-5 系统电源检测记录表（0.5 分）

项目	实测数据	参赛选手签字	裁判确认签字	分值	得分
熔断芯检测				0.1	
交流 220 V 检测				0.2	
直流 24 V 检测				0.2	

第（2）题答案：

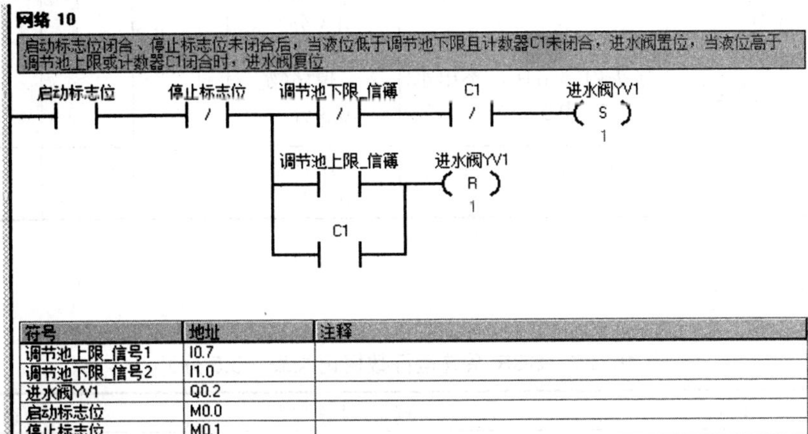

符号	地址	注释
调节池上限_信号1	I0.7	
调节池下限_信号2	I1.0	
进水阀YV1	Q0.2	
启动标志位	M0.0	
停止标志位	M0.1	

图 16.3-6 网络 10

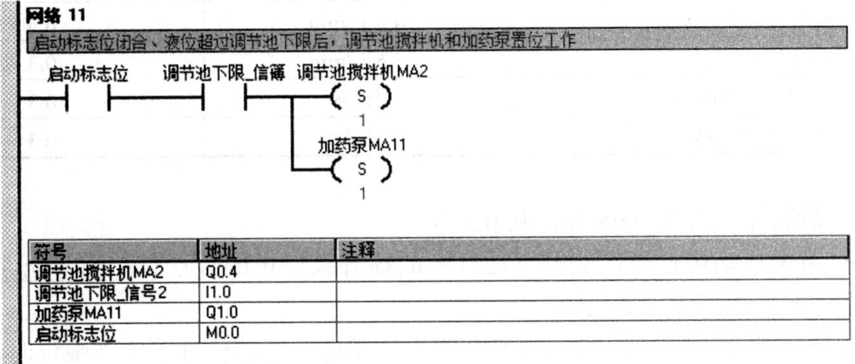

符号	地址	注释
调节池搅拌机MA2	Q0.4	
调节池下限_信号2	I1.0	
加药泵MA11	Q1.0	
启动标志位	M0.0	

图 16.3-7 网络 11

第（3）题答案：

表 16.3-6　系统维护日常记录单（4 分）

<table>
<tr><td rowspan="2">序号</td><td>日期</td><td>比赛当天日期：年/月/日（0.2 分）</td><td>维修人员</td><td>工位号（0.2 分）</td><td colspan="4">放弃记录　是□　否□</td></tr>
<tr><td>故障点位置</td><td colspan="2">故障现象</td><td>解决方案</td><td>开始时间</td><td>结束时间</td><td>选手签字</td><td>裁判签字</td></tr>
<tr><td>1</td><td>计量泵（0.3 分）</td><td colspan="2">内部堵住，不出水（0.3 分）</td><td>去掉堵物（0.3 分）</td><td></td><td></td><td></td><td></td></tr>
<tr><td>2</td><td>卧式止回阀（0.3 分）</td><td colspan="2">内部堵住，不出水（0.3 分）</td><td>去掉堵物（0.3 分）</td><td></td><td></td><td></td><td></td></tr>
<tr><td>3</td><td>进水电磁阀前的长柄球阀处的接头（0.3 分）</td><td colspan="2">接头内部堵住，不出水（0.3 分）</td><td>去掉堵物（0.3 分）</td><td></td><td></td><td></td><td></td></tr>
<tr><td>4</td><td>复合管气路管道（0.3 分）</td><td colspan="2">内部堵住，不出气（0.3 分）</td><td>更换管道（0.3 分）</td><td></td><td></td><td></td><td></td></tr>
</table>

第（4）题答案：

表 16.3-7　SBR 系统运行数据记录表（3.5 分）

项目	测量/设置参数	裁判确认
自动开启时间	实际开启时间	1
自动停止时间	实际停止时间	1
提升泵出水流量	3.5 L/min	0.3
SBR1 池曝气流量	4.5 L/min	0.3
SBR2 池曝气流量	5.5 L/min	0.3
SBR1 池 DO 值	实测	0.3
SBR2 池 DO 值	实测	0.3

第（5）题答案（每空 0.05 分，共 0.5 分）：

①SBR 系统自动运行时，能触发运行中的提升泵停机的因素有：调节池浮球开关下限、平流式沉砂池浮球开关上限。

②SBR 系统自动运行中，当调节池中的水位超过浮球液位开关的下限位时，提升泵启动运行，达到浮球液位开关上限位时，格栅池进水电磁阀关闭。

③活性微生物因为自身的特性而凝聚成相互紧密组织的菌胶团，因为某种原因被破坏成细小絮体的现象一般称为污泥解体。

④假设在 SBR 系统自动运行中，SBR1 池或 SBR2 池中除曝气盘以外的地方冒气泡，则表明管路有漏气，当风机停机时会造成水倒流进入风机。

⑤SBR 系统自动运行中，当 SBR1 池中的水位到达 SBR1 池中浮球液位开关的上限位时，SBR1 池进水电磁阀关闭，SBR1 池风机和搅拌电机开始运行。

6．任务六评分表与参考答案

任务六　污水处理厂水、气、声、渣污染因子的监测（10分）

序号	考核项目	知识点（技能点）	评分标准	分值	得分
1	在线监测仪表的标定	缓冲试剂配制	定容操作规范性，规范得0.2分，合格得0.1分，不合格得0分	0.2	
			粘贴标签纸，以示区分，做了得0.1分，反之得0分	0.1	
			溶质全部投加，无残留得0.1分，反之得0.05分	0.1	
		无氧水配制	溶解操作规范性，规范得0.1分，合格得0.05分，不合格得0分	0.1	
			药剂适量使用，无浪费得0.1分，反之得0.05分	0.1	
		仪器预热时间	仪器预热时间为结束时间减去开始时间。共3组，每组0.5分。不足30 min扣0.3分，没有预热扣0.5分	1.5	答案见表16.3-8
		零点和斜率标定	传感器与仪表之间标定零点和斜率，未标定扣2.4分，标定不正确，1处扣0.4分，扣完为止	2.4	
2	仪表参数设定	仪表参数设定	参数设定正确，错误一处扣0.3分，扣完为止	2.5	配分表见表16.3-9
3	污染因子的监测	$PM_{2.5}$监测	检测数据与单位均正确，每一处，得0.5分，单位错误得0.4分，错误，则不得分	1.5	
		噪声监测	检测数据与单位均正确，每一处，得0.5分，单位错误得0.4分，错误，则不得分	0.5	
		渗滤液监测	检测数据与单位均正确，每一处，得0.5分，单位错误得0.4分，错误，则不得分	1	
4	合计				

第（1）、（2）题评分表：

表 16.3-8　在线监测仪表标定记录表（3.9 分）

仪表名称	预热开始时间	裁判签字	预热结束时间	裁判签字	零点标定值	裁判签字	斜率标定值	裁判签字
在线式 DO 仪（一）	实际时间		实际时间		0～0.5		实际值	
分值	（预热时间满 30 min 及以上）			0.5	0.4		0.4	
在线式 DO 仪（三）	实际时间		实际时间		0～0.5		实际值	
分值	（预热时间满 30 min 及以上）			0.5	0.4		0.4	
在线式 pH 仪	实际时间		实际时间		6.80～6.95		3.95～4.05	
分值	（预热时间满 30 min 及以上）			0.5	0.4		0.4	

第（3）题评分表：

表 16.3-9　仪表参数设置（2.5 分）

名称	高报警（High）	低报警（Low）	滞后（Delay）	分值	得分
在线式 DO 仪（一）	4 mg/L	2 mg/L	0.01 mg/L	2.5	
在线式 DO 仪（三）	4 mg/L	2 mg/L	0.1 mg/L		
在线式 pH 仪	9	6	0.1		

第（4）题答案：

利用提供的 $PM_{2.5}$ 监测仪，测得工位现场环境空气质量参数：$PM_{2.5}$ 实测值 μg/m³ 、温度 实测值℃ 、湿度 实测值%RH 。

第（5）题答案：

利用提供的声级计，测得泵房环境噪声声级为 实测值 dB 。

第（6）题答案：

以砂滤柱底部出水为固体渗滤液，利用提供的仪表，测得滤液的 pH 和电导率分别为 实测值 、 实测值 μS/ cm 。

7．综合素质与其他扣分项评分表

<table>
<tr><th colspan="6">综合素质（5 分）</th></tr>
<tr><th>序号</th><th>考核项目</th><th>知识点（技能点）</th><th>评分标准</th><th>分值</th><th>小计</th></tr>
<tr><td rowspan="20">1</td><td rowspan="20">综合素质</td><td rowspan="4">设备操作规范性</td><td>按顺序开停机</td><td>0.25</td><td rowspan="4"></td></tr>
<tr><td>按照安装—调试—运行的流程进行操作</td><td>0.25</td></tr>
<tr><td>电极线过孔连接</td><td>0.25</td></tr>
<tr><td>电极需经标定，方可投入使用</td><td>0.25</td></tr>
<tr><td rowspan="4">节能减耗，
提高利用率</td><td>用完万用表后需关闭</td><td>0.15</td><td rowspan="4"></td></tr>
<tr><td>记号笔使用后及时盖帽</td><td>0.15</td></tr>
<tr><td>节约水、电，不浪费</td><td>良好 0.5
一般 0.25
差 0.1</td></tr>
<tr><td>节约耗材，不额外添加</td><td>0.2</td></tr>
<tr><td rowspan="4">工具、仪器、
仪表的正确使用</td><td>用 PVC 管子剪刀裁ϕ16PU 管</td><td>0.25</td><td rowspan="4"></td></tr>
<tr><td>用复合管割刀裁复合管</td><td>0.25</td></tr>
<tr><td>正确使用卷尺测量长度</td><td>0.25</td></tr>
<tr><td>正确操作万用表</td><td>0.25</td></tr>
<tr><td rowspan="4">现场安全、
文明情况</td><td>用水、用电安全，无满溢</td><td>0.2</td><td rowspan="4"></td></tr>
<tr><td>合理穿戴劳保用品</td><td>0.15</td></tr>
<tr><td>合理摆放工具，避免安全隐患</td><td>0.15</td></tr>
<tr><td>整理、整洁现场，爱护环境</td><td>良好 0.5
一般 0.25
差 0.1</td></tr>
<tr><td rowspan="2">团队分工协作</td><td>分工协作、团结进取</td><td>良好 0.5
一般 0.25
差 0.1</td><td rowspan="2"></td></tr>
<tr><td>无喧哗吵闹现象</td><td>0.5</td></tr>
<tr><td>2</td><td colspan="4">合计</td><td></td></tr>
</table>

<table>
<tr><th colspan="6">其他扣分项（总分基础上直接扣除）</th></tr>
<tr><th>序号</th><th>考核项目</th><th colspan="2">重大失误描述</th><th>扣分值</th><th>小计</th></tr>
<tr><td rowspan="7">1</td><td rowspan="7">正确操作</td><td colspan="2">误判器件故障</td><td>2 分/次</td><td></td></tr>
<tr><td rowspan="4">带电操作</td><td>未断开电源，进行器件安装</td><td rowspan="4">5 分/次</td><td rowspan="4"></td></tr>
<tr><td>未断开电源，进行管路连接</td></tr>
<tr><td>未断开电源，进行漏水、漏气修复</td></tr>
<tr><td>未断开电源，进行下载及通信线连接</td></tr>
<tr><td colspan="2">选手误操作，导致设备中的水溢出</td><td>10 分/次</td><td></td></tr>
<tr><td colspan="2">利用水桶直接注水</td><td>5 分/次</td><td></td></tr>
<tr><td>2</td><td colspan="4">合计</td><td></td></tr>
</table>

8．附录参考答案

附录　污水处理工艺流程设计任务参考答案（每空 0.05 分，共 1.5 分）

构筑物三维图	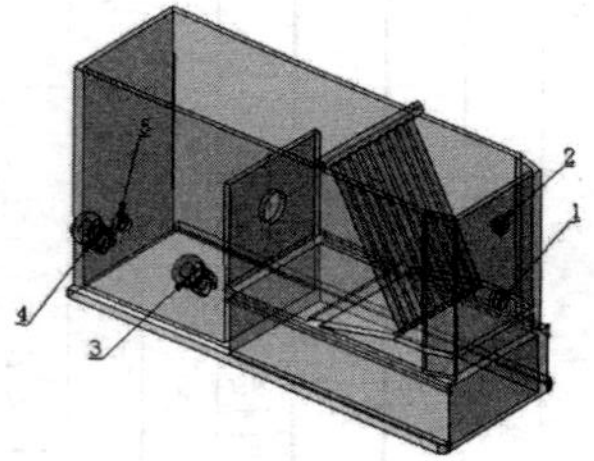	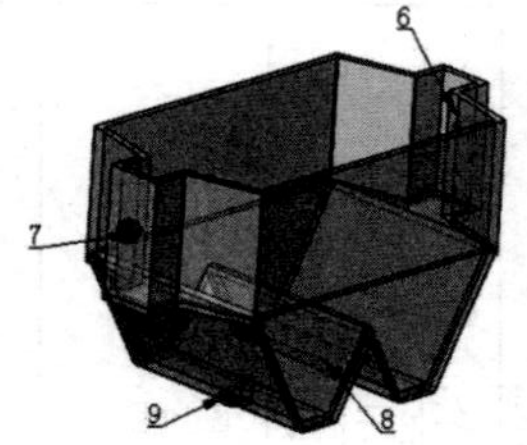	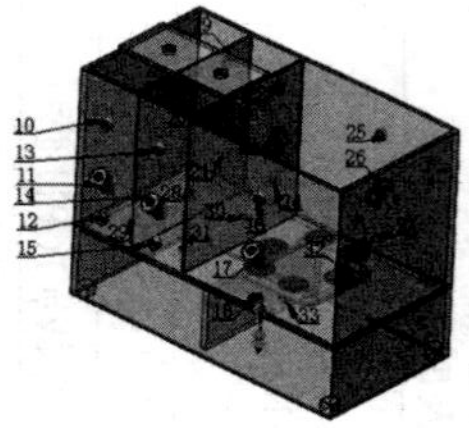	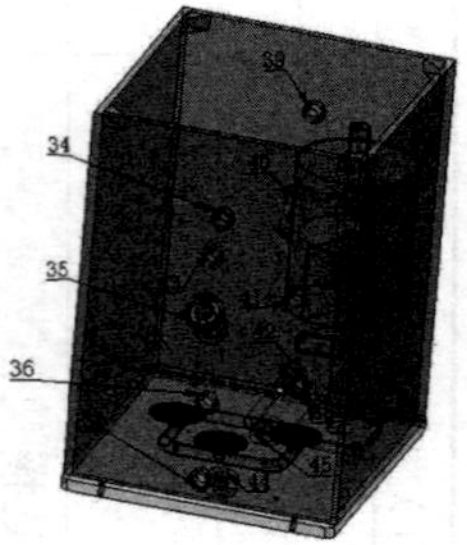
构筑物名称	格栅调节池	平流式沉砂池		SBR1 池
出水口接头编号	5	6		43
构筑物三维图				左 后 前 右
构筑物名称	SBR2 池	竖流式二沉池	砂滤柱	设备布置方向
出水口接头编号	55	58	65	

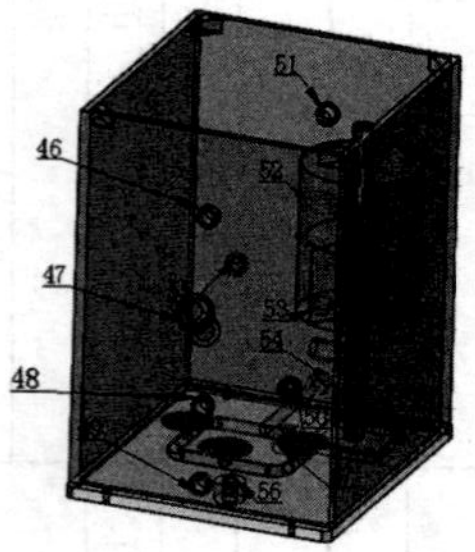

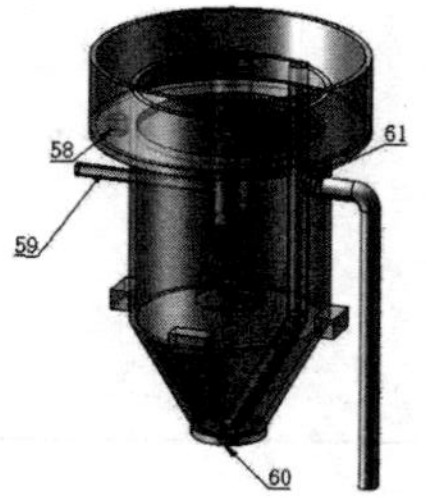

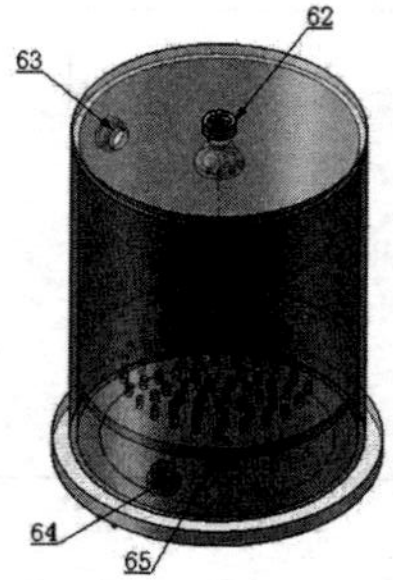

接头编号的先后顺序：1 → 5 → 7 → 6 → 41、53 → 43、55 → 59 → 58 → 62 → 65

16.4 任务书 4 评分表

工位号：________________ 场次：______________ 总成绩：______________

开始时间：______________ 交卷时间：__________ 操作用时：__________

裁判 1 签名：__________ 裁判 2 签名：______________

1. 任务一评分表与参考答案

任务一（2）控制程序设计（10 分）

考核项目	重点检查内容	评分标准	配分	得分	备注
控制程序设计	第①题：程序识读（共 1 分）	1）图片包含该网络给 0.5 分； 2）图片格式及命名正确给 0.5 分	1		
	第②题：程序参数修改（共 3 分）	1）DO1 传感器修改正确给 1 分； 2）排气阀延时关闭修改正确给 1 分； 3）图片 1 格式及命名正确给 0.5 分； 4）图片 2 格式及命名正确给 0.5 分	3		
	第③题：自动控制程序设计（共 6 分）	1）药水搅拌机和调节池搅拌机能启动给 1 分； 2）厌氧池搅拌机能启动给 1 分； 3）调节池搅拌机延时关闭给 2 分； 4）厌氧池搅拌机延时关闭给 2 分	6		

第①题答案：

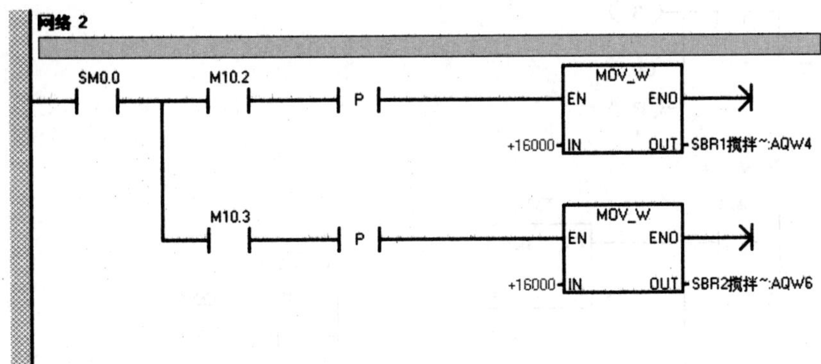

图 16.4-1 任务一（2）①参考答案

第②题答案：

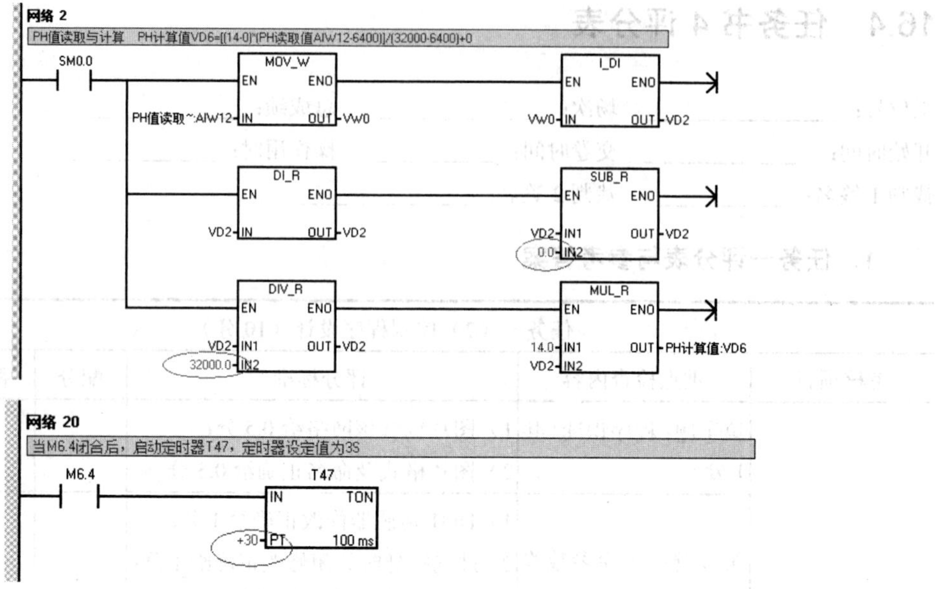

图 16.4-2 任务一（2）②参考答案

第③题答案：

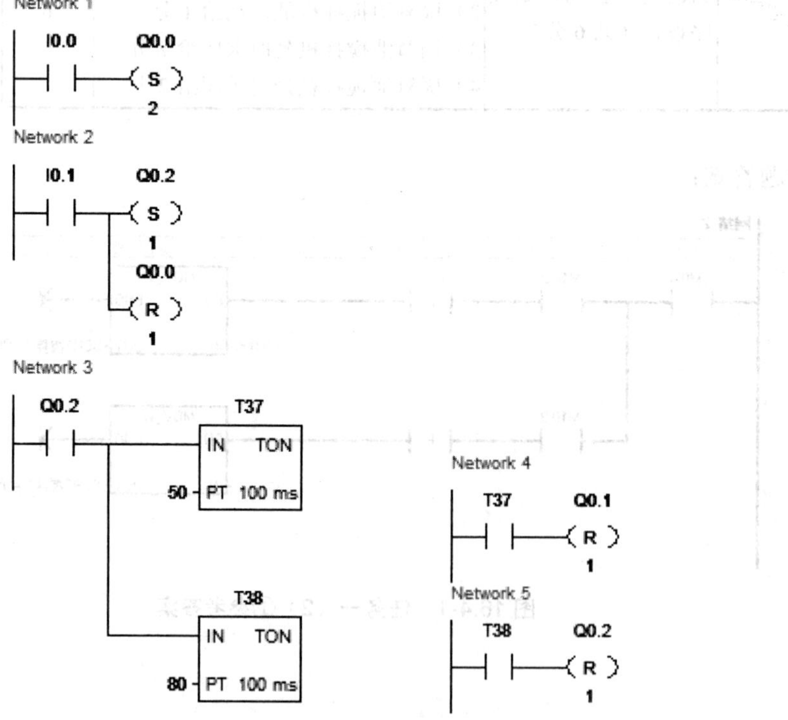

图 16.4-3 任务一（2）③参考答案

2．任务二评分表与参考答案

任务二　水样配制与测定（15 分）					
序号	考核项目	知识点（技能点）	评分标准	分值	备注
1	水样的配制与测定	药剂称量	正确使用天平进行药剂称量。操作规范得 0.5 分，操作不当每处扣 0.1 分，扣完为止	0.5	
		药剂配制	正确进行药剂配制，共 1 分。化药未开启药水搅拌机扣 0.5 分；额外增加溶剂体积扣 0.5 分	1	
		药剂投加	正确进行药剂投加，共 1 分。未开启调节池搅拌机进行反应扣 0.5 分；未正确使用加药泵扣 0.5 分	1	
		仪表使用	正确悬挂电极，尾部不得浸没于液体中。浸没则扣 0.5 分。同时，若因此造成电极损坏，应另扣重大失误分	0.5	
		数据记录与转化	本任务评分内容点分布在以下 3 个表格中，按下表格评分	12	
2	合计				
3	说明：水样配制与测定前，选手应向裁判人员示意，裁判人员在场情况下完成本项任务，裁判不在场或未经裁判同意擅自操作，按 0 分计				

第（1）题答案：

表 16.4-1　水样原始数据记录表（2.5 分）

序号	项目	数值		分值	得分
1	调节池内部底面尺寸/mm	长：280.00	宽：212.00		
2	水样深度/mm	170.00±2.00		0.5	
3	水样体积/L	9.97～10.21		1	
4	中和前水样 pH	实测		1	

第（2）题答案：

表 16.4-2　投药数据记录表（4.5 分）

序号	项目		数值		分值	得分
1	加药池内部底面尺寸/mm		长：240.00	宽：212.00		
2	加药池自来水深度/mm		185.00±2.00		0.5	
3	自来水体积/L		9.31～9.51		1	
4	NaOH 用量/g		28.80～30.45		1	
5	药剂 pH	理论值	12.90		1	
		实际值	实测		1	

第（3）题答案：

表 16.4-3 中和反应实验数据记录表（5 分）

序号	项目	数值	分值	得分
1	加药泵运行频率/（r/min）	120	1	
2	中和后加药池液位/mm	实测	1	
3	加药量/L	实测	1	
4	中和后水样 pH	7.00～8.00	2	

3．任务三评分表

任务三 污水处理工艺设备部件与管道连接（20 分）					
序号	考核项目	知识点（技能点）	评分标准	分值	备注
1	器件安装与管道连接	提升泵管路液体流量计安装	正确安装液体流量计。流向正确得 0.1 分；标尺方向朝正后方，得 0.3 分，错误得 0.1 分	0.4	
		内回流泵管路液体流量计安装	正确安装液体流量计。流向正确得 0.1 分；标尺方向朝左方，得 0.5 分，错误得 0.1 分	0.6	
		提升泵管路闸阀安装	正确安装闸阀。闸阀手柄方向朝正后方，得 0.4 分，错误得 0.1 分	0.4	
		内回流泵管路闸阀安装	正确安装闸阀。闸阀手柄方向朝正左方，得 0.6 分，错误得 0.1 分	0.6	
		提升泵管路立式止回阀安装	正确安装止回阀。止回阀的指示方向朝左方，得 0.25 分，错误得 0.1 分	0.25	
		内回流泵管路立式止回阀安装	正确安装止回阀。止回阀的指示方向朝右方，得 0.25 分，错误得 0.05 分	0.25	
		提升泵管路短柄球阀安装	正确安装短柄球阀。短柄球阀的红色手柄朝向正上且向右方，共 1 处，得 0.5 分，错误得 0.1 分	0.5	
		内回流泵管路短柄球阀安装	正确安装短柄球阀。短柄球阀的红色手柄朝向正上且向右方，共 1 处，得 0.5 分，错误得 0.1 分	0.5	
		提升泵管路自动排气阀安装	正确安装自动排气阀。自动排气阀的气嘴朝向正后方，得 0.5 分，错误得 0.1 分	0.5	
		内回流泵管路自动排气阀安装	正确安装自动排气阀。自动排气阀的气嘴朝向正右方，得 0.5 分，错误得 0.1 分	0.5	
		气体流量计安装	正确安装气体流量计。流向正确且不倾斜得 0.3 分，错误得 0.1 分；标尺方向朝正前方，得 0.2 分，错误得 0 分	0.5	

序号	考核项目	知识点（技能点）	评分标准	分值	备注
1	器件安装与管道连接	电磁阀安装	正确安装进水电磁阀。电磁阀流向指示方向正确且线圈朝正上方，共4处，错1处扣0.25分，扣完为止	1	
		SBR池曝气盘安装	正确安装曝气盘，总共2个，两个不在一条水平线上得0.5分，错误得0.2分；接口连接不漏气得0.5分，漏气得0.2分	1	
		复合管道连接	复合管道连接完成，管路连接正确，错或漏1处扣0.2分，共2分，扣完为止；复合管道连接走向要横平竖直且牢靠，发现1处不符合要求扣0.2分，共1分，扣完为止	3	
		提升泵管路加药口	正确安装加药口，并安装在不锈钢复合管的中间，并用Φ6堵头堵住得0.5分，错误或没有安装得0分	0.5	
		风机2管路检修口	正确安装检修口，安装在不锈钢复合管的中间，并用4分塑料堵头堵住得0.5分，错误或没有安装得0分	0.5	
		PU软管管路连接	PU软管管路连接完成，管路连接正确，接头禁止缠绕生料带，错或漏1处扣0.3分，扣完为止	2.5	
		PU软管连接顺畅	PU管连接顺畅不折弯，错1处扣0.2分，扣完为止	1	
		管道连接	附录每空0.05分，扣完为止	1.5	
2	填料安装	安装数量	填料安装数量为36片，共2分，少1扣0.1分，扣完为止	2	
		安装间距	盘片间距要相等，共0.5分，错1处扣0.1分，扣完为止	0.5	
		安装牢固	绳子拉直且牢固，共0.5分，未拉直一处扣0.1分，扣完为止	0.5	
3	电极安装	氧电极安装	氧电极安装于正确接口，共0.4分，错或漏一处扣0.2分，扣完为止	0.4	
4	接头生料带缠绕考核		生料带露头、外露太多，一处扣0.02分	0.6	
5	合计				

4. 任务四评分表与参考答案

任务四　水处理平台动力系统线路设计与连接（12 分）					
序号	考核项目	知识点（技能点）	评分标准	分值	备注
1	控制原理图设计	控制原理图的设计连接	控制图设计与任务书指定系统一致得 3 分，共 4 空，错或漏 1 处扣 0.75 分，扣完为止	3	答案见图 16.4-4
2	PLC 端口定义表完善	补充完整 PLC 端口定义表	PLC 端口定义表填写正确，错或漏 1 处扣 0.1 分，共 3 分，扣完为止	3	答案见表 16.4-4
3	实验导线连接	导线连接	导线连接完成，导线连接要正确，错 1 处扣 0.2 分，扣完为止	2.5	
		导线颜色匹配	导线颜色与插座颜色连接要求一致，错 1 处扣 0.1 分，扣完为止	1	
4	pH 仪接线	电极接线	电极接线正确，正确得 1 分，错 1 处，扣 0.25 分，扣完为止	1	答案见图 16.4-5
5	数据线连接	PLC 下载线连接	连接正确，正确得 0.5 分，错误不得分	0.5	
		触摸屏下载线连接	连接正确，正确得 0.5 分，错误不得分	0.5	
		PLC 与触摸屏的通信线连接	连接正确，正确得 0.5 分，错误不得分	0.5	
6	合计				

第（1）题答案：

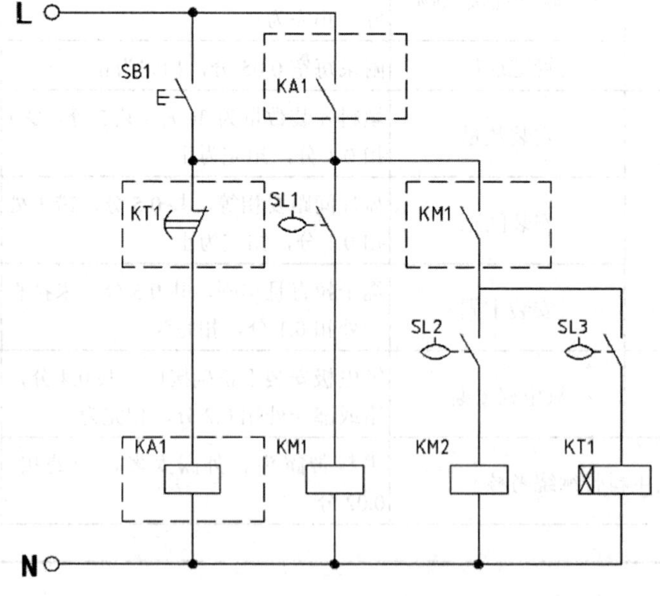

图 16.4-4　电气系统原理图

第（2）题答案：

表 16.4-4 PLC 端口定义表（3 分）

数字量输入定义		数字量输出定义	
PLC 输入点	定义、注释	PLC 输出点	定义、注释
I0.1	系统启动按钮 SB1	Q0.2	进水阀 YV1
I0.2	系统停止按钮 SB2	Q0.3	SBR1 进水阀 YV2
I0.3	系统复位按钮 SB3	Q0.6	SBR2 进水阀 YV3
I0.0	手自动切换按钮 SB4	Q2.1	SBR1 排气阀 YV4
I0.7	调节池上限 限位信号 1	Q2.7	SBR1 排水阀 YV5
I1.0	调节池下限 限位信号 2	Q2.6	SBR2 排气阀 YV6
I1.3	沉砂池上限 限位信号 3	Q2.5	SBR2 排水阀 YV7
I0.6	厌氧池下限 限位信号 4	Q0.1	药水搅拌机 MA1
I0.4	缺氧池上限 限位信号 5	Q0.4	调节池搅拌机 MA2
I0.5	缺氧池下限 限位信号 6	Q0.7	厌氧池搅拌机 MA3
I1.2	SBR1 上限 限位信号 7	Q2.0	缺氧池搅拌机 MA4
I1.1	SBR1 下限 限位信号 8	Q2.3	风机 1 MA5
I1.5	SBR2 上限 限位信号 9	Q2.4	风机 2 MA6
I1.4	SBR2 下限 限位信号 10	Q2.2	风机 3 MA7
1 M	直流电源输出 24 V	Q0.0	提升泵 MA8
2 M	直流电源输出 24 V	Q1.1	内回流泵 MA10
		Q1.0	加药泵 MA11
		Q0.5	外回流泵 MA9
		1 L	交流电源输出 L
		2 L	交流电源输出 L
		3 L	交流电源输出 L
		4 L	交流电源输出 L
		5 L	交流电源输出 L
模拟量输入定义		模拟量输出定义	
A+	在线式 DO 仪（一）+	M1	调速模块 1 −
A−	在线式 DO 仪（一）−	V1	调速模块 1 +
C+	在线式 DO 仪（二）+	M0	调速模块 2 −
C−	在线式 DO 仪（二）−	V0	调速模块 2 +
B+	在线式 DO 仪（三）+		
B−	在线式 DO 仪（三）−		
D+	在线式 DO 仪（四）+		
D−	在线式 DO 仪（四）−		
E+	在线式 pH 仪 +		
E−	在线式 pH 仪 −		

注：面板上控制对象部分 3 个“N”与交流电源输出“N”短接。

第（4）题答案：

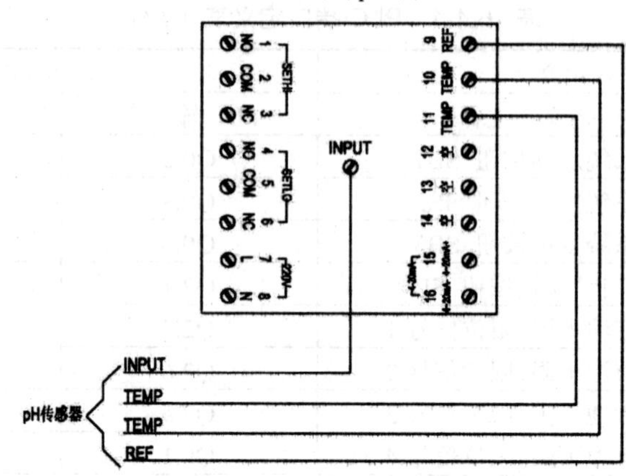

图 16.4-5　电极接线图

5．任务五评分表与参考答案

任务五　污水处理设备的调试运行（18 分）					
序号	考核项目	知识点（技能点）	评分标准	分值	备注
1	电源检测	保险丝与电源电压检测	本任务评分内容点，按表 16.4-5 评分。同时，若所装熔断芯不为 10A，则扣 0.1 分	0.5	
2	程序修改与工程下载	PLC 程序编写	网络 13 的程序编写正确，得 3 分。放弃或漏编不得分，部分编写得 1 分	3	答案见图 16.4-6
			网络 17 的程序编写正确，得 3 分。放弃或漏编不得分，部分编写得 1 分	3	答案见图 16.4-7
		PLC 程序下载及保存	完成 PLC 程序下载与保存得 0.25 分，未完成不得分	0.25	
		触摸屏工程下载	完成触摸屏工程下载得 0.25 分，未完成不得分	0.25	
3	系统通水调试检测	手动调试	完成手动调试过程且器件正常得 1 分，未完成不得分。	1	
		故障排除	排除故障并填写系统维护日常记录单。本任务评分内容点，按表 16.4-6 评分	4	答案顺序不分先后
4	系统运行及数据记录	管道密封性	管路系统不渗不漏，1 处渗漏水扣 0.2 分，扣完为止	2	
		系统运行及数据记录	系统自动运行及数据记录。本任务评分内容点，按表 16.4-7 评分	3.5	
5	常识填空	常识填空	正确补完题目，每项 0.05 分	0.5	
6	合计				

第（1）题评分表：

表 16.4-5 系统电源检测记录表（0.5 分）

项目	实测数据	参赛选手签字	裁判确认签字	分值	得分
熔断芯检测				0.1	
交流 220 V 检测				0.2	
直流 24 V 检测				0.2	

第（2）题答案：

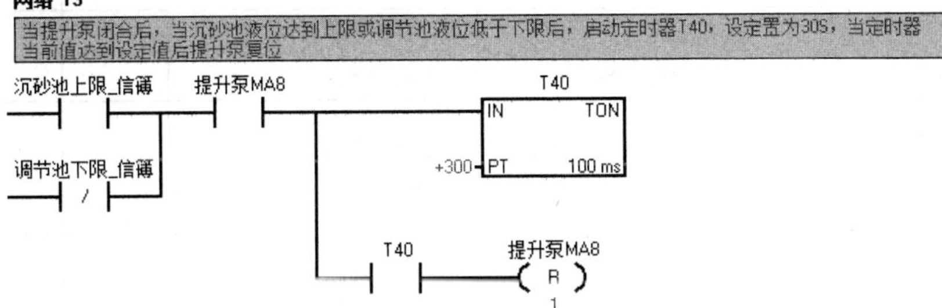

符号	地址	注释
沉砂池上限_信号3	I1.3	
调节池下限_信号2	I1.0	
提升泵MA8	Q0.0	

图 16.4-6 网络 13

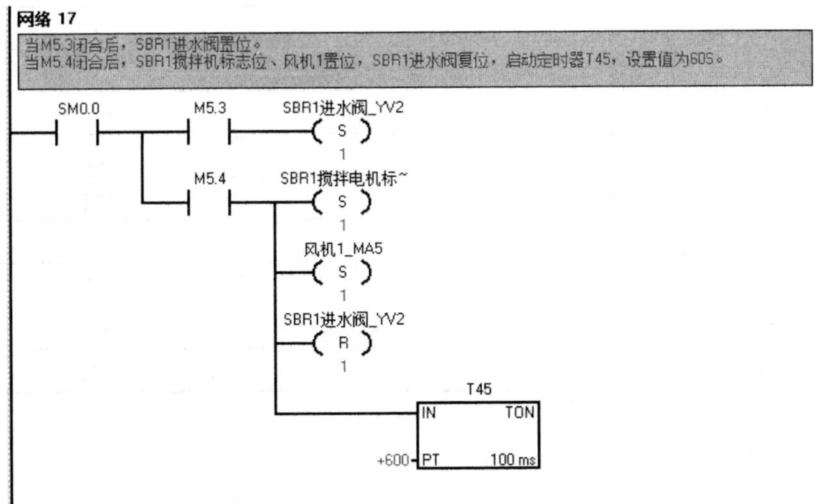

符号	地址	注释
SBR1搅拌电机标志位	M1.0	
SBR1进水阀_YV2	Q0.3	
风机1_MA5	Q2.3	

图 16.4-7 网络 17

第（3）题答案：

表 16.4-6　系统维护日常记录单（4 分）

<table>
<tr><td rowspan="2">序号</td><td>日期</td><td>比赛当天日期：年/月/日（0.2 分）</td><td>维修人员</td><td>工位号（0.2 分）</td><td colspan="4">放弃记录　是□　否□</td></tr>
<tr><td>故障点位置</td><td colspan="2">故障现象</td><td>解决方案</td><td>开始时间</td><td>结束时间</td><td>选手签字</td><td>裁判签字</td></tr>
<tr><td>1</td><td>计量泵（0.3 分）</td><td colspan="2">内部堵住，不出水（0.3 分）</td><td>去掉堵物（0.3 分）</td><td></td><td></td><td></td><td></td></tr>
<tr><td>2</td><td>卧式止回阀（0.3 分）</td><td colspan="2">内部堵住，不出水（0.3 分）</td><td>去掉堵物（0.3 分）</td><td></td><td></td><td></td><td></td></tr>
<tr><td>3</td><td>进水电磁阀前的长柄球阀处的接头（0.3 分）</td><td colspan="2">接头内部堵住，不出水（0.3 分）</td><td>去掉堵物（0.3 分）</td><td></td><td></td><td></td><td></td></tr>
<tr><td>4</td><td>复合管气路管道（0.3 分）</td><td colspan="2">内部堵住，不出气（0.3 分）</td><td>更换管道（0.3 分）</td><td></td><td></td><td></td><td></td></tr>
</table>

第（4）题答案：

表 16.4-7　MSBR 系统运行数据记录表（3.5 分）

项目	测量/设置参数	裁判确认	分值	得分
自动开启时间	实际开启时间		1	
自动停止时间	实际停止时间		1	
提升泵出水流量	3.5 L/min		0.2	
内回流泵出水流量	1 L/min		0.2	
好氧池曝气流量	4.5 L/min		0.2	
SBR1 池曝气流量	4.5 L/min		0.2	
SBR2 池曝气流量	4.5 L/min		0.2	
好氧池 DO 值	实测值		0.25	
SBR2 池 DO 值	实测值		0.25	

第（5）题答案（每空 0.05 分，共 0.5 分）：

①将所安装的计量泵的定时时间设为零，则表示<u>　计量泵不定时　</u>。

②MSBR 系统自动运行时，能触发运行中的提升泵停机的因素有：<u>调节池浮球开关下限</u>、<u>　平流式沉砂池浮球开关上限　</u>。

③MSBR 系统自动运行中，当 SBR1 池中的水位到达 SBR1 池中浮球液位开关的上限位时，SBR1 池<u>　进水电磁阀　</u>关闭，SBR1 池<u>　风机　</u>和<u>　搅拌电机　</u>开始运行。

④MSBR 系统自动运行中，当 SBR1 池搅拌机得电后，只发出“嗡嗡”声，但不转动，检查搅拌机为正常，那么最有可能的原因是<u>电容故障</u>。

⑤曝气池污泥驯化培养时，营养物 BOD_5、N、P 的投加比例为<u>100∶5∶1</u>。

⑥假设在 MSBR 系统自动运行中，SBR1 池中除曝气盘以外的地方冒气泡，则表明<u>管路有漏气</u>，当风机停机时会造成<u>水倒流进入风机</u>。

6．任务六评分表与参考答案

任务六　污水处理厂水、气、声、渣污染因子的监测（10 分）					
序号	考核项目	知识点（技能点）	评分标准	分值	得分
1	在线监测仪表的标定	缓冲试剂配制	定容操作规范性，规范得 0.2 分，合格得 0.1 分，不合格得 0 分	0.2	
			粘贴标签纸，以示区分，做了得 0.1 分，反之得 0 分	0.1	
			溶质全部投加，无残留得 0.1 分，反之得 0.05 分	0.1	
		无氧水配制	溶解操作规范性，规范得 0.1 分，合格得 0.05 分，不合格得 0 分	0.1	
			药剂适量使用，无浪费得 0.1 分，反之得 0.05 分	0.1	
		仪器预热时间	仪器预热时间为结束时间减去开始时间。共 3 组，每组 0.5 分。不足 30 min 扣 0.3 分，没有预热扣 0.5 分	1.5	答案见表 16.4-8
		零点和斜率标定	传感器与仪表之间标定零点和斜率，未标定扣 2.4 分，标定不正确，1 处扣 0.4 分，扣完为止	2.4	
2	仪表参数设定	仪表参数设定	参数设定正确，错误一处扣 0.3 分，扣完为止	2.5	配分表见表 16.4-9
3	污染因子的监测	$PM_{2.5}$ 监测	检测数据与单位均正确，每一处，得 0.5 分，单位错误得 0.4 分，错误，则不得分	1.5	
		噪声监测	检测数据与单位均正确，每一处，得 0.5 分，单位错误得 0.4 分，错误，则不得分	0.5	
		渗滤液监测	检测数据与单位均正确，每一处，得 0.5 分，单位错误得 0.4 分，错误，则不得分	1	
4	合计				

第（1）、（2）题评分表：

表 16.4-8 在线监测仪表标定记录表（3.9 分）

仪表名称	预热开始时间	裁判签字	预热结束时间	裁判签字	零点标定值	裁判签字	斜率标定值	裁判签字
在线式 DO 仪（一）	实际时间		实际时间		0～0.5		实际值	
分值	（预热时间满 30 min 及以上）			0.5	0.4		0.4	
在线式 DO 仪（三）	实际时间		实际时间		0～0.5		实际值	
分值	（预热时间满 30 min 及以上）			0.5	0.4		0.4	
在线式 pH 仪	实际时间		实际时间		6.80～6.95		3.95～4.05	
分值	（预热时间满 30 min 及以上）			0.5	0.4		0.4	

第（3）题评分表：

表 16.4-9 仪表参数设置（2.5 分）

名称	高报警（High）	低报警（Low）	滞后（Delay）	分值	得分
在线式 DO 仪（一）	0.2 mg/L	0 mg/L	0.01 mg/L	2.5	
在线式 DO 仪（三）	0.5 mg/L	0.2 mg/L	0.01 mg/L		
在线式 pH 仪	9	6	0.1		

第（4）题答案：

利用提供的 $PM_{2.5}$ 监测仪，测得工位现场环境空气质量参数：$PM_{2.5}$ 实测值 $\mu g/m^3$ 、温度 实测值℃ 、湿度 实测值%RH 。

第（5）题答案：

利用提供的声级计，测得风机房环境噪声声级为 实测值 dB 。

第（6）题答案：

以砂滤柱底部出水为固体渗滤液，利用提供的仪表，测得滤液的 pH 和电导率分别为 实测值 、 实测值 μS/ cm 。

7．综合素质与其他扣分项评分表

综合素质（5 分）					
序号	考核项目	知识点（技能点	评分标准	分值	小计
1	综合素质	设备操作规范性	按顺序开停机	0.25	
			按照安装—调试—运行的流程进行操作	0.25	
			电极线过孔连接	0.25	
			电极需经标定，方可投入使用	0.25	
		节能减耗， 提高利用率	用完万用表后需关闭	0.15	
			记号笔使用后及时盖帽	0.15	
			节约水、电，不浪费	良好 0.5 一般 0.25 差 0.1	
			节约耗材，不额外添加	0.2	
		工具、仪器、仪表的正确使用	用 PVC 管子剪刀裁ϕ16PU 管	0.25	
			用复合管割刀裁复合管	0.25	
			正确使用卷尺测量长度	0.25	
			正确操作万用表	0.25	
		现场安全、文明情况	用水、用电安全，无满溢	0.2	
			合理穿戴劳保用品	0.15	
			合理摆放工具，避免安全隐患	0.15	
			整理、整洁现场，爱护环境	良好 0.5 一般 0.25 差 0.1	
		团队分工协作	分工协作、团结进取	良好 0.5 一般 0.25 差 0.1	
			无喧哗吵闹现象	0.5	
2	合计				

其他扣分项（总分基础上直接扣除）					
序号	考核项目	重大失误描述		扣分值	小计
1	正确操作	误判器件故障		2 分/次	
		带电操作	未断开电源，进行器件安装	5 分/次	
			未断开电源，进行管路连接		
			未断开电源，进行漏水、漏气修复		
			未断开电源，进行下载及通信线连接		
		选手误操作，导致设备中的水溢出		10 分/次	
		利用水桶直接注水		5 分/次	
2	合计				

8. 附录与参考答案

附录　污水处理工艺流程设计任务参考答案（每空 0.05 分，共 1.5 分）

构筑物三维图				
构筑物名称	格栅调节池	平流式沉砂池	A^2/O 生物反应器	SBR1 池
出水口接头编号	5	7	19、15、25	43
构筑物三维图				左 后 前 右
构筑物名称	SBR2 池	竖流式二沉池	砂滤柱	设备布置方向
出水口接头编号	55	58	65	

接头编号的先后顺序：1 → 5 → 6 → 7 → 12 → 19 → 22 → 15 → 18 → 25 → 41、53 → 43、55 → 59 → 58 → 62 → 65

内回流进出口编号：进口 32　出口 30

附录一

水环境监测与治理职业技能等级标准

二〇二〇年二月

目 次

前　言

本标准按照 GB/T 1.1—2009 给出的规则起草。

本标准起草单位：江苏建筑职业技术学院、北控水务（中国）投资有限公司、中核新能源投资有限公司、中持水务股份有限公司、北京城市排水集团有限责任公司、农业农村部环境保护科研监测所、天津市生态环境局环境工程评估中心、联合泰泽环境科技发展有限公司、天津市环境保护科学研究院、PONY 谱尼测试集团股份有限公司、哈希水质分析仪器有限公司技术培训部、广东省环境保护产业协会、浙江天煌科技实业有限公司、江苏方正环保集团有限公司、上实环境水务股份有限公司、江苏华商企业管理咨询服务有限公司、广西森格自动化科技股份有限公司、重庆渝佳环境影响评价有限公司、常州赛蓝环保科技有限公司、广西绿城水务股份有限公司、济南市市政工程设计研究院（集团）有限责任公司、江苏广洁环保科技有限公司、威立雅(中国)环境服务有限公司、徐州建邦水务有限公司、徐州市市政设计院有限公司、上海熊猫机械（集团）有限公司、北京电子科技职业学院、金华职业技术学院、深圳职业技术学院、昆明冶金高等专科学校、深圳信息职业技术学院、天津现代职业技术学院、江苏城市职业学院、黑龙江建筑职业技术学院、长沙环保职业技术学院、广东环境保护工程职业学院、山东科技职业学院、上海城建职业学院、四川职业技术学院、南京高等职业技术学校、苏州农业职业技术学院、杨凌职业技术学院、安徽水利水电职业技术学院、安徽职业技术学院、安庆职业技术学院、常州纺织服装职业技术学院、常州工程职业技术学院、成都纺织高等专科学校、承德石油高等专科学校、重庆工业职业技术学院、福建船政交通职业学院、福建农业职业技术学院、甘肃林业职业技术学院、广东省环境保护职业技术学校、广西水利电力职业技术学院、河北工业职业技术学院、河北环境工程学院、湖北生态工程职业技术学院、黄河水利职业技术学院、江苏海事职业技术学院、江西环境工程职业学院、江西应用技术职业学院、兰州职业技术学院、辽宁石化职业技术学院、南通科技职业学院、山东水利职业学院、山西工程职业技术学院、顺德职业技术学院、邢台职业技术学院、徐州工业职业技术学院、杨凌职业技术学院、浙江同济科技职业学院。

本标准主要起草人：张宝军、黄华圣、冯艳霞、冀广鹏、刘晓梅、王超、赵传义、荀方飞、翟家骥、袁志华、魏子章、董艳萍、康磊、陆勇、刁慧芳、神芳丽、李晓斌、孟庆才、吴同华、钟真宜、张晓辉、李绍峰、王立晖、谢炜平、陈志刚、秦品珠、屈兴红、陈义群、蒯圣龙、相会强、王宏明、于景洋、姚建平、白晓龙、马国胜、赵亚平、董文龙、王雪平、李艳波、周刘喜、翟建、苏少林、高红武、关荐伊、薛巧英、朱幸福、杨蕴敏、王碧、陈红兰、陈燕舞、安红莹、王英健、桑娟萍、汪葵、陈玉玲、乔启成、李国会、谢兵、王芃、王兵、李静、吴佳芯、覃跃耀、彭燕莉、唐菠、刘青龙、董金华、刁新星、张素青、袁涛、乔鹏、孙美侠、曲磊、张辉、张波、林帼秀、纪振、薛小娟、李英、廖俊彦、路风辉、李松、张永合、王瑞雪、朱丽君、孙悦、张刚、王晓燕、郭扬、赵佳佳、杨晓辉、肖宁、贝德光、胡文伟、彭长刚、李如祥、王树光、厉捷、耿德强、陈保义、顾猛。

水环境监测与治理职业技能等级标准

1 适用范围

本标准规定了水环境监测与治理职业技能等级对应的工作领域、工作任务及职业技能要求。

本标准适用于水环境监测与治理职业技能培训、考核与评价、职业技能大赛，相关用人单位的人员聘用、培训与考核可参照使用。

2 规范性引用文件

下列文件对于本标准的应用是必不可少的。凡是注日期的引用文件，仅注日期的版本适用于本标准。

GB/T 601—2016 化学试剂 标准滴定溶液的制备
GB 11901—89 水质 悬浮物的测定 重量法
GB 7489—87 水质 溶解氧的测定 碘量法
GB 11892—89 水质 高锰酸盐指数的测定
GB 50014—2006：2016 室外排水设计规范
GB/T 5465.2—2008 电气设备用图形符号 第 2 部分：图形符号
GB/T 15969.1—2007 可编程序控制器 第 1 部分：通用信息
GB/T 15969.2—2008 可编程序控制器 第 2 部分：设备要求和测试
GB/T 15969.3—2017 可编程序控制器 第 3 部分：编程语言
GB 50169—2016 电气装置安装工程 接地装置施工及验收规范
HJ 91.1—2019 污水监测技术规范
HJ 828—2017 水质 化学需氧量的测定 重铬酸盐法
HJ/T 378—2007 污染治理设施运行记录仪技术要求及检测方法
HJ 355—2019 水污染源在线监测系统（COD_{Cr}、NH_3-N 等）运行技术规范
HJ 2038—2014 城镇污水处理厂运行监督管理技术规范
CJJ 60—2011 城镇污水处理厂运行、维护及安全技术规程
CECS 97：97 鼓风曝气系统设计规程

3 术语和定义

GB 50014—2006：2016、GB/T 2900.18—2008、GB/T 2900.63—2003、GB/T 15969.1—2007、GB/T 7665—2005、GB/T 17212—1998 界定的以及下列术语和定义适用于本标准。

3.1

城镇污水 urban wastewater，sewage

综合生活污水、工业废水和入渗地下水的总称。

［GB 50014—2006：2016，术语和定义 2.1.7］

3.2

生活污水 domestic wastewater，sewage

居民生活产生的污水。

［GB 50014—2006：2016，术语和定义 2.1.11］

3.3

综合生活污水 comprehensive sewage

居民生活和公共服务产生的污水。

［GB 50014—2006：2016，术语和定义 2.1.12］

3.4

工业废水 industrial wastewater

工业企业生产过程产生的废水。

［GB 50014—2006：2016，术语和定义 2.1.13］

3.5

缺氧/好氧脱氮工艺 anoxic/oxic process（A_NO）

污水经过缺氧、好氧交替状态处理，提高总氮去除率的生物处理。

［GB 50014—2006：2016，术语和定义 2.1.55］

3.6

厌氧/好氧除磷工艺 anaerobic/oxic process（A_PO）

污水经过厌氧、好氧交替状态处理，提高总磷去除率的生物处理。

［GB 50014—2006：2016，术语和定义 2.1.56］

3.7

厌氧/缺氧/好氧脱氮除磷工艺 anaerobic/anoxic/oxic process（AAO，又称 A^2/O）

污水经过厌氧、缺氧、好氧交替状态处理，提高总氮和总磷去除率的生物处理。

［GB 50014—2006：2016，术语和定义 2.1.57］

3.8

序批式活性污泥法 sequencing batch reactor（SBR）

活性污泥法的一种形式。在同一个反应器中，按时间顺序进行进水、反应、沉淀和排水等处理工序。

［GB 50014—2006：2016，术语和定义 2.1.58］

3.9

总氮　total nitrogen（TN）

有机氮、氨氮、亚硝酸盐氮和硝酸盐氮的总和。

[GB 50014—2006：2016，术语和定义 2.1.61]

3.10

总磷　total phosphorus（TP）

水体中有机磷和无机磷的总和。

[GB 50014—2006：2016，术语和定义 2.1.62]

3.11

塑料填料　pastic media

用以提供微生物生长的载体，有硬性、软性和半软性填料。

[GB 50014—2006：2016，术语和定义 2.1.81]

3.12

污水再生利用　wastewater reuse

污水回收、再生和利用的统称，包括污水净化再用、实现水循环的全过程。

[GB 50014—2006：2016，术语和定义 2.1.87]

3.13

污泥处理　sludge treatment

对污泥进行减量化、稳定化和无害化的处理过程，一般包括浓缩、调理、脱水、稳定、干化或焚烧等的加工过程。

[GB 50014—2006：2016，术语和定义 2.1.94]

3.14

剩余污泥　excess activated sludge

从二次沉淀池、生物反应池（沉淀区或沉淀排泥时段）排出系统的活性污泥。

[GB 50014—2006：2016，术语和定义 2.1.107]

3.15

低压电器　low-voltage apparatus

用于交流 50 Hz（或 60 Hz）、额定电压为 1 000 V 及以下，直流额定电压为 1 500 V 及以下的电路中起通断、保护、控制或调节作用的电器。

[GB/T 2900.18—2008，术语和定义 3.1.1]

3.16

电气继电器　electrical relay

当控制该元器件的输入电路中达到规定条件时，在其一个或多个输出电路中会产生预定跃变的元器件。

[GB/T 2900.63—2003，术语和定义 3.1 444-01-01]

3.17

可编程序（逻辑）控制器　programmable（logic）Controller；PLC

一种用于工业环境的数字式操作的电子系统。这种系统用可编程的存储器作面向用户指令的内部寄存器，完成规定的功能，如逻辑、顺序、定时、计数、运算等，通过数字或模拟的输入/输出，控制各种类型的机械或过程。可编程序控制器及其相关外围设备的设计，使它能够非常方便地集成到工业控制系统中，并能很容易地达到所期望的所有功能。

［GB/T 15969.1—2007，术语和定义 3.5］

3.18

传感器 transducer,sensor

能感受被测量并按照一定的规律转换成可用输出信号的器件或装置，通常由敏感元件和转换元件组成。

［GB/T 7665—2005，术语和定义 3.1.1］

3.19

组态 configuration

在预先装入逻辑组件的系统或装置中，主要通过键盘操作选择需要的组件，指定其适当的逻辑位置（即控制回路、显示点等），并将它们连接起来。它与编制程序不同。

［GB/T 17212—1998，术语和定义 P1.0.0.16］

4 对应院校专业

4.1 中等职业学校

环境监测技术、环境治理技术、给排水工程施工与运行、工业分析与检验。

4.2 高等职业学校

水环境监测与治理、水环境工程技术、环境监测与控制技术、给排水工程技术、生态环境保护、净化与安全技术、污染修复与生态工程技术、市政工程技术、水务管理、水利工程、工业分析技术、应用化工技术。

4.3 应用型本科学校

环境工程、给排水科学与工程、环境科学与工程、环境生态工程、化学工程与工艺。

5 面向工作岗位（群）

面向环境保护行业以及水环境治理相关企业中水环境监测、水处理设施安装调试、运行维护等岗位（群），能根据需要实施水样采集、监测和分析，完成水处理设施安装调试、运行维护和检修，具有良好职业素质的水环境监测与治理复合型技术人员。

6 职业技能等级

6.1 职业技能等级划分

水环境监测与治理职业技能等级分为三个等级：初级、中级、高级。三个级别依次递进，高级别涵盖低级别职业技能要求。

6.1.1 水环境监测与治理初级职业技能：能够独立完成水样采集、保存与预处理操作，能够进行水质常规项目监测操作，能够识读水处理工艺相关图纸，独立完成水处理设施的启动运行和停机操作，能够完成在线监测仪表的读取记录工作。

6.1.2 水环境监测与治理中级职业技能：能够根据工艺图纸完成水处理设备、管道、附件、仪表、阀件的安装调试和运行维护，能够独立进行在线监测仪表的校验操作，能够根据水质情况进行可编程序（逻辑）控制器的运行程序数据调整。

6.1.3 水环境监测与治理高级职业技能：能够控制水环境监测的质量，能够完成水处理设施安装调试和运行维护中较为复杂的工作，能够独立处理工作中出现的问题。

6.2 职业技能等级要求描述

水环境监测与治理职业技能等级要求描述见表 1、表 2、表 3。

表 1 水环境监测与治理职业技能等级要求（初级）

工作领域	工作任务	职业技能要求
1. 水环境监测	1.1 样品采集、保存与预处理	1.1.1 能根据监测项目选择采样器和水样容器，洗涤采样器材 1.1.2 能使用采样器材在指定的采样点处正确采集样品 1.1.3 能根据监测项目的需要正确选择并加入合适的保存剂对样品进行稳定处理和保存 1.1.4 能根据监测项目的需要对样品进行冷藏、冷冻保存 1.1.5 能规范填写水质采样记录表和样品登记表 1.1.6 能根据水质采样记录表和样品登记表清点样品 1.1.7 能根据样品运输要求将不同的贮样容器塞紧或密封，并按照防振动、防碰撞要求装箱 1.1.8 能采用沉淀过滤法、絮凝沉淀法等对样品进行预处理 1.1.9 能根据可追溯性要求记录样品标签信息 注：样品采集、保存与预处理的其他要求按 HJ 91.1—2019 规定的方法执行
	1.2 样品监测分析	1.2.1 能配制和标定标准溶液 1.2.2 能采用重量法测定样品的悬浮物、硫酸盐、全盐量 1.2.3 能采用酸碱滴定法测定样品的酸度、碱度 1.2.4 能采用沉淀滴定法测定样品的氯化物 1.2.5 能采用温度计法测定样品的温度 1.2.6 能采用玻璃电极法测定样品的 pH 1.2.7 能采用电化学探头法测定样品的溶解氧

工作领域	工作任务	职业技能要求
1. 水环境监测	1.2 样品监测分析	1.2.8 能采用可见分光光度法测定样品的氨氮、硝酸盐氮 1.2.9 能采用细菌学检验法测定样品的细菌总数、粪大肠菌群、总大肠菌群 1.2.10 能使用便携式水环境检测仪 注：标准溶液的配制按 GB/T 601—2016 规定的方法执行；悬浮物的测定按 GB 11901—89 规定的方法执行
	1.3 数据处理	1.3.1 能规范填写水质检测原始记录 1.3.2 能对数据进行有效数字的取舍和修约 1.3.3 能计算逐级稀释样品的浓度、算术平均值和相对标准偏差 1.3.4 能对监测分析结果进行单位的换算
2. 工程图设计与设备安装	2.1 工程图识读与设计	2.1.1 能识读闸站、泵站、水处理工程设计施工说明、图例、主要材料设备的规格型号、数量 2.1.2 能识读水处理工艺流程图 2.1.3 能识读闸站、泵站、水处理工艺管线平面布置图 2.1.4 能识读水处理构筑物及管线高程图
	2.2 设备与管线安装	2.2.1 能识别金属、非金属、复合管道材料以及管件的名称、规格和型号 2.2.2 能识别金属、非金属、复合管道材料相应的切割、连接以及钻孔工具的名称、规格和型号 2.2.3 能识别水处理机械设备、阀门、仪表的名称、规格和型号 2.2.4 能识别水处理构筑物附属装置、配套附件以及填料的名称、规格和型号 2.2.5 能使用金属、非金属、复合管道材料的切割、连接、钻孔工具
3. 自动化控制	3.1 电机与电气控制	3.1.1 能正确使用常用电工工具及相关仪器仪表 3.1.2 能识别常用低压电器的图形符号、文字符号、型号规格 3.1.3 能识读电气原理图 3.1.4 能识别配电箱（柜）动力及控制电路线号 3.1.5 能识读交直流电动机结构、工作原理、铭牌 3.1.6 能识别防爆电气设备的防爆型式、防爆标志 3.1.7 能根据电气原理图及电动机型号正确选用低压电器 3.1.8 能选用电线、电缆、低压电缆接头、接线端子、电线管、桥架、线槽等电工材料 3.1.9 能安装、更换常用低压电器 3.1.10 能使用电线保护管、槽板、桥架等敷设电线电缆
	3.2 PLC 控制	3.2.1 能根据 PLC 控制电路接线图连接 PLC 及其外围线路 3.2.2 能使用 PLC 编程软件从 PLC 中读写程序 3.2.3 能识读简单的 PLC 控制程序 3.2.4 能使用 PLC 基本指令调整、修改设备、传感器、仪表等控制程序的参数，并下载监控
	3.3 组态控制	3.3.1 能识读组态软件界面，建立和运行组态工程 3.3.2 能进行触摸屏画面的设计、变量定义和动画连接 3.3.3 能使用组态软件实现在线监测仪器数值的实时监测 3.3.4 能使用组态软件实现对闸站、泵站、水处理等设施的启动与停止控制

工作领域	工作任务	职业技能要求
4. 设施运维	4.1 设施运行	4.1.1 能识记闸站、泵站、水处理工艺流程、设备和系统操作规程 4.1.2 能识别水处理药剂的名称、规格、使用方法 4.1.3 能操作闸、泵、阀门开关和水处理设备的启停 4.1.4 能识读和记录流量、压力、温度、液位、阀门等各种仪表监测数据 4.1.5 能使用 pH 在线监测仪获取数据，进行酸碱调节 4.1.6 能使用溶解氧值在线监测仪获取数据，并判断各工艺中的溶解氧浓度情况 4.1.7 能使用化学需氧量、氨氮、总氮、总磷等在线监测仪获取数据，并进行相关记录和计算
	4.2 故障处理	4.2.1 能发现操作现场的跑、冒、滴、漏等现象 4.2.2 能通过观察仪表数据发现液位、流量等工艺参数的异常 4.2.3 能发现常见的闸站、泵站及水处理设备运行异常迹象 4.2.4 能发现配水、出水不均匀现象 4.2.5 能报告设备故障位置 4.2.6 能使用运营平台工艺报警信号分类清单 4.2.7 能通过远程查看数据或现场察看方式发现仪器运行状态、数据传输系统及视频监控系统的简单异常情况
	4.3 维护保养	4.3.1 能识记设备备品、备件 4.3.2 能使用设备及设施常用的维护保养工具 4.3.3 能保养各类阀门、水泵、风机、搅拌机、闸门、启闭机等 4.3.4 能清理、更换易损件和易堵件 4.3.5 能记录设备运行数据
5. 安全生产与应急处置	5.1 安全生产	5.1.1 能识记安全防护器具使用要求 5.1.2 能按安全生产规程佩戴和正确使用劳动防护用品 5.1.3 能识记安全警示标志、安全距离、安全色和安全标志等国家标准规定 5.1.4 能识记电工安全用具 5.1.5 能识别危险源
	5.2 应急处置	5.2.1 能识记化验室危险品泄漏应急预案，能及时报告、报警，并实施个人防护 5.2.2 能识记火灾应急预案，案发时能及时报告火情，能根据现场情况正确使用灭火设施 5.2.3 能识记停电事故应急预案，案发时能及时报告，关闭进水阀等设施 5.2.4 能识记有毒气体中毒事故应急预案，能正确佩戴防护器具，拨打“120”急救电话

表 2 水环境监测与治理职业技能等级要求（中级）

工作领域	工作任务	职业技能要求
1. 水环境监测	1.1 样品采集、保存与预处理	1.1.1 能根据不同的水环境进行采样点的布设 1.1.2 能根据不同的水环境特征确定采样的时间和频率 1.1.3 能根据不同的水环境选择确定采集瞬时样品、混合样品或综合样品等不同类型的样品 1.1.4 能校核水质采样记录表和样品登记表 1.1.5 能根据监测项目确定样品的保存方法 1.1.6 能正确选择和配制样品保存剂 1.1.7 能采用过硫酸钾法、硝酸-硫酸法对样品进行消解预处理 1.1.8 能采用蒸馏法、四氯化碳萃取-硅酸镁吸附法对样品进行组分分离预处理
	1.2 样品监测分析	1.2.1 能采用电位滴定法正确测定样品的碱度 1.2.2 能采用碘量法测定样品的溶解氧 1.2.3 能采用氧化还原滴定法测定样品的化学需氧量、高锰酸盐指数 1.2.4 能采用稀释与接种法测定水样的五日生化需氧量 1.2.5 能采用容量法测定样品的氰化物 1.2.6 能采用可见分光光度法测定样品的总磷、氰化物、硫化物、铬（六价）、挥发酚 1.2.7 能采用紫外分光光度法测定样品的总氮 1.2.8 能采用红外分光光度法测定样品的石油类、动植物油类 1.2.9 能排除仪器设备的简单故障 1.2.10 能对测定所用的容量器皿及仪器设备进行校正 注：溶解氧的测定按 GB 7489—87 规定的方法执行；化学需氧量的测定按 HJ 828—2017 规定的方法执行；高锰酸盐指数的测定按 GB 11892—89 规定的方法执行
	1.3 数据处理	1.3.1 能对浓度和测得的吸光度进行直线回归计算 1.3.2 能运用 Q 值检验法和 T 值检验法检验可疑值 1.3.3 能计算加标回收率 1.3.4 能运用加标回收率评价准确度 1.3.5 能审核水质检测原始记录 1.3.6 能判断平行样测定数据之间的符合程度 1.3.7 能进行方法检出限的测定与计算 1.3.8 能进行异常数据分析处理 1.3.9 能编制水质检测报告
2. 工程图设计与设备安装	2.1 工程图识读与设计	2.1.1 能识读闸站、泵站及水处理构筑物的平面图、剖面图 2.1.2 能识读工程设备原理图、平面图、剖面图、大样图等施工安装图 2.1.3 能使用 CAD 软件绘制水处理工艺流程图 2.1.4 能使用 CAD 软件绘制闸站、泵站及水处理工艺管线平面布置图

工作领域	工作任务	职业技能要求
2. 工程图设计与设备安装	2.2 设备与管线安装	2.2.1 能识读闸门、泵、水处理机械设备、阀门、仪表、水处理构筑物附属装置等安装手册 2.2.2 能进行闸门、泵、水处理机械设备、阀门、仪表等的安装 2.2.3 能进行管道水压试验
3. 自动化控制	3.1 电机与电气控制	3.1.1 能设计绘制电气原理图 3.1.2 能安装、维护用电总配电箱(柜)、分配电箱、开关箱及线路 3.1.3 能安装、维护用电设备的接地装置、独立避雷针 3.1.4 能安装、维护、拆除工程设施上的电气设备
	3.2 PLC 控制	3.2.1 能根据现场设备条件选择传感器类型 3.2.2 能安装、调试传感器和专用继电器 3.2.3 能使用 PLC 基本指令编写闸站、泵站、水处理设备及在线监测仪表等控制系统程序，并下载监控 3.2.4 能进行触摸屏与 PLC 的连接和通信 3.2.5 能模拟调试和现场调试 PLC 程序
	3.3 组态控制	3.3.1 能使用组态软件查阅、修改程序 3.3.2 能使用组态软件进行趋势曲线、数据报表、报警的制作 3.3.3 能完成组态软件与数据库的连接,组态软件数据库控件查询 3.3.4 能进行工程 Web 发布、网络连接
4. 设施运维	4.1 设施运行	4.1.1 能读懂水质分析报告、在线监测数据，分析水量水质变化情况 4.1.2 能通过现场状态及仪表数据判断设备运行情况 4.1.3 能控制和调节闸站、泵站及水处理单元运行状态 4.1.4 能根据考核断面水质情况合理调整闸站运行调度规则 4.1.5 能根据流量及扬程合理控制水泵系统在高效区间运行 4.1.6 能进行污泥浓缩、调理、脱水、干化与处置操作 4.1.7 能识读污泥性能指标，控制污泥处理设施运行状态 4.1.8 能根据水处理参数合理确定药剂投加量 4.1.9 能使用自动控制系统调节温度、液位等工艺参数
	4.2 故障处理	4.2.1 能判断闸站、泵站及水处理设备等运行异常的原因，并进行处置 4.2.2 能通过自动控制系统及设备操作处理水质、液位、流量、pH、溶解氧值等工艺参数的数据异常 4.2.3 能对数据进行抽样检查，比对水污染源在线监测仪、数据采集传输仪及监控中心平台接收到的数据是否一致，发现数据异常 4.2.4 能进行在线监测仪表的校验操作 4.2.5 能进行低压电器电路的故障排除 4.2.6 能借助编程（仿真）软件、仪器仪表等分析 PLC 系统的故障范围 4.2.7 能排除 PLC 系统中开关、传感器、执行机构等外围设备电气故障

工作领域	工作任务	职业技能要求
4. 设施运维	4.3 维护保养	4.3.1 能清点、管理设备备品、备件 4.3.2 能检修河道水质水量监测仪表、闸站、水处理工艺系统等相关传感器 4.3.3 能进行低压电器电路的检查及调试 4.3.4 能进行低压动力控制电路维修 4.3.5 能对常用仪表、机械设备维护、保养 4.3.6 能按维修计划进行构筑物及其辅助设施的维修，填写维修记录 4.3.7 能按设备维护保养要求更换设备备品、备件 4.3.8 能进行在线监测仪表的简单现场维护，检查内部管路、电路系统、通讯系统等是否正常，并能发现仪表的异常情况
5. 安全生产与应急处置	5.1 安全生产	5.1.1 能识记相关设备安全操作规程 5.1.2 能识记电气安全装置及电气安全操作规程 5.1.3 能按职业卫生防护要求实施职业卫生防护 5.1.4 能识记相关危险化学品管理规定 5.1.5 能按安全生产操作规程实施安全生产、防火、防毒、防爆
	5.2 应急处置	5.2.1 能熟知水环境监测与治理运维应急预案，会采取各项措施，进行自身防护和自救、互救 5.2.2 能按防汛防台应急预案进行紧急情况下闸站控制、水处理工艺控制 5.2.3 能按停电事故应急预案进行闸站、泵站及水处理系统运行调整，通电后能立即将工艺切换至正常状态 5.2.4 能按有毒气体中毒事故应急预案实施现场急救 5.2.5 能应急处置化学灼伤、物体打击伤害 5.2.6 能按照应急预案要求处理突发水质超标事件

表 3　水环境监测与治理职业技能等级要求（高级）

工作领域	工作任务	职业技能要求
1. 水环境监测	1.1 样品采集、保存与预处理	1.1.1 能根据监测项目进行现场勘察及汇总调研资料 1.1.2 能根据监测项目编制、组织和落实相应的采样方案 1.1.3 能采用硝酸-高氯酸法、盐酸法、高锰酸钾-过硫酸钾法对样品进行消解预处理 1.1.4 能采用蒸发浓缩法进行样品体积及待测组分的浓缩预处理
	1.2 样品监测分析	1.2.1 能采用蒸馏-滴定法测定样品的氨氮 1.2.2 能采用原子吸收分光光度法测定样品的镉、铜、铅、锌、铁、锰 1.2.3 能采用冷原子吸收分光光度法测定样品的汞 1.2.4 能采用原子荧光法测定样品的汞、砷、硒
	1.3 数据处理	1.3.1 能运用数理统计方法判断标准曲线的线性关系 1.3.2 能对标准曲线进行截距检验 1.3.3 能设计各类原始数据记录表 1.3.4 能审定水质检测报告 1.3.5 能根据测定数据编写水质分析报告 1.3.6 能按实验室质量控制要求进行仪器标准化管理

工作领域	工作任务	职业技能要求
2. 工程图设计与设备安装	2.1 工程图识读与设计	2.1.1 能进行水处理单体构筑物工艺设计计算 2.1.2 能进行水处理设备选型计算 2.1.3 能进行水处理工艺平面布置设计 2.1.4 能进行水处理工艺高程计算 2.1.5 能使用 CAD 软件绘制闸站、泵站及水处理构筑物的平面图、剖面图 2.1.6 能使用 CAD 软件绘制水处理工艺管线平面布置图 2.1.7 能使用 CAD 软件绘制水处理工艺高程图 2.1.8 能使用 CAD 软件进行水处理工艺初步设计 2.1.9 能使用 CAD 软件进行水处理管道及设备施工安装图、在线监测仪表安装图绘制 2.1.10 能使用 BIM 软件解决工程常见碰撞问题
	2.2 设备与管线安装	2.2.1 能进行管材、管件、阀门、仪表、设备清单计算 2.2.2 能进行水处理机械设备、构筑物附属设施工程量清单计算 2.2.3 能编制水环境在线监测设备、水处理设备等安装施工方案 2.2.4 能编制水环境在线监测设备、水处理设备等安装施工预算
3. 自动化控制	3.1 电机与电气控制	3.1.1 能对动力配电线路进行安装、调试 3.1.2 能进行交直流电动机控制电路的安装、调试 3.1.3 能编制、确认并组织实施用电方案 3.1.4 能组织安装用电配电室、变压器、配电线路 注：电机与电气控制的其他要求按 GB 50169—2016 规定的方法执行
	3.2 PLC 控制	3.2.1 能根据要求绘制选择序列功能图并进行程序的输入 3.2.2 能按控制要求使用基本指令编写河道闸站、泵站及 A/O、A^2/O、SBR、MSBR 等水处理系统 PLC 控制程序 3.2.3 能用 PLC 改造河道闸站、泵站及 A/O、A^2/O、SBR、MSBR 等水处理继电控制电路 3.2.4 能对河道闸站、泵站及水处理工艺的 PLC 控制系统进行电路设计、安装及系统的软硬件联合调试 注：PLC 的其他要求按 GB/T 15969.2—2008 规定的方法执行
	3.3 组态控制	3.3.1 能进行河道闸站、泵站及水处理工艺系统监控中心控制系统设计 3.3.2 能用组态软件实现开关量设备、模拟量设备联机调试 3.3.3 能用组态软件进行监控中心动画和程序的编制 3.2.4 能设置触摸屏与 PLC 之间的通信参数，实现触摸屏与 PLC 的连接与通信 3.3.5 能使用组态软件设计人机界面 3.3.6 能够完成简单组态工程的设计
4. 设施运维	4.1 设施运行	4.1.1 能使用触摸屏、PLC 对闸站、泵站及水处理系统进行联合调试 4.1.2 能对 PLC 控制的河道闸站、泵站及 A/O、A^2/O、SBR、MSBR 等水处理控制系统进行调试与维护 4.1.3 能根据工艺流程完成对闸站、泵站及水处理系统整机联动调试并实现数据监测 4.1.4 能使用组态软件完成上位机监控界面对河道闸站、泵站及 A/O、A^2/O、SBR、MSBR 系统设备的运行调试 4.1.5 能使用组态软件设计对闸站、泵站及水处理系统传感器回路及总线的检测

工作领域	工作任务	职业技能要求
4. 设施运维	4.1 设施运行	4.1.6 能使用组态软件设计对闸站、泵站及水处理系统的联动系统、主机控制系统的检测 4.1.7 能对各类数据进行统计分析，并利用分析结果指导系统运行 4.1.8 能通过设备运行管理，优化组织持续改进 4.1.9 能对闸、泵、水处理设备等运行情况进行能耗分析并提出节能措施 4.1.10 能按工艺指标要求进行提标改造、优化调控操作 4.1.11 能熟练掌握在线监测仪器的操作、主要参数的设定修改 注：设施运行的其他要求按 GB/T 50106—2016、GB50014—2006: 2016、HJ 2035—2013、HJ/T378—2007、CJJ60—2011 和 HJ355—2019 规定的方法执行
	4.2 故障处理	4.2.1 正确识读闸站、泵站及 A/O、A^2/O、SBR、MSBR 等水处理工艺电气控制原理图，分析和排除电气故障 4.2.2 能分析其他设备运行异常的原因，并提出排查方案 4.2.3 能通过系统运行情况观察、分析判断故障现象，调整运行参数和制定控制措施 4.2.4 能进行交直流电动机控制电路常见故障诊断与维修 4.2.5 能对工程设施电气控制电路系统进行调试，对电路故障进行诊断与维修 4.2.6 能分析季节性的水处理工艺、河道水质异常、在线监测仪表常见问题及原因，并提出控制及调度措施 注：故障处理的其他要求按 GB/T 5465.2—2008、CJJ 60—2011 和 HJ 2038—2014 规定的方法执行
	4.3 维护保养	4.3.1 能按质量管理要求调取技术资料和技术档案，做好运行数据等统计、汇总及上报工作 4.3.2 能编制水处理设备、装置和仪表等维修计划 4.3.3 能编制设备备品、备件计划 4.3.4 能对水环境监测与治理运维生产综合成本进行分析 4.3.5 能针对水环境监测与治理运维成本过高制定解决方案 4.3.6 能对在线监测仪器进行日常保养，对仪器分析系统进行维护检查、更换易损耗件。 注：维护保养的其他要求按 GB/T 5465.2—2008、CECS 97: 97、HJ/T 378—2007 和 CJJ 60—2011 规定的方法执行
5. 安全生产与应急处置	5.1 安全生产	5.1.1 能按消防安全管理制度实施消防安全检查 5.1.2 能按安全生产检查制度实施安全生产检查 5.1.3 能组织安全生产培训 5.1.4 能按安全防护知识实施现场急救与防护
	5.2 应急处置	5.2.1 能编制水污染事故应急监测方案，组织实验室进行应急监测 5.2.2 能处理突发危险化学品泄漏、危险废物泄漏或污泥、污水超标排放事件现场 5.2.3 能处理突发台风、暴雨等自然灾害和火灾爆炸引发的次生环境污染事件现场 5.2.4 能根据实施情况优化预案和应急措施

参考文献

[1] 中华人民共和国教育部. 高等职业学校环境监测与控制技术专业教学标准[S]. 2019.
[2] 中华人民共和国教育部. 高等职业学校环境工程技术专业教学标准[S]. 2019.
[3] 中华人民共和国教育部. 中等职业学校工业分析与检验专业实训教学设施建设标准[S]. 2017.
[4] GB 3838—2002 地表水环境质量标准
[5] GB 18918—2002 城镇污水处理厂污染物排放标准
[6] GB 8978—1996 污水综合排放标准
[7] HJ 91.1—2019 污水监测技术规范
[8] GB/T 601—2016 化学试剂 标准滴定溶液的制备
[9] GB 11901—89 水质 悬浮物的测定 重量法
[10] GB 7489—87 水质 溶解氧的测定 碘量法
[11] GB 11892—89 水质 高锰酸盐指数的测定
[12] GB 50335—2016 城镇污水再生利用工程设计规范
[13] GB/T 50106—2010 建筑给水排水制图标准
[14] GB 50268—2008 给水排水管道工程施工及验收规范
[15] CECS 97：97 鼓风曝气系统设计规程
[16] GB 50318—2017 城市排水工程规划规范
[17] GB/T 4728. 1—2018 电气简图用图形符号 第 1 部分：一般要求
[18] GB/T 5465. 2—2008 电气设备用图形符号 第 2 部分：图形符号
[19] GB 50254—2014 电气装置安装工程 低压电器施工及验收规范
[20] GB 50171—2012 电气装置安装工程 盘、柜及二次回路接线施工及验收规范
[21] GB 50169—2016 电气装置安装工程 接地装置施工及验收规范
[22] GB 12348—2008 工业企业厂界环境噪声排放标准
[23] GB 3095—2012 环境空气质量标准
[24] GB/T 15969.1—2007 可编程序控制器 第 1 部分：通用信息
[25] GB/T 15969.2—2008 可编程序控制器 第 2 部分：设备要求和测试
[26] GB/T 15969.3—2017 可编程序控制器 第 3 部分：编程语言
[27] HJ 2035—2013 固体废物处理处置工程技术导则
[28] HJ/T 378—2007 污染治理设施运行记录仪技术要求及检测方法
[29] HJ 2038—2014 城镇污水处理厂运行监督管理技术规范
[30] HJ 355—2019 水污染源在线监测系统（COD_{Cr}、NH_3-N 等）运行技术规范
[31] CJJ 60—2011 城镇污水处理厂运行、维护及安全技术规程
[32] 2019 年全国职业院校技能大赛水环境监测与治理技术赛项规程

附录二

2019 年全国职业院校技能大赛水环境监测与治理技术赛项参赛院校

（按赛项指南排序）

北京电子科技职业学院
首钢工学院
天津现代职业技术学院
天津渤海职业技术学院
天津职业大学
天津工业职业学院
河北工业职业技术学院
河北化工医药职业技术学院
邢台职业技术学院
晋中职业技术学院
山西林业职业技术学院
山西水利职业技术学院
内蒙古化工职业学院
乌海职业技术学院
鄂尔多斯生态环境职业学院
黑龙江建筑职业技术学院
吉林工业职业技术学院
辽阳职业技术学院
辽宁省交通高等专科学校
辽宁石化职业技术学院
上海农林职业技术学院
江苏建筑职业技术学院
徐州工业职业技术学院
南通科技职业学院
江苏海事职业技术学院
宁波职业技术学院（高）
杭州职业技术学院

金华职业技术学院
浙江同济科技职业学院
安徽水利水电职业技术学院
安庆职业技术学院
安徽职业技术学院
安徽城市管理职业学院
山东水利职业学院
山东科技职业学院
东营职业学院
青岛职业技术学院
福建船政交通职业学院
厦门城市职业学院
福建农业职业技术学院
福建水利电力职业技术学院
江西环境工程职业学院
江西应用技术职业学院
江西水利职业学院
黄河水利职业技术学院
河南工学院
河南水利与环境职业学院
河南工业职业技术学院
湖北轻工职业技术学院
湖北生态工程职业技术学院
湖北水利水电职业技术学院
湖南环境生物职业技术学院
长沙环境保护职业技术学院
湖南水利水电职业技术学院

广东轻工职业技术学院
广东环境保护工程职业学院
河源职业技术学院
广东职业技术学院
广西水利电力职业技术学院
广西交通职业技术学院
广西生态工程职业技术学院
桂林理工大学南宁分校
重庆水利电力职业技术学院
重庆工程职业技术学院
重庆化工职业学院
重庆房地产职业学院
昆明冶金高等专科学校
云南国土资源职业学院
贵州交通职业技术学院
贵州水利水电职业技术学院
四川水利职业技术学院
四川化工职业技术学院
成都纺织高等专科学校
杨凌职业技术学院
铜川职业技术学院
宝鸡职业技术学院
兰州石化职业技术学院
甘肃林业职业技术学院
兰州资源环境职业技术学院